国家出版基金项目
NATIONAL PUBLICATION FOUNDATION

"十二五"国家重点出版规划项目
雷达与探测前沿技术丛书

多波束凝视雷达

Multi-beam Staring Radar

王盛利　著

国防工业出版社

·北京·

内 容 简 介

多波束凝视雷达为一类改进雷达功率口径积和有限时间资源利用率而提高雷达探测性能的雷达探测系统。全书共 10 章，包括雷达探测目标原理、雷达信号积累处理的基本方法、多波束凝视原理、多波束凝视天线相位中心、多波束凝视雷达、短基线分布式多子阵多波束凝视雷达、长基线分布式多站凝视雷达、多波束凝视 SAR、多波束凝视外辐射源雷达。书中给出了作者在雷达探测理论、方法认识和雷达研制方面的经验总结，希望能为下一代雷达的研究和研制提供一点理论支撑。

读者对象：学习、研究雷达技术的本科生、硕士研究生、博士研究生以及从事雷达研究和制造的科研人员。

图书在版编目（CIP）数据

多波束凝视雷达／王盛利著. —北京：国防工业出版社，2017.12

（雷达与探测前沿技术丛书）

ISBN 978 - 7 - 118 - 11458 - 4

Ⅰ．①多… Ⅱ．①王… Ⅲ．①多波束雷达 - 研究

Ⅳ．①TN958.8

中国版本图书馆 CIP 数据核字（2018）第 008270 号

※

*国防工业出版社*出版发行

（北京市海淀区紫竹院南路 23 号　邮政编码 100048）

天津嘉恒印务有限公司印刷

新华书店经售

*

开本 710 × 1000　1/16　印张 24½　字数 451 千字

2017 年 12 月第 1 版第 1 次印刷　印数 1—3000 册　定价 108.00 元

（本书如有印装错误，我社负责调换）

国防书店：(010)88540777　　发行邮购：(010)88540776

发行传真：(010)88540755　　发行业务：(010)88540717

总　序

雷达在第二次世界大战中初露头角。战后，美国麻省理工学院辐射实验室集合各方面的专家，总结战争期间的经验，于1950年前后出版了一套雷达丛书，共28个分册，对雷达技术做了全面总结，几乎成为当时雷达设计者的必备读物。我国的雷达研制也从那时开始，经过几十年的发展，到21世纪初，我国雷达技术在很多方面已进入国际先进行列。为总结这一时期的经验，中国电子科技集团公司曾经组织老一代专家撰著了"雷达技术丛书"，全面总结他们的工作经验，给雷达领域的工程技术人员留下了宝贵的知识财富。

电子技术的迅猛发展，促使雷达在内涵、技术和形态上快速更新，应用不断扩展。为了探索雷达领域前沿技术，我们又组织编写了本套"雷达与探测前沿技术丛书"。与以往雷达相关丛书显著不同的是，本套丛书并不完全是作者成熟的经验总结，大部分是专家根据国内外技术发展，对雷达前沿技术的探索性研究。内容主要依托雷达与探测一线专业技术人员的最新研究成果、发明专利、学术论文等，对现代雷达与探测技术的国内外进展、相关理论、工程应用等进行了广泛深入研究和总结，展示近十年来我国在雷达前沿技术方面的研制成果。本套丛书的出版力求能促进从事雷达与探测相关领域研究的科研人员及相关产品的使用人员更好地进行学术探索和创新实践。

本套丛书保持了每一个分册的相对独立性和完整性，重点是对前沿技术的介绍，读者可选择感兴趣的分册阅读。丛书共41个分册，内容包括频率扩展、协同探测、新技术体制、合成孔径雷达、新雷达应用、目标与环境、数字技术、微电子技术八个方面。

（一）雷达频率迅速扩展是近年来表现出的明显趋势，新频段的开发、带宽的剧增使雷达的应用更加广泛。本套丛书遴选的频率扩展内容的著作共4个分册：

（1）《毫米波辐射无源探测技术》分册中没有讨论传统的毫米波雷达技术，而是着重介绍毫米波热辐射效应的无源成像技术。该书特别采用了平方千米阵的技术概念，这一概念在用干涉式阵列基线的测量结果来获得等效大口径阵列效果的孔径综合技术方面具有重要的意义。

（2）《太赫兹雷达》分册是一本较全面介绍太赫兹雷达的著作，主要包括太赫兹雷达系统的基本组成和技术特点、太赫兹雷达目标检测以及微动目标检测技术，同时也讨论了太赫兹雷达成像处理。

（3）《机载远程红外预警雷达系统》分册考虑到红外成像和告警是红外探测的传统应用，但是能否作为全空域远距离的搜索监视雷达，尚有诸多争议。该书主要讨论用监视雷达的概念如何解决红外极窄波束、全空域、远距离和数据率的矛盾，并介绍组成红外监视雷达的工程问题。

（4）《多脉冲激光雷达》分册从实际工程应用角度出发，较详细地阐述了多脉冲激光测距及单光子测距两种体制下的系统组成、工作原理、测距方程、激光目标信号模型、回波信号处理技术及目标探测算法等关键技术，通过对两种远程激光目标探测体制的探讨，力争让读者对基于脉冲测距的激光雷达探测有直观的认识和理解。

（二）传输带宽的急剧提高，赋予雷达协同探测新的使命。协同探测会导致雷达形态和应用发生巨大的变化，是当前雷达研究的热点。本套丛书遴选出协同探测内容的著作共10个分册：

（1）《雷达组网技术》分册从雷达组网使用的效能出发，重点讨论点迹融合、资源管控、预案设计、闭环控制、参数调整、建模仿真、试验评估等雷达组网新技术的工程化，是把多传感器统一为系统的开始。

（2）《多传感器分布式信号检测理论与方法》分册主要介绍检测级、位置级（点迹和航迹）、属性级、态势评估与威胁估计五个层次中的检测级融合技术，是雷达组网的基础。该书主要给出各类分布式信号检测的最优化理论和算法，介绍考虑到网络和通信质量时的联合分布式信号检测准则和方法，并研究多输入多输出雷达目标检测的若干优化问题。

（3）《分布孔径雷达》分册所描述的雷达实现了多个单元孔径的射频相参合成，获得等效于大孔径天线雷达的探测性能。该书在概述分布孔径雷达基本原理的基础上，分别从系统设计、波形设计与处理、合成参数估计与控制、稀疏孔径布阵与测角、时频相同步等方面做了较为系统和全面的论述。

（4）《MIMO雷达》分册所介绍的雷达相对于相控阵雷达，可以同时获得波形分集和空域分集，有更加灵活的信号形式，单元间距不受 $\lambda/2$ 的限制，间距拉开后，可组成各类分布式雷达。该书比较系统地描述多输入多输出（MIMO）雷达。详细分析了波形设计、积累补偿、目标检测、参数估计等关键技术。

(5)《MIMO雷达参数估计技术》分册更加侧重讨论各类MIMO雷达的算法。从MIMO雷达的基本知识出发,介绍均匀线阵,非圆信号,快速估计,相干目标,分布式目标,基于高阶累计量的、基于张量的、基于阵列误差的、特殊阵列结构的MIMO雷达目标参数估计的算法。

(6)《机载分布式相参射频探测系统》分册介绍的是MIMO技术的一种工程应用。该书针对分布式孔径采用正交信号接收相参的体制,分析和描述系统处理架构及性能、运动目标回波信号建模技术,并更加深入地分析和描述实现分布式相参雷达杂波抑制、能量积累、布阵等关键技术的解决方法。

(7)《机会阵雷达》分册介绍的是分布式雷达体制在移动平台上的典型应用。机会阵雷达强调根据平台的外形,天线单元共形随遇而布。该书详尽地描述系统设计、天线波束形成方法和算法、传输同步与单元定位等关键技术,分析了美国海军提出的用于弹道导弹防御和反隐身的机会阵雷达的工程应用问题。

(8)《无源探测定位技术》分册探讨的技术是基于现代雷达对抗的需求应运而生,并在实战应用需求越来越大的背景下快速拓展。随着知识层面上认知能力的提升以及技术层面上带宽和传输能力的增加,无源侦察已从单一的测向技术逐步转向多维定位。该书通过充分利用时间、空间、频移、相移等多维度信息,寻求无源定位的解,对雷达向无源发展有着重要的参考价值。

(9)《多波束凝视雷达》分册介绍的是通过多波束技术提高雷达发射信号能量利用效率以及在空、时、频域中减小处理损失,提高雷达探测性能;同时,运用相位中心凝视方法改进杂波中目标检测概率。分册还涉及短基线雷达如何利用多阵面提高发射信号能量利用效率的方法;针对长基线,阐述了多站雷达发射信号可形成凝视探测网格,提高雷达发射信号能量的使用效率;而合成孔径雷达(SAR)系统应用多波束凝视可降低发射功率,缓解宽幅成像与高分辨之间的矛盾。

(10)《外辐射源雷达》分册重点讨论以电视和广播信号为辐射源的无源雷达。详细描述调频广播模拟电视和各种数字电视的信号,减弱直达波的对消和滤波的技术;同时介绍了利用GPS(全球定位系统)卫星信号和GSM/CDMA(两种手机制式)移动电话作为辐射源的探测方法。各种外辐射源雷达,要得到定位参数和形成所需的空域,必须多站协同。

（三）以新技术为牵引,产生出新的雷达系统概念,这对雷达的发展具有里程碑的意义。本套丛书遴选了涉及新技术体制雷达内容的6个分册:

(1)《宽带雷达》分册介绍的雷达打破了经典雷达5MHz带宽的极限,同时雷达分辨力的提高带来了高识别率和低杂波的优点。该书详尽地讨论宽带信号的设计、产生和检测方法。特别是对极窄脉冲检测进行有益的探索,为雷达的进一步发展提供了良好的开端。

(2)《数字阵列雷达》分册介绍的雷达是用数字处理的方法来控制空间波束,并能形成同时多波束,比用移相器灵活多变,已得到了广泛应用。该书全面系统地描述数字阵列雷达的系统和各分系统的组成。对总体设计、波束校准和补偿、收/发模块、信号处理等关键技术都进行了详细描述,是一本工程性较强的著作。

(3)《雷达数字波束形成技术》分册更加深入地描述数字阵列雷达中的波束形成技术,给出数字波束形成的理论基础、方法和实现技术。对灵巧干扰抑制、非均匀杂波抑制、波束保形等进行了深入的讨论,是一本理论性较强的专著。

(4)《电磁矢量传感器阵列信号处理》分册讨论在同一空间位置具有三个磁场和三个电场分量的电磁矢量传感器,比传统只用一个分量的标量阵列处理能获得更多的信息,六分量可完备地表征电磁波的极化特性。该书从几何代数、张量等数学基础到阵列分析、综合、参数估计、波束形成、布阵和校正等问题进行详细讨论,为进一步应用奠定了基础。

(5)《认知雷达导论》分册介绍的雷达可根据环境、目标和任务的感知,选择最优化的参数和处理方法。它使得雷达数据处理及反馈从粗犷到精细,彰显了新体制雷达的智能化。

(6)《量子雷达》分册的作者团队搜集了大量的国外资料,经探索和研究,介绍从基本理论到传输、散射、检测、发射、接收的完整内容。量子雷达探测具有极高的灵敏度,更高的信息维度,在反隐身和抗干扰方面优势明显。经典和非经典的量子雷达,很可能走在各种量子技术应用的前列。

（四）合成孔径雷达(SAR)技术发展较快,已有大量的著作。本套丛书遴选了有一定特点和前景的5个分册:

(1)《数字阵列合成孔径雷达》分册系统阐述数字阵列技术在SAR中的应用,由于数字阵列天线具有灵活性并能在空间产生同时多波束,雷达采集的同一组回波数据,可处理出不同模式的成像结果,比常规SAR具备更多的新能力。该书着重研究基于数字阵列SAR的高分辨力宽测绘带SAR成像、极化层析 SAR 三维成像和前视 SAR 成像技术三种新能力。

（2）《双基合成孔径雷达》分册介绍的雷达配置灵活,具有隐蔽性好、抗干扰能力强、能够实现前视成像等优点,是 SAR 技术的热点之一。该书较为系统地描述了双基 SAR 理论方法、回波模型、成像算法、运动补偿、同步技术、试验验证等诸多方面,形成了实现技术和试验验证的研究成果。

（3）《三维合成孔径雷达》分册描述曲线合成孔径雷达、层析合成孔径雷达和线阵合成孔径雷达等三维成像技术。重点讨论各种三维成像处理算法,包括距离多普勒、变尺度、后向投影成像、线阵成像、自聚焦成像等算法。最后介绍三维 MIMO-SAR 系统。

（4）《雷达图像解译技术》分册介绍的技术是指从大量的 SAR 图像中提取与挖掘有用的目标信息,实现图像的自动解译。该书描述高分辨 SAR 和极化 SAR 的成像机理及相应的相干斑抑制、噪声抑制、地物分割与分类等技术,并介绍舰船、飞机等目标的 SAR 图像检测方法。

（5）《极化合成孔径雷达图像解译技术》分册对极化合成孔径雷达图像统计建模和参数估计方法及其在目标检测中的应用进行了深入研究。该书研究内容为统计建模和参数估计及其国防科技应用三大部分。

（五）雷达的应用也在扩展和变化,不同的领域对雷达有不同的要求,本套丛书在雷达前沿应用方面遴选了 6 个分册:

（1）《天基预警雷达》分册介绍的雷达不同于星载 SAR,它主要观测陆海空天中的各种运动目标,获取这些目标的位置信息和运动趋势,是难度更大、更为复杂的天基雷达。该书介绍天基预警雷达的星星、星空、MIMO、卫星编队等双/多基地体制。重点描述了轨道覆盖、杂波与目标特性、系统设计、天线设计、接收处理、信号处理技术。

（2）《战略预警雷达信号处理新技术》分册系统地阐述相关信号处理技术的理论和算法,并有仿真和试验数据验证。主要包括反导和飞机目标的分类识别、低截获波形、高速高机动和低速慢机动小目标检测、检测识别一体化、机动目标成像、反投影成像、分布式和多波段雷达的联合检测等新技术。

（3）《空间目标监视和测量雷达技术》分册论述雷达探测空间轨道目标的特色技术。首先涉及空间编目批量目标监视探测技术,包括空间目标监视相控阵雷达技术及空间目标监视伪码连续波雷达信号处理技术。其次涉及空间目标精密测量、增程信号处理和成像技术,包括空间目标雷达精密测量技术、中高轨目标雷达探测技术、空间目标雷达成像技术等。

（4）《平流层预警探测飞艇》分册讲述在海拔约20km的平流层，由于相对风速低、风向稳定，从而适合大型飞艇的长期驻空，定点飞行，并进行空中预警探测，可对半径500km区域内的地面目标进行长时间凝视观察。该书主要介绍预警飞艇的空间环境、总体设计、空气动力、飞行载荷、载荷强度、动力推进、能源与配电以及飞艇雷达等技术，特别介绍了几种飞艇结构载荷一体化的形式。

（5）《现代气象雷达》分册分析了非均匀大气对电磁波的折射、散射、吸收和衰减等气象雷达的基础，重点介绍了常规天气雷达、多普勒天气雷达、双偏振全相参多普勒天气雷达、高空气象探测雷达、风廓线雷达等现代气象雷达，同时还介绍了气象雷达新技术、相控阵天气雷达、双/多基地天气雷达、声波雷达、中频探测雷达、毫米波测云雷达、激光测风雷达。

（6）《空管监视技术》分册阐述了一次雷达、二次雷达、应答机编码分配、S模式、多雷达监视的原理。重点讨论广播式自动相关监视（ADS-B）数据链技术、飞机通信寻址报告系统（ACARS）、多点定位技术（MLAT）、先进场面监视设备（A-SMGCS）、空管多源协同监视技术、低空空域监视技术、空管技术。介绍空管监视技术的发展趋势和民航大国的前瞻性规划。

（六）目标和环境特性，是雷达设计的基础。该方向的研究对雷达匹配目标和环境的智能设计有重要的参考价值。本套丛书对此专题遴选了4个分册：

（1）《雷达目标散射特性测量与处理新技术》分册全面介绍有关雷达散射截面积（RCS）测量的各个方面，包括RCS的基本概念、测试场地与雷达、低散射目标支架、目标RCS定标、背景提取与抵消、高分辨力RCS诊断成像与图像理解、极化测量与校准、RCS数据的处理等技术，对其他微波测量也具有参考价值。

（2）《雷达地海杂波测量与建模》分册首先介绍国内外地海面环境的分类和特征，给出地海杂波的基本理论，然后介绍测量、定标和建库的方法。该书用较大的篇幅，重点阐述地海杂波特性与建模。杂波是雷达的重要环境，随着地形、地貌、海况、风力等条件而不同。雷达的杂波抑制，正根据实时的变化，从粗犷走向精细的匹配，该书是现代雷达设计师的重要参考文献。

（3）《雷达目标识别理论》分册是一本理论性较强的专著。以特征、规律及知识的识别认知为指引，奠定该书的知识体系。首先介绍雷达目标识别的物理与数学基础，较为详细地阐述雷达目标特征提取与分类识别、知识辅助的雷达目标识别、基于压缩感知的目标识别等技术。

（4）《雷达目标识别原理与实验技术》分册是一本工程性较强的专著。该书主要针对目标特征提取与分类识别的模式，从工程上阐述了目标识别的方法。重点讨论特征提取技术、空中目标识别技术、地面目标识别技术、舰船目标识别及弹道导弹识别技术。

（七）数字技术的发展，使雷达的设计和评估更加方便，该技术涉及雷达系统设计和使用等。本套丛书遴选了 3 个分册：

（1）《雷达系统建模与仿真》分册所介绍的是现代雷达设计不可缺少的工具和方法。随着雷达的复杂度增加，用数字仿真的方法来检验设计的效果，可收到事半功倍的效果。该书首先介绍最基本的随机数的产生、统计实验、抽样技术等与雷达仿真有关的基本概念和方法，然后给出雷达目标与杂波模型、雷达系统仿真模型和仿真对系统的性能评价。

（2）《雷达标校技术》分册所介绍的内容是实现雷达精度指标的基础。该书重点介绍常规标校、微光电视角度标校、球载 BD/GPS（BD 为北斗导航简称）标校、射电星角度标校、基于民航机的雷达精度标校、卫星标校、三角交会标校、雷达自动化标校等技术。

（3）《雷达电子战系统建模与仿真》分册以工程实践为取材背景，介绍雷达电子战系统建模的主要方法、仿真模型设计、仿真系统设计和典型仿真应用实例。该书从雷达电子战系统数学建模和仿真系统设计的实用性出发，着重论述雷达电子战系统基于信号/数据流处理的细粒度建模仿真的核心思想和技术实现途径。

（八）微电子的发展使得现代雷达的接收、发射和处理都发生了巨大的变化。本套丛书遴选出涉及微电子技术与雷达关联最紧密的 3 个分册：

（1）《雷达信号处理芯片技术》分册主要讲述一款自主架构的数字信号处理（DSP）器件，详细介绍该款雷达信号处理器的架构、存储器、寄存器、指令系统、I/O 资源以及相应的开发工具、硬件设计，给雷达设计师使用该处理器提供有益的参考。

（2）《雷达收发组件芯片技术》分册以雷达收发组件用芯片套片的形式，系统介绍发射芯片、接收芯片、幅相控制芯片、波速控制驱动器芯片、电源管理芯片的设计和测试技术及与之相关的平台技术、实验技术和应用技术。

（3）《宽禁带半导体高频及微波功率器件与电路》分册的背景是，宽禁带材料可使微波毫米波功率器件的功率密度比 Si 和 GaAs 等同类产品高 10 倍，可产生开关频率更高、关断电压更高的新一代电力电子器件，将对雷达产生更新换代的影响。分册首先介绍第三代半导体的应用和基本知识，然后详细介绍两大类各种器件的原理、类别特征、进展和应用：SiC 器件有功率二极管、MOSFET、JFET、BJT、IBJT、GTO 等；GaN 器件有 HEMT、MMIC、E 模 HEMT、N 极化 HEMT、功率开关器件与微功率变换等。最后展望固态太赫兹、金刚石等新兴材料器件。

　　本套丛书是国内众多相关研究领域的大专院校、科研院所专家集体智慧的结晶。具体参与单位包括中国电子科技集团公司、中国航天科工集团公司、中国电子科学研究院、南京电子技术研究所、华东电子工程研究所、北京无线电测量研究所、电子科技大学、西安电子科技大学、国防科技大学、北京理工大学、北京航空航天大学、哈尔滨工业大学、西北工业大学等近 30 家。在此对参与编写及审校工作的各单位专家和领导的大力支持表示衷心感谢。

2017 年 9 月

前　言

雷达理论经一百多年的发展,已基本完成。近代雷达的发展主要集中在雷达技术与雷达设备及应用的研究,特别是数字技术的进步,为雷达技术发展提供了新机遇。近几年的数字收发技术,超高速并行处理计算,大数据传输、存储、挖掘、处理技术的发展也为雷达探测理论与技术的进一步发展奠定了基础,多波束凝视雷达则是以新技术的进步促进雷达探测理论完善的实例。多波束凝视雷达能在有限规模条件下,发现更远目标,探测更广空间,目标分得更清、更仔细,目标位置定得更准,跟踪目标更稳、更多。

由于雷达天线口径是有限的,故雷达波束一般存在辛格形包络(没有加权),造成天线增益在波束内非均匀。为了保证有效探测目标,传统雷达仅利用波束内比较高增益部分作为探测目标应用,其余发射信号的功率则被浪费;另外,雷达发射功率也是有限的。多波束凝视雷达研究的基本出发点是充分利用雷达有限的功率口径积和时间资源,提高雷达发射功率利用率,改进雷达探测性能和目标信息获取能力。

多波束凝视雷达采用的基本方法是设计多个接收波束覆盖发射波束,尽可能多地利用发射信号功率,同时尽可能利用雷达过去发射的信号能量,如此可在相同功率口径积和时间资源条件下,比较大地改进传统雷达探测性能。

在雷达各种探测性能要求不变的条件下,通过合理设计发射波束和接收波束,延长相参积累时间,可得到比较高的频率分辨力,同时可获取更高的目标分辨和更多的目标参数,也可改进杂波中检测运动目标的能力;另外,利用数字收发技术,不仅可实现多功能性(目标发现、多目标跟踪、多目标分辨与识别等),还可实现系统的多任务性(探测、通信、无线数传、干扰等)。

多波束凝视雷达的多波束凝视还体现在多个阵面对某一区域的凝视协同探测,充分利用所有阵面的功率口径积、时间和信号带宽资源;在长基线多站雷达系统中,不同雷达站可利用多波束凝视实现利用不同波位的多波束组成网格凝视探测,更高效地利用有限的功率口径积改进雷达探测性能。

多波束凝视雷达的凝视性还体现在运动平台雷达的天线相位中心的凝视,以补偿因平台运动所带来的天线相位中心的变化引起的杂波谱扩展,扩展运动平台雷达检测目标的清晰区,或改进杂波的对消比,提高运动目标的探测能力。

多波束凝视雷达比传统雷达性能提高的代价是大数据量传输、存储和处理。

传统雷达合成的波束数少，每一帧数据量比多波束凝视雷达少得多，且处理完之后即可放弃，而多波束凝视雷达的波束数要多很多，以相对较密的波位减小波束损失。为了提高雷达能量的利用率，可采用多帧回波信号探测目标，这就造成多波束凝视雷达的大数据存储和处理出现问题，但数字传输与处理技术的快速发展提供了可能的解决途径。

多波束凝视雷达的基本思想是经过十多年的思考、研究、仿真以及部分实际验证获取的，本书历经近四年不断努力撰写和修改而成。写作的方法是严密的逻辑推理，严格的数学推导，合理的物理解释，符合实际参数的计算、仿真和实验进行求证，但难免会存在错误或缺陷，由于作者认识水平有限，没能发现，恳请读者指正。

本书的重点是针对相控阵雷达搜索、跟踪时，雷达规模和时间资源的有限性与探测空域和雷达威力之间的矛盾，根据相控阵雷达原理，提出多波束凝视雷达探测方法，系统地介绍充分利用雷达的功率口径积，提高雷达发射功率和天线口径的利用率，改进雷达的探测性能的理论依据和实现方法。

全书共10章。第1章为绪论，简单介绍雷达的发展和雷达系统；第2章依据雷达方程，主要讨论雷达的功率口径积（雷达规模）、时间资源、雷达发射波形对雷达探测性能的影响；第3章论述雷达目标信号处理的基本理论：时、频、空域相参积累，目标的分辨和参数测量；第4章涉及多波束凝视形成方法；第5章由DPCA工作原理推导出多波束天线相位中心凝视来实现杂波对消、扩展检测目标的清晰区；第6章分析多波束凝视雷达基本原理；第7章研究短基线分布式多子阵多波束凝视雷达、探测目标的方法及波束形成与控制；第8章研究长基线分布式多站凝视雷达系统，综合利用多个雷达站的功率和天线口径，提高雷达的目标探测性能；第9章具体研究基于宽发窄收的多波束凝视SAR原理，该雷达利用大天线口径，减小雷达发射功率，同时利用多波束解决高分辨SAR与多普勒模糊和成像幅宽之间的矛盾，有利于地面运动目标的检测；第10章讨论多波束凝视在无源雷达中的应用：多波束凝视外辐射源雷达可利用多波束凝视实现大空域的目标搜索和跟踪，以及在该体制雷达中所应用的一些技术。

感谢陈建军博士、祝欢博士对书稿的审读，并提出了许多有益的修改意见。感谢江涛博士，陈翼博士，章华銮硕士完成了部分研究。感谢南京电子技术研究所的同仁所做的各种贡献。

感谢国防工业出版社王晓光先生的督促和鼓励。

著者
2017 年 5 月

目　录

第 **1** 章
绪论

▨ 1.1　雷达的发展历程

雷达通常是指利用电磁波对目标进行检测、分辨、测量和定位的探测装置。随着科技的发展,出现了利用激光探测目标的激光雷达,利用量子的粒子性和所特有量子态探测目标的量子雷达。

雷达发展[1-5]在 20 世纪 20 年代之前为探索期,这一时期并不清楚无线电本质和无线电可能存在的应用;20—30 年代为重要科学发现期,明确了无线电信号可以应用于探测目标;30—40 年代为技术蓬勃发展期;40—50 年代为工程与雷达应用发展期;60 年代为成熟期;70 年以后为完善期。

雷达发展经历了科学研究的发现阶段、技术的发明创造阶段和工程应用成熟阶段。雷达发展到现今状态,离不开前人的努力,后人永远不能忘却他们对科技进步的贡献。

在 20 世纪 50 年代之前的雷达为非相参积累雷达,其积累取决于示波器,为视频积累;20 世纪 50 年代发展了相参积累技术,提高了雷达性能;60 年代是雷达研究的最辉煌时期之一,如现代雷达普遍应用脉冲压缩技术、相控阵技术等,在 60 年代已基本完成了有关雷达的基础理论和基本技术研究,研制了各种应用雷达。

近几十年的雷达发展是基于与雷达有关的技术进步,如 T/R 组件出现,可实现对每个天线阵元信号相位控制,由机械扫描转向实现电子扫描,从而可使雷达探测目标波束实现捷变,对多个高速目标可以高数据率地跟踪。模拟 T/R 组件在相位控制时,通常仅能实现对单一信号实现相位控制,若欲利用全天线口径实现同时多波束、多信号发射则很困难;而数字技术的发展,则为这一发展方向提供了可能,推动了雷达技术的发展。

▨ 1.2　雷达的性能与应用

雷达[3,6,7]首要的任务是发现目标(在噪声中发现目标,在杂波中发现目标,在干扰条件下发现目标),只有发现了目标,才能实现对目标的分辨、跟踪、定位、识别及目标行为判别等。

无论什么雷达,探测目标时都不可避免遇到噪声问题。噪声分为两部分:一是环境背景噪声,这种噪声与雷达选择的频率、雷达设备的工作环境有关;另一是雷达接收机本身的噪声。

在噪声功率一定的条件下,为了发现更远距离的相同雷达散射面积的目标,就必须设计更大的雷达发射功率、雷达的天线口径,将雷达每个分系统的损失尽可能降低和更长地积累时间(提高目标回波能量)。在雷达搜索空域一定时,为了有效探测搜索空域的目标,如果搜索间隔时间是一定的,且每个波位的作用距离相同,那么每个波位的一帧积累时间也是一定的,也就是说积累时间不能任意延长,同时考虑目标信号闪烁问题,若积累时间太长,目标回波信号有可能已不相参,提高雷达威力的目的已受限。

目标分辨能力是雷达的一项重要指标。雷达分辨可以从多方面实现,如距离分辨、多普勒(速度)分辨、线性调频(加速度)分辨、空间角(方位角、俯仰角)分辨。这几种分辨一般是以功率下降 3dB 点为分辨标准。在数据处理中有航迹分辨、弹道分辨、轨道分辨等。

距离最高分辨取决于发射信号带宽。雷达发射信号带宽越宽,目标距离分辨就越高,考虑到不同点目标之间距离与电磁波传输方向之间的投影关系,距离分辨要综合考虑,如 SAR 的距离分辨,必须考虑平台高度和波束指向。

由于雷达发射信号的功率是一定的,若接收机噪声功率在频带内均匀分布,目标回波功率也一定,则信号带宽越宽,其分配在每个点频(距离)分辨单元的功率越小,那么该点频的信噪比也就越小。雷达发射窄带信号可以在每个点频分辨有比较高的信噪比。在目标搜索阶段,雷达的主要任务是发现目标,对距离分辨要求相对比较低,此时目标尺寸远小于分辨单元(探测目标的尺寸还与相参积累时间长度有关,要保证目标闪烁不影响相参积累,相参积累时目标回波不跨距离门),目标回波可近似为点目标回波。在确定发现目标之后,可以发射带宽比较宽的信号,提高目标分辨力,以确定目标数。

多普勒频率分辨力取决于积累时间,积累时间越长,频率分辨力越高。每部雷达设计时,均要考虑雷达规模、雷达威力、搜索空域范围和搜索间隔时间。搜索间隔时间设计与目标飞行速度有关,如探测空间目标,常设计搜索屏,搜索屏角宽确定之后,在目标飞出搜索屏的时间内必须能被雷达二次以上搜索到。一旦搜索间隔时间确定,那么雷达要完成搜索空域的目标搜索,则雷达每个波位的驻留时间也就确定,相应的多普勒频率的分辨力也就确定了。当雷达发射的是脉冲信号,常常还要考虑模糊问题,由于雷达必须具有一定威力,脉冲信号的重复周期可能小于目标延时,产生距离模糊;目标的多普勒频率大于脉冲信号的重复频率而产生速度模糊,如何取舍,设计师需根据雷达的具体应用和任务综合考虑。

方位角分辨取决于天线方位向尺寸,俯仰角分辨取决于雷达天线高度向尺寸;角分辨力越高,为了完成指定空域的目标探测,则需要波位数越多,在搜索间隔时间(搜索数据率)一定的条件下,每个波位的积累时间缩短,会造成多普勒频率分辨力降低;在某些情况下,杂波与运动目标回波在频域不能分离,会影响运动目标检测能力。

参数测量是指根据检测到的目标信号估计目标距离、速度、加速度、方位角和俯仰角,距离估计精度取决于发射信号带宽,多普勒频率估计精度取决于积累时间长度,角度估计精度取决于对应的天线口径,同时参数估计的精度与信噪比、信杂比、信干比有关。

目标定位是根据参数测量的结果,计算出目标与雷达站之间距离、方位、俯仰,或根据需要转换到其他坐标系下的目标坐标。目标定位精度可根据多次测量出的目标距离、速度、加速度、空间角等参数,通过平滑滤波提高定位精度。若二个目标交会,在距离、多普勒、线性调频率和波束不能分辨时,可根据目标航迹分辨目标;这是由于目标航迹是连续的,在一定数据率的条件下,不会突变;对于空间目标中的轨道目标和弹道目标也有同样特性。

目标跟踪是指在目标起批准则条件下,若检测到的目标点迹满足起批条件,则给一批号,并将多次测量目标数据关联,形成目标航迹,并对目标的实时点迹或下一点迹进行预测。目标的跟踪精度主要取决于雷达的分辨性能和回波处理得到目标信号的信噪比,但通过多参数的多次测量和滤波处理可以改进跟踪精度。

雷达目标分类与识别是利用雷达所获取的目标参数和目标本身所具有的物理特性和运动特征差异将目标归类、定性和定量。如直升机与民航飞机飞行高度差异,军用飞机与民航飞机速度差异可以反映为多普勒频率,喷气式飞机与螺旋桨式飞机的运动部件差异可以反映为微多普勒频率,不同目标几何尺寸和散射特性可以反映在一维距离像和二维距离像。

空间目标探测包括轨道目标和弹道目标的探测,由于此类目标运动的速度高(千米每秒级)、可能存在目标的空域范围大,且对应的雷达威力远,故雷达规模(指功率口径积)也应大;由于通常目标是以确定的轨道或弹道飞行,在被动段通常不会改变其飞行的轨迹,故可以减小搜索目标空域范围,如设置搜索屏,这样可有效减小雷达规模。

临近空间是指空间高度为 20km 到 100km 的空域。临近空间目标可分为高动态目标和低动态目标,低动态目标速度范围为 0km/h 至几十 km/h,甚至可以悬停在某一小空域范围内;高动态目标的特点则是高超声速(马赫数 5 以上)运动,临近空间的某些高超声速飞行方式有它独特性,即滑越式飞行,其飞行特征之一是目标在飞行过程中始终有加速度,且可能被等离子鞘套包裹着,这都增加了目标探测的难度。预警探测的预警时间与作战准备时间有关,若要求预警时间为10min,目标速度是马赫数5,则要求雷达威力为1020km,目标速度是马赫数10,则要求雷达威力达2040km;另一方面,若目标飞行高度为20km,则雷达视距接近600km,当目标飞行高度为100时,雷达视距约1300km,这对实际作战提出更高要求。由于目标在临近空间飞行,且目标没有轨道或弹道,随着目标接近雷达站,目标活动的空域也不断增大,这就要求雷达能在大空域、远距离探测目标;而临近空间高动态目标的本体为小目标,故实现小目标的远程大空域的探测时必须具备大的功率口径积。在目前技术条件下,陆基和海基雷达可实现大功率口径积。

气动目标探测是雷达探测的主要方向之一。雷达探测气动目标:①隐身目标探测;②低空、小型、慢速目标探测;③机动飞行目标探测;④悬停目标(直升机)探测;⑤各种弹类目标探测。气动目标速度在马赫数2以内,通常以亚声速飞行,若雷达威力设计为200km,则预警时间为11min;若雷达威力设计为300km,则预警时间接近17min。军用作战飞机等装备为了缩短被探测预警时间,即减小雷达威力,可采用的措施是减小目标的雷达散射截面积(RCS),利用雷达探测的盲区,充分利用杂波对抗雷达探测,利用干扰设备破坏雷达探测,利用民航航道掩饰,发挥军用飞机的高机动性能产生的多普勒频率扩展和目标闪烁降低被雷达探测的概率等,而雷达则要求在这种复杂环境条件下,有效发现、跟踪目标,并实现目标的分类与识别。

地面运动目标,特别是复杂地形条件下的地面运动目标探测是机(星)载雷达探测的主要任务之一。由于地面运动目标是在强地杂波中检测,故地面运动目标探测首先需要解决强地杂波抑制问题。由于雷达平台的运动,会造成不同方位角回波的多普勒频率的差异,形成杂波区,若要保证雷达能探测比较广区域,则发射信号重频不能高,否则会产生距离模糊,发射信号频率不能低,否则会产生多普勒频率模糊,地杂波会覆盖整个频域;合理设计发射信号重频和探测目标区域,利用多普勒清晰区(没有地杂波区域)探测地面运动目标,但这仅能探测一定速度方向和速度范围的目标。故为了充分发挥雷达作用,有效对消地杂波成为探测地面运动目标,特别是地面慢速运动目标的关键。另外地面有大量各种类型运动目标,如何区分归类和识别目标同样是雷达需要解决的重要问题。

海面运动目标既有大型的运动船只,如航母;也存在小目标,如潜望镜。海面运动目标均以海面为背景,而海情复杂性也造成海杂波的复杂性。由于海浪具有一定的运动速度,且其运动特性极为复杂,不同海面深度的运动均不相同,而雷达信号总存在一定的穿透性，则造成海杂波频谱的复杂性；同时，海面还存在多种船只、岛礁、暗礁，均可在雷达回波信号中出现，故在众多目标中识别出所要探测目标，为雷达有效探测的一个重要方面。总之，海面目标探测中的海杂波处理与舰船目标识别为海面目标探测的重要技术。

对地探测是雷达应用的一个重要方面，包括对地面、地下固定目标的探测和地面运动目标的探测。雷达成像是对地探测的一个重要实例；早期雷达成像为实波束成像，它的距离向依靠信号带宽实现分辨，方位向依靠波束宽度实现分辨。自合成口径方法发明以来，合成孔径成像雷达（SAR）成像成为雷达成像的主流，SAR 成像的距离向分辨取决于雷达发射信号带宽，方位向分辨取决于合成口径的长度所能实现等效波束的宽度。

若地面运动目标速度比较大，通过合理选择雷达发射信号的频段和重频，可以在清晰区检测到在某些运动速度方向的目标；但地面目标存在大量慢速，目标尺寸和 RCS 比较小，其淹没在杂波中，故运动平台（机载或星载）探测地面运动目标所遇到首要问题是处理地杂波；另一方面，地面运动目标众多，如何在大量目标中识别出感兴趣目标成为雷达应用的关键。

1.3　雷达系统基本组成与工作原理

基于目标反射电磁波实现目标探测的首要问题是发射信号能照射到目标，且照射到目标的信号功率密度越高，目标回波的功率也越高，这种目标回波还必须被雷达接收到，通过检测雷达接收信号即可鉴别是否存在目标。

早期雷达原型[1,2]是收发分离的，由于当时对雷达探测目标原理的理解和雷达技术上的限制，所以达不到收发隔离的技术要求，收发一体雷达发射连续波信号会淹没目标回波信号，无法探测目标。收发分离雷达基本组成框图如图 1.1 所示。如第二次世界大战期间，英国雷达原理性探测系统是利用广播信号探测飞机，它是典型的双基地雷达，其工作过程是广播台将发射信号放大到一定功率经天线辐射到空中，广播信号在空中遇到目标则会向四周散射，接收站利用与发射站之间的距离和地形隔离发射信号对目标回波的淹没，一旦有飞机目标存在，目标散射信号将会被接收站天线接收，经信号放大和检波则可检测到目标回波，通过显示器可显示出目标。

随着雷达探测理论和收发开关技术的进步，可以实现在雷达发射信号时，雷达不接收信号，而雷达接收信号时，雷达不发射信号。由于雷达探测目标距离取决于发射信号平均功率，故可提高雷达发射信号的峰值功率，实现目标探测，其基本组成框图如图 1.2 所示。在此基本雷达组成中，显控是人机交互设备，实现对雷达操作控制和探测结果显示；雷达工作时，显控可实现对雷达信号波形、发

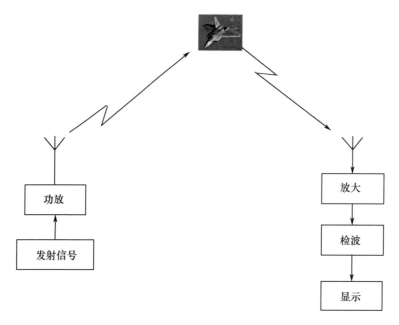

图 1.1 收发隔离的雷达原型

射频率、波束指向和检测进行控制。雷达发射信号波形与发射频率相混,此时的信号虽可以经天线向指定方向发射,但功率很低,不能实现目标探测,故该信号必须经功率放大再经雷达天线辐射到探测目标空域。在雷达发射信号时,收发开关将发射通道打开,关闭接收通道;在接收回波信号期间,收发开关将接收通道打开,而发射通道关闭,当雷达信号遇到目标时,目标散射信号,其中一部分返回雷达方向,目标回波信号会被雷达天线接收到,经接收通道的低噪放实现回波信号放大后与本振下混频获取视频信号,视频信号再经放大、目标检测和处理,即可得到目标信息。

随着相控阵技术的发展[8,9],图 1.2 中的天线被相控阵天线替代,相控阵天线是控制天线每个天线单元,每个阵元收发组件包含"功放""开关"和"低噪放",天线中的部分阵元可组成天线子阵,通过对子阵的相位控制实现雷达波束的控制。

将多部不同站点雷达组成一个大的雷达系统,协同探测目标,这也是雷达的一个重要工作方式,其基本组成结构如图 1.3 所示,它可以称为雷达组网,也可以称为分布式(网络)雷达或称为多基地雷达[10]。

多站雷达协同探测目标可以采用多种方法,最基本的方法之一是各雷达站独立工作,将数据传输到中心处理控制系统,改进雷达探测性能;而比较理想的是将各站的功率口径积组合成一个更大的功率口径积实现雷达探测性能的提

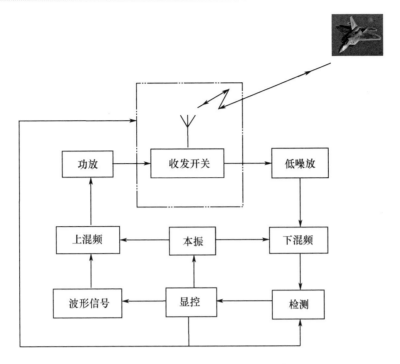

图 1.2 雷达的基本组成

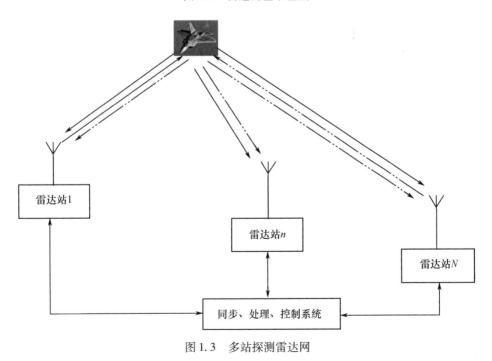

图 1.3 多站探测雷达网

升,如:雷达站 1 发射,N 个站接收,若 N 个雷达站的天线口径相同,则可等效雷达天线面积增大 N 倍;若 N 个站均发射(发射口径等效 N 倍),发射功率相同(功率增大 N 倍),N 个站均接收,则可等效雷达功率口径积增大 N^3,那么以此可提高探测威力。

一般情况下,雷达探测目标过程是以一定的搜索间隔时间对俯仰方位角内进行目标搜索,一旦搜索到目标必须对目标确认,对确认为目标信号给予确认标记,对有确认标记的目标转入跟踪,并将目标参数上报。对于有目标识别功能雷达,则根据指令,在满足目标识别边界条件下,对目标识别探测。

雷达发射信号遵守能量守恒,在发射总功率一定的条件下,要使辐射到某一方向的功率增加,就必定会造成其他某些方向的辐射功率减小;雷达辐射的无线电信号在自由空间是沿直线传播的,当遇到其他物体阻挡时会改变其传播方向;多个辐射源发射的电磁波可在空间叠加,但相互之间不会影响彼此的传播方向。雷达系统是物理系统,一旦存在输入激励,即会产生输出响应,而雷达系统可以认为由多个子系统级联,前一级的输出为后一级的输入,如雷达发射为对空间及目标系统的激励,雷达接收到的信号为空间及目标系统的响应。

雷达探测能力是有限的,这种有限性归结为雷达的功率口径积是有限的,对探测目标的观测时间是有限的,雷达系统和发射信号带宽是有限的,这即导致雷达探测空域范围和雷达威力是有限的,雷达系统的分辨力是有限的,参数估计及定位精度是有限的,目标识别能力也是有限的。

▇ 1.4　本书内容简介

多波束凝视雷达是基于数字阵列天线技术充分利用天线口径实现同时多波束,进行波位凝视,提高雷达发射功率的利用率,改进雷达探测性能;运动平台载雷达根据波位凝视原理,实现天线相位中心凝视,对消地杂波,有效探测运动目标。

本书主要介绍如何充分利用雷达发射信号能量,如何充分利用空间已存在信号功率,如何利用雷达天线口径,提高雷达的探测性能。主要内容包括:

(1)依据雷达方程,讨论雷达的功率口径积(雷达规模)、时间资源、雷达发射波形对雷达探测性能的影响。

(2)研究雷达检测目标的基本理论:时、频、空域相参积累,以及目标的分辨和参数估计。

(3)多波束形成方法,信号带宽对波束形成的影响等。

(4)多波束天线相位中心凝视的基本原理,不同应用条件下的天线相位中心凝视的技术。

（5）多波束凝视雷达基本原理,天线、功率、时间资源利用率,探测目标的工作方式。

（6）介绍分布式多子阵多波束凝视雷达系统,尽可能地增大天线面积,实现同时探测多功能。

（7）研究长基线分布式多站凝视雷达系统,综合利用多个雷达站组成网格凝视探测目标,提高多站凝视雷达的探测性能。

（8）阐述宽发窄收的多波束凝视合成口径雷达原理,该雷达利用大天线口径,减小雷达发射功率,同时利用多波束解决高分辨 SAR 与多普勒模糊和成像幅宽之间的矛盾。

（9）讨论多波束凝视在无源雷达中的应用,多波束凝视外辐射源雷达,可利用多波束凝视实现大空域的目标搜索和跟踪,以及在该体制雷达中所应用的一些技术。

参考文献

[1] 斯科尔尼克 M I. 雷达手册[M]. 谢卓,译. 北京:国防工业出版社,1978.

[2] 斯科尔尼克 M I. 雷达手册[M]. 王军,等译. 二版. 北京:电子工业出版社,2003,

[3] 蔡希尧. 雷达系统概论[M]. 北京:科学出版社,1983.

[4] 陶望平. 雷达[M]. 北京:科学出版社,1978.

[5] Dunlap Jr. ORRIN E 雷达[M]. 陈忠杰,舒重则,译. 上海:商务印书馆,1947.

[6] 伊优斯 杰里 L,等. 现代雷达原理[M]. 卓荣邦,等译. 北京:电子工业出版社,1991.

[7] 李蕴滋,等. 雷达工程学[M]. 北京:海洋出版社,1999.

[8] 张光义. 相控阵雷达技术[M]. 北京:电子工业出版社,2006.

[9] 张光义. 空间探测相控阵雷达[M]. 北京:科学出版社,1989.

[10] 杨振起,等. 双(多)基地雷达系统[M]. 北京:国防工业出版社,1998.

第 ❷ 章

雷达探测目标原理

◣ 2.1 雷达方程

2.1.1 雷达方程[1-11]推导

雷达探测目标方式分为两种:一种为无源探测,它是利用目标本身辐射电磁波实现目标探测,称为无源雷达;另一种则利用辐射源照射目标后,接收目标散射电磁波实现目标探测,称为主动雷达,一般没有特殊说明,雷达均指主动雷达。

雷达探测目标是探测目标对电磁波的散射信号,即回波信号,回波信号越强,目标越容易被探测到,而目标回波信号的强度取决于目标与雷达之间的距离、目标的雷达散射截面积(RCS)和目标所在位置的电磁信号密度;目标的 RCS越大、目标距离雷达越近、目标所在位置的电磁信号密度越强,则目标回波信号越强。

设以雷达辐射源为坐标中心,将雷达辐射源作为一点源,其信号向四周均匀辐射,如图 2.1 所示。雷达辐射信号功率为 P_t,以半径为 R 的球面积为

$$A = 4\pi R^2$$

则在距离雷达辐射源 R 边界的功率密度为

$$S_t = \frac{P_t}{A}$$

即

$$S_t = \frac{P_t}{4\pi R^2}$$

雷达探测某一空域时,在存在目标条件下,希望探测空域目标能被更有效检测的方法是提高该空域的功率密度,而其他空域辐射的信号功率越小越好;雷达天线则起到增强探测空域信号功率密度的目的,即雷达天线对探测空域的信号功率有增益,根据能量守恒定理,则其对其他空域的信号功率有衰减。若发射天

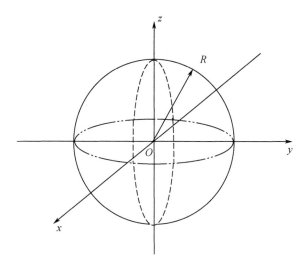

图 2.1　雷达信号辐射球

线有效面积为 A_t，发射信号波长为 λ，则最大天线增益为

$$G_t = \frac{4\pi A_t}{\lambda^2} \qquad (2.1)$$

设此时天线波束方位、俯仰指向为 (θ, β)，则在波束指向方向的空间功率密度修正为

$$S_t = \frac{P_t G_t}{4\pi R^2} \qquad (2.2)$$

设距离雷达 R 有一 RCS 为 $\sigma(\mathrm{m}^2)$ 的目标，其接收到信号功率为 $S_t \sigma$，若此信号仍均匀向四周辐射，与前同样分析可知，在距目标距离为 r 处目标散射的信号功率密度为

$$S_e = \frac{S_t \sigma}{4\pi r^2}$$

即

$$S_e = \frac{P_t G_t \sigma}{(4\pi)^2 R^2 r^2} \qquad (2.3)$$

当在距目标距离为 r 处有面积为 A_r 的雷达接收天线，则天线接收到的目标回波功率为

$$P_r = \frac{P_t G_t A_r \sigma}{(4\pi)^2 R^2 r^2} \qquad (2.4)$$

若接收天线的波束方向指向目标，接收天线的增益 G_r 为

$$G_r = \frac{4\pi A_r}{\lambda^2} \qquad (2.5)$$

则式(2.4)可表示为

$$P_r = \frac{P_t G_t G_r \lambda^2 \sigma}{(4\pi)^3 R^2 r^2} \tag{2.6}$$

若考虑发射天线效率 η_t，接收天线效率 η_r，目标不在天线方向图最大值时的发射天线方向图损耗 F_t，接收天线方向图损耗 F_r，大气损耗 L_a（大气损耗与发射频率、探测空域的地面高度等有关），接收天线端到 A/D 采集的总损耗为 L_Σ，信号处理损耗为 L_{sp}，那么式(2.4)所示的雷达探测目标的信号功率修正为

$$P_r = \eta_t \eta_r \frac{P_t G_t A_r \sigma F_t^2 F_r^2}{(4\pi)^2 R^2 r^2 L_a L_\Sigma L_{sp}} \tag{2.7}$$

设接收目标回波信号时间为 τ，那么目标回波信号的能量为

$$S = \eta_t \eta_r \frac{P_t \tau G_t A_r \sigma F_t^2 F_r^2}{(4\pi)^2 R^2 r^2 L_a L_\Sigma L_{sp}} \tag{2.8}$$

在不考虑杂波影响条件下，雷达探测目标性能主要是受到噪声的影响。噪声源可归结为二种，即环境背景噪声和雷达本机存在的噪声。不同频段的环境背景噪声功率是不同的，在某些频段环境背景噪声比雷达接收系统噪声要小到可以不考虑，此时主要考虑雷达接收系统噪声。若雷达接收系统的噪声温度为 T_n，雷达接收系统的噪声功率为

$$P_n = k T_n B_n \tag{2.9}$$

式中：$k = 1.38 \times 10^{-23}$ J/K 为玻耳兹曼常数；B_n 为接收系统带宽。

由于噪声功率可以看作为均匀分布于接收系统带宽内，那么雷达系统的单位带宽噪声功率为

$$N = k T_n \tag{2.10}$$

故可获取目标回波的信噪比为

$$SNR = \eta_t \eta_r \frac{P_t \tau G_t A_r \sigma F_t^2 F_r^2}{(4\pi)^2 k T_n R^2 r^2 L_a L_\Sigma L_{sp}} \tag{2.11}$$

式(2.11)为经典的双基地雷达方程。当接收站与发射站在一起时，则 $r = R$，有

$$R = \left(\frac{\eta_t \eta_r P_t \tau G_t A_r \sigma F_t^2 F_r^2}{(4\pi)^2 k T_n SNR L_a L_\Sigma L_{sp}} \right)^{\frac{1}{4}} \tag{2.12}$$

将式(2.5)代入有

$$R = \left(\frac{\eta_t \eta_r P_t \tau G_t G_r \lambda^2 \sigma F_t^2 F_r^2}{(4\pi)^3 k T_n SNR L_a L_\Sigma L_{sp}} \right)^{\frac{1}{4}} \tag{2.13}$$

在传统的雷达系统设计中，为了能探测到远距离目标，常采用的有效方法是增大雷达的功率口径积，选用波长比较长的波段，同时提高雷达发射和接收效率，降低系统的噪声温度和各种损耗，在条件许可时，可减小探测空域，延长相参

积累时间等。

2.1.2　搜索雷达方程

目标搜索是雷达的基本功能之一,雷达在进行目标搜索时,必须在一定时间内完成规定空域的目标搜索,这时间就是搜索间隔时间。由于一个波束仅能覆盖一小部分空域,若要完成规定空域的目标搜索就必须设计多个波位探测目标。为了简化分析,设雷达指向不同波位的波束宽度相同,设方位向波束宽度为 $\Delta\theta$,俯仰向波束宽度为 $\Delta\beta$,定义立体波束宽度为 $\Delta\Omega$;而方位向搜索角度为 θ,俯仰向搜索角度为 β,立体搜索角为 Ω;则雷达完成规定空域搜索的波位数为

$$M = \frac{\theta}{\Delta\theta}\frac{\beta}{\Delta\beta} = \frac{\Omega}{\Delta\Omega} \tag{2.14}$$

若搜索间隔时间为 T_s,如果每个波位的驻留时间相等,则每个波位的驻留(积累)时间长度也就决定了,即

$$\tau = \frac{T_s}{M} \tag{2.15}$$

如:设雷达方位向搜索范围为 $\theta = 120°$,方位向波束宽度为 $\Delta\theta = 3°$;俯仰向搜索范围为 $\beta = 30°$,俯仰向波束宽度 $\Delta\beta = 6°$,则完成空域搜索总波位数为 $M = 200$,若搜索间隔时间 $T_s = 10s$,则 $\tau = 50ms$,这就表明了在传统相控阵雷达设计中,一旦设定天线口径和搜索间隔时间,那么,要完成规定空域搜索,每个波位的驻留时间也就确定了,故积累时间设计的冗余度很小。

将式(2.14)和式(2.15)代入式(2.11)~式(2.13)有双基地雷达方程:

$$SNR = \eta_t\eta_r\frac{P_tT_sG_tA_r\sigma F_t^2F_r^2}{(4\pi)^2kT_nR^2r^2L_aL_\Sigma L_{sp}}\frac{\Delta\theta}{\theta}\frac{\Delta\beta}{\beta} \tag{2.16}$$

雷达方程两种表达式:

$$SNR = \frac{\eta_t\eta_rP_tT_sG_tA_r\sigma F_t^2F_r^2}{(4\pi)^2kT_nR^4L_aL_\Sigma L_{sp}}\frac{\Delta\theta}{\theta}\frac{\Delta\beta}{\beta} \tag{2.17}$$

$$SNR = \frac{\eta_t\eta_rP_tT_sG_tG_r\lambda\sigma F_t^2F_r^2}{(4\pi)^3kT_nR^4L_aL_\Sigma L_{sp}}\frac{\Delta\theta}{\theta}\frac{\Delta\beta}{\beta} \tag{2.18}$$

2.1.3　边搜索、边跟踪方式

如果要求跟踪目标时的检测目标的信噪比与搜索目标时的信噪比相同,设有 K 个波位存在必须跟踪的目标时,跟踪目标的雷达方程可为

$$SNR = \frac{\eta_t\eta_rP_tT_sG_tA_r\sigma F_t^2F_r^2}{(4\pi)^2MkT_nR^4L_aL_\Sigma L_{sp}} \tag{2.19}$$

若跟踪目标的数据更新时间为 t_s，则在雷达搜索目标间隔时间内，任一波位的驻留重访次数为

$$I = \frac{T_s}{t_s} \tag{2.20}$$

K 个波位所消耗总时间资源满足

$$KI\tau \leqslant T_s \tag{2.21}$$

即

$$K \leqslant \frac{t_s}{\tau} \tag{2.22}$$

也可以表示为

$$K \leqslant M \frac{t_s}{T_s} \tag{2.23}$$

式中：K 为雷达跟踪目标的波位数。在搜索间隔时间内，跟踪一个目标占用 I 个波位驻留次数，跟踪 K 个波位目标需占用 KI 个波位驻留次数，则剩余搜索目标的波位数为

$$\Delta M = M - KI \tag{2.24}$$

由此可见，在边搜索、边跟踪目标条件下，跟踪目标越多，搜索目标的波位越少，为了满足一定的搜索和跟踪目标的战术要求，可采取冗余设计。为了充分利用有限资源，在目标搜索过程中，可根据不同波位目标可能出现的距离不同、天线增益的差异，合理分配不同波位的发射信号能量，即不同波位分配不同驻留时间；在某些空间范围，目标距离雷达比较近，可以分配比较小的能量即可达到检测信噪比，实现雷达性能的改进。

■ 2.2　目标运动对探测的影响

雷达发射机通常设计为饱和放大，以实现最大功率输出，故雷达信号幅度一般为稳定的恒值，而信号相位项不仅有固定载频 f_0，还有相位调制实现信号的带宽，雷达发射信号 $s(t)$ 可表示为

$$s(t) = A\mathrm{e}^{\mathrm{j}(2\pi f_0 t + \varphi(t))} \tag{2.25}$$

式中：$\varphi(t)$ 通常为线性调频信号所产生的相位，若雷达发射信号是线性调频脉冲信号，则发射信号可表示为

$$s(t) = A\mathrm{e}^{\mathrm{j}(2\pi f_0 t + \pi k(t - nT_r)^2)} g_\tau\left(t - \frac{\tau}{2} - nT_r\right) \tag{2.26}$$

式中：T_r 为脉冲重复周期；$g_\tau\left(t - \dfrac{\tau}{2} - nT_r\right)$ 为门脉冲串函数；脉冲宽度为 τ；k 为

线性调频率;A 为信号幅度。门函数将在第 3 章中讨论。

　　当雷达发射信号遇到目标时,目标即会散射电磁波信号,雷达接收到目标回波信号。设目标回波信号延时为 $T(t)$,目标回波信号可表示为

$$s(t) = Be^{j(2\pi f_o(nT_r + t - T(t)) + \pi k(t - nT_r - T(t)^2))} g_\tau\left(t - \frac{\tau}{2} - nT_r - T(t)\right) \quad (2.27)$$

式中:B 为信号幅度。式中的目标回波延时 $T(t)$ 不仅与目标距离有关,还与目标的运动状态有关。

2.2.1　运动速度的影响

　　雷达探测目标回波信号的依据是目标回波的信噪比、距离延时和多普勒频率,在实际中,运动可能造成它们的变化,从而影响目标探测。这种运动包括目标运动和雷达平台运动。

　　对于地面固定雷达站来说,主要任务是探测运动目标,而雷达处理的信号中不仅含有运动目标信息,还包括地/海杂波和噪声;地杂波的距离和幅度相对较稳,一般情况下海杂波相对空中运动目标是慢变化,而空中运动目标则运动相对较快,可在较短时间内产生目标回波的距离延时、多普勒频率和空间角的变化。

2.2.1.1　地面固定雷达站

　　设雷达站与运动目标之间几何关系如图 2.2 所示,图中天线阵面中心为坐标原点,目标坐标为 (x, y),与雷达站初始间距为 R_o,目标速度方向与目标和坐标原点连线之间夹角为 θ_t,目标速度矢量在 x 轴的投影为 v_x,在 y 轴的投影为 v_y,则有 $v_x = \sin(\theta - \theta_t)v_t$;$v_y = \cos(\theta - \theta_t)v_t$,目标的距离 $R(t)$ 随时间 t 变化关系可表述为

$$R(t) \approx R_o - \cos\theta_t v_t t + \frac{1}{2}\sin^2\theta_t\left(\frac{v_t t}{R_o}\right)^2 \quad (2.28)$$

若 $R_o \gg v_t t$,则上式可近似为

$$R(t) \approx R_o - \cos\theta_t v_t t \quad (2.29)$$

　　式(2.29)表明目标距离变化取决于目标速度在目标与雷达连线上的投影,即径向速度。那么目标回波的延时为

$$T(t) = \frac{2R(t)}{c} \quad (2.30)$$

即

$$T(t) = T_o - 2\frac{\cos\theta_t v_t}{c}t \quad (2.31)$$

式中:$T_o = \dfrac{2R_o}{c}$;c 为光速。则 $T(nT_r + t) = T_o - 2\dfrac{\cos\theta_t v_t}{c}(nT_r + t)$。故式(2.27)

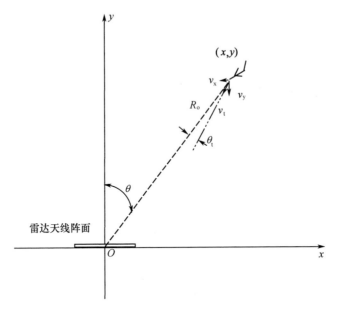

图 2.2　雷达与目标之间几何关系

所示的目标回波延时信号可修正为

$$s_r(nT_r + t) = Be^{j2\pi f_o(nT_r + t - T(nT_r + t))} g_\tau\left(t - \frac{\tau}{2} - T(nT_r + t)\right)e^{j\pi k(t - T(nT_r + t))^2}$$

$$(2.32)$$

若目标在雷达发射脉冲信号持续时间 τ 内,目标距离延时满足 $\dfrac{1}{\tau} \gg$ $2\dfrac{\cos\theta_t v_t \tau}{c}$,$2\pi f_o 2\dfrac{\cos\theta_t v_t}{c}\tau$ 可以忽略,则式(2.32)可简化为

$$s_r(nT_r + t) = Be^{j2\pi f_o(nT_r + t - T_o)} e^{j4\pi\frac{\cos\theta_t v_t}{\lambda}nT_r} e^{j\pi k\left(t - T_o + 2\frac{\cos\theta_t v_t}{c}nT_r\right)^2} \times$$

$$g_\tau\left(t - \frac{\tau}{2} - T_o + 2\frac{\cos\theta_t v_t}{c}nT_r\right) \qquad (2.33)$$

若地面雷达在大距离范围搜索目标,且距离不模糊的条件下,式(2.33)发射脉冲信号重复周期与多普勒频率可能不满足采样定理,在单脉冲探测目标时,其一次探测是不能获取目标速度的,目标速度可通过多次测量,以距离变化率获取目标径向速度。

目标速度垂直于目标与原点连线的切向变化距离为

$$\Delta R_\perp(t) = |\sin\theta_t v_t t| \qquad (2.34)$$

目标速度不仅会产生目标延时变化,还会造成目标的方位俯仰角的变化。在目标速度一定条件下,目标径向速度越大,其距离变化率就越大,空间角度变化就越小,否则距离变化率越小,空间角变化越大。空间角的变化可表示为

$$\Delta\theta(t) \approx 2\arcsin\left(\frac{\Delta R_{\perp}(t)}{2R_{o}}\right) \tag{2.35}$$

即:

$$\Delta\theta(t) \approx 2\arcsin\left(\frac{|\sin\theta_t v_t t|}{2R_{o}}\right) \tag{2.36}$$

若目标飞行保持高度不变,则式(2.34)为目标的方位角变化。雷达跟踪目标时,希望目标方位角的变化在一定范围内,保证对目标可靠跟踪。

2.2.1.2　运动平台

若雷达安装在运动平台上,则平台的运动速度同样也会对探测产生影响。首先是地面固定目标,其与运动方向夹角的不同,平台的运动速度影响也不同,如图 2.3 所示,设雷达初次探测点为坐标原点,平台沿 x 轴方向运动,地面固定点 i 与 y 轴的夹角为 θ_i,第 i 点与雷达初始距离为 R_{io} 那么地面固定点与雷达平台距离为

$$R_i(t) \approx R_{io} - \sin\theta_i v_o t + \cos^2\theta_i \frac{(v_o t)^2}{2R_{io}} \tag{2.37}$$

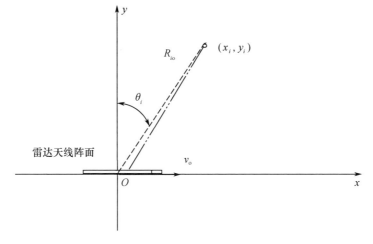

图 2.3　运动平台与地面点杂波几何关系

式(2.37)表明,雷达平台的运动造成地面固定点与雷达之间的距离不是一固定值,其呈现随时间二次曲线变化,这种变化与地面点距雷达距离有关,雷达近区的点变化曲率大,而远区则相对平缓;总之,地面固定点与雷达之间距离已

不是一定值。

地面固定点的相对延时 $T_i(nT_r + t)$ 为

$$T_i(nT_r + t) = T_{io} - 2\frac{\sin\theta_i v_o}{c}(nT_r + t) + \cos^2\theta_i\frac{v_o^2}{cR_{io}}(nT_r + t)^2 \qquad (2.38)$$

式中：$T_{io} = \dfrac{2R_{io}}{c}$，为第 i 点目标回波初始延时。对于雷达发射线性调频脉冲信号来说，在脉冲信号持续时间内，与时间 t 有关项可以忽略，则地面某一点回波可表示为

$$s_i(nT_r + t) = B_i e^{j2\pi f_o(nT_r + t - T_i(nT_r))} e^{j\pi(k(t - T_i(nT_r))^2)} g_\tau\left(t - \frac{\tau}{2} - T_i(nT_r)\right) \quad (2.39)$$

式中：β_i 为第 i 点目标回波幅度。

考虑雷达天线指向 θ 的方向图 $G(\theta_i - \theta)$ 作用，雷达接收到地面无穷多个点目标的回波可表示为

$$s_\Sigma(nT_r + t) = \sum_i G(\theta_i - \theta) s_i(nT_r + t) \qquad (2.40)$$

$$s_\Sigma(nT_r + t) = \sum_i B_i G(\theta_i - \theta) e^{j2\pi f_o(nT_r + t - T_{io})} e^{j2\pi\left(\frac{2\sin\theta_i v_o}{\lambda}nT_s - \cos^2\theta_i\frac{v_o^2}{\lambda R_{io}}(nT_r)^2\right)} \times$$

$$e^{j\pi\left(k\left(t - T_{io} + \frac{2\sin\theta_i v_o}{\lambda}nT_r - \cos^2\theta_i\frac{v_o^2}{\lambda R_{io}}(nT_r)^2\right)^2\right)} \times$$

$$g_T\left(t - \frac{\tau}{2} - T_{io} + \frac{2\sin\theta_i v_o}{\lambda}nT_r - \cos^2\theta_i\frac{v_o^2}{\lambda R_{io}}(nT_r)^2\right) \quad (2.41)$$

雷达探测运动目标时，雷达与目标之间的距离变化同样与平台运动亦有关系，图 2.4 表示它们之间的这种几何关系，那么目标与雷达之间距离 $R(t)$ 为

$$R(t) \approx R_o - \cos\theta_t v_t t - \sin\theta v_o t + \frac{(\sin\theta_t v t - \cos\theta v_o t)^2}{2R_o} \qquad (2.42)$$

式(2.42)表明了目标距离不仅与目标径向速度有关，还与雷达平台径向速度有关。则运动目标延时为

$$T(nT_r + t) \approx T_o - \frac{2\cos\theta_t v_t}{c}(nT_r + t) - \frac{2\sin\theta v_o}{c}(nT_r + t) +$$

$$\frac{(\sin\theta_t v_t - \cos\theta v_o)^2}{cR_o}(nT_r + t)^2 \qquad (2.43)$$

式中：$T_o = \dfrac{2R_o}{c}$。

同样忽略在脉冲持续时间内目标延时的变化，则运动目标回波信号为

$$s_r(nT_r + t) = B e^{j2\pi f_o(nT_r + t - T(nT_r))} e^{j\pi k(t - T(nT_r))^2} g_\tau\left(t - \frac{\tau}{2} - T(nT_r)^2\right) \quad (2.44)$$

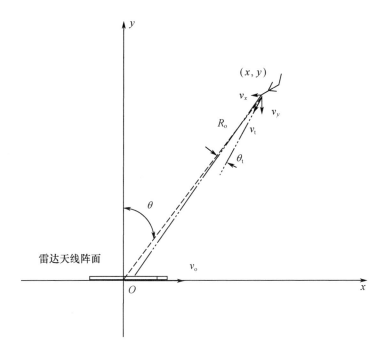

图 2.4　运动平台与运动目标之间的几何关系

目标速度和平台运动所产生的切向距离变化也有一定影响。其切向变化距离为

$$\Delta R_\perp(t) = \left| \sin\theta_t v_t t - \cos\theta v_o t \right| \tag{2.45}$$

空间角的变化可表示为

$$\Delta\theta(t) \approx 2\arcsin\left(\frac{\left| \sin\theta_t v_t t - \cos\theta v_o t \right|}{2R_o} \right) \tag{2.46}$$

对于运动平台雷达来说,平台的运动速度是已知的,故平台运动所产生角变化可以补偿;在雷达跟踪波束宽度一定的条件下,考虑根据目标运动所产生的角变化设计雷达跟踪目标数据率。

2.2.2　目标加速度

若目标沿目标速度方向进行加速飞行,设目标的加速度为 a,式(2.42)表示的目标距离可修正为

$$R(t) \approx R_o - \cos\theta_t \left(v_t t + \frac{1}{2} a t^2 \right) - \sin\theta v_o t + \frac{\left(\sin\theta_t \left(v_t t + \frac{1}{2} a t^2 \right) - \cos\theta v_o t \right)^2}{2R_o} \tag{2.47}$$

如果时间三次方以上项引起距离变化比较小,可以忽略,则式(2.47)可近似为

$$R(t) \approx R_o - \cos\theta_t\left(v_t t + \frac{1}{2}at^2\right) - \sin\theta v_o t + \frac{(\sin\theta_t v_t - \cos\theta v_o t)^2}{2R_o} \qquad (2.48)$$

考虑加速度时,每个脉冲持续时间内运动目标距离延时表示为

$$T_a(nT_r + t) \approx T_o - \frac{2\cos\theta_t v_t}{c}(nT_r + t) - \frac{2\sin\theta v_o}{c}(nT_r + t) +$$

$$\left(\frac{(\sin\theta_t v_t - \cos\theta v_o)^2}{cR_o} - \frac{\cos\theta_t a}{c}\right)(nT_r + t)^2 \qquad (2.49)$$

忽略在脉冲持续时间内目标延时的变化,则运动目标回波信号为

$$s_a(nT_r + t) = Be^{j2\pi f_o(nT_r + t - T_a(nT_r))}e^{j\pi k(t - T(nT_r))^2}g_\tau\left(t - \frac{\tau}{2} - T_a(nT_r)^2\right) \qquad (2.50)$$

切向变化距离为

$$\Delta R_\perp(t) = \left|\sin\theta_t\left(v_t t + \frac{1}{2}at^2\right) - \cos\theta v_o t\right| \qquad (2.51)$$

空间角的变化可表示为

$$\Delta\theta(t) \approx 2\arcsin\left(\frac{\left|\sin\theta_t\left(v_t t + \frac{1}{2}at^2\right) - \cos\theta v_o t\right|}{2R_o}\right) \qquad (2.52)$$

2.2.3 目标机动

目标机动通常是指目标以一定的转弯半径飞行,若目标的向心加速度为 a,转弯半径为 R_a,转弯圆心坐标为 (x_a, y_a),目标坐标为 (x, y),其他参数如图 2.5 所示,目标的切向速度为 v_t,则目标的向心加速度为

$$a = \frac{v_t^2}{R_a} \qquad (2.53)$$

角速度为

$$\omega = \frac{v_t}{R_a} = \frac{a}{v_t} \qquad (2.54)$$

$$\psi_o = \theta_t + \theta - \frac{\pi}{2} \qquad (2.55)$$

式中:ψ_o 为转目标转弯半径与 y 轴的初始角。

x 轴投影变化距离为

$$\Delta x(t) = 2\frac{v_t^2}{a}\sin\frac{\omega t}{2}\sin\left(\theta_t + \theta + \frac{\omega t}{2}\right) \qquad (2.56)$$

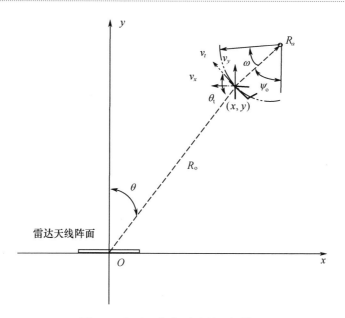

图 2.5 机动目标与雷达的几何模型

y 轴投影变化距离为

$$\Delta y(t) = -2\frac{v_t^2}{a}\sin\frac{\omega t}{2}\cos\left(\theta_t + \theta + \frac{\omega t}{2}\right) \tag{2.57}$$

目标与雷达间距离 $R(t)$ 为

$$R(t) = R_o - \sin\theta_t\Delta x(t) + \cos\theta_t\Delta y(t) + \frac{(\cos\theta_t\Delta x(t) + \sin\theta_t\Delta y(t))^2}{2R_o} \tag{2.58}$$

运动目标距离延时为

$$T(nT_r + t) = T_o - 2\sin\theta_t\frac{\Delta x(nT_r + t)}{c} + 2\cos\theta_t\frac{\Delta y(nT_r + t)}{c} +$$

$$\frac{(\cos\theta_t\Delta x(nT_r + t) + \sin\theta_t\Delta y(nT_r + t))^2}{cR_o} \tag{2.59}$$

忽略在脉冲持续时间内目标延时的变化,以及时间三次方以上项的影响,则运动目标回波信号为

$$s_r(nT_r + t) \approx Be^{j2\pi f_o(nT_r + t - T(nT_r + t))}g_\tau\left(t - \frac{\tau}{2} - T(nT_r)\right) \tag{2.60}$$

其切向变化距离为

$$\Delta R_\perp(t) = \left|\Delta x(t)\cos\theta_t + \Delta y(t)\sin\theta_t\right| \tag{2.61}$$

空间角的变化可表示为

$$\Delta\theta(t) \approx 2\arcsin\left(\frac{|\Delta x(t)\cos\theta_t + \Delta y(t)\sin\theta_t|}{2R_o}\right) \quad (2.62)$$

将 $\Delta x(t)$ 和 $\Delta y(t)$ 代入式(2.58),并整理为

$$R(t) = R_o - 2\frac{v_t^2}{a}\sin\frac{\omega t}{2}\cos\left(\theta_t + \frac{\omega t}{2}\right) + \frac{\left(2\frac{v_t^2}{a}\sin\frac{\omega t}{2}\sin\left(\theta_t + \frac{\omega t}{2}\right)\right)^2}{2R_o} \quad (2.63)$$

如果 ωt 比较小,满足 $\sin\omega t \approx \omega t$,则目标与雷达站间距为

$$R(t) \approx R_o - v_t t\cos\theta_t + \frac{1}{2}at^2\sin\theta_t + \frac{\left(v_t t\sin\theta_t + \frac{1}{2}at^2\cos\theta_t\right)^2}{2R_o} \quad (2.64)$$

如果目标加速度为零,其与式(2.28)完全相同,故匀速直线运动的目标可以认为是机动飞行目标的一种特例。其距离延时为

$$T(nT_r + t) \approx \frac{2R_o}{c} - 2\frac{v_t\cos\theta_t}{c}(nT_r + t) + \frac{a\sin\theta_t}{c}(nT_r + t)^2 +$$

$$\frac{\left(v_t(nT_r + t)\sin\theta_t + \frac{1}{2}a(nT_r + t)^2\cos\theta_t\right)^2}{cR_o} \quad (2.65)$$

■ 2.3　探测目标信号基本波形

由于雷达发射信号功率很大,而目标回波信号很微弱,若发射接收同时工作,在雷达发射大功率信号时,仅发射泄露就会造成接收机饱和,不能正常工作,若要雷达发射连续波信号,就必须收发隔离,以保证接收机正常工作,这种隔离的技术要求与雷达发射功率大小有关;若发射机工作,则接收机不接收目标回波信号,接收机接收目标回波信号时,发射机不发射,这些均由雷达收发开关控制,就形成雷达一般发射的是脉冲信号。

2.3.1　等载频脉冲信号

等载频脉冲信号是最简单信号波形之一。其脉冲宽度即目标距离分辨,一般脉内不作积累,雷达通常发射一帧信号,以一帧信号进行相参积累,提高雷达检测目标的信噪比。

等载频脉冲信号形式可表示为

$$s(nT_r + t) = Ae^{j2\pi f_o(nT_r + t)}g_\tau\left(t - \frac{\tau}{2}\right) \quad (2.66)$$

若目标回波中的多普勒频率为 f_d,目标延时为 T_o,接收到的目标回波信号经

下混频处理,得到 0 中频信号,则目标回波信号表示为

$$s_r(nT_r + t) = Be^{j\varphi_o}e^{j2\pi f_d t}e^{j2\pi f_d nT_r}g_\tau\left(t - T_o - \frac{\tau}{2}\right) \tag{2.67}$$

若目标回波多普勒频率产生的相位 $2\pi f_d t$ 可以忽略,则有

$$s_r(nT_r + t) = Be^{j\varphi_o}e^{j2\pi f_d nT_r}g_\tau\left(t - T_o - \frac{\tau}{2}\right) \tag{2.68}$$

一帧雷达回波信号的相参积累是采用傅里叶变换,由于雷达回波信号是离散形式的,设脉冲序为 n,脉冲总数为 N,离散频率为 k。故一般应用离散傅里叶变换(DFT)获取目标多普勒信息,式(2.68)的 DFT 形式为

$$S_r(k,t) = \sum_{n=0}^{N-1} s_r(nT_r + t)e^{-j2\pi k\frac{n}{N}} \tag{2.69}$$

即

$$S_r(k,t) = Be^{j\varphi_o}g_\tau(t - T_o)\sum_{n=0}^{N-1} e^{j2\pi f_d T_r N\frac{n}{N}}e^{-j2\pi k\frac{n}{N}} \tag{2.70}$$

信号谱是以 N 为模,故 $f_d T_r N$ 中整数部分不能表达出,这就产生了多普勒速度模糊,若不产生模糊则必须 $f_d T_r < 1$。

设目标的径向飞行速度为 $v_t = 200\text{m/s}$,雷达波长为 $\lambda = 0.5\text{m}$,则目标回波的多普勒频率为 $f_d = 800\text{Hz}$,根据采样定理,为了保证回波频谱不模糊,脉冲重复周期时间必须满足 $T_r < \frac{1}{f_d}$,即:$T_r < 1.25\text{ms}$,也就是脉冲重复频率满足 $f_r > 800\text{Hz}$;若目标速度为 $v_t = 600\text{m/s}$,则多普勒频率达 $f_d = 2.4\text{kHz}$,不模糊脉冲重复频率必须满足 $f_r > 2.4\text{kHz}$,即脉冲重复周期满足 $T_r < 0.417\text{ms}$。

雷达探测目标中,还存在距离模糊。如当目标回波延时 $T_o > T_r$ 时,则在当前脉冲间隔时间内,目标回波没有到达雷达接收机,而在下一脉冲间隔时间内,近区 $T_o < T_r$ 目标达到时,上一脉冲远区的目标也到达,形成了目标距离模糊,甚至要相隔几个脉冲之后远区的目标回波方才达到;例如,设 $T_r = 0.4\text{ms}$,若距离雷达 50km、100km、165km、227km、289km 各有一个目标,则不同距离目标的五个回波脉冲同时达到,在一帧信号内不能分清目标真实距离;设 $T_r = 2\text{ms}$,其不模糊距离可达 300km,但其不模糊多普勒频率为 500Hz,对于 $f_d = 2.4\text{kHz}$ 的多普勒频率产生多次模糊,不能确定其真实频率。

而解决模糊的常用方法是根据"中国余数定理"设置三种重频,分三次发射探测目标,根据获取的信息和"中国余数定理"解算出目标真实距离和速度。在设计雷达重频时,若距离模糊不可避免,则可采用比较高的重频,避免多普勒频率的模糊。

2.3.2 线性调频信号

实际检测运动目标是根据目标回波能量与平均噪声功率比即信噪比检测目

标的,在目标回波功率一定的条件下,照射目标时间越长则目标回波的能量越大。若将数段脉冲信号拼接成一宽脉冲,其能量是相同的,也就意味着其他条件相同时,它们的作用距离相同。例如,等频脉冲宽度为 $\tau = 1\mu s$,积累 200 个脉冲实现 300km 附近目标探测,那么设计脉冲宽度 $\tau = 200\mu s$ 可以达到同样威力,若 $\tau = 200\mu s$ 不能满足雷达威力要求,可设计脉冲的重复周期时间为 $T_r = 2ms$,以多个脉冲积累实现无距离模糊探测目标,但目标的距离分辨力降到 1/200,即原距离分辨为 150m,而采用宽脉冲方法的距离分辨降低到 30km,这种量级的分辨力在许多雷达探测中是不能满足技术要求的。

脉冲压缩技术则很好解决了距离分辨问题。雷达中应用脉冲压缩技术的原理是雷达发射脉冲宽度比较宽的线性调频(LFM)信号,保证有足够的目标回波能量提高信噪比,在信号处理中,利用匹配滤波器滤波,实现将宽脉冲压缩成窄脉冲,提高距离分辨。脉冲压缩技术所实现的距离分辨取决于发射信号带宽,带宽越宽,分辨力越高。雷达发射信号也可以是非线性频率调制、相位编码调制、频率编码调制等。

雷达发射线性调频信号波形可为

$$s_o(t) = e^{j\pi kt^2} g_\tau\left(t - \frac{\tau}{2}\right) \tag{2.71}$$

发射信号可表示为

$$s(nT_r + t) = Ae^{j2\pi f_o(nT_r + t)} e^{j\pi kt^2} g_\tau\left(t - \frac{\tau}{2}\right) \tag{2.72}$$

若仅考虑目标速度对多普勒频率的影响,目标初始延时为 T_o,零中频目标回波信号抽象为

$$s_r(nT_r + t) \approx Be^{j(2\pi f_d(nT_r + t) + \pi k(t - T_o)^2 + \varphi_o)} g_\tau\left(t - \frac{\tau}{2} - T_o\right) \tag{2.73}$$

式中: φ_o 为回波信号初始相位。

由于收发一体的雷达在发射雷达信号时,接收机不工作;接收机工作时,目标回波延时必须满足 $T_o > \tau$,即目标回波延时大于脉冲宽度,若目标延时小于脉冲宽度,则雷达不能探测。如 $\tau = 200\mu s$,则距离雷达 30km 以内的目标不能探测。

为了有效利用雷达功率,雷达信号有一定的占空比,在一定的占空比条件下,若探测几千千米远的目标,则脉冲宽度将相当宽,在很宽线性调频脉冲信号条件下,目标运动将影响脉冲压缩得益;或是发射一帧线性调频脉冲信号,保证探测区域内距离不模糊。

雷达探测目标能力与目标回波能量有很大关系,一旦雷达设计生产完成,雷达的规模和雷达硬件参数就确定了,而可调目标回波能量的,除了目标的 RCS,就是目标被照射时间的控制。

由于目标回波信噪比与距离的四次方成反比,在相同信噪比要求下,近区目标在比较小的能量条件下就可获得所需检测信噪比,而远区的目标则需要更大的能量才能达到检测信噪比,在雷达发射功率一定的条件下,合理分配雷达功率,则可有效发挥雷达作用。

在收发一体雷达中,发射信号的占空比小于 50% ;若发射脉冲宽度大于脉冲重复周期时间的一半,则雷达接收目标回波信号时,在目标回波没有接收完整的情况下,雷达转换发射状态,会造成信号能量和带宽损失。

雷达发射信号的脉冲宽度与重频一般根据雷达平台、波位数、目标的 RCS、探测目标的距离范围、多普勒频率分辨力、目标回波谱的范围和目标谱的模糊及其谱折叠状况进行设计。

2.3.3　连续波信号

连续波雷达可以实现目标没有距离和速度模糊探测。调频广播是连续波,故利用调频广播探测的雷达(称外辐射源雷达,下文无特殊说明,外辐射源指调频广播)也是一种连续波雷达,但接收的是目标反射他源信号,连续波雷达的关键技术之一是直达波的处理。

外辐射源发射的调频信号一般可表示为

$$s(t) = Ae^{j(2\pi f_0 t + m_f \sin\Omega t)} \tag{2.74}$$

式中:Ω 为调制角频率;$m_f = \dfrac{\Delta\omega}{\Omega}$ 为调制指数;A 为发射信号幅度。

若有一点目标匀速运动,则目标回波延时为 $T(t) = T_o - \dfrac{2v\cos\beta}{c}t$,则目标回波经下混 0 中频后可表示为

$$s_r(t) = Be^{j\left(2\pi f_d t + m_f \sin\Omega\left(t - T_o + \frac{2v\cos\beta}{c}t\right) + \varphi_o\right)} \tag{2.75}$$

式中:B 为接收信号幅度。

由于调频广播的带宽一般为 180kHz,波长为 $\lambda = 3m$,若设目标速度 $v < 700m/s$,则目标回波多普勒频率 $f_d < 500Hz$,故根据采样定理,A/D 采样频率设置为 200kHz 可以保证信号谱不会产生重叠,目标的多普勒频率也不会产生模糊,虽然调频广播连续波信号是循环平稳信号,但大部分时间段的频谱重复周期时间远远大于目标延时,可在大部分时间内保证距离不模糊。

有源连续波雷达通常发射和接收是分置的,其发射连续发射,接收连续接收,以收发分置降低发射对接收的影响,其发射的典型波形调频如锯齿波、三角波。

连续锯齿波线性调频波形的时频关系如图 2.6 所示,数学表达式为

$$s(nT_r + t) = Ae^{j2\pi\left(f_o(nT_r + t) + \frac{1}{2}\frac{F}{T_r}t^2\right)}g_{T_r}\left(t - \frac{\tau}{2}\right) \tag{2.76}$$

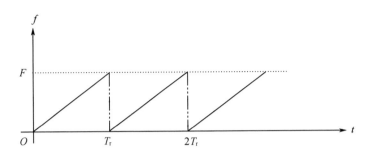

图 2.6　连续锯齿波线性调频时频关系

匀速运动目标的回波延时可为

$$T(nT_r + t) = T_o - \frac{2v\cos\beta}{c}(nT_r + t) \tag{2.77}$$

考虑雷达接收到的目标回波下混滤波去除载频后的 0 中频目标信号为

$$s_r(nT_r + t) \approx e^{j\varphi_o} e^{j2\pi\left(f_d(nT_r + t) + \frac{1}{2}\frac{F}{T_r}\left(t - T_o + \frac{2v\cos\beta}{c}nT_r\right)^2\right)} g_{T_r}\left(t - \frac{\tau}{2} - T_o + \frac{2v\cos\beta}{c}nT_r\right) \tag{2.78}$$

若设计的信号重复周期时间 T_r 远大于探测目标回波延,则信号的采样频率满足采样定理,即可实现目标回波没有距离和多普勒频率模糊。

连续三角波形调频的时间频率变化如图 2.7 所示。连续波雷达波形还可以采用噪声调制、相位编码等方法控制。

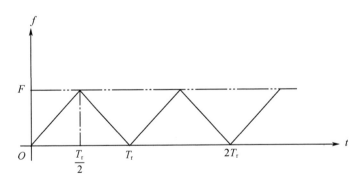

图 2.7　连续三角波线性调频时频关系

2.4　目标探测的边界条件

2.4.1　雷达探测视距

目标能被雷达探测到的前提条件是目标能被雷达发射的电磁波照射到,由于存在地球曲率,而大部分雷达波是沿直线传播,故不是所有高度目标均能被雷达探测到,即存在雷达波照射盲区。

图 2.8 中的圆示意为地球,地球的半径为 R_e,若有一部雷达在 a 点,架高 h,设目标在 b 点,高度为 H,ab 连线在 y 轴与地球相切于 c 点,bc 线以下雷达波束照射不到,也就是说在此区域的目标不能被雷达探测到,故雷达探测目标视距为

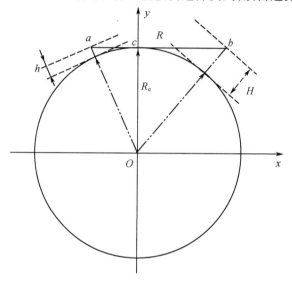

图 2.8　视距示意图

$$R = \sqrt{(h + R_e)^2 - R_e^2} + \sqrt{(H + R_e)^2 - R_e^2} \tag{2.79}$$

$$R \approx \sqrt{2R_e}(\sqrt{h} + \sqrt{H}) \tag{2.80a}$$

地球半径取 $R_e = 6368\text{km}$,则有

$$R \approx 3.57(\sqrt{h} + \sqrt{H}) \tag{2.80b}$$

式中:h 和 H 单位为 m;R 单位为 km。考虑大气折射影响,通常雷达探测视距可表示为

$$R \approx 4.13(\sqrt{h} + \sqrt{H}) \tag{2.81}$$

设雷达架高为 9m,目标飞行高度为 7000m,则雷达视距为 358km,目标飞行高度 10km 时,则雷达视距为 425km,故设计雷达威力时必须考虑雷达视距问题,保证利用雷达探测能力;当目标飞行高度为 100m 时,雷达视距仅为 53.7km,这说明低空飞行的目标使雷达的探测性能不能充分发挥,但可以采用提高雷达平台的高度,或采用其他特殊措施解决低空目标探测。地面有建筑物或山时会阻挡电磁波的传输,影响目标探测,图 2.9 中的 d 表示一座山阻挡了雷

达波束的传输,图2.8中应能探测到的 b 目标已不能被雷达信号照射到,如图2.9中的点画线所示,这说明在雷达探测目标时,不仅要考虑地球曲率,还必须考虑地形影响。

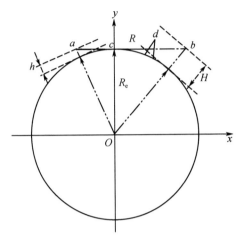

图2.9　存在遮挡时的视距示意图

2.4.2　时域处理约束

雷达探测目标还必须保证目标回波能被雷达接收到。若目标回波信号能在雷达接收机中产生影响,那么在收发一体雷达中,在收发开关转换到发射信号时,雷达不接收目标回波信号,这就是时间盲区。即使雷达避开时间盲区,雷达信号的时域处理还会遇到目标回波信号的延时变化、频率和相位的约束。

2.4.2.1　线性调频信号的脉压影响

式(2.49)中,设目标距离 R_o 足够远,使得式中第4项可以忽略,则得目标回波距离变化延时为

$$T(nT_r + t) \approx T_o - 2\frac{v_t \cos\theta_t}{c}(nT_r + t) + \frac{(v_t(nT_r + t)\sin\theta_t)^2}{cR_o} \qquad (2.82)$$

忽略加速度对延时的影响,则零中频目标回波可表示为

$$s_r(nT_r + t) \approx B\mathrm{e}^{-\mathrm{j}(2\pi f_o T(nT_r + t) + \varphi_o)}\,\mathrm{e}^{\mathrm{j}\pi k(t - T(nT_r + t))^2}\,g_\tau\left(t - \frac{\tau}{2} - T(nT_r + t)\right)$$

$$(2.83)$$

其信号波形如式(2.71)所示,这里研究距离变化的影响,以去斜处理为例(匹配滤波器处理方式原理相同),取去斜参考信号与式(2.71)形式相同,其脉冲持续时间宽于脉冲回波脉冲宽度,故可以其延时 T_x 共轭相乘,去除时间二方

项;设 $T_x \leqslant T_o$,去斜后的脉冲持续时间内的零中频目标回波幅度归一化的信号为

$$s_r(nT_r + t) \approx e^{-j(2\pi f_o T(nT_r + t) + \varphi_o)} e^{j\pi k(T_x - T(nT_r + t))(2t - T_x - T(nT_r + t))} \quad (2.84)$$

若 $T_x = T_o - \Delta T$,则

$$s_r(nT_r + t) \approx e^{-j\left(2\pi f_o\left(T_o - 2\frac{v_t\cos\theta_t}{c}(nT_r + t) + \frac{(v_t(nT_r + t)\sin\theta_t)^2}{cR_o}\right) + \varphi_o\right)} \times$$

$$e^{j2\pi k 2\frac{v_t\cos\theta_t}{c}(nT_r + t)(t - T_o)} e^{j2\pi k\frac{(v_t(nT_r + t))^2}{c}\left(\frac{T_o}{R_o}\sin^2\theta_t + \frac{2}{c}\cos^2\theta_t\right)} \quad (2.85)$$

式中的脉冲持续时间内的多普勒频率为

$$f_d(t) = 2\frac{v_t\cos\theta_t}{\lambda} - \frac{2v_t^2\sin^2\theta_t}{\lambda R_o}nT_r +$$

$$2\frac{k}{c}\left(v_t\cos\theta_t(nT_r - T_o) + v_t^2\left(\frac{T_o}{R_o}\sin^2\theta_t + \frac{2}{c}\cos^2\theta_t\right)nT_r\right) -$$

$$\left\{\frac{2v_t^2\sin^2\theta_t}{\lambda R_o} + 2\frac{k}{c}\left(2v_t\cos\theta_t + v_t^2\left(\frac{T_o}{R_o}\sin^2\theta_t + \frac{2}{c}\cos^2\theta_t\right)\right)\right\}t \quad (2.86)$$

式(2.86)中的前几项不随时间变化,最后一项是时间 t 的函数,是线性频率变化部分,会造成脉冲压缩幅度损失,为了能忽略其对脉冲压缩的损失,所以在脉冲宽度为 τ 时,其所产生的相位变化要小于 $\frac{\pi}{4}$,即

$$\left\{\frac{v_t^2\sin^2\theta_t}{\lambda R_o} + \frac{k}{c}\left(2v_t\cos\theta_t + v_t^2\left(\frac{T_o}{R_o}\sin^2\theta_t + \frac{2}{c}\cos^2\theta_t\right)\right)\right\}\tau^2 < \frac{1}{8} \quad (2.87)$$

发射信号带宽为 $B = k\tau$,忽略 τ^2,则有

$$\tau < \frac{c}{16B\left(v_t\cos\theta_t + v_t^2\left(\frac{T_o}{2R_o}\sin^2\theta_t + \frac{1}{c}\cos^2\theta_t\right)\right)} \quad (2.88)$$

从式中可以看出,发射信号带宽越宽,则发射信号的脉冲宽度越窄;由于目标的速度远小于光速,故式(2.88)可化简为

$$\tau < \frac{c}{16Bv_t\cos\theta_t} \quad (2.89)$$

若目标的径向速度为 600m/s,发射信号带宽为 2MHz,则发射信号的脉冲宽度 $\tau \leqslant 15.6\text{ms}$;若目标的径向速度为 5000m/s,则发射信号的脉冲宽度 $\tau \leqslant 1.88\text{ms}$;如果发射信号带宽变宽,则影响更大,在某些应用条件下,不得不考虑补偿这种损失。

2.4.2.2　跨距离门

雷达检测目标主要是通过能量积累检测,不仅需要进行脉冲压缩,还需要进

行脉冲积累。若脉冲宽度和信号带宽满足式(2.89)，则脉冲积累时可不考虑脉内目标距离变化，故每个脉冲信号目标延时的式(2.65)可简化为

$$T(nT_r + t) \approx \frac{2R_o}{c} - 2\frac{v_t\cos\theta_t}{c}nT_r + \frac{a\sin\theta_t}{c}(nT_r)^2 +$$

$$\frac{\left(v_t nT_r\sin\theta_t + \frac{1}{2}a(nT_r)^2\cos\theta_t\right)^2}{cR_o} \qquad (2.90)$$

在式(2.90)中的第4项是与目标距离变化的有关项，在检测信噪比相同的条件下，距离越近，所需要的积累脉冲数(积累时间)越少，在其他参数相同时，积累脉冲数与距离的4次方成正比，合理设计积累时间，可以不考虑第4项的影响。如设雷达距离门宽度为50m，目标速度为600m/s，加速度为30m/s²，积累时间长度为1s，目标最大切向运动距离为615m，若目标距离为300km，其与雷达径向距离投影为0.63m，即使目标距离雷达100km，其所产生的径向距离变化也远小于距离门宽度，故对于气动目标该项可以忽略。对于高超声速目标速度为5000m/s，加速度为100m/s²，积累时间为0.2s，目标最大切向运动距离约为1000m，若目标距离雷达300km，其所产生的径向距离变化远小于距离门宽度，故在一定条件下，式(2.90)中的第4项忽略后有

$$T(nT_r + t) \approx \frac{2R_o}{c} - 2\frac{v_t\cos\theta_t}{c}nT_r + \frac{a\sin\theta_t}{c}(nT_r)^2 \qquad (2.91)$$

在高分辨的条件下，需要根据具体情况进行分析，在某些条件下是不能简化的。

在式(2.91)中，变化部分的距离为

$$\Delta R(nT_r) \approx -v_t nT_r\cos\theta_t + \frac{1}{2}a(nT_r)^2\sin\theta_t \qquad (2.92)$$

为了保证每个脉冲能积累，其前提条件是目标变化的距离在一个距离门内，设距离门宽度为Δr_o，为了减小积累损失，约束目标距离变化应满足

$$\Delta R(nT_r) < \frac{\Delta r_o}{4} \qquad (2.93)$$

即

$$-v_t nT_r\cos\theta_t + \frac{1}{2}a(nT_r)^2\sin\theta_t < \frac{\Delta r_o}{4} \qquad (2.94)$$

对于气动目标，假设条件如前，则1s时间内最大径向距离变化为615m，远大于距离门宽度，解决的方法有三，一是缩短积累时间长度，如积累时间长度为0.02s即可，但为了有足够能量检测目标，就有必要增大探测目标区域的功率密度，或增大脉冲宽度，但又受发射信号占空比的约束；另一是增大距离门宽度，保证目标在积累时间内在同一距离门；三是采用跨距离门积累，实现有效积累和距

离分辨。

利用搜索周期历史数据实现积累时,若搜索间隔时间为 10s,当用二次数据积累时,仍用前数据,10s 内目标飞行 6.15km,目标已跨多个距离门,若用 4 次搜索数据,目标则飞行 18.45km,如果考虑目标飞行非平稳情况,如何积累则成为提高雷达性能的关键。

2.4.3　多普勒约束

雷达回波信号处理,影响目标检测的二个问题是速度盲区与多普勒谱扩展造成目标回波谱跨多普勒门。

由式(2.91)所表示的目标回波延时,可得其所产生的相位为

$$\varphi(nT_r) \approx -2\pi\left(\frac{2R_o}{\lambda} - 2\frac{v_t\cos\theta_t}{\lambda}nT_r - \left(\frac{a\sin\theta_t}{\lambda} + \frac{(v_t\sin\theta_t)^2}{\lambda R_o}\right)(nT_r)^2\right) \quad (2.95)$$

如果目标平稳飞行,没有加速度,则上式可简化为

$$\varphi(nT_r) \approx -2\pi\left(\frac{2R_o}{\lambda} - 2\frac{v_t\cos\theta_t}{\lambda}nT_r - \frac{(v_t\sin\theta_t)^2}{\lambda R_o}(nT_r)^2\right) \quad (2.96)$$

当 $f_d = 2\frac{v_t\cos\theta_t}{\lambda} = \frac{1}{T_r} = f_r$ 时,有 $\varphi(nT_r) \approx -2\pi\frac{2R_o}{\lambda}$,目标信号会出现在零多普勒频率,不能有效检测目标,其直接处理的方法是下一帧发射信号时,改变发射信号频率,避免信号谱出现在零频附近。

分析式(2.95)可得目标多普勒频率为

$$f_d(nT_r) \approx 2\frac{v_t\cos\theta_t}{\lambda} - 2\left(\frac{a\sin\theta_t}{\lambda} + \frac{(v_t\sin\theta_t)^2}{\lambda R_o}\right)nT_r \quad (2.97)$$

在式(2.97)中,第 1 项是固定频率项,第 2 项是随时间变化项,随时间变化的多普勒频率可表示为

$$\Delta f_d(nT_r) = -2\left(\frac{a\sin\theta_t}{\lambda} + \frac{(v_t\sin\theta_t)^2}{\lambda R_o}\right)nT_r \quad (2.98)$$

这是一线性调频项,其作用的结果是目标回波谱的扩展,目标回波能量分散在扩展的多普勒谱间,造成雷达检测目标能力下降,故要求目标回波谱的扩展不能超多普勒门(速度门),由于相位的变化会造成积累损失,故对变化的相位提出约束为

$$\left(a\sin\theta_t + \frac{(v_t\sin\theta_t)^2}{R_o}\right)(nT_r)^2 < \frac{\lambda}{8} \quad (2.99)$$

式(2.99)的含义是因目标机动或切向距离变化在径向投影满足小于 1/8 波长时,线性调频项引起的积累损失可以不考虑。

2.4.4　角度变化约束

目标运动过程中,目标与雷达之间距离不仅存在径向距离变化,还存在切向距离变化,切向距离变化引起雷达探测目标方位、俯仰角的变化,若目标能被雷达探测到,则要求在探测期间,目标被雷达发射波束照射到,同时其回波能被雷达接收波束接收到,若考虑收发波束有 $-3dB$ 衰减,则可约束目标回波角变化要小于半个 $-3dB$ 波束宽度 $\Delta\theta_{3dB}$,即

$$\Delta\theta(t) < \frac{1}{2}\Delta\theta_{3dB} \tag{2.100}$$

若雷达搜索空域大,每个波位驻留时间足够短,在相参积累时间内,目标的角度变化可以忽略时,可以不考虑此问题;但采用长时积累技术,且雷达平台运动时,目标回波跨波束问题不得不考虑。

当考虑利用帧间信号实现相参积累,则此问题必须考虑。设雷达搜索时间间隔 T_s 为 10s,目标切向变化距离为 6.15km,仍设目标距离雷达 300km,可计算目标角变化 $\Delta\theta(T_s) = 1.2°$,目标可能出现在相邻两个波位,目标跨波束问题已不可避免,若积累 4 帧探测信号,则目标运动变化距离达 18.45km,目标角变化 $\Delta\theta(T_s) = 3.52°$,这造成多帧信号积累更为复杂。

参考文献

[1] 斯科尔尼克 M I. 雷达手册[M]. 谢卓 译. 北京:国防工业出版社,1978.

[2] 斯科尔尼克 M I. 雷达手册(第二版)[M]. 王军,等译. 北京:电子工业出版社,2003,

[3] 伊优斯 杰里 L,等. 现代雷达原理[M]. 卓荣邦,等译. 北京:电子工业出版社,1991.

[4] 蔡希尧. 雷达系统概论[M]. 北京:科学出版社,1983.

[5] 张光义. 相控阵雷达技术[M]. 北京:电子工业出版社,2006.

[6] 张光义. 空间探测相控阵雷达[M]. 北京:科学出版社,1989.

[7] 李蕴滋,等. 雷达工程学[M]. 北京:海洋出版社,1999.

[8] 丁鹭飞,等. 雷达系统[M]. 西安:西北电讯工程学院出版社,1984.

[9] 丁鹭飞. 雷达原理[M]. 西安:西北电讯工程学院出版社,1984.

[10] 向敬成,等. 雷达系统[M]. 北京:电子工业出版社,2001.

[11] 莱德诺尔 L N. 雷达总体工程[M]. 田宰,雨之,译. 北京:国防工业出版社,1965.

第**3**章

雷达目标回波信号积累

◤ **3.1** 雷达信号谱

3.1.1 傅里叶变换定义

若一信号为 $x(t)$，其可以认为是由多个频率信号共同作用的结果，应用傅里叶变换可以获取信号的各频率分量。傅里叶变换的定义可表示为

$$X(\omega) = \int_{-\infty}^{\infty} x(t) e^{-j\omega t} dt \tag{3.1}$$

式中：t 为时间；ω 为角频率。

反傅里叶变换为

$$x(t) = \frac{1}{2\pi} \int_{-\infty}^{+\infty} X(\omega) e^{j\omega t} d\omega \tag{3.2}$$

雷达探测主要是根据目标回波能量进行目标检测的。信号的能量可表示为

$$E = \int_{-\infty}^{\infty} |x(t)|^2 dt = \int_{-\infty}^{\infty} x(t) \overset{*}{x}(t) dt$$

式中：$\overset{*}{x}(t)$ 为 $x(t)$ 共轭。

将式(3.2)代入有

$$E = \int_{-\infty}^{\infty} |x(t)|^2 dt = \frac{1}{2\pi} \int_{-\infty}^{+\infty} |X(\omega)|^2 d\omega \tag{3.3}$$

式中：$|X(\omega)|^2$ 可称为单位频率能量密度，根据能量守恒定理，时域获取的信号能量与傅里叶变换后频域信号能量相等。

3.1.1.1 单脉冲信号谱

雷达通常发射脉冲信号探测目标，对于图 3.1(a)所示单脉冲信号，其数学表达式为

$$a(t) = \begin{cases} A & |t| \leqslant \dfrac{\tau}{2} \\ 0 & \text{其他} \end{cases} \tag{3.4}$$

式中：A 为信号幅度；τ 为脉冲宽度。

图 3.1(a)所示的脉冲信号也称为门函数，门函数一般以 $g_\tau(t)$ 表示，τ 为脉冲信号持续时间，故式(3.4)也可表示为

$$a(t) = Ag_\tau(t) \tag{3.5}$$

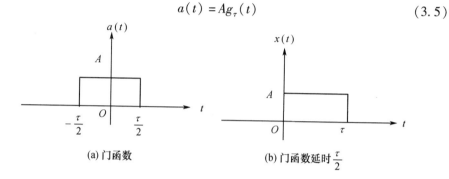

(a) 门函数   (b) 门函数延时 $\dfrac{\tau}{2}$

图 3.1　时域门函数

设门函数延时 $\dfrac{\tau}{2}$，即 $x(t) = Ag_\tau\left(t - \dfrac{\tau}{2}\right)$，如图 3.1(b)所示，则其傅里叶变换谱为

$$X(\omega) = A\tau \mathrm{Sa}\left(\dfrac{\omega\tau}{2}\right)\mathrm{e}^{-\mathrm{j}\frac{\omega\tau}{2}} \tag{3.6}$$

式中：$\mathrm{Sa}\left(\dfrac{\omega\tau}{2}\right) = \dfrac{\sin\dfrac{\omega\tau}{2}}{\dfrac{\omega\tau}{2}}$ 为辛格函数。

图 3.2 为门脉冲信号的主瓣加部分副瓣的归一化谱，谱的横坐标为频率时间积。若以 $-3\mathrm{dB}$ 为信号分辨基准，那么信号谱的 $-3\mathrm{dB}$ 宽度为

$$B = \dfrac{0.885}{\tau} \tag{3.7}$$

在 $-3\mathrm{dB}$ 信号谱带宽内，集中了约 72% 信号能量，即表明傅里叶变换可以实现信号能量的积累。

脉冲信号谱为辛格形的原因是其为有限时间信号。

3.1.1.2　脉冲串信号谱

脉冲串的时域信号波形如图 3.3 所示，其数学表达式为

$$y(t) = Ag_\tau\left(t - \dfrac{\tau}{2} - nT_r\right) \tag{3.8}$$

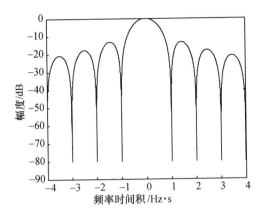

图 3.2 门函数谱

式中:T_r 为信号重复周期,n 为整数,表示时间序列。其傅里叶变换为

$$Y(\omega) = X(\omega) \sum_{n=0}^{N-1} \mathrm{e}^{-\mathrm{j}\omega n T_r}$$

$$Y(\omega) = AN\tau \mathrm{Sa}\left(\frac{\omega\tau}{2}\right) \widetilde{\mathrm{Sa}}\left(\frac{\omega N T_r}{2}\right) \mathrm{e}^{-\mathrm{j}\frac{(N-1)T_r+\tau}{2}\omega} \qquad (3.9)$$

式中:$\widetilde{\mathrm{Sa}}\left(\dfrac{\omega N T_r}{2}\right) = \dfrac{\sin\left(\dfrac{\omega N T_r}{2}\right)}{N\sin\left(\dfrac{\omega T_r}{2}\right)}$,$N$ 表示时间序列总数,后文中均以此表示。

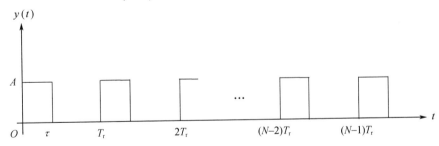

图 3.3 脉冲串

分析式(3.9),可知脉冲串的信号谱被脉冲谱 $X(\omega)$ 调制,故其可表示为

$$Y(\omega) = NX(\omega) \widetilde{\mathrm{Sa}}\left(\frac{\omega N T_r}{2}\right) \mathrm{e}^{-\mathrm{j}\frac{(N-1)}{2}\omega T_r} \qquad (3.10)$$

取 $T_r = 2\tau$,$N = 2$,并进行归一化处理,可获取图 3.4(a)所示脉冲串谱图,图中虚线为 $X(\omega)$,频率(f)时间(τ)积为 $f\tau$(后文中没有特别说明,也是指 $f\tau$),在 $X(\omega)$ 主瓣内有 3 个 $Y(\omega)$ 谱峰;若 T_r 不变,$N = 8$,脉冲串的频谱图如图 3.4(b)

所示,与图3.4(a)比较,谱峰数和谱峰位置不变,但峰的宽度变窄;若 $T_r = 4\tau$,$N = 8$,其频谱图如图3.4(c)所示,从图中可以明显发现谱峰数增加,峰的宽度变窄。这些现象可以通过分析式(3.10)得到解释,被 $X(\omega)$ 调制的信号谱中峰的出现取决于分母中的 $\sin\dfrac{\omega T_r}{2}$ 的周期性,当 T_r 不变时,其峰出现的周期性不变,N 的变化对周期性没有影响;而峰的宽度主要决定于分子 $\sin\dfrac{\omega N T_r}{2}$,$N$ 的变化则造成峰的宽度变化;T_r 的变化不仅影响峰出现的周期性,同时还影响峰的宽度。

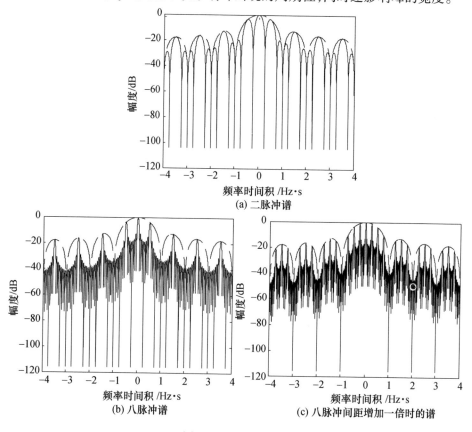

图3.4　多个脉冲谱

3.1.1.3　多普勒频率的影响

雷达探测运动目标时,目标回波中含有多普勒频率,则式(3.8)可修正为

$$y(t) = A g_\tau\left(t - \frac{\tau}{2} - nT_r\right)e^{j2\pi f_d t} \tag{3.11}$$

其傅里叶变换表达式为

$$Y(f) = NX(f-f_d) \tilde{Sa}(\pi(f-f_d)NT_r) e^{-j\pi(f-f_d)(N-1)T_r} \tag{3.12}$$

式中：$\tilde{Sa}(\pi(f-f_d)NT_r) = \dfrac{\sin\pi(f-f_d)NT_r}{N\sin\pi(f-f_d)T_r}$。

含有多普勒信号谱的波形如图 3.5 中实线所示，它是在图 3.4(c)仿真条件下，如图中的虚线和点线所示，与图中的点线比较，谱的包络没有变化，仅位置发生偏移，多普勒频率会造成回波谱的整体移动。

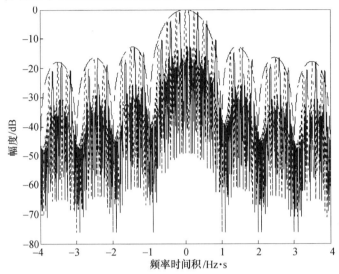

图 3.5　多普勒频率产生信号谱偏移

3.1.2　离散傅里叶变换

若以采样间隔时间为 ΔT 对信号 $x(t)$ 采样，可获取离散信号为 $x(n) = x(n\Delta T)$，则其傅里叶变换为

$$X(f) = \sum_{n=-\infty}^{+\infty} x(n) e^{-j2\pi f n\Delta T} \tag{3.13}$$

设运动目标回波信号含有多普勒频率，离散化信号可简单表示为 $x(n) = Ae^{j2\pi f_d \Delta Tn}$，若 $f_d\Delta T = k+\delta$，其中 k 为整数，即 $k = \pm 1, \pm 2, \cdots$；δ 为小于 1 的数，信号的相位以 2π 为周期，则有 $x(n) = Ae^{j2\pi(k+\delta)n} = Ae^{j2\pi\delta n}$，这也就是雷达目标回波的多普勒频率模糊，若目标回波不出现模糊，则要求必须满足采样定理，即在正交信号条件下，带通信号中的最大频率必须满足 $f_{max} < \dfrac{1}{\Delta T}$。若 $\delta = 0$，则目标回波信号采样后为一直流，雷达系统不能判别是目标回波或为系统本振泄漏，这也就是所谓多普勒盲区。

通常目标回波信号为有限时间信号，共采样 N 点，若对频率 f 离散化，则离散傅里叶变换为

$$X(k) = \sum_{n=0}^{N-1} x(n) e^{-j2\pi n \frac{k}{M}} \qquad (3.14)$$

其离散傅里叶反变换为

$$x(n) = \frac{1}{N} \sum_{k=0}^{N-1} X(k) e^{j2\pi n \frac{k}{N}} \qquad (3.15)$$

3.1.3 频域采样损失

式(3.14)表示的离散傅里叶变换为离散信号的频域取样。若采样信号表示为

$$x(n) = A e^{j2\pi f_d \Delta T n} \quad (n < N) \qquad (3.16)$$

式中：f_d 为多普勒频率；ΔT 为采样周期。

如果多普勒频率为零，即 $f_d = 0$，那么对于有限时间信号，其为门脉冲信号，此信号的谱包络如图 3.2 所示，为一脉冲信号的频域连续傅里叶谱；若脉冲信号持续时间内采样 M 点，对其进行 M 点傅里叶变换，即 $N = M$，在式(3.14)中的频域取样点为 $0, \pm \frac{1}{M\Delta T}, \pm \frac{2}{M\Delta T}, \cdots$，其 M 点离散傅里叶变换谱如图 3.6(a)所示，0 点采样到脉冲信号的频域最大值，而 $\pm \frac{1}{M\Delta T}, \pm \frac{2}{M\Delta T}, \cdots$ 对应脉冲信号谱的零值，故离散谱仅在 0 点有一峰出现。频域采样点可以是固定的，若脉冲信号含有频率项，信号谱将会发生偏移，则离散傅里叶变换频率采样值也发生变化，设脉冲信号含有频率为 $\frac{1}{2M\Delta T}$，那么频域采样就不会采到信号的峰值点，如图 3.6(b)所示，信号主瓣会被采样两次，比峰值点采样下降 3.9dB，这对雷达探测威力是有比较大的影响，同时每个副瓣也被采样到信号，信号谱不再是单一峰。

3.1.3.1 提高采样率

为了减小频域采样所带来的损失，可采用的直观想法是增加频域的采样密度，若频域采样率增加一倍，即 $N = 2M$，其频域取样点为 $0, \pm \frac{1}{2M\Delta T}, \pm \frac{1}{M\Delta T}, \cdots$，在前述条件下，保证频域采样到信号峰最大值点，如图 3.6(c)所示，副瓣采样中，有部分采到信号的零值点，另一部分采到副瓣峰点。

雷达搜索目标回波多普勒频率通常是未知的，若脉冲信号含有频率为 $\frac{1}{4M\Delta T}$，那么频域采样同样也不会采到信号的峰值点，如图 3.6(d)所示，频域采

样损失约为 0.9dB;若频域采样率再增加一倍,即 $N = 4M$,其频域取样点为 0,

$\pm \dfrac{1}{4M\Delta T}$, $\pm \dfrac{2}{4M\Delta T}$, $\cdots$,则频域采样损失不大于 0.22dB,如图 3.6(e)所示。

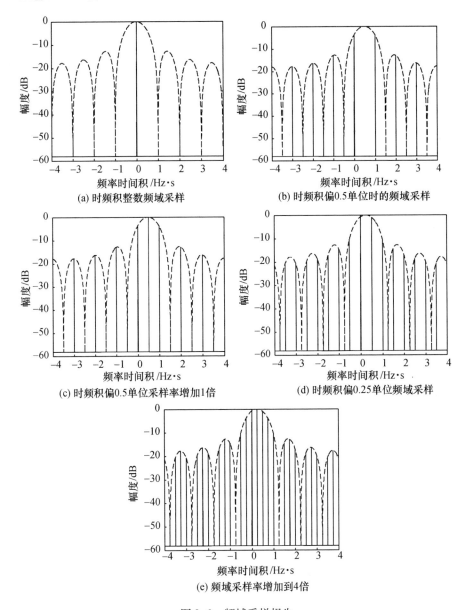

(a) 时频积整数频域采样

(b) 时频积偏0.5单位时的频域采样

(c) 时频积偏0.5单位采样率增加1倍

(d) 时频积偏0.25单位频域采样

(e) 频域采样率增加到4倍

图 3.6　频域采样损失

由此可见:信号的频域采样是对信号频域包络的采样,它反映了目标回波信号在各频率滤波器的投影输出为信号频域包络,同时也说明了信号频域的分辨力与傅里叶变换频域采样没有关系,而取决于信号时域有效采样时间的长度。

3.1.3.2 频率补偿

从图 3.6(b)中看到,由于信号最大峰值点偏离了频域采样点而造成傅里叶变换处理损失,减小这种损失的另一种方法是对信号进行频率补偿,使信号频谱峰产生偏移,这样频域采样就有可能采集到信号谱的峰值附近。

由于 $N=M$ 时的频域采样的频率间隔为 $\dfrac{1}{M\Delta T}$,可将信号频率补偿单位取为 $\dfrac{1}{4M\Delta T}$,故信号需要补偿的频率点为 $\dfrac{1}{4M\Delta T}$、$\dfrac{1}{2M\Delta T}$、$\dfrac{3}{4M\Delta T}$,经 4 次傅里叶变换可以保证总存在一次频域采样的频率偏差小于 $\dfrac{1}{8M\Delta T}$。

若信号回波多普勒频率为 $\dfrac{1}{8M\Delta T}$Hz,直接傅里叶变换后频域采样如图 3.7(a)所示,其频域采样损失 0.22dB;信号频率补偿 $\dfrac{1}{4M\Delta T}$,频域采样如图 3.7(b)所示,其频域采样损失 0.22dB;信号频率补偿 $\dfrac{1}{2M\Delta T}$,频域采样如图 3.7(c)所示,其频域采样损失 2.1dB;信号频率补偿 $\dfrac{3}{4M\Delta T}$,频域采样如图 3.7(d)所示,其频域采样损失 2.1dB;故综合对原信号补偿后频域采样损失小于 0.22dB。

3.1.4 匹配傅里叶变换[1-4]

由于目标机动或加速运动而造成目标回波多普勒谱的扩展,这是一种客观存在,若这种扩展在测量时间比较短的条件下可能对积累的影响比较小,如当扩展的多普勒频率的带宽时间积为 2Hz·s 时,积累损失为 1dB;当带宽时间积为 4Hz·s 时,积累损失为 4dB,如图 3.8(a)所示,且谱的峰位置产生偏移;带宽时间积为 6Hz·s 时,积累损失为 5.7dB,如图 3.8(b)所示,出现双峰,双峰之间的凹口超过 −3dB,在目标检测中有可能误判为二个目标;就其原因是目标回波谱的扩展造成了目标回波能量在频带内的扩展,信号的能量没有完全积累,必须考虑匹配傅里叶变换(MFT)实现在多普勒频率扩展条件下的积累。

若函数 $x(t)$ 在 $0\leqslant t\leqslant\tau$ 内存在且连续,则匹配傅里叶变换对可以表示为

$$X(\omega)=\int_0^\tau x(t)\mathrm{e}^{-\mathrm{j}\omega\xi(t)}\,\mathrm{d}\xi(t) \tag{3.17}$$

$$x(t)=\frac{1}{2\pi}\int_{-\infty}^{+\infty}X(\omega)\mathrm{e}^{\mathrm{j}\omega\xi(t)}\,\mathrm{d}\omega \tag{3.18}$$

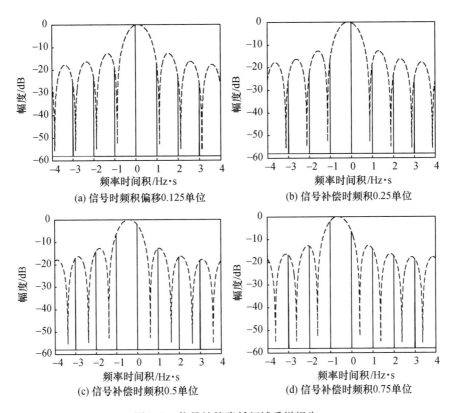

图 3.7　信号补偿降低频域采样损失

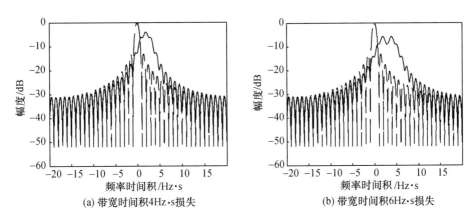

图 3.8　频谱扩展损失

式中：$\xi(t)$ 单调、连续且有界，$\xi(0)=0$，反函数 $\xi^{-1}(\cdot)$ 存在。

　　若令 $\xi(t)=t$，代入式（3.17）和式（3.18）就可以得到一般傅里叶变换的形式,故可以认为傅里叶变换是匹配傅里叶变换的一种特例。

则信号 $x(t)$ 的离散形式为 $x(nT)$,以 $x(n)$ 表示 $x(nT)$,式(3.17)所表示的匹配傅里叶变换的离散形式为

$$X(k\Delta f) \approx \sum_{n=0}^{N-1} x(n) \mathrm{e}^{-\mathrm{j}2\pi k\Delta f\xi(nT)} (\xi(nT) - \xi((n-1)T)) \qquad (3.19)$$

也可记为

$$X(k) \approx \sum_{n=0}^{N-1} x(n) \mathrm{e}^{-\mathrm{j}2\pi k\Delta f\xi(nT)} (\xi(nT) - \xi((n-1)T)) \qquad (3.20\mathrm{a})$$

或

$$X(k) \approx \sum_{n=0}^{N-1} x(n) \mathrm{e}^{-\mathrm{j}2\pi k\Delta f\xi(nT)} \xi'(nT) \qquad (3.20\mathrm{b})$$

式(3.18)所表示的逆匹配傅里叶变换的离散形式为

$$x(nT) \approx \frac{1}{N} \sum_{k=0}^{K-1} X(k) \mathrm{e}^{\mathrm{j}2\pi k\Delta f\xi(nT)} \qquad (3.21\mathrm{a})$$

也可记为

$$x(n) \approx \frac{1}{N} \sum_{k=0}^{K-1} X(k) \mathrm{e}^{\mathrm{j}2\pi k\Delta f\xi(nT)} \qquad (3.21\mathrm{b})$$

离散匹配傅里叶变换(DMFT)[4]反映了信号在匹配傅里叶频域的采样。若以线性调频信号为例,其信号形式可表示为

$$x(n) = A\mathrm{e}^{\mathrm{j}2\pi f_s\left(\frac{n}{N}\right)^2} (n < N) \qquad (3.22)$$

式中:f_s 为时间二次项系数。

其离散匹配傅里叶变换为

$$X(k) \approx \sum_{n=0}^{N-1} nx(n) \mathrm{e}^{-\mathrm{j}2\pi k\left(\frac{n}{N}\right)^2} \qquad (3.23)$$

若 $f_s = 0\mathrm{Hz/s}$,图 3.9(a)中的虚线为匹配傅里叶谱,实线为离散匹配傅里叶变换在匹配傅里叶频域的采样,式(3.23)中匹配傅里叶频率量化取样点 k 取为 $0, \pm1, \pm2, \cdots$,其与傅里叶变换的频域取样结果相同,由于信号的 $f_s = 0$,对其匹配傅里叶频域采样没有损失。由此类推,f_s 为整数时,匹配傅里叶频域采样没有损失。若 $f_s = 0.5\mathrm{Hz/s}$,其匹配傅里叶频域采样如图 3.9(b)所示,信号匹配傅里叶谱峰值产生偏移,采样不能采到最大峰值点,此时采样损失 3.9dB;若匹配傅里叶频域采样率提高 1 倍,如图 3.9(c)所示,则此时可采到最大峰值点;但若 $f_s = 0.25\mathrm{Hz/s}$,匹配傅里叶频域采样结果如图 3.9(d)所示,采样损失 0.9dB;若采样率再提高一倍,又可采到最大峰值点,如图 3.9(e)所示,在此条件下,匹配傅里叶频域采样的最大损失为 0.22dB,如图 3.9(f)所示。

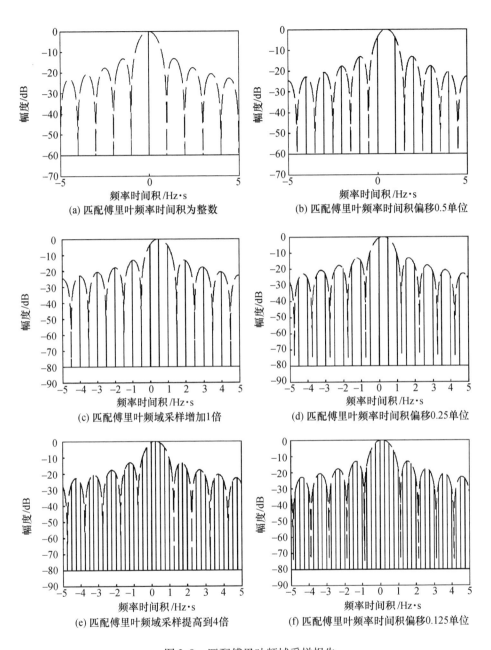

图 3.9 匹配傅里叶频域采样损失

▌3.2　频域积累损失

3.2.1　信号相参积累

雷达信号处理时,希望雷达接收信号的能量完全能用于目标检测,信号的相参积累是有效方法,它可将分布在时域中每个时间段的信号能量,在频域中聚焦于比较小的频域,而噪声信号能量分布不改变。

若雷达回波为实信号 $s(t) = A\sin(2\pi f_d t + \varphi_o)$,信号的能量将分散在两个谱线上,这会造成检测性能下降,故实际雷达系统的接收机输出信号为复信号,称为正交信号,为

$$s(t) = Ae^{j(2\pi f_d t + \varphi_o)} \tag{3.24}$$

积累处理过程就是对信号积分处理,现代信号通常是离散数字信号,离散信号则为将信号求和。离散信号可表示为

$$s(n) = Ae^{j(2\pi f_d \Delta T n + \varphi_o)} \tag{3.25}$$

若共有 N 点信号,则其和为

$$S = NA\,\tilde{\mathrm{Sa}}(\pi f_d N\Delta T)\,e^{j(\pi f_d \Delta T(N-1) + \varphi_o)} \tag{3.26}$$

式中:f_d 为多普勒频率;φ_o 为初始相位;A 为信号幅度。

当 $f_d = 0$ 时,$|S| = NA$,即积累信号的幅度为信号幅度的 N 倍;当 $f_d \neq 0$ 时,信号幅度将衰减。为了获取在 $f_d \neq 0$ 时,信号幅度衰减比较小,可采取的方法是对式(3.25)中的多普勒频率补偿后再积累,设补偿的权值为 $e^{-j2\pi f\Delta Tn}$,对 f 进行搜索补偿,则补偿积累的表达式为

$$S(f) = \sum_{n=0}^{N-1} s(n)e^{-j2\pi f\Delta Tn} \tag{3.27}$$

此式为典型的傅里叶变换,故傅里叶变换反映了信号在不同频率的积累情况。单目标回波信号的傅里叶谱为

$$S(f) = NA\,\tilde{\mathrm{Sa}}(\pi(f_d - f)N\Delta T)\,e^{j(\pi(f_d - f)\Delta T(N-1) + \varphi_o)} \tag{3.28}$$

当 f 越接近 f_d 时,信号幅度增益越接近 N。由前分析可知,若在频域取样,采样的频率间隔为 $\Delta f = \dfrac{1}{4N\Delta T}$ 时,频域采样损失小于 0.22dB,保证了在不同 f_d 条件下相参积累损失最小。

目标检测是根据回波信噪比完成的,若信号幅度为 A,噪声为白噪声,平均噪声功率为 N_o,那么时域信噪比 SNR 为

$$\text{SNR} = \frac{A^2}{N_o} \tag{3.29}$$

式中：N_o 为平均噪声功率。

相参积累的目的是保证目标回波信号能量能有效积累，在频谱中体现为信号谱峰功率，而噪声能量分布于带宽内（噪声谱密度），在频谱中体现为噪声基底。若噪声信号形式可表示为 $\text{Noi}(n)$ 和 $\text{Noi}(m)$，则噪声谱功率为

$$N_{\text{oise}}^2(k\Delta f) = \sum_{n=0}^{N-1} \text{Noi}(n) e^{-j2\pi k\Delta f \Delta T \frac{n}{N}} \cdot \sum_{m=0}^{N-1} \text{Noi}^*(m) e^{j2\pi k\Delta f \Delta T \frac{m}{N}} \tag{3.30a}$$

即

$$N_{\text{oise}}^2(k\Delta f) = \sum_{n=0}^{N-1} \sum_{m=0}^{N-1} \text{Noi}^*(m) \cdot \text{Noi}(n) e^{j2\pi k\Delta f \Delta T \frac{m-n}{N}} \tag{3.30b}$$

而实际检测目标的信噪比可定义为

$$\text{SNR}(k\Delta f) = \frac{S^2(k\Delta f)}{N_{\text{oise}}^2(k\Delta f)} \tag{3.31}$$

若以信号最大峰值点代表相参积累得益，则当 $k\Delta f = f_d$ 时，有 $S_{\text{max}}^2(f_d) = N^2 A^2$；由于噪声功率在频带内均匀分布，故有：$N_{\text{oise}}^2(k\Delta f) = \sum_{n=0}^{N-1} N_o = N N_o$，那么相参积累的信噪比最大得益为

$$\text{SNR}_{\text{max}}(f_d) = N \frac{A^2}{N_o} \tag{3.32}$$

式（3.32）说明 N 点相参积累得益 N 倍，在不同频域采样率条件下所采到信号波瓣位置是不相同的，会产生采样损失；若采样的频率间隔为 $\Delta f = \frac{1}{4N\Delta T}$ 时，信噪比损失小于 0.22dB。

3.2.2　幅度非稳定信号相参积累损失

雷达发射信号功率通常在一定范围内波动，不同应用雷达所能允许的波动技术要求是不相同的；另一方面，雷达的接收通道也存在幅相不一致性、目标 RCS 变化所产生目标回波闪烁的现象，均会造成目标回波的波动。设波动为 $C(n)$，则目标回波信号可为

$$s(n) = (A + C(n)) e^{j(2\pi f_d \Delta T n + \varphi_o)} \tag{3.33}$$

若 $C(n)$ 具有白噪声特征，设其平均功率密度为 C_o，那么对其分析可以同前，其波动可以看作为对噪声功率密度的贡献，故在考虑波动时的相参积累的信噪比最大增益式（3.32）可修正为

$$\text{SNR}_{\text{max}}(f_d) = N \frac{A^2}{N_o + C_o} \tag{3.34}$$

当 $N_o \gg C_o$ 时,波动的影响可以不考虑。

为了分析波动对信号积累的影响,可不考虑噪声因素,如果雷达设计的信号波动一般小于 ±1.5dB,其 32 点积累如图 3.10(a)所示,图中点画线表示理想波形谱图,实线为信号出现随机波动的谱图,在此波动的条件下,信号谱峰损失1.3dB,波动对谱的主瓣及主瓣邻近副瓣包络的影响可以忽略,远区的副瓣会提高;若波动提高到 ±3dB,则谱图如图 3.10(b)所示,信号谱峰损失 2.4dB,信号的波动对主瓣和附加的副瓣包络的影响已不可忽略;随着波动范围提高到±6dB,其谱图如图 3.10(c)所示,信号谱峰损失 4.2dB,信号波动已严重影响到信号谱的主瓣。

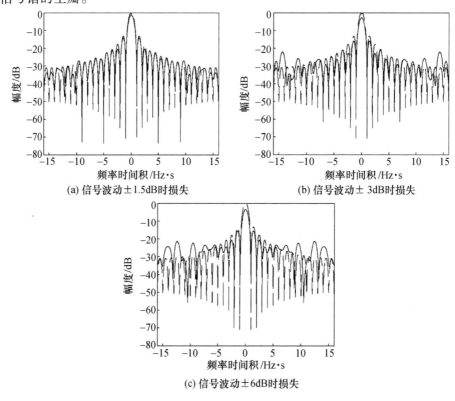

图 3.10　信号波动损失

若信号是慢波动的,设波动的波形如图 3.11(a)所示;在波动范围为±1.5dB 时,其谱图如图 3.11(b)所示,图中实线为没有波动情况,信号有波动时谱图为图中点画线所示,可以看出信号谱峰损失 1.4dB;在波动为 ±3dB 时,对主瓣附近的副瓣产生了影响,副瓣已提高,如图 3.11(c)所示,信号谱峰损失2.5dB,主瓣与第一副瓣相比,副瓣提升,而对远区的副瓣影响较小;而当波动为±6dB 时,对主瓣附近信号谱产生了比较大的恶化,如图 3.11(d)所示,信号谱峰损失 4.1dB,主瓣附近一定范围内的副瓣提升,这是由于慢波动信号谱集中在信号谱附近比较窄的带宽内,可能对目标检测产生一定影响。

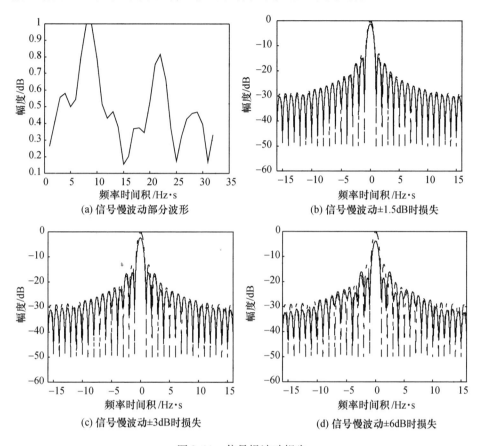

图 3.11　信号慢波动损失

在数字谱条件下,若信号谱宽度为 N,波动部分所占信号谱宽度为 M,则式(3.34)所表示的最大信噪比可修正为

$$\mathrm{SNR}_{\mathrm{max}}(f_{\mathrm{d}}) = N \frac{A^2}{N_{\mathrm{o}} + \dfrac{N}{M} C_{\mathrm{o}}} \tag{3.35}$$

信号波动所占信号谱宽度越窄,对信噪比的影响越大。这种信号波动对信号的加窗处理效果也产生不利影响,图 3.12(a)为在图 3.11(b)基础上加海明窗处理的结果,在信号幅度一致条件下,信号副瓣可抑制到 43dB 以上,如图中的点画线所示,在信号波动 ±1.5dB 时,副瓣抑制仅 25dB 左右,如图中的实线所示;当信号波动 ±3dB 时,副瓣抑制仅 20dB 左右,如图 3.12(b)所示;而当波动为 ±6dB 时,加窗副瓣抑制不到 10dB,如图 3.12(c)所示;分析图 3.12(a)～图

3.12(c),加窗不能抑制信号波动所产生的副瓣提升,但信号波动带宽之外仍可有效抑制副瓣。

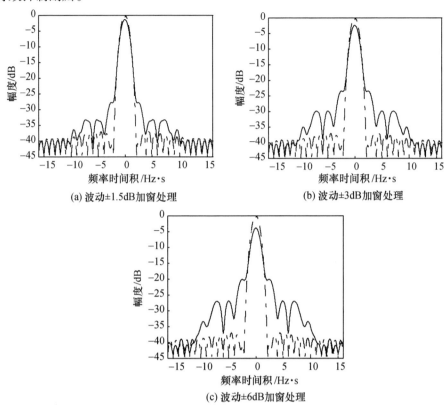

(a) 波动±1.5dB加窗处理

(b) 波动±3dB加窗处理

(c) 波动±6dB加窗处理

图 3.12　波动信号加窗处理影响

3.2.3　不同发射波位信号相参积累[5]

　　凝视雷达是充分利用雷达发射信号能量改进雷达探测性能,其一个概念是利用 −3dB 发射波束宽度以外的能量实现目标探测,为了有足够信噪比达到检测门限,可利用相邻波位不同发射波束能量提高目标回波信号的信噪比,每一个波位均有一定的驻留时间,发射一串信号实现目标探测,而不同波位波束照射同一目标的波束增益不同,故同一目标的不同波位回波信号强度不同,这就形成了不同信号幅度的脉冲组的相参积累问题。

　　设所有波位的积累脉冲数相同,每个波位积累 N 个脉冲,第 i 波位的延时脉冲数为 iN,则第 i 波位单目标回波信号可抽象为

$$s_i(n) = A_i e^{j2\pi f_d \Delta Ti N} e^{j(2\pi f_d \Delta Tn + \varphi_o)} \qquad (3.36a)$$

式中:A_i 为信号幅度。

第 $i+1$ 波位单目标回波信号可抽象为

$$s_{i+1}(N+n) = A_{i+1} \mathrm{e}^{\mathrm{j}2\pi f_\mathrm{d}\Delta TiN} \mathrm{e}^{\mathrm{j}(2\pi f_\mathrm{d}\Delta T(N+n)+\varphi_\mathrm{o})} \tag{3.36b}$$

若利用二个相邻波位信号进行积累,则积累信号谱为

$$S(f) = \sum_{n=0}^{N-1} \{ s_i(n) + s_{i+1}(N+n) \mathrm{e}^{-\mathrm{j}2\pi f\Delta TN} \} \mathrm{e}^{-\mathrm{j}2\pi f\Delta Tn} \tag{3.37}$$

$$S(f) \approx \mathrm{e}^{\mathrm{j}(2\pi f_\mathrm{d}\Delta TiN+\varphi_\mathrm{o})} \mathrm{e}^{\mathrm{j}\pi(f_\mathrm{d}-f)\Delta T(2N-1)} \{ 2A_i \widetilde{\mathrm{Sa}}(2\pi(f_\mathrm{d}-f)\Delta TN) +$$

$$(A_{i+1}-A_i) \mathrm{e}^{\mathrm{j}\pi(f_\mathrm{d}-f)\Delta TN} \widetilde{\mathrm{Sa}}(\pi(f_\mathrm{d}-f)\Delta TN) \} \tag{3.38}$$

积累后的最大信噪比 $\mathrm{SNR}_\mathrm{max}$ 为

$$\mathrm{SNR}_\mathrm{max} = \frac{N}{2N_\mathrm{o}}(A_i + A_{i+1})^2 \tag{3.39}$$

若 $A_i = A$、$A_{i+1} = \varsigma A$(ς 为比值),$\varsigma < 1$,为了保证二个相邻波位信号有积累得益,其条件是

$$\varsigma > \sqrt{2} - 1 \tag{3.40}$$

即信号的波动差不能大于 7.6dB,这也是相邻波位目标回波能积累的边界条件。

若二脉冲组分别进行傅里叶变换处理,则有:

$$S_i(f) = \mathrm{e}^{\mathrm{j}(2\pi f_\mathrm{d}\Delta TiN+\varphi_\mathrm{o})} \sum_{n=0}^{N-1} A_i \mathrm{e}^{\mathrm{j}2\pi f_\mathrm{d}\Delta Tn} \mathrm{e}^{-\mathrm{j}2\pi f\Delta Tn} \tag{3.41a}$$

$$S_{i+1}(f) = \mathrm{e}^{\mathrm{j}(2\pi f_\mathrm{d}\Delta T(i+1)N+\varphi_\mathrm{o})} \sum_{n=0}^{N-1} A_{i+1} \mathrm{e}^{\mathrm{j}2\pi f_\mathrm{d}\Delta Tn} \mathrm{e}^{-\mathrm{j}2\pi f\Delta Tn} \tag{3.41b}$$

即

$$S_i(f) = A_i \widetilde{\mathrm{Sa}}(\pi(f_\mathrm{d}-f)N\Delta T) \mathrm{e}^{\mathrm{j}(\pi(f_\mathrm{d}-f)\Delta T(N-1)+\varphi_\mathrm{o})} \mathrm{e}^{\mathrm{j}2\pi f_\mathrm{d}\Delta TiN} \tag{3.42a}$$

$$S_{i+1}(f) = A_{i+1} \widetilde{\mathrm{Sa}}(\pi(f_\mathrm{d}-f)N\Delta T) \mathrm{e}^{\mathrm{j}(\pi(f_\mathrm{d}-f)\Delta T(N-1)+\varphi_\mathrm{o})} \mathrm{e}^{\mathrm{j}2\pi f_\mathrm{d}\Delta TiN} \mathrm{e}^{\mathrm{j}2\pi f_\mathrm{d}\Delta TN}$$

$$\tag{3.42b}$$

$S_i(f)$ 与 $S_{i+1}(f)$ 相位相差 $\mathrm{e}^{-\mathrm{j}2\pi f_\mathrm{d}\Delta TN}$,以 $\mathrm{e}^{-\mathrm{j}\alpha}$ 极值对 $S_{i+1}(f)$ 相位补偿,则二脉冲组合成谱为

$$S(f) = S_i(f) + S_{i+1}(f) \mathrm{e}^{-\mathrm{j}\alpha} \tag{3.43}$$

式中:α 为补偿相位。

即

$$S(f) = \widetilde{\mathrm{Sa}}(\pi(f_\mathrm{d}-f)N\Delta T)(A_i + A_{i+1} \mathrm{e}^{\mathrm{j}(2\pi f_\mathrm{d}\Delta TN-\alpha)}) \mathrm{e}^{\mathrm{j}(\pi(f_\mathrm{d}-f)\Delta T(N-1)+\varphi_\mathrm{o})} \mathrm{e}^{\mathrm{j}2\pi f_\mathrm{d}\Delta TiN}$$

$$\tag{3.44}$$

一般情况下,谱的幅度为

$$|S(f)| = |\widetilde{\mathrm{Sa}}(\pi(f_\mathrm{d}-f)N\Delta T)| \sqrt{A_i^2 + 2A_i A_{i+1}\cos(2\pi f_\mathrm{d}\Delta TN-\alpha) + A_{i+1}^2}$$

$$\tag{3.45}$$

积累后的最大信噪比为

$$\mathrm{SNR}_{\max} = \frac{N}{N_{\mathrm{o}}} \frac{A_i^2 + 2A_i A_{i+1} \cos(2\pi f_{\mathrm{d}} \Delta TN - \alpha) + A_{i+1}^2}{2} \quad (3.46)$$

当 $\alpha = 2\pi f_{\mathrm{d}} \Delta TN$ 时,信号谱峰最大,信噪比也最大,此时的最大信噪比仍如式(3.39)所示。当 $\alpha \neq 2\pi f_{\mathrm{d}} \Delta TN$ 时,不同的 α 补偿会造成损失,则有损失 ζ 为

$$\zeta = 10\log \frac{A_i^2 + 2A_i A_{i+1} \cos(2\pi f_{\mathrm{d}} \Delta TN - \alpha) + A_{i+1}^2}{(A_i + A_{i+1})^2} \quad (3.47)$$

由于 cos 函数的周期性, $2\pi f_{\mathrm{d}} \Delta TN - \alpha$ 值在 $[-\pi, \pi]$ 之间,在进行补偿计算时,用相位步进方式获取合成谱的信噪比损失最小。若相位补偿的最小步进单元为 $\Delta\alpha = \dfrac{\pi}{M}$,则补偿相位为

$$\alpha = m\frac{\pi}{M} \quad (3.48)$$

由于 $\cos(2\pi - \alpha) = \cos\alpha$,取 α 值在 $[0, \pi]$ 之间即可获取合成谱的信噪比损失最小,故计算时可取 $m = 0, 1, \cdots, M$。

由于采用量化步进相位补偿,计算 M 次可保证其中一次相位补偿后的误差小于 $\dfrac{\Delta\alpha}{2}$,故式(3.46)所表示的积累后的最大信噪比可为

$$\mathrm{SNR}_{\max} = \frac{N}{N_{\mathrm{o}}} \frac{A_i^2 + 2A_i A_{i+1} \cos\left(\dfrac{\Delta\alpha}{2}\right) + A_{i+1}^2}{2} \quad (3.49)$$

同样令 $A_i = A$, $A_{i+1} = \zeta A$,为了保证两个相邻波位信号有积累得益,其条件是

$$\cos\frac{\Delta\alpha}{2} > \frac{1 - \zeta^2}{2\zeta} \quad (3.50)$$

若两个信号的幅度波动差 6dB,则当 $\alpha > 82°$ 时可以获取积累得益,故取 $M = 4$,由式(3.47)可计算得损失小于 0.15dB。

将 $\alpha = m\dfrac{\pi}{M}$ 代入式(3.43)有

$$S(f, m) = \sum_{n=0}^{N-1} \left[s_i(n) + s_{i+1}(N + n) e^{-\mathrm{j}m\frac{\pi}{M}} \right] e^{-\mathrm{j}2\pi f \Delta Tn} \quad (3.51)$$

在雷达进行俯仰方位目标搜索时,波位相邻,但时间序列不一定连续,若二脉冲组时间序列相差 pN,二脉冲组信号表示为

$$s_i(n) = A_i e^{\mathrm{j}2\pi f_{\mathrm{d}} \Delta TiN} e^{\mathrm{j}(2\pi f_{\mathrm{d}} \Delta Tn + \varphi_{\mathrm{o}})} \quad (3.52\mathrm{a})$$

$$s_{i+1}(pN + n) = A_{i+1} e^{\mathrm{j}2\pi f_{\mathrm{d}} \Delta TiN} e^{\mathrm{j}(2\pi f_{\mathrm{d}} \Delta T(pN + n) + \varphi_{\mathrm{o}})} \quad (3.52\mathrm{b})$$

二信号积累谱为

$$S(f) = \sum_{n=0}^{N-1} s_i(n) e^{-\mathrm{j}2\pi f \Delta Tn} + \sum_{n=0}^{N-1} s_{i+1}(pN + n) e^{-\mathrm{j}2\pi f \Delta T(pN + n)} \quad (3.53)$$

即

$$S(f) = \tilde{S}a(\pi N\Delta T(f_d - f))(A_i + A_{i+1}e^{j2\pi(f_d-f)\Delta TpN}) \times$$
$$e^{j(2\pi f_d\Delta TiN + \varphi_o)}e^{j\pi(N-1)\Delta T(f_d-f)} \tag{3.54}$$

当 $A_{i+1} = A_i = A$ 时,有

$$S(f) = 2A\tilde{S}a(\pi N\Delta T(f_d - f))\cos(\pi(f_d - f)\Delta TpN) \times$$
$$e^{j\pi(f_d-f)\Delta TpN}e^{j(2\pi f_d\Delta TiN + \varphi_o)}e^{j\pi(N-1)\Delta T(f_d-f)} \tag{3.55}$$

从式(3.55)可以看出,N 个脉冲信号形成的谱为二组脉冲信号谱的包络,$\cos(\pi(f_d - f)\Delta TpN)$ 可在包络中形成多个谱峰,谱峰出现的频度与二脉冲组间隔有关,二脉冲组间隔时间越长,出现的峰越多;图 3.13(a)为 $p = 2$ 时谱,图 3.13(b)为 $p = 4$ 时谱,证明了谱峰出现频度与二脉冲组间隔时间关系。若 $A_{i+1}^2 = 0.5A_i^2$,$p = 2$ 时的二脉冲组合成谱如图 3.14(a)所示,$p = 4$ 时二脉冲组合成谱如图 3.14(b)所示,其与 $A_{i+1} = A_i = A$ 时谱图差别是信号谱的主峰降低,图中的频率时间积为 $fN\Delta T$。

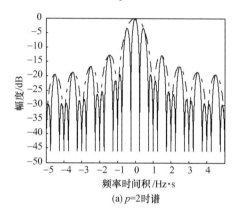
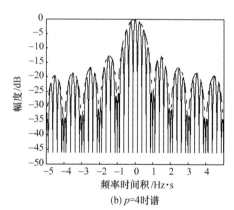

(a) $p=2$ 时谱　　　　　　　　　(b) $p=4$ 时谱

图 3.13　谱峰出现频度与二脉冲组间隔时间关系

由式(3.54)可知,二组脉冲信号积累后,信号谱的最大幅度为 $N(A_i + A_{i+1})$,故积累后的最大信噪比仍可以由式(3.49)表示,其积累后信噪比能提高的条件仍为式(3.50)。

分析式(3.54)和图 3.14(a)可知,虽然信号谱的每个峰宽度比较窄,但主瓣与副瓣的差别比较小,其被 $\tilde{S}a(\pi N\Delta T(f_d - f))$ 包络调制,即使采用加窗处理技术,也不能降低主包络内的副瓣电平;在多目标条件下,当目标多普勒频率接近到一定程度时,难以分辨目标,故目标的分辨力取决于信号的频谱包络,同时以此计算将有比较大的计算复杂度。

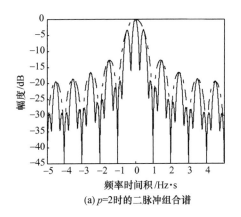
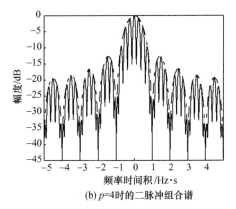

(a) $p=2$ 时的二脉冲组合谱　　　　　　(b) $p=4$ 时的二脉冲组合谱

图 3.14　二脉冲组间隔时间长度对信号谱的影响

若对式(3.51)修改,则有

$$S(f,m) = \sum_{n=0}^{N-1} \left[s_i(n) + s_{i+1}(pN+n)\,\mathrm{e}^{-\mathrm{j}m\frac{\pi}{M}} \right] \mathrm{e}^{-\mathrm{j}2\pi f \Delta Tn} \tag{3.56}$$

积累后的数学表达式为

$$S(f,m) = \tilde{S}\mathrm{a}\left(\pi(f_\mathrm{d}-f)N\Delta T\right)\left(A_i + A_{i+1}\mathrm{e}^{\mathrm{j}\left(2\pi f_\mathrm{d}\Delta TpN - m\frac{\pi}{M}\right)}\right)\mathrm{e}^{\mathrm{j}\left(\pi(f_\mathrm{d}-f)\Delta T(N-1)+\varphi_\mathrm{o}\right)}\mathrm{e}^{\mathrm{j}2\pi f_\mathrm{d}\Delta TiN} \tag{3.57}$$

其处理结果和结论与式(3.51)相同。虽然该方法可以有效积累,但降低了目标分辨力,没有充分利用雷达测量有效测量时间,若将 $s_{i+1}(pN+n)$ 数据进行相位补偿,时序拼接在 $s_i(n)$ 数据之后,可在不降低多普勒分辨力的基础上实现相参积累,则可有相参积累表达式为

$$S(f,m) = \sum_{n=0}^{N-1} \left[s_i(n) + s_{i+1}(pN+n)\,\mathrm{e}^{-\mathrm{j}m\frac{\pi}{M}}\mathrm{e}^{-\mathrm{j}2\pi f \Delta TN} \right] \mathrm{e}^{-\mathrm{j}2\pi f \Delta Tn} \tag{3.58}$$

$$S(f,m) = \tilde{S}\mathrm{a}\left(\pi N\Delta T(f_\mathrm{d}-f)\right)\left(A_i + A_{i+1}\mathrm{e}^{\mathrm{j}2\pi(f_\mathrm{d}-f)\Delta TN}\mathrm{e}^{\mathrm{j}\left(2\pi f_\mathrm{d}\Delta T(p-1)N - m\frac{\pi}{M}\right)}\right) \times$$
$$\mathrm{e}^{\mathrm{j}(2\pi f_\mathrm{d}\Delta TiN+\varphi_\mathrm{o})}\mathrm{e}^{\mathrm{j}\pi(N-1)\Delta T(f_\mathrm{d}-f)} \tag{3.59}$$

若 $A_{i+1} = A_i = A, \dfrac{m}{M} = 2f_\mathrm{d}\Delta T(p-1)N$,则有

$$S(f,m) = 2A\,\tilde{S}\mathrm{a}\left(2\pi N\Delta T(f_\mathrm{d}-f)\right)\mathrm{e}^{\mathrm{j}(2\pi f_\mathrm{d}\Delta TiN+\varphi_\mathrm{o})}\mathrm{e}^{\mathrm{j}\pi(2N-1)\Delta T(f_\mathrm{d}-f)} \tag{3.60}$$

其结果与连续 $2N$ 个脉冲积累效果相同。若取 $\Delta\alpha = 2\pi f_\mathrm{d}\Delta T(p-1)N - m\dfrac{\pi}{M}$,那么式(3.59)的信号幅度为

$$\left| S(f,m) \right| = \tilde{S}\mathrm{a}\left(\pi N\Delta T(f_\mathrm{d}-f)\right)\sqrt{A_i^2 + 2A_iA_{i+1}\cos\left(2\pi(f_\mathrm{d}-f)\Delta TN + \Delta\alpha\right) + A_{i+1}^2} \tag{3.61}$$

设 $A_{i+1} = 0.5A_i, p = 2$，信号的多普勒时间积为 $f_d N\Delta T = 0.165$，横坐标频率时间积为 $fN\Delta T$，按式(3.58)处理方法，图 3.15(a)至图 3.15(e)为 $m = 0, 1, \cdots, 4$ 时 5 幅合成信号谱图，图 3.15 中虚线为谱包络，图 3.15(e)为相位补偿误差最小时的情况，信号谱的宽度接近，而信号谱的峰取决于二组信号的功率，以此法获取的信噪比得益仍为式(3.49)，其约束条件仍为式(3.50)；故应用式(3.57)进行积累可以获取应有的积累得益和主瓣宽度，相邻二发射波位回波信号幅度越接近，图 3.15(a)谱的中间凹口越深，这是由于二发射波位的回波功率越接近，二信号对消的功率越大，而图 3.15(e)则相反，谱中间的信号功率越大，谱的包络越接近标准辛格形。

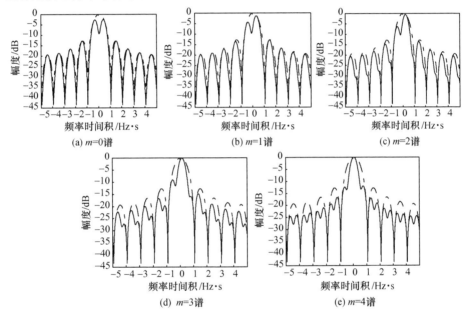

(a) $m=0$谱 (b) $m=1$谱 (c) $m=2$谱

(d) $m=3$谱 (e) $m=4$谱

图 3.15 相邻发射波位不同补偿积累

若有 4 个相邻发射波位为 i、$i+1$、$p+i$、$p+i+1$，则 4 个相邻发射波位的同一接收波位信号积累，时序相邻的可以用式(3.37)求之，时序间隔 p 时，可以用式(3.56)原理计算表达式为

$$S(f, m) = \sum_{n=0}^{N-1} \left\{ s_i(n) + s_{i+1}(N+n) e^{-j2\pi f\Delta TN} \right\} e^{-j2\pi f\Delta Tn} +$$

$$e^{-jm\frac{\pi}{M}} \sum_{n=0}^{N-1} s_{p+i}(pN+n) + s_{p+i+1}((p+1)N+n) e^{-j2\pi f\Delta TN} \right\} e^{-j2\pi f\Delta Tn}$$

$$(3.62)$$

在更一般情况下，每个发射波位被同一接收到同一目标信号幅度是不同的，若 i 发射波位接收到的信号幅度为 A、$i+1$ 发射波位接收到的信号幅度为 $0.8A$、

$p+i$ 发射波位接收到的信号幅度为 $0.8A$、$p+i+1$ 发射波位接收到的信号幅度为 $0.64A$，由式（3.62）处理方法，选取不同的 m，直接合成的谱如图 3.16 所示，信号的多普勒时间积与图 3.15 相同，横坐标的频率时间积为 $2fN\Delta T$。图 3.16（a）为 $m=0$ 时积累信号谱，如图中的实线所示，图中的点划线为等效一个波位时，同等信号功率，积累时间为 $2fN\Delta T$ 时的谱包络，其峰值最大。选取不同 m 会有不同的积累得益，当 $m=4$ 时，实线与点划线重合，如图 3.16（b）所示，其表明采用该方法可以将目标回波能量有效积累，实现利用相邻发射波位信号探测目标。

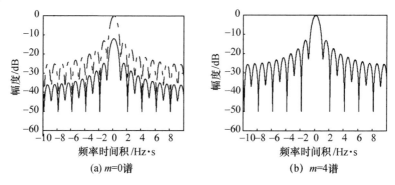

(a) $m=0$谱   (b) $m=4$谱

图 3.16　4 个相邻发射波位信号直接积累

为了充分利用频域分辨特性，可依据式（3.57）原理，计算谱表示为

$$S(f,m) = \sum_{n=0}^{N-1} \left\{ s_i(n) + s_{i+1}(N+n)e^{-j2\pi f\Delta TN} \right\} e^{-j2\pi f\Delta Tn} +$$

$$e^{-jm\frac{\pi}{M}} \sum_{n=0}^{N-1} s_{p+i}(pN+n)e^{-j4\pi f\Delta TN} + s_{p+i+1}((p+1)N+n)e^{-j6\pi f\Delta TN} \right\} e^{-j2\pi f\Delta Tn} \tag{3.63}$$

在图 3.16 同样仿真条件下，选取不同的 m，积累后的信号谱如图 3.17 所示，图 3.17（d）与图 3.17（b）相比较，信号谱的积累得益可以接近最大，主瓣宽度明显要窄。

应用式（3.61）和式（3.62）获取的最大信噪比为

$$\mathrm{SNR}_{\max} = \frac{N}{N_o} \frac{(A_i+A_{i+})^2 + 2(A_i+A_{i+1})(A_{p+i}+A_{p+i+1})\cos\left(\frac{\Delta\alpha}{2}\right) + (A_{p+i}+A_{p+i+1})^2}{4} \tag{3.64}$$

当 $\Delta\alpha = 0$ 时，有

$$\mathrm{SNR}_{\max} = \frac{N}{N_o} \frac{(A_i+A_{i+1}+A_{p+i}+A_{p+i+1})^2}{4} \tag{3.65}$$

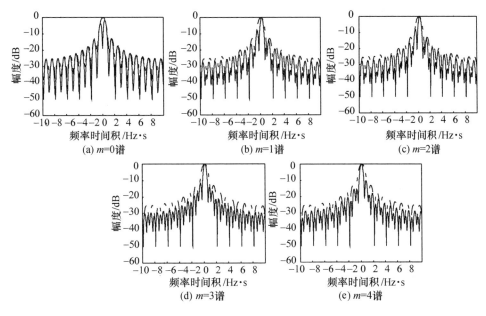

图 3.17　相位补偿合成高分辨积累

设四组信号中的 A_i 最大，令 $A_i = A, A_{i+1} = \varsigma_{i+1} A, A_{p+i} = \varsigma_{p+i} A, A_{p+i+1} = \varsigma_{p+i+1}$ A，若要获取积累得益，则应有

$$\varsigma_{i+1} + \varsigma_{p+i} + \varsigma_{p+i+1} > 1 \tag{3.66}$$

式中：$\varsigma_{i+1}, \varsigma_{p+i}, \varsigma_{p+i+1}$ 为比值。

其与二组信号获取积累得益约束条件式(3.40)是不同的，式(3.65)表示的四组信号积累得益在 6dB 以内。若信号波动差均在 3dB 以内，则二组信号积累得益为 1.6dB 以上，四组信号积累得益为 3.8dB 以上；即使信号波动差在 6dB 以内，四组信号积累得益亦为 1.9dB 以上；故在信号幅度存在一定波动条件下，通过不同脉冲组之间信号相参积累也可改进雷达探测目标性能。

3.2.4　凝视雷达长时间积累

杂波与运动目标的差别之一是速度差异，目标回波多普勒取决于目标相对于雷达径向距离变化率和雷达信号的波长，在波长一定的条件下，目标的径向距离变化越大，其多普勒频率越大；目标的加速度和切向距离的变化率则反映了目标多普勒频率的扩展状况；而雷达信号积累时间则反映雷达的频率分辨能力。

若雷达发射为窄带信号，杂波谱宽为 $|B_c| = 20\text{Hz}$，目标为点目标，多普勒频率为 $|f_d| = 300\text{Hz}$，当观察时间足够长时，目标很容易与杂波分离，但雷达搜索目标过程中，必须完成指定空域的目标探测，设雷达搜索间隔时间为 10s，方位向搜索 90°，俯仰向搜索 12°，平均波束宽度为 2°，不考虑不同波束指向时的波束宽

度和增益的差异,采用半波束宽度交叠,则需要 1080 个波位,每个波位的驻留时间仅为 9.3ms,故频率的分辨单元为 $\Delta f = 108\mathrm{Hz}$,虽然存在杂波清晰区,但当目标与杂波区域相近,造成目标探测的困难,图 3.18(a) 为其谱图,图中的目标被杂波覆盖。

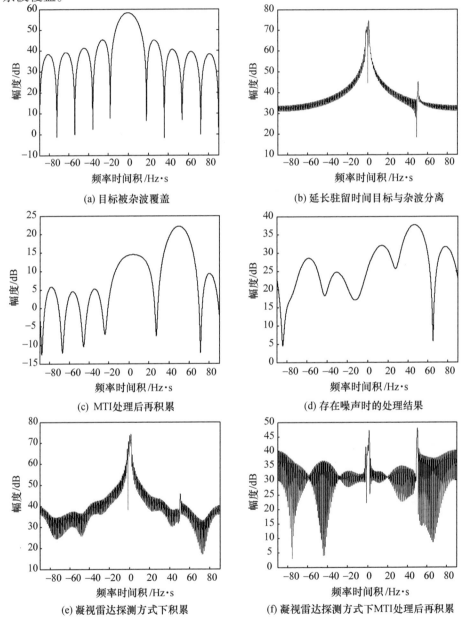

(a) 目标被杂波覆盖

(b) 延长驻留时间目标与杂波分离

(c) MTI处理后再积累

(d) 存在噪声时的处理结果

(e) 凝视雷达探测方式下积累

(f) 凝视雷达探测方式下MTI处理后再积累

图 3.18 凝视雷达探测方式下杂波处理

凝视雷达可通过增加接收波束数和不同波位照射的能量降低波束增益的损耗,若发射波束展宽为 $6° \times 3°$,波位间隔与波束宽度相同,则需要的总波位数为 60,每个波位的驻留时间可达 0.167s,故频率分辨力可达 6Hz,分辨力提高,同时扩展了清晰区,改进雷达探测目标性能,如图 3.18(b)所示,目标与杂波分离。

虽然应用 MTI 技术再积累后可以有效对消杂波影响,如图 3.18(c)所示;但实际目标回波信号存在于噪声中,凝视雷达探测方式有一定的优势,图 3.18(d)为图 3.18(c)条件下加入噪声后同样处理情况,目标不能有效检测到,而图 3.18(e)为凝视雷达探测方式下积累情况。这里考虑到凝视雷达探测目标时积累时间长,仿真表明了提高频率分辨可以在杂波区之外有效检测到目标,若再采用 MTI 技术再积累可得图 3.18(f),也可降低杂波对目标的影响。

3.2.5 跨速度门积累

凝视雷达发射相邻波束交叠处,采用相邻发射波位能量实现目标探测,若有四个相邻波束,采取俯仰完成搜索再进行下一方位波位搜索,则相邻四个发射波位经历时间可达 1s。设雷达发射信号波长为 $\lambda = 0.5\text{m}$,目标速度为 $v_\text{t} = 400\text{m/s}$,当目标为匀速运动时,若目标在距离雷达 $R_\text{o} = 200\text{km}$ 处切向飞行,则在 1s 内多普勒频率变化了 $B_\text{d} = \dfrac{v_\text{t}^2}{\lambda R_\text{o}}T = 1.6\text{Hz}$,由此产生的相位变化 $\Delta\varphi_\text{d} = \pi \dfrac{v_\text{t}^2}{\lambda R_\text{o}}T^2 = 1.6\pi$,如图 3.19(a)所示,实线表示多普勒扩展对积累增益的影响,谱峰最大值在 0.8Hz 处,图中虚线为其对比谱线,与虚线相比,实线峰值下降 0.6dB,其第一副瓣比主瓣低 10dB。

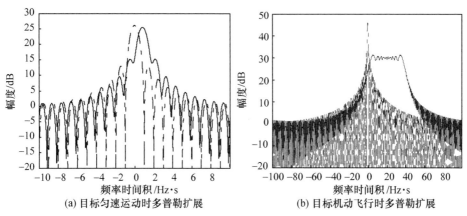

(a) 目标匀速运动时多普勒扩展   (b) 目标机动飞行时多普勒扩展

图 3.19 目标机动飞行回波积累

若目标作机动飞行,其向心加速度为 $a = 10\text{m/s}^2$,那么多普勒频率扩展为

$B_d = \dfrac{2a}{\lambda} T = 40\text{Hz}$，如图 3.19（b）所示，图中虚线为其对比谱线，实线表示多普勒扩展对积累增益造成的严重影响，信号谱在一带宽内，平均信号幅度下降 16dB，雷达探测性能将降低。

若目标的飞行速度为 $v_t = 5\text{km/s}$，目标的机动加速度为 $a = 100\text{m/s}^2$，目标飞行方向与雷达的径向角度为 $\beta = 45°$，设雷达发射信号的波长 $\lambda = 0.5\text{m}$，目标距离为 $R_o = 600\text{km}$，则由式（2.65）可分析得目标的多普勒频率为 $|f_d| = \dfrac{2v_t\cos\beta}{\lambda} \approx$ 14.14kHz，线性调频带宽为 $|B_d| = 2\left(\dfrac{a\sin\theta_t}{\lambda} + \dfrac{(v_t\sin\theta_t)^2}{\lambda R_o}\right)T \approx 366.2\text{Hz}$，时间三次方项所产生的信号带宽为 $|B_t| = 3\dfrac{va\sin\theta_t\cos\theta_t}{\lambda R_o}T^2 = 2.5\text{Hz}$，时间四次方以上项产生的多普勒频率的扩展可以忽略，多普勒频率扩展造成了积累的损失，这说明凝视雷达虽然探测目标有比较大的得益，但得益的代价是多普勒频率的扩展，为了获取凝视雷达的得益有必要实现跨多普勒门积累。

为了减小积累损失，采用的基本方法之一是对消非线性相位的影响，首先考虑时间三次方项的影响。设信号中仅有三次方项，可表示为

$$s(n) = e^{j2\pi\frac{B_t T}{3}\left(\frac{n}{N}\right)^3} \tag{3.67}$$

若取 $B_t T = 2$，则其频谱如图 3.20（a）中右虚线所示，与 $B_t = 0$ 的频谱即同一图中的左虚线相比，谱峰位置发生偏移，这是可以预料的，信号谱峰损失 1.1dB，副瓣电平仅降到 -8.3dB，这将会影响目标检测和多目标分辨；若 $B_t T = 1$，则右虚线谱峰损失为 0.25dB，副瓣电平降到 -11.3dB，如图 3.20（b）所示；若 $B_t T = 0.5$，则右虚线谱峰损失降到 0.06dB，如图 3.20（c）所示，副瓣电平降到 -12.5dB，表明在此条件下，谱峰损失虽小了，但副瓣还是提高了。

设信号中仅有线性调频项时，可表示为

$$s(n) = e^{j2\pi\frac{B_d T}{2}\left(\frac{n}{N}\right)^2} \tag{3.68}$$

若取 $B_d T = 2$ 则其频谱如图 3.21（a）中右虚线所示，与 $B_d T = 0$ 的频谱即同一图中左虚线相比，谱峰位置发生偏移，信号谱峰损失 0.97dB，副瓣电平仅降到 -9dB，这将会影响目标检测和多目标分辨；若 $B_d T = 1$，则右虚线谱峰损失为 -0.24dB，副瓣电平降到 -12dB，如图 3.21（b）所示；若 $B_d T = 0.5$，则右虚线谱峰损失降到 0.06dB，副瓣电平降到 -12.9dB，如图 3.21（c）所示，表明在此条件下，谱峰损失虽小了，但副瓣还是提高了。

总之，在信号中存在非线性相位项时，无论是采用相位补偿方法，或每一非线性相位项变化所产生的带宽时间积小于 0.5 时，其积累得益的影响可以不

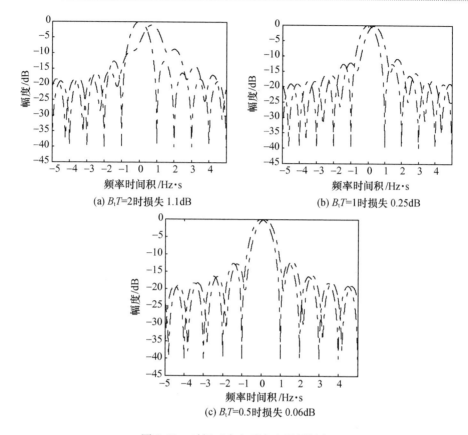

(a) $B_tT=2$时损失 1.1dB   (b) $B_tT=1$时损失 0.25dB

(c) $B_tT=0.5$时损失 0.06dB

图 3.20 时间三次方项产生积累损失

考虑。

设气动目标的速度为 $v_t = 700\text{m/s}$,加速度为 $a = 2g$,设雷达波长为 $\lambda = 0.5\text{m}$,目标距离雷达 $R_o = 300\text{km}$,积累时间为 T,若多普勒扩展可忽略的约束为

$$BT \leqslant 0.5 \tag{3.69}$$

目标加速度产生的线性调频项引起的多普勒最大扩展为

$$|B_d| = 2\frac{a}{\lambda}T \tag{3.70}$$

则积累时间的加速度可忽略的约束条件为

$$T \leqslant \frac{1}{2}\sqrt{\frac{\lambda}{a}} \tag{3.71}$$

考虑目标速度产生的线性调频多普勒最大扩展的影响,最大扩展为

$$|B_d| = 2\left(a + \frac{v_t^2}{R_o}\right)\frac{T}{\lambda} \tag{3.72}$$

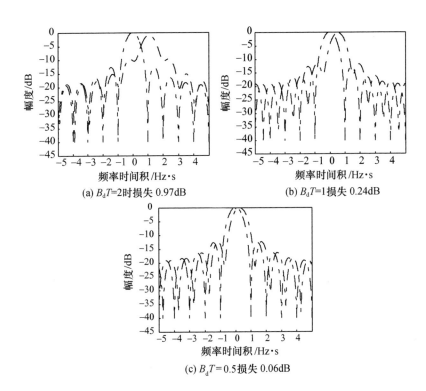

(a) B_dT=2时损失 0.97dB　　　　(b) B_dT=1损失 0.24dB

(c) B_dT=0.5损失 0.06dB

图 3.21　线性调频项产生积累损失

则积累时间的多普勒扩展可忽略的约束条件为

$$T \leqslant \frac{1}{2}\sqrt{\frac{\lambda}{a + \dfrac{v_t^2}{R_o}}} \tag{3.73}$$

从式(3.73)可以看出,积累时,发射信号的频率越高、目标距离雷达越近、目标的速度和加速度越大,则不跨速度门积累的条件越苛刻。在上述条件下,目标不跨速度门积累的条件为 $T \leqslant 54\text{ms}$;而目标在没有加速度的飞行条件下,目标不跨速度门积累的条件为 $T \leqslant 276\text{ms}$。

1)基于匹配傅里叶变换的积累

考虑到非线性调频项对相参积累的影响,雷达回波一般可抽象为

$$s(n) = A\mathrm{e}^{\mathrm{j}2\pi\left(f_d\frac{n}{N} + f_s\frac{n^2}{N^2} + f_t\frac{n^3}{N^3}\right)} \tag{3.74}$$

式中:f_s 为时间二次项系数;f_t 为时间三次项系数。

式(3.17)表示的匹配傅里叶变换中,令 $\zeta(n) = 2\pi\left(f_1\dfrac{n}{N} + f_2\dfrac{n^2}{N^2} + f_3\dfrac{n^3}{N^3}\right)$,则匹配傅里叶变换可表示为

$$S(f_1,f_2,f_3) = \sum_{n=0}^{N-1} s(n)\mathrm{e}^{-\mathrm{j}2\pi\left(f_2\frac{n^2}{N^2}+f_3\frac{n^3}{N^3}\right)}\mathrm{e}^{-\mathrm{j}2\pi f_1\frac{n}{N}} \tag{3.75}$$

令

$$s_u(n,f_2,f_3) = s(n)\mathrm{e}^{-\mathrm{j}2\pi\left(f_2\frac{n^2}{N^2}+f_3\frac{n^3}{N^3}\right)} \tag{3.76}$$

则有

$$S(f_1,f_2,f_3) = \sum_{n=0}^{N-1} s_u(n,f_2,f_3)\mathrm{e}^{-\mathrm{j}2\pi f_1\frac{n}{N}} \tag{3.77}$$

式(3.77)是对产生频率扩展的时间二次方和三次方项调制的补偿,即去调制。由于 $s(n)$ 中的 f_s 和 f_t 是未知的,故采用 f_2 和 f_3 分别对它们进行搜索对消,以保证总有一个满足最大的积累得益。

若取 $f_d T=0$, $B_d T \approx 366.2$, $B_t T \approx 2.5$, 当取 $f_1 T=0$, $3f_3 T=2$, 则去调制积累匹配傅里叶变换谱如图 3.22(a)所示,谱峰损失约为 0.04dB, 主副瓣比 8.5dB, 谱峰坐标为 366.4, 与设计值 $B_d T \approx 366.2$ 相差 0.2, 这是由于 $f_3 \neq B_t$ 所产生的结果; f_3 与 B_t 之差越大, 则谱峰损失越大, 如 $3f_3 T=1$, 损失约为 0.12dB, 主副瓣比为 7.78dB, 谱峰的坐标偏移也越远, 如图 3.22(b)所示, 谱峰坐标为 367, 这也表明, 在非线性正交基条件下, 时间三次方项所产生的积累损失要比线性正交基条件下小。

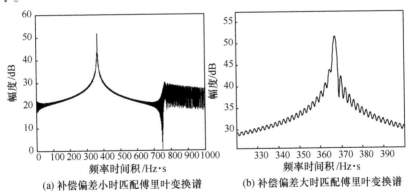

(a) 补偿偏差小时匹配傅里叶变换谱　　(b) 补偿偏差大时匹配傅里叶变换谱

图 3.22 多普勒频率补偿后的匹配傅里叶变换谱

以 $|f_d| \approx 14.14$kHz, $|B_d| \approx 366.2$Hz, $T=1$s, 积累点数 $N=384$ 为例, 其直接傅里叶变换谱如图 3.23(a)所示, 频谱严重展宽, 图 3.23(b)为对 $|B_d|$ 搜索去调制之后的二维谱, 从图谱中可以看出实现了信号的影响相参积累。若在信号中加 10dB 噪声, 则直接傅里叶变换谱如图 3.23(c)所示, 噪声完全淹没信号, 经去调制处理的二维谱如图 3.23(d)所示, 目标信号峰已高出噪声基底。

2)非稳定信号积累

凝视雷达搜索目标时可以利用相邻波位能量进行目标探测, 4 个相邻波位

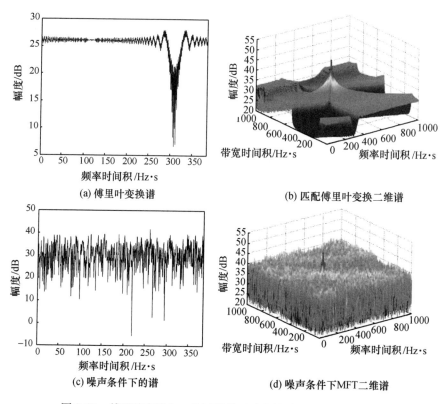

(a) 傅里叶变换谱

(b) 匹配傅里叶变换二维谱

(c) 噪声条件下的谱

(d) 噪声条件下MFT二维谱

图 3.23　傅里叶变换与二步匹配傅里叶变换谱的比较(见彩图)

为 i、$i+1$、$p+i$、$p+i+1$，每个波位驻留脉冲数为 K，设有一点目标的 4 个波位的信号为

$$s_i(n) = A_i \mathrm{e}^{\mathrm{j}\varphi_\mathrm{o}} \mathrm{e}^{\mathrm{j}2\pi\left(f_\mathrm{d}\frac{n}{N} + f_\mathrm{s}\frac{n^2}{N2} + f_\mathrm{t}\frac{n^3}{N3}\right)T} \tag{3.78a}$$

$$s_{i+1}(K+n) = A_{i+1} \mathrm{e}^{\mathrm{j}\varphi_\mathrm{o}} \mathrm{e}^{\mathrm{j}2\pi\left(f_\mathrm{d}\frac{K+n}{N} + f_\mathrm{s}\frac{(K+n)^2}{N2} + f_\mathrm{t}\frac{(K+n)^3}{N3}\right)T} \tag{3.78b}$$

$$s_{p+i}(pK+n) = A_{p+i} \mathrm{e}^{\mathrm{j}\varphi_\mathrm{o}} \mathrm{e}^{\mathrm{j}2\pi\left(f_\mathrm{d}\frac{pK}{N} + f_\mathrm{s}\frac{(pK)^2}{N2} + f_\mathrm{t}\frac{(pK)^3}{N3}\right)T} \mathrm{e}^{\mathrm{j}2\pi\left(\left(f_\mathrm{d} + 2f_\mathrm{s}\frac{pK}{N} + 3f_\mathrm{t}\frac{(pK)^2}{N2}\right)\frac{n}{N} + \left(f_\mathrm{s} + 3f_\mathrm{t}\frac{pK}{N}\right)\frac{n^2}{N2} + f_\mathrm{t}\frac{n^3}{N3}\right)T}$$

$$\tag{3.78c}$$

$$s_{p+i+1}(pK+K+n) = A_{p+i+1} \mathrm{e}^{\mathrm{j}\varphi_\mathrm{o}} \mathrm{e}^{\mathrm{j}2\pi\left(f_\mathrm{d}\frac{pK}{N} + f_\mathrm{s}\frac{(pK)^2}{N2} + f_\mathrm{t}\frac{(pK)^3}{N3}\right)T} \times$$

$$\mathrm{e}^{\mathrm{j}2\pi\left(\left(f_\mathrm{d} + 2f_\mathrm{s}\frac{pK}{N} + 3f_\mathrm{t}\frac{(pK)^2}{N2}\right)\frac{K+n}{N} + \left(f_\mathrm{s} + 3f_\mathrm{t}\frac{pK}{N}\right)\left(\frac{K+n}{N}\right)^2 + f_\mathrm{t}\left(\frac{K+n}{N}\right)^3\right)T}$$

$$\tag{3.78d}$$

比较式(3.78a)和式(3.78c)可知，二者的时间三次方项所产生的多普勒频率扩展相同，线性调频项二者相差

$$\Delta f_\mathrm{s} = 3f_\mathrm{t} T \frac{pK}{N} \tag{3.79}$$

多普勒频率相差

$$\Delta f_{\mathrm{d}} = 2f_{\mathrm{s}}\frac{pK}{N} + 3f_{\mathrm{t}}\left(\frac{pK}{N}\right)^2 \tag{3.80}$$

还存在一相位差

$$\Delta\varphi = 2\pi\left(f_{\mathrm{d}}\frac{pK}{N} + f_{\mathrm{s}}\frac{(pK)^2}{N^2} + f_{\mathrm{t}}\frac{(pK)^3}{N^3}\right)T \tag{3.81}$$

比较式(3.78b)和式(3.78d)也是如此差别。它们之间若采用谱叠加实现相参积累,则式(3.80)和式(3.81)所产生的相位误差必须补偿方可。

由于式(3.78a)与式(3.78b)的时序是连续的,式(3.78c)与式(3.78d)的时序是连续的,可以直接处理。它们之间若采用谱叠加实现相参积累,根据式(3.78a)与式(3.78b)去调制处理的积累谱函数为

$$S_0(f_1, f_2, f_3) = \sum_{n=0}^{K-1}\xi(n)s_i(n)\mathrm{e}^{-\mathrm{j}2\pi\left(f_1\frac{n}{N} + f_2\left(\frac{n}{N}\right)^2 + f_3\left(\frac{n}{N}\right)^3\right)} +$$
$$\sum_{n=0}^{K-1}\xi(K+n)s_{i+1}(K+n)\mathrm{e}^{-\mathrm{j}2\pi\left(f_1\frac{K+n}{N} + f_2\left(\frac{K+n}{N}\right)^2 + f_3\left(\frac{K+n}{N}\right)^3\right)} \tag{3.82}$$

$$S_p(f_{p1}, f_{p2}, f_3) = \sum_{n=0}^{K-1}\xi(pK+n)s_{p+i}(pK+n)\mathrm{e}^{-\mathrm{j}2\pi\left(f_{p1}\frac{n}{N} + f_{p2}\left(\frac{n}{N}\right)^2 + f_3\left(\frac{n}{N}\right)^3\right)} +$$
$$\sum_{n=0}^{K-1}\xi(pK+K+n)s_{p+i+1}(pK+K+n) \times$$
$$\mathrm{e}^{-\mathrm{j}2\pi\left(f_{p1}\frac{K+n}{N} + f_{p2}\left(\frac{K+n}{N}\right)^2 + f_3\left(\frac{K+n}{N}\right)^3\right)} \tag{3.83}$$

由于时序非相邻,目标回波多普勒的扩展会造成式(3.82)和式(3.83)的回波峰值位置的差异,由式(3.79)和式(3.80)可推得其之间关系为

$$f_{p2} = f_2 + f_3\frac{3pK}{N} \tag{3.84}$$

$$f_{p1} = f_1 + f_2\frac{2pK}{N} + f_3\frac{3(pK)^2}{N^2} \tag{3.85}$$

由于式(3.81)可得到积累所需要的相位补偿,以式(3.48)的相位对信号补偿,那么多波束凝视雷达利用四个相邻波位信号积累谱可为

$$S(f_1, f_2, f_3, m) = S_0(f_1, f_2, f_3) + \mathrm{e}^{-\mathrm{j}\pi\frac{m}{M}}S_p(f_{p1}, f_{p2}, f_3) \tag{3.86}$$

若采用时序拼接实现相参积累,则式(3.78c)和(3.78d)可改写为

$$s_{p+i}(pK+n) = A_{p+i}\mathrm{e}^{\mathrm{j}\varphi_o}\mathrm{e}^{\mathrm{j}2\pi\left(f_{\mathrm{d}}\frac{(p-2)K}{N} + f_{\mathrm{s}}\frac{((p-2)K)^2}{N^2} + f_{\mathrm{t}}\frac{((p-2)K)^3}{N^3}\right)T} \times$$
$$\mathrm{e}^{\mathrm{j}2\pi\left(\left(f_{\mathrm{d}} + 2f_{\mathrm{s}}\frac{(p-2)K}{N} + 3f_{\mathrm{t}}\frac{((p-2K)^2}{N^2}\right)\frac{2K+n}{N} + \left(f_{\mathrm{s}} + 3f_{\mathrm{t}}\frac{(p-2)K}{N}\right)\frac{(2K+n)^2}{N^2} + f_{\mathrm{t}}\frac{(2K+n)^3}{N^3}\right)T}$$

$$\tag{3.87a}$$

$$s_{p+i+1}(pK+K+n) = A_{p+i+1}\mathrm{e}^{\mathrm{j}\varphi_o}\mathrm{e}^{\mathrm{j}2\pi\left(f_{\mathrm{d}}\frac{(p-2)K}{N} + f_{\mathrm{s}}\frac{((p-2)K)^2}{N^2} + f_{\mathrm{t}}\frac{((p-2)K)^3}{N^3}\right)T} \times$$

$$e^{j2\pi\left(\left(f_d+2f_s\frac{(p-2)K}{N}+3f_t\frac{((p-2)K)^2}{N2}\right)\frac{3K+n}{N}+\left(f_s+3f_t\frac{(p-2)K}{N}\right)\left(\frac{3K+n}{N}\right)^2+f_t\left(\frac{3K+n}{N}\right)^3\right)T}$$

$$(3.87\text{b})$$

比较式(3.78a)和式(3.87b)可知,二者的时间三次方项所产生的多普勒频率扩展相同,线性调频项二者相差为

$$\Delta f_s = 3f_t\frac{(p-2)K}{N} \tag{3.88}$$

多普勒频率项相差为

$$\Delta f_d = 2f_s\frac{(p-2)K}{N} + 3f_t\left(\frac{(p-2)K}{N}\right)^2 \tag{3.89}$$

存在相位差为

$$\Delta\varphi = 2\pi\left(f_d\frac{(p-2)K}{N} + f_s\frac{((p-2)K)^2}{N^2} + f_t\frac{((p-2)K)^3}{N^3}\right)T \tag{3.90}$$

式(3.87)的时序拼接积累表达式为

$$S_p(f_{p1},f_{p2},f_3) = \sum_{n=0}^{K-1}\hbar(pK+n)s_{p+i}(pK+n)e^{-j2\pi(f_{p1}\frac{2K+n}{N}+f_{p2}(\frac{2K+n}{N})^2+f_3(\frac{2K+n}{N})^3)} +$$
$$\sum_{n=0}^{K-1}\hbar(pK+K+n)s_{p+i+1}(pK+K+n)e^{-j2\pi(f_{p1}\frac{3K+n}{N}+f_{p2}(\frac{3K+n}{N})^2+f_3(\frac{3K+n}{N})^3)}$$

$$(3.91)$$

式中

$$f_{p2} = f_2 + f_3\frac{3(p-2)K}{N} \tag{3.92}$$

$$f_{p1} = f_1 + f_2\frac{2(p-2)K}{N} + f_3\frac{3((p-2)K)^2}{N^2} \tag{3.93}$$

多波束凝视雷达利用四个相邻波位信号积累谱,可为

$$S(f_1,f_2,f_3) = S_0(f_1,f_2,f_3) +$$
$$S_p(f_{p1},f_{p2},f_3)e^{-j2\pi\left(f_1\frac{(p-2)K}{N}+f_2\frac{((p-2)K)^2}{N^2}+f_3\frac{((p-2)K)^3}{N^3}\right)} \tag{3.94}$$

如前设方位搜索 $90°$,俯仰搜索 $12°$,发射波束展宽为 $6°\times3°$,则俯仰需要 4 个波位可完成俯仰向搜索,故设 $p=4$,每个波位的驻留时间为 0.167s,$|B_d|T\approx 366.2$,$|B_t|T\approx2.5$,$N=(p+2)M$,故有

$$\Delta f_s T = B_t T\frac{pK}{N} = 1.67\text{s}, \quad \Delta f_d T = B_d T\frac{pK}{N} + B_t T\left(\frac{pK}{N}\right)^2 = 245.2,$$ 由此可见,4 个波位相邻的目标回波信号,比较多普勒扩展不同,其多普勒频率差别也比较大,不同波位信号不能简单用前述方法仅进行简单相位补偿实现相参积累。

▣ 3.3 时域积累

时域积累是指在时间域实现信号能量积累,提高雷达探测目标的能力。

3.3.1 线性调频信号脉冲压缩

3.3.1.1 脉冲压缩的基本原理

脉冲压缩技术是实现时域积累的有效方法。脉冲压缩是信号通过匹配系统的响应,设信号为 $x(t)$,系统的匹配响应函数为 $h(t)$,则脉冲压缩的信号响应为

$$s(t) = \int_{-\infty}^{+\infty} x(\tau) \, h(\tau - t) \, \mathrm{d}\tau \tag{3.95}$$

实现脉冲压缩的典型信号形式之一是线性调频信号;其幅度归一化发射信号为

$$x_e(t) = \mathrm{e}^{\mathrm{j}(2\pi f_0 t + \pi k t^2)} g_\tau \left(t - \frac{\tau}{2} \right) \tag{3.96a}$$

信号的包络通常表示为

$$x(t) = \mathrm{e}^{\mathrm{j}\pi k t^2} g_\tau \left(t - \frac{\tau}{2} \right) \tag{3.96b}$$

式中:τ 为信号脉冲持续时间门宽度。

信号带宽为

$$B = k\tau \tag{3.97}$$

系统响应函数与雷达信号匹配,通常可表示为

$$h(t) = \overset{*}{x}(t) \tag{3.98}$$

若式(3.95)中 $-\tau \leqslant t < 0$,如图 3.24 所示,则有

$$s(t) = \left(1 + \frac{t}{\tau} \right) \tau \mathrm{Sa} \left[\pi B t \left(1 + \frac{t}{\tau} \right) \right] \mathrm{e}^{\mathrm{j}\pi B t} \tag{3.99}$$

若 $0 \leqslant t \leqslant \tau$,如图 3.25 所示,则有

$$s(t) = \left(1 - \frac{t}{\tau} \right) \tau \mathrm{Sa} \left[\pi B t \left(1 - \frac{t}{\tau} \right) \right] \mathrm{e}^{\mathrm{j}\pi B t} \tag{3.100}$$

综合可得脉冲压缩表达式为

$$s(t) = \begin{cases} \left(1 - \dfrac{|t|}{\tau} \right) \tau \mathrm{Sa} \left[\pi B t \left(1 - \dfrac{|t|}{\tau} \right) \right] \mathrm{e}^{\mathrm{j}\pi B t} & |t| \leqslant \tau \\ 0 & \text{其他} \end{cases} \tag{3.101a}$$

即

$$s(t) = \left(1 - \frac{|t|}{\tau} \right) \tau \mathrm{Sa} \left[\pi B t \left(1 - \frac{|t|}{\tau} \right) \right] g_{2\tau}(t) \mathrm{e}^{\mathrm{j}\pi B t} \tag{3.101b}$$

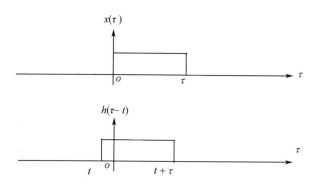

图 3.24　$-\tau \leqslant t < 0$ 时信号 $x(\tau)$ 与匹配响应函数 $h(\tau - t)$

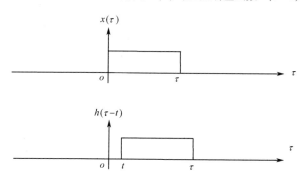

图 3.25　$0 \leqslant t \leqslant \tau$ 时信号 $x(\tau)$ 与匹配响应函数 $h(\tau - t)$

若 $|t| \ll \tau$,考虑信号幅度为 A,则式(3.101b)可表示为

$$s(t) = A\tau \mathrm{Sa}(\pi Bt) g_{2\tau}(t) \mathrm{e}^{\mathrm{j}\pi Bt} \qquad (3.101\mathrm{c})$$

其与式(3.6)比较,二者表达式结构完全相同,故傅里叶变换为频域积累,脉冲压缩为时域积累。

雷达目标回波通常均有一定延时,设初始延时为 t_o,则目标回波信号可表示为

$$x_\mathrm{r}(t) = A\mathrm{e}^{\mathrm{j}\pi k(t-t_\mathrm{o})^2} g_\tau\left(t - \frac{\tau}{2} - t_\mathrm{o}\right) \qquad (3.102)$$

同理可得有延时目标信号的脉冲延时表达式为

$$s(t) = A\tau \mathrm{Sa}(\pi B(t-t_\mathrm{o})) g_{2\tau}(t + \tau - t_\mathrm{o}) \mathrm{e}^{\mathrm{j}\pi B(t-t_\mathrm{o})} \qquad (3.103)$$

3.3.1.2　离散信号的脉冲压缩

雷达目标回波经采样时间间隔为 ΔT 的 A/D 采样后的信号可表示为

$$x_\mathrm{r}(m\Delta T) = \mathrm{e}^{\mathrm{j}\pi k((m-m_\mathrm{o})\Delta T + \Delta T_\mathrm{o})^2} g_M\left(m - \frac{M}{2} - m_\mathrm{o}\right) \qquad (3.104)$$

式中：m_o 为目标延时，当其为 ΔT 的整数倍延时，ΔT_o 为目标延时小于 ΔT 的小延时。在脉冲持续时间内共采集 M 点，故有 $B = kM\Delta T$，式（3.104）可表示为

$$x_r(m\Delta T) = e^{j\pi B_r M\Delta T\left(\frac{m-m_o+\frac{\Delta T_o}{\Delta T}}{M}\right)^2} g_M\left(m - \frac{M}{2} - m_o\right) \tag{3.105}$$

匹配函数可表示为

$$h(m\Delta T - n\Delta T) = e^{-j\pi BM\Delta T\left(\frac{m-n}{M}\right)^2} g_M\left(m - \frac{M}{2} - n\right) \tag{3.106}$$

线性调频信号的离散脉冲压缩表达式为

$$s_r(n) = \sum_{m=-\infty}^{+\infty} x(m\Delta T) h(m\Delta T - n\Delta T) \tag{3.107}$$

当 $-(M - m_o) \leq n < m_o$ 时，有

$$s_r(n) = M\widetilde{S}a\left(\pi BM\Delta T \frac{\left(1 + \frac{n-m_o}{M}\right)\left[n - \left(m_o - \frac{\Delta T_o}{\Delta T}\right)\right]}{M}\right) e^{j\pi BM\Delta T \frac{\left(1 + \frac{\frac{\Delta T_o}{\Delta T}-1}{M}\right)\left[n - \left(m_o - \frac{\Delta T_o}{\Delta T}\right)\right]}{M}} \tag{3.108}$$

式中：$\widetilde{S}a(Nx) = \dfrac{\sin(Nx)}{N\sin x}$。

当 $m_o \leq n < M + m_o$ 时，有

$$s_r(n) = M\widetilde{S}a\left(\pi B\Delta T \frac{(M + m_o - n)\left(n - m_o + \frac{\Delta T_o}{\Delta T}\right)}{M}\right) e^{j\pi B\Delta T \frac{\left(M + \frac{\Delta T_o}{\Delta T} - 1\right)\left(n - m_o + \frac{\Delta T_o}{\Delta T}\right)}{M}} \tag{3.109}$$

综合式（3.108）和式（3.109），若 $-(M - m_o) \leq n < M + m_o$，则有

$$s_r(n) = M\widetilde{S}a\left(\pi B\Delta T\left(1 + \left|\frac{n-m_o}{M}\right|\right)\left[n - \left(m_o - \frac{\Delta T_o}{\Delta T}\right)\right]\right) e^{j\pi B\Delta T\left(1 + \frac{\frac{\Delta T_o}{M\Delta T} - \frac{1}{M}}\right)\left[n - \left(m_o - \frac{\Delta T_o}{\Delta T}\right)\right]} \tag{3.110}$$

在式（3.110）中，若 $n = m_o$，则有

$$s_r(n) = M\widetilde{S}a(\pi B\Delta T_o) e^{j\pi B\Delta T\left(1 + \frac{\Delta T_o}{M\Delta T} - \frac{1}{M}\right)\frac{\Delta T_o}{\Delta T}} \tag{3.111}$$

脉冲压缩损失为

$$\eta = 20\lg\widetilde{S}a(\pi B\Delta T_o) \tag{3.112}$$

若 $B\Delta T_o = \dfrac{1}{2}$，则可得到信号的峰值功率比最大值损失 3.9dB；若 $B\Delta T_o =$

多波束凝视雷达

$\dfrac{1}{4}$,则可得到信号的峰值功率比最大值损失 0.9dB;若 $B\Delta T_{\mathrm{o}} = \dfrac{1}{8}$,则可得到信号的峰值功率比最大值损失 0.2dB,这说明目标延时不为采样时间间隔时,会产生脉冲压缩后的信号功率损失。

由于采样时间间隔为 ΔT,损失最大延时为 $\Delta T_{\mathrm{o}} = \dfrac{\Delta T}{2}$,若采样时间间隔与信号带宽的关系为 $\Delta T = \dfrac{1}{\kappa B}$,则 $\Delta T_{\mathrm{o}} = \dfrac{1}{2\kappa B}$,故 $B\Delta T_{\mathrm{o}} = \dfrac{1}{2\kappa}$,$\kappa$ 越大,脉冲压缩的损失越小。如果采样频率为 2 倍信号带宽,则脉冲压缩损失 0.9dB;如果采样频率为 4 倍信号带宽,则脉冲压缩损失 0.22dB;此是以提高雷达系统的 A/D 采集性能为代价的,同时也提高了计算复杂度。

3.3.1.3　脉冲压缩后时域高采样率

解决损失的方法可以是在不改变雷达回波采样的条件下,提高脉冲压缩参考函数的采样率,但带来的问题是计算复杂度的提升,而在现代计算技术条件下,是可以容忍的。

若脉冲压缩后的采样时间间隔为 Δt,则脉冲压缩的匹配函数为

$$h(m\Delta T - n\Delta t) = \mathrm{e}^{-\mathrm{j}\pi k(m\Delta T - n\Delta t)^2} g_M\left(\left(m - \dfrac{M}{2}\right)\Delta T - n\Delta t\right) \tag{3.113}$$

离散脉冲压缩表达式为

$$s_{\mathrm{r}}(n) = \sum_{m=-\infty}^{+\infty} x(m\Delta T) h(m\Delta T - n\Delta t) \tag{3.114}$$

$$n_{\mathrm{z}} = \left[\dfrac{n\Delta t}{\Delta T}\right] \tag{3.115}$$

上式表示取整。

$$\Delta = n\dfrac{\Delta t}{\Delta T} - n_{\mathrm{z}} \tag{3.116}$$

当 $-(M\Delta T - m_{\mathrm{o}}\Delta T) \leqslant n\Delta t < m_{\mathrm{o}}\Delta T$ 时,有

$$s_{\mathrm{r}}(n) = \dfrac{\sin\left\{\pi B M\Delta T \dfrac{\left(1 + \dfrac{n_{\mathrm{z}} - m_{\mathrm{o}}}{M}\right)\left[n\dfrac{\Delta t}{\Delta T} - \left(m_{\mathrm{o}} - \dfrac{\Delta T_{\mathrm{o}}}{\Delta T}\right)\right]}{M}\right\}}{\sin\left\{\pi B\Delta T \dfrac{\left[n\dfrac{\Delta t}{\Delta T} - \left(m_{\mathrm{o}} - \dfrac{\Delta T_{\mathrm{o}}}{\Delta T}\right)\right]}{M}\right\}} \times$$

$$\mathrm{e}^{\mathrm{j}\pi B M\Delta T \dfrac{\left(1 + \dfrac{\frac{\Delta T_{\mathrm{o}}}{\Delta T} - 1 - \Delta}{M}\right)\left[n\frac{\Delta t}{\Delta T} - \left(m_{\mathrm{o}} - \frac{\Delta T_{\mathrm{o}}}{\Delta T}\right)\right]}{M}} \tag{3.117}$$

· 068 ·

当 $m_{\mathrm{o}}\Delta T \leqslant n\Delta t < M\Delta T + m_{\mathrm{o}}\Delta T$ 时,有

$$s_{\mathrm{r}}(n) = \cfrac{\sin\pi BM\Delta T\cfrac{\left(1+\dfrac{m_{\mathrm{o}}-n_{\mathrm{z}}}{M}\right)\left[n\dfrac{\Delta t}{\Delta T}-\left(m_{\mathrm{o}}-\dfrac{\Delta T_{\mathrm{o}}}{\Delta T}\right)\right]}{M}}{\sin\pi B\Delta T\cfrac{\left[n\dfrac{\Delta t}{\Delta T}-\left(m_{\mathrm{o}}-\dfrac{\Delta T_{\mathrm{o}}}{\Delta T}\right)\right]}{M}\mathrm{e}^{\mathrm{j}2\pi B\Delta T\frac{\left(M+\frac{\Delta T_{\mathrm{o}}}{\Delta T}-1-\Delta\right)\left[n\frac{\Delta t}{\Delta T}-\left(m_{\mathrm{o}}-\frac{\Delta T_{\mathrm{o}}}{\Delta T}\right)\right]}{M}}}$$

$$(3.118)$$

综合式(3.116)和式(3.117),在 $-(M-m_{\mathrm{o}}) \leqslant n < M + m_{\mathrm{o}}$ 时,有

$$s_{\mathrm{r}}(n) = \cfrac{\sin\pi BM\Delta T\cfrac{\left(1+\left|\dfrac{n_{\mathrm{z}}-m_{\mathrm{o}}}{M}\right|\right)\left[n\dfrac{\Delta t}{\Delta T}-\left(m_{\mathrm{o}}-\dfrac{\Delta T_{\mathrm{o}}}{\Delta T}\right)\right]}{M}}{\sin\pi B\Delta T\cfrac{\left[n\dfrac{\Delta t}{\Delta T}-\left(m_{\mathrm{o}}-\dfrac{\Delta T_{\mathrm{o}}}{\Delta T}\right)\right]}{M}} \times$$

$$\mathrm{e}^{\mathrm{j}\pi BM\Delta T\frac{\left(1+\frac{\frac{\Delta T_{\mathrm{o}}}{\Delta T}-1-\Delta}{M}\right)\left[n\frac{\Delta t}{\Delta T}-\left(m_{\mathrm{o}}-\frac{\Delta T_{\mathrm{o}}}{\Delta T}\right)\right]}{M}}$$

$$(3.119)$$

当 $n_{\mathrm{z}} = m_{\mathrm{o}}$ 时,有

$$s_{\mathrm{r}}(n) = M\widetilde{\mathrm{Sa}}\left(\pi B\Delta T_{\mathrm{o}}\left(1+\dfrac{\Delta T}{\Delta T_{\mathrm{o}}}\Delta\right)\right)\mathrm{e}^{\mathrm{j}\pi B(\Delta T\Delta + \Delta T_{\mathrm{o}})\frac{\Delta TM + \Delta T_{\mathrm{o}}-\Delta T - \Delta T\Delta}{M\Delta T}} \qquad (3.120)$$

脉冲压缩损失为

$$\eta = 20\log\left(\widetilde{\mathrm{Sa}}\left(\pi B\Delta T_{\mathrm{o}}\left(1+\dfrac{\Delta T}{\Delta T_{\mathrm{o}}}\Delta\right)\right)\right) \qquad (3.121)$$

在 $B\Delta T_{\mathrm{o}} = \dfrac{1}{2}$ 时,若 $\Delta T = 2\Delta t$,则可得到信号的峰值功率比最大值损失 0.9dB;若 $\Delta T = 4\Delta t$,则可得到信号的峰值功率比最大值损失 0.22dB;继续提高脉冲压缩时域的采样率,则脉冲压缩损失将更小。这说明提高脉冲压缩时域的采样率可以有效降低信号功率因采样所产生的损失。

3.3.1.4　修正匹配函数

比较目标回波信号式(3.105)和匹配函数式(3.106),由于目标运动,当 $\dfrac{\Delta T_{\mathrm{o}}}{\Delta T}$ 不为整数时,无论如何改变匹配函数中的 n,均不能得到与目标回波完全匹配的函数,这也就是失配,失配常有,但通过修正匹配函数可以减小失配损失。

若将式(3.106)修正为

$$h(m\Delta T - n\Delta T, k) = \mathrm{e}^{-\mathrm{j}\pi BM\Delta T\left(\frac{m-n+\frac{k}{K}}{M}\right)^2}g_M\left(m-\dfrac{M}{2}-n\right) \qquad (3.122)$$

式中: $k = 0, 1, \cdots, K-1$, 这在不同的 k 条件下, 总存在一个延时失配 $\leqslant \dfrac{1}{2K}$ 条件成立。

以式 (3.122) 作为匹配函数脉冲压缩表达式为

$$s_r(n,k) = \sum_{m=-\infty}^{+\infty} x(m\Delta T) h(m\Delta T - n\Delta T, k) \qquad (3.123)$$

当 $-(M-m_o) \leqslant n < m_o$ 时, 有

$$s_r(n,k) = \frac{\sin \pi B M \Delta T \dfrac{\left(1 + \dfrac{n-m_o}{M}\right)\left(n - \dfrac{k}{K} - m_o + \dfrac{\Delta T_o}{\Delta T}\right)}{M}}{\sin \pi B \Delta T \dfrac{\left(n - \dfrac{k}{K} - m_o + \dfrac{\Delta T_o}{\Delta T}\right)}{M}} e^{j \pi B \Delta T \frac{\left(M + \frac{k}{K} + \frac{\Delta T_o}{\Delta T} - 1\right)\left(n - \frac{k}{K} - m_o + \frac{\Delta T_o}{\Delta T}\right)}{M}}$$

$$(3.124)$$

当 $m_o \leqslant n < M + m_o$ 时, 有

$$s_r(n,k) = \frac{\sin \pi B M \Delta T \dfrac{\left(1 + \dfrac{m_o-n}{M}\right)\left(n - \dfrac{k}{K} - m_o + \dfrac{\Delta T_o}{\Delta T}\right)}{M}}{\sin \pi B \Delta T \dfrac{\left(n - \dfrac{k}{K} - m_o + \dfrac{\Delta T_o}{\Delta T}\right)}{M}} e^{j \pi B \Delta T \frac{\left(M + \frac{k}{K} + \frac{\Delta T_o}{\Delta T} - 1\right)\left(n - \frac{k}{K} - m_o + \frac{\Delta T_o}{\Delta T}\right)}{M}}$$

$$(3.125)$$

综合式 (3.30) 和式 (3.31), 在 $-(M-m_o) \leqslant n < M + m_o$ 时, 有

$$s_r(n,k) = \frac{\sin \pi B M \Delta T \dfrac{\left(1 + \left|\dfrac{n-m_o}{M}\right|\right)\left(n - \dfrac{k}{K} - m_o + \dfrac{\Delta T_o}{\Delta T}\right)}{M}}{\sin \pi B \Delta T \dfrac{\left(n - \dfrac{k}{K} - m_o + \dfrac{\Delta T_o}{\Delta T}\right)}{M}} \times$$

$$e^{j \pi B \Delta T \frac{\left(M + \frac{k}{K} + \frac{\Delta T_o}{\Delta T} - 1\right)\left(n - \frac{k}{K} - m_o + \frac{\Delta T_o}{\Delta T}\right)}{M}} \qquad (3.126)$$

当 $n = m_o$ 时, 有

$$s_r(n,k) = M \widetilde{Sa}\left(\pi B \Delta T \left(\frac{\Delta T_o}{\Delta T} - \frac{k}{K}\right)\right) e^{j \pi B \Delta T \frac{\left(M + \frac{k}{K} + \frac{\Delta T_o}{\Delta T} - 1\right)\left(\frac{\Delta T_o}{\Delta T} - \frac{k}{K}\right)}{M}} \qquad (3.127)$$

经 K 次计算, 总存在一 k 值, 满足 $B \Delta T \left(\dfrac{\Delta T_o}{\Delta T} - \dfrac{k}{K}\right) \leqslant \dfrac{1}{2K}$, 则总有一 k 值条件下的损失满足

$$\eta = 20\log\left(\tilde{\mathrm{S}}\mathrm{a}\left(\frac{\pi}{2K}\right)\right) \tag{3.128}$$

若选择 $K=2$，则可得到信号的峰值功率比最大值损失 0.9dB；若 $K=4$，则可得到信号的峰值功率比最大值损失 0.22dB。这说明通过合理选择 K 值，多次计算脉冲压缩可以获取损失比较小的结果。

3.3.2　运动目标回波脉冲压缩

传统的气动目标速度在马赫数 2 以内，机动加速度在 $2g$ 左右，现代高超声速目标速度可达马赫数 5 以上；临近空间高超声速目标的速度可达 5km/s，机动加速度在 $10g$ 左右，这就造成了目标运动会对脉冲压缩产生影响。

目标相对于雷达的变化距离为

$$R(t) = R_{\mathrm{o}} - vt - \frac{1}{2}at^2 \tag{3.129}$$

若雷达发射信号时刻为 $t=0$，则雷达信号必须传播距离 R_{o} 方达到目标，即可设雷达接收到目标信号相对于发射信号时刻的延时为 $t_{\mathrm{o}} = \dfrac{2R_{\mathrm{o}}}{c}$，故单目标信号可以表示为

$$x_{\mathrm{o}}(t) = a_{\mathrm{o}}\mathrm{e}^{\mathrm{j}\varphi_{\mathrm{o}}}\mathrm{e}^{\mathrm{j}2\pi f_{\mathrm{o}}\left(t-t_{\mathrm{o}}+\frac{2v(t-t_{\mathrm{o}})+a(t-t_{\mathrm{o}})^2}{c}\right)}\mathrm{e}^{\mathrm{j}\pi k\left[t-t_{\mathrm{o}}+\frac{2v(t-t_{\mathrm{o}})+a(t-t_{\mathrm{o}})^2}{c}\right]^2} \times$$

$$g_{\tau}\left(t - \frac{\tau}{2} - t_{\mathrm{o}} + \frac{2v(t-t_{\mathrm{o}})+a(t-t_{\mathrm{o}})^2}{c}\right) \tag{3.130}$$

式中：a_{o} 为信号幅度；c 为光速。

雷达系统在信号处理前，通常有下混频，滤除目标回波信号中的载频，若不考虑目标加速度对回波影响，则目标回波信号可抽象为

$$x_{\mathrm{o}}(t) \approx a_{\mathrm{o}}\mathrm{e}^{\mathrm{j}\varphi_{R_{\mathrm{o}}}}\mathrm{e}^{\mathrm{j}2\pi\frac{2v}{\lambda}(t-t_{\mathrm{o}})}\mathrm{e}^{\mathrm{j}\pi k\left[t-t_{\mathrm{o}}+\frac{2v(t-t_{\mathrm{o}})}{c}\right]^2}g_{\tau}\left(t-\frac{\tau}{2}-t_{\mathrm{o}}+\frac{2v(t-t_{\mathrm{o}})}{c}\right)$$

$$\tag{3.131}$$

式中：$\varphi_{R_{\mathrm{o}}} = \varphi_{\mathrm{o}} - 2\pi f_{\mathrm{o}}t_{\mathrm{o}}$。当 $-\tau+t_{\mathrm{o}} \leqslant t \leqslant t_{\mathrm{o}}$ 时，由于在脉冲持续时间内 $\dfrac{2v(t-t_{\mathrm{o}})}{c}$ 对包络的影响很小，故脉冲压缩可近似表达为

$$s(t) = a_{\mathrm{o}}\mathrm{e}^{\mathrm{j}\varphi_{R_{\mathrm{o}}}}\mathrm{e}^{-\mathrm{j}\pi k(t_{\mathrm{o}}-t)^2}\int_{t_{\mathrm{o}}}^{t+\tau}\mathrm{e}^{\mathrm{j}2\pi\frac{2v}{\lambda}(\tau-t_{\mathrm{o}})}\mathrm{e}^{\mathrm{j}4\pi B\tau\left(\frac{v}{c}+\left(\frac{v}{c}\right)^2\right)\left(\frac{\tau-t_{\mathrm{o}}}{\tau}\right)^2}\mathrm{e}^{-\mathrm{j}2\pi k(t_{\mathrm{o}}-t)(\tau-t_{\mathrm{o}})}\,\mathrm{d}\tau$$

$$\tag{3.132}$$

若目标运动所产生信号调制的相位变化影响可以忽略，则有 $4\pi B\tau\left[\dfrac{v}{c}+\left(\dfrac{v}{c}\right)^2\right] \leqslant \dfrac{\pi}{8}$，由于 $\dfrac{v}{c} \gg \left(\dfrac{v}{c}\right)^2$，则

$$Bτ \leqslant \frac{c}{32v} \tag{3.133}$$

从这里可以看出，目标速度越高，时间带宽积就必须越小，若信号带宽为 $B=2\mathrm{MHz}$，目标速度为 $v=700\mathrm{m/s}$，则脉冲宽度 $τ<6.7\mathrm{ms}$ 时可以不考虑目标速度对脉冲压缩的影响，若雷达发射信号的带宽大到一定程度，就不得不考虑目标速度对脉冲压缩的影响，而目标速度的提高，降低了时间带宽积的设计冗余。如设目标的速度为 $v=7\mathrm{km/s}$，信号带宽仍为 $B=2\mathrm{MHz}$，那么脉冲宽度设计 $τ<0.67\mathrm{ms}$，否则脉冲压缩后会产生信号幅度损失。

忽略目标运动二次项对脉冲压缩的影响，则式 (3.132) 为

$$s(t)=a_\mathrm{o}τ\left(1+\frac{t-t_\mathrm{o}}{τ}\right)\mathrm{Sa}\left(πB\left(t-t_\mathrm{o}+\frac{2v}{λk}\right)\left(1+\frac{t-t_\mathrm{o}}{τ}\right)\right)e^{jφ_{R_\mathrm{o}}}e^{jπB\left[t-t_\mathrm{o}+\frac{2v}{λB}(t-t_\mathrm{o}+τ)\right]} \tag{3.134}$$

当 $t_\mathrm{o} \leqslant t \leqslant t_\mathrm{o}+τ$ 时，脉冲压缩表达为

$$s(t)=a_\mathrm{o}τ\left[1-\left(\frac{t-t_\mathrm{o}}{τ}\right)\right]\mathrm{Sa}\left(πB\left(t-t_\mathrm{o}+\frac{2v}{λk}\right)\left[1-\left(\frac{t-t_\mathrm{o}}{τ}\right)\right]\right)e^{jφ_{R_\mathrm{o}}}e^{jπB\left[t-t_\mathrm{o}+\frac{2v}{λB}(τ+t-t_\mathrm{o})\right]} \tag{3.135}$$

综合后可得考虑目标速度影响的脉冲压缩信号为

$$s(t)=a_\mathrm{o}τ\left(1-\left|\frac{t-t_\mathrm{o}}{τ}\right|\right)\mathrm{Sa}\left(πB\left(t-t_\mathrm{o}+\frac{2v}{λB}τ\right)\left(1-\left|\frac{t-t_\mathrm{o}}{τ}\right|\right)\right)e^{jφ_{R_\mathrm{o}}}\times$$

$$e^{jπB\left[t-t_\mathrm{o}+\frac{f_\mathrm{d}}{B}(t-t_\mathrm{o}+τ)\right]}g_{2τ}\left(t-t_\mathrm{o}+\frac{2v}{λB}τ\right) \tag{3.136}$$

脉冲最大峰值出现的时刻为

$$t=t_\mathrm{o}-\frac{2v}{λB}τ=t_\mathrm{o}-\frac{f_\mathrm{d}}{B}τ \tag{3.137}$$

从式 (3.137) 可看出，信号的峰值不是出现在 t_o 时刻，峰值出现时刻产生偏离，目标运动速度是其根本原因，在目标速度一定条件下，发射信号脉冲宽度越宽，发射信号的波长越短，带宽越窄，则峰值出现时刻的偏离越大。

若目标距离延时为 $t_\mathrm{o}=4\mathrm{ms}$，目标速度为 $v=5\mathrm{km/s}$，设发射信号的脉冲宽度为 $τ=200\mathrm{μs}$，信号带宽 $B=1\mathrm{MHz}$，$λ=0.5\mathrm{m}$，则 $\frac{2v}{λB}τ=4\mathrm{μs}$，若距离门为 $\frac{1}{B}$，可造成测距的 4 个距离门误差。

由于目标运动所造成的积累损失为

$$η=20\mathrm{log}\left(1-\left|\frac{f_\mathrm{d}}{B}\right|\right) \tag{3.138}$$

由此可知，目标的多普勒频率越大，发射信号带宽越窄损失越大。如设 $B=1\mathrm{MHz}$，$λ=0.5\mathrm{m}$，$v=5\mathrm{km/s}$，则因目标运动所造成的脉冲压缩损失 $η=$

-0.18dB；若雷达发射信号波长为 $\lambda = 0.03\mathrm{m}$，脉冲压缩损失 $\eta = -3.52\mathrm{dB}$；若信号带宽增加到 $B = 4\mathrm{MHz}$，则脉冲压缩损失 $\eta = -0.76\mathrm{dB}$；对于目标速度为 $v = 700\mathrm{m/s}$，信号带宽 $B = 1\mathrm{MHz}$ 时，P 波段的脉冲压缩损失为 $\eta = -0.02\mathrm{dB}$；发射信号为 X 波段时，脉冲压缩损失 $\eta = -0.42\mathrm{dB}$；信号带宽增加到 $B = 4\mathrm{MHz}$ 时，脉冲压缩损失 $\eta = -0.1\mathrm{dB}$。故合理选择发射信号带宽也可降低脉冲压缩损失。

若发射信号为负斜率调制，即

$$x_e(t) = \mathrm{e}^{\mathrm{j}(2\pi(f_o + B)t - \pi kt^2)} g_\tau\left(t - \frac{\tau}{2}\right) \tag{3.139}$$

脉冲压缩后的最大峰值出现的时刻为

$$t = t_o + \frac{2v}{\lambda B}\left(1 + \frac{B}{f_o}\right)\tau = t_o + \frac{f_d}{B}\left(1 + \frac{B}{f_o}\right)\tau \tag{3.140}$$

式（3.137）与式（3.140）联解，有

$$t = t_o + \frac{B}{2f_o}\tau \tag{3.141}$$

分析式（3.141）可知，测距偏差降为 $\frac{B}{2f_o}\tau$，$\tau = 200\mu\mathrm{s}$，信号带宽 $B = 1\mathrm{MHz}$，$\lambda = 0.5\mathrm{m}$ 时，$\frac{B}{2f_o}\tau < 0.17\mu\mathrm{s}$，当然，发射信号的带宽越大，这种测距偏差越大，而发射载频的提高则可以改进测距偏差。

在这两种发射波形设计时，会产生多普勒频率的差别，在一定条件下，需要补偿这种差别方可实现高效率的相参积累。

▌3.4　空域积累[6,7]

3.4.1　阵列天线波束形成与功率积累

雷达威力与探测目标方向的功率密度有关。雷达发射信号时，探测目标方向的功率密度越大，则目标散射的回波功率越大，在雷达发射功率一定的条件下，天线在探测目标方向的面积投影越大，功率密度也越大；雷达接收目标信号时，天线在探测目标方向的面积投影越大，则接收到的目标回波功率越大。

设阵列天线的每个单元具有相同的面积 ΔA，若探测阵面法线 θ 角方向目标如图 3.26 所示，则单元面积在 θ 角方向的投影为 $\Delta A\cos\theta$，设其为线阵，共有 N 个单元，那么传统第 i 个单元加权辐射信号可表示为

$$s_e(t,i) = a\mathrm{e}^{\mathrm{j}\left[2\pi f_o\left(t + \frac{id}{c}\sin\theta_o\right) + \pi kt^2\right]} g_\tau\left(t - \frac{\tau}{2}\right) \tag{3.142}$$

式中：a 为信号幅度。

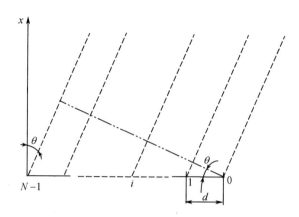

图 3.26　阵列天线示意图

　　由电路理论可知,在阻抗一定的条件下,功率与信号幅度是平方关系,由于天线辐射的空间各方向的阻抗相同,则辐射到不同方向的信号可近似表示为

$$s_t(t,i,\theta) = \sqrt{\Delta A \cos\theta}\, a\, \mathrm{e}^{\mathrm{j}\left[2\pi f_0\left(t+\frac{id}{c}\sin\theta_0-\frac{id}{c}\sin\theta\right)+\pi k\left(t-\frac{id}{c}\sin\theta\right)^2\right]} g_\tau\left(t-\frac{\tau}{2}-\frac{id}{c}\sin\theta\right)$$

（3.143）

在远场条件下,可忽略高次项相位 $\mathrm{e}^{\mathrm{j}\pi k\left(\frac{id}{c}\sin\theta\right)^2}$ 以及延时对基带信号包的影响,则有

$$s_t(t,i,\theta) = \sqrt{\Delta A \cos\theta}\, a\, \mathrm{e}^{\mathrm{j}(2\pi f_0 t+\pi k t^2)}\,\mathrm{e}^{\mathrm{j}2\pi\frac{id}{\lambda}\left(\sin\theta_0-\sin\theta-B_\tau\frac{t}{\tau}\frac{\lambda}{c}\sin\theta\right)} g_\tau\left(t-\frac{\tau}{2}-\frac{id}{c}\sin\theta\right)$$

（3.144）

故阵列天线合成的空间信号为

$$s(t,\theta) = \sum_{i=0}^{N-1} s_t(t,i,\theta)$$

（3.145）

如果一个阵元输出功率为 P_i,负载电阻为 r,若信号为电压,则有

$$P_i = \frac{|s_t(t,i,\theta)|^2}{2r}$$

（3.146）

N 阵元发射时,每个阵元均有相同的负载,则天线所对应的负载可等效为 N 个负载的串联,那么输出的总功率为

$$P = \frac{|s(t,\theta)|^2}{2Nr}$$

（3.147）

以与空间角有关参数表示空间信号,则方向图为

$$p(t,\theta) = N\sqrt{\Delta A\cos\theta}\,\widetilde{\mathrm{Sa}}\left(\pi\frac{Nd}{\lambda}\left(\sin\theta_\mathrm{o}-\sin\theta-\frac{t}{\tau}\frac{\lambda B}{c}\sin\theta\right)\right)\mathrm{e}^{\mathrm{j}\pi\frac{(N-1)d}{\lambda}\left(\sin\theta_\mathrm{o}-\sin\theta-B\frac{t}{\tau}\frac{\lambda}{c}\sin\theta\right)}$$

$$(3.148)$$

设天线的角分辨为 $\Delta\theta$，天线单元面积 ΔA 归一化，当 $\dfrac{\lambda B}{c}$ 所产生的波束指向偏离远小于 $\Delta\theta$ 时，有

$$p(\theta) = N\sqrt{\cos\theta}\,\widetilde{\mathrm{Sa}}\left(\pi\frac{Nd}{\lambda}(\sin\theta_\mathrm{o}-\sin\theta)\right)\mathrm{e}^{\mathrm{j}\pi\frac{(N-1)d}{\lambda}(\sin\theta_\mathrm{o}-\sin\theta)} \qquad (3.149)$$

若雷达发射信号为窄带信号，则通常均满足此条件。

分析式(3.149)、式(3.26)和式(3.110)，它们均含有辛格函数 $\widetilde{\mathrm{Sa}}(x)$，其原因是有限长度信号作用的结果。式(3.149)可以认为是信号在空域聚焦，也就是信号的空间积累。

对于二维天线阵列，设俯仰向有 M 列阵源，天线俯仰向指向 β_o，则二维天线方向图为

$$p(\theta,\beta) = NM\sqrt{\cos\theta\cos\beta}\,\widetilde{\mathrm{Sa}}\left(\pi\frac{Nd}{\lambda}(\sin\theta_\mathrm{o}-\sin\theta)\right)\widetilde{\mathrm{Sa}}\left(\pi\frac{Md}{\lambda}(\sin\beta_\mathrm{o}-\sin\beta)\right)\times$$

$$\mathrm{e}^{\mathrm{j}\pi\frac{d}{\lambda}\left((M-1)(\sin\beta_\mathrm{o}-\sin\beta)+(N-1)(\sin\theta_\mathrm{o}-\sin\theta)\right)}$$

$$(3.150)$$

若 $\theta=\theta_\mathrm{o}$，$\beta=\beta_\mathrm{o}$，那么天线方向图的最大值为

$$p(\theta_\mathrm{o},\beta_\mathrm{o}) = NM\sqrt{\cos\theta_\mathrm{o}\cos\beta_\mathrm{o}} \qquad (3.151)$$

此式中的 $\cos\theta_\mathrm{o}$ 和 $\cos\beta_\mathrm{o}$ 解释了天线波束指向离天线法线方向越远，天线增益越小。

式(3.151)表示发射时，天线面积越大，雷达发射信号的功率聚焦效果越好；而对应接收来说，在目标回波功率密度一定条件下，天线面积越大，则拦截到的目标回波功率越大，越易探测到目标。

3.4.2　短基线多天线功率积累

短基线定义：目标与雷达站之间夹角小于波束宽度，电磁波在目标与各雷达站之间近似以平行波传输。

雷达发展的趋势之一是利用多个小阵面天线，组合成大阵面天线。设有两个相同阵面，其阵面法线指向相同，阵面中心相距 L，以线阵为例进行分析，每个线阵有 N 个单元，第二阵面与第一阵面相位差为 v_1，如图 3.27 所示，则在不考虑发射信号带宽影响的条件下，指向 θ_o 方向的波束方向图公式为

$$p(\theta) = 2N\sqrt{\cos\theta}\cos\left(\frac{v_1}{2}-\pi\frac{L}{\lambda}\sin\theta\right)\widetilde{\mathrm{Sa}}\left(\pi\frac{Nd}{\lambda}(\sin\theta_\mathrm{o}-\sin\theta)\right)\times$$

$$\mathrm{e}^{\mathrm{j}\left(\frac{v_1}{2}-\pi\frac{L}{\lambda}\sin\theta\right)}\mathrm{e}^{\mathrm{j}\pi\frac{(N-1)d}{\lambda}(\sin\theta_\mathrm{o}-\sin\theta)}$$

$$(3.152)$$

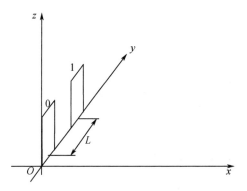

图 3.27　二阵列短基线二阵列天线示意图

当 $v_1 = 2\pi \dfrac{L}{\lambda} \sin\theta_o$ 时，有

$$p(\theta) = 2N \sqrt{\cos\theta}\cos\left(\pi \frac{L}{\lambda}(\sin\theta_o - \sin\theta)\right)\widetilde{Sa}\left(\pi \frac{Nd}{\lambda}(\sin\theta_o - \sin\theta)\right) \times$$

$$e^{j\pi\frac{L}{\lambda}(\sin\theta_o - \sin\theta)}e^{j\pi\frac{(N-1)d}{\lambda}(\sin\theta_o - \sin\theta)} \tag{3.153}$$

式(3.153)与式(3.55)极为相似，这也表明了时频变换与天线阵面的波束形成特性具有相似性。当目标与波束指向重合 $\theta = \theta_o$ 时，天线方向图最大值为

$$p(\theta_o) = 2N \sqrt{\cos\theta_o} \tag{3.154}$$

由此可知，最大增益为二天线增益之和。若 $L = Nd$，式(3.150)即为一完整的单元数为 $2N$ 的线阵。

天线波束第一零点为

$$\sin\theta_o - \sin\theta = \frac{\lambda}{Nd} \tag{3.155}$$

则在天线波束所分裂的零点为

$$\sin\theta_o - \sin\theta = \left(k + \frac{1}{2}\right)\frac{\lambda}{L} \tag{3.156}$$

式中：$k = 0, \pm 1, \pm 2, \cdots$

式(3.152)中，取 $v_1 = 0$，则有

$$p(\theta) = 2 \sqrt{\cos\theta}\cos\left(\pi \frac{L}{\lambda}\sin\theta\right)\widetilde{Sa}\left(\frac{Nd}{\lambda}(\sin\theta_o - \sin\theta)\right)e^{j\left(\frac{v_1}{2} - \pi\frac{L}{\lambda}\sin\theta\right)}e^{j\pi\frac{(N-1)d}{\lambda}(\sin\theta_o - \sin\theta)} \tag{3.157}$$

当 $\theta = \theta_o$ 时，天线方向图的最大值为

$$p(\theta_o) = 2N \sqrt{\cos\theta_o}\cos\left(\pi \frac{L}{\lambda}\sin\theta_o\right) \tag{3.158}$$

若 $\dfrac{L}{\lambda}\sin\theta_o = \dfrac{1}{2}$，则 $p(\theta_o) = 0$，在此条件下，雷达不能探测到此目标。

若有 M 天线阵面,其间距相同,均相距 L,第 m 阵面与第 0 阵面的相位差为 v_m,如图 3.28 所示;则指向 θ_o 方向的波束方向图公式为

$$p(\theta) = \sqrt{\cos\theta} \sum_{m=0}^{M-1} e^{j\left(v_m - 2\pi m\frac{L}{\lambda}\sin\theta\right)} \sum_{i=0}^{N-1} e^{j2\pi\frac{id}{\lambda}(\sin\theta_o - \sin\theta)} \tag{3.159}$$

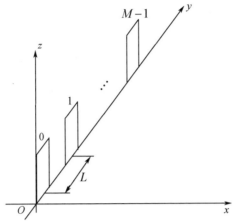

图 3.28　多阵列短基线多天线示意图

当 $v_m = 2\pi m\dfrac{L}{\lambda}\sin\theta_o$ 时,有

$$p(\theta) = NM\sqrt{\cos\theta}\,\tilde{\mathrm{Sa}}\left(\pi M\frac{L}{\lambda}(\sin\theta_o - \sin\theta)\right)\tilde{\mathrm{Sa}}\left(\pi\frac{Nd}{\lambda}(\sin\theta_o - \sin\theta)\right)$$

$$e^{j\pi\frac{(M-1)L+(N-1)d}{\lambda}(\sin\theta_o - \sin\theta)} \tag{3.160}$$

式(3.160)中,单天线增益函数为多天线方向图的包络,多天线合成的方向图会在单天线增益函数内形成多个窄的峰,也就是栅瓣,栅瓣的峰值点为

$$M\frac{L}{\lambda}(\sin\theta_o - \sin\theta) = k + \frac{1}{2} \qquad k = 0, \pm 1, \pm 2, \cdots \tag{3.161}$$

栅瓣的零点为

$$M\frac{L}{\lambda}(\sin\theta_o - \sin\theta) = k \qquad k = 0, \pm 1, \pm 2, \cdots \tag{3.162}$$

当 $\theta = \theta_o$ 时,天线方向图的最大值为

$$p(\theta_o) = MN\sqrt{\cos\theta_o} \tag{3.163}$$

由此可见空间积累主要取决于天线面积之和。

发射时由于波束指向的权值是确定的,当主瓣内产生栅瓣时目标有可能没有被波束照射到,而接收时,则可通过改变波束指向,获取最大空间积累得益。

3.4.3　非均匀口径天线功率积累

若多个天线的面积大小不一,仍以线阵为例,设有两个线阵,一线阵有 N_0 个

单元,另一线阵有 N_1 个单元,如图 3.29 所示,设每个天线单元面积为 ΔA,天线波束指向 θ_o,故其合成天线方向图为

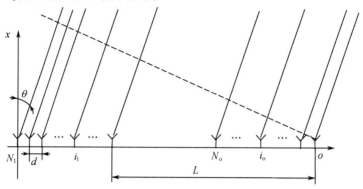

图 3.29 非均匀口径阵列天线

$$p(\theta) = \sqrt{\cos\theta}\left\{ \sum_{i_0=0}^{N_0-1} e^{j2\pi i_0 \frac{d}{\lambda}\sin\theta_0} e^{-j2\pi i_0 \frac{d}{\lambda}\sin\theta} + \right.$$
$$\left. \sum_{i_1=0}^{N_1-1} e^{j2\pi\frac{L+i_1 d}{\lambda}\sin\theta_o} e^{-j2\pi\frac{L+i_1 d}{\lambda}\sin\theta} \right\} \tag{3.164}$$

即

$$p(\theta) = N_0 \sqrt{\cos\theta}\, \widetilde{Sa}\left(\pi \frac{N_0 d}{\lambda}(\sin\theta_o - \sin\theta)\right)\left\{ e^{j\pi\frac{(N_o-1)d}{\lambda}(\sin\theta_o-\sin\theta)} + \right.$$
$$\left. \frac{\sin\pi \dfrac{N_1 d}{\lambda}(\sin\theta_o - \sin\theta)}{\sin\pi \dfrac{N_0 d}{\lambda}(\sin\theta_o - \sin\theta)} e^{j\pi\frac{(N_1-1)d}{\lambda}(\sin\theta_o-\sin\theta)} e^{j2\pi\frac{L}{\lambda}(\sin\theta_o-\sin\theta)} \right\} \tag{3.165}$$

当 $\theta = \theta_o$ 时,天线的方向图的最大值为

$$p(\theta_o) = (N_0 + N_1)\sqrt{\cos\theta_o} \tag{3.166}$$

若有 M 个子线阵,线阵阵元等间距安装,第 m 子阵阵元数为 N_m 最大线阵口径小于 L,则天线方向图为

$$p(\theta) = \sqrt{\cos\theta}\left(\sum_{m=0}^{M-1} \sum_{i_m=0}^{N_m-1} e^{j2\pi\frac{mL+i_m d}{\lambda}\sin\theta_o} e^{-j2\pi\frac{Lm+i_m d}{\lambda}\sin\theta} \right) \tag{3.167}$$

即

$$p(\theta) = \sqrt{\cos\theta}\sum_{m=0}^{M-1} N_m \widetilde{Sa}\left(\pi \frac{N_m d}{\lambda}(\sin\theta_o - \sin\theta)\right) e^{j\pi\frac{(N_m-1)d}{\lambda}(\sin\theta_o-\sin\theta)} e^{j2\pi\frac{mL}{\lambda}(\sin\theta_o-\sin\theta)} \tag{3.168}$$

若线阵间距不完全相等,子线阵间隔大于 $\dfrac{\lambda}{2}$,则天线方向图为

$$p(\theta) = \sqrt{\cos\theta}\sum_{m=0}^{M-1} N_m \widetilde{\mathrm{Sa}}\left(\pi\,\frac{N_m d}{\lambda}(\sin\theta_o - \sin\theta)\right)\mathrm{e}^{\mathrm{j}\pi\frac{(N_m-1)d}{\lambda}(\sin\theta_o - \sin\theta)}\mathrm{e}^{\mathrm{j}2\pi\frac{L_m}{\lambda}(\sin\theta_o - \sin\theta)}$$

$$(3.169)$$

合理设计各天线口径和各天线之间距离可以降低天线波瓣分裂产生主瓣内的栅瓣。

3.4.4　长基线多天线功率积累

长基线定义:目标与雷达站之间夹角大于波束宽度,电磁波在目标与各雷达站之间不再以平行波传输。

长基线可以认为是多部雷达对同一区域目标进行探测,以提高目标探测的性能,如目标检测、目标分辨、目标参数估计、目标跟踪、目标识别等。若有两部相同雷达以长基线对目标探测,两部雷达相距 L,其中第 0 部雷达的波束指向为 θ_0,第 1 部雷达的波束指向为 θ_1,两部雷达各自法线方向指向的交点为 (x_0,y_0),其到第 0 部雷达距离为 R_0,到第 1 部雷达的距离为 R_1,二波束覆盖区域内某有点为 (x,y),其到第 0 部雷达距离为 $R_0(x,y)$,到第 1 部雷达的距离为 $R_1(x,y)$,如图 3.30 所示。

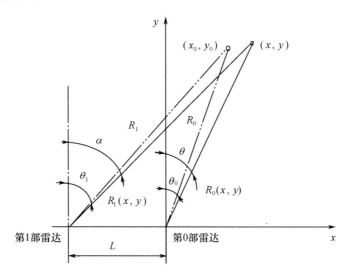

图 3.30　长基线雷达与目标几何模型

图中: $x = x_0 + \Delta x$, $y = y_0 + \Delta y$, $R_0 = \sqrt{x_0^2 + y_0^2}$, $R_1 = \sqrt{(x_0 + L)^2 + y_0^2}$,则分析各参数之间的关系可有 $x = R_0(x,y)\sin\theta$, $y = R_0(x,y)\cos\theta$, $y = R_1(x,y)\cos\alpha$, $R_0(x,y) =$

$\sqrt{x^2+y^2}$，$R_1(x,y) = \sqrt{(x-L)^2+y^2}$，$\Delta R(x,y) = R_0(x,y) - R_1(x,y)$，$\sin\alpha = \dfrac{R_0(x,y)}{R_1(x,y)}\sin\theta + \dfrac{L}{R_1(x,y)}$，$\cos\alpha = \dfrac{R_0(x,y)}{R_1(x,y)}\cos\theta$，设二天线的方向图分别为

$$p_0(\theta) = N\sqrt{\cos\theta}\,\widetilde{Sa}\!\left(\pi\frac{Nd}{\lambda}(\sin\theta_o - \sin\theta)\right)e^{j\pi\frac{(N-1)d}{\lambda}(\sin\theta_o - \sin\theta)} \tag{3.170}$$

$$p_1(\alpha) = N\sqrt{\cos\alpha}\,\widetilde{Sa}\!\left(\pi\frac{Nd}{\lambda}(\sin\theta_1 - \sin\alpha)\right)e^{j\pi\left(2\frac{\Delta R(x,y)}{\lambda} + \frac{(N-1)d}{\lambda}\right)(\sin\theta_1 - \sin\theta)} \tag{3.171}$$

将第二个方向图中的 α 依据图 3.30 中的几何关系转换为 θ，为

$$p_1(\theta) = N\sqrt{\frac{R_0(x,y)}{R_1(x,y)}\cos\theta}\,\widetilde{Sa}\!\left(\pi\frac{Nd}{\lambda}\left(\sin\theta_1 - \frac{R_0(x,y)}{R_1(x,y)}\sin\theta - \frac{L}{R_1(x,y)}\right)\right)\times$$
$$e^{j\pi\left(2\frac{\Delta R(x,y)}{\lambda} + \frac{(N-1)d}{\lambda}\right)\left(\sin\theta_1 - \frac{R_0(x,y)}{R_1(x,y)}\sin\theta - \frac{L}{R_1(x,y)}\right)} \tag{3.172}$$

二天线共同作用于探测空域，则合成天线方向图为

$$p(\theta) = p_0(\theta) + p_1(\theta) \tag{3.173}$$

即

$$p(\theta) = N\sqrt{\cos\theta}\Bigg\{\widetilde{Sa}\!\left(\pi\frac{Nd}{\lambda}(\sin\theta_o - \sin\theta)\right)e^{j\pi\frac{(N-1)d}{\lambda}(\sin\theta_o - \sin\theta)} +$$
$$\sqrt{\frac{R_0(x,y)}{R_1(x,y)}}\,\widetilde{Sa}\!\left(\pi\frac{Nd}{\lambda}\left(\sin\theta_1 - \frac{R_0(x,y)}{R_1(x,y)}\sin\theta - \frac{L}{R_1(x,y)}\right)\right)\times$$
$$e^{j\pi\left(2\frac{\Delta R(x,y)}{\lambda} + \frac{(N-1)d}{\lambda}\right)\left(\sin\theta_1 - \frac{R_0(x,y)}{R_1(x,y)}\sin\theta - \frac{L}{R_1(x,y)}\right)}\Bigg\} \tag{3.174}$$

从上式可以知道，在长基线条件下，空间积累与两站之间距离有关，两站之间的距离会造成 $R_0(x,y)$ 与 $R_1(x,y)$ 差别，这里可以看出长基线造成空间积累增益不仅在方位向不同，两站共同作用，还会造成在不同距离的空间积累增益也不同。

◼ 3.5　目标分辨[8]

目标分辨是在时、频、空等域区分不同目标回波信号，并可以确定回波中的目标部分参数。

目标分辨力受到各种因素的约束，若不考虑这些因素影响，仅考虑信号参数的影响，那么处理时间长度与频率的分辨力为反比，若要求高频率分辨力，则必须有长的测量时间，若要求高的时间分辨力，则必须有大信号带宽；天线口径与空间角分辨为反比，若要高的角分辨力，则需要大的天线口径，而小天线则空间角分辨力也降低。

分辨通常是以单信号的主瓣宽度为评判依据,而主瓣宽度通常是以信号功率下降 3dB 为边界。在不同应用和评判标准条件下,分辨力的定义也不同,可以根据实际需求进行定义;如可以以信号功率下降 6dB 为定义,也可根据不同的应用要求进行定义。

3.5.1　频率分辨

信号的频域分辨力主要取决于信号的时域测量时间长度,测量时间越长,则频率分辨力越高。

3.5.1.1　主瓣宽度

设一脉冲信号波形如图 3.31 所示,可表示为

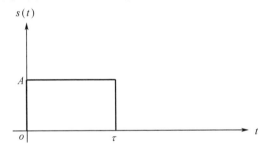

图 3.31　单脉冲信号波形

$$s(t) = A g_\tau \left(t - \frac{\tau}{2} \right) \tag{3.175}$$

式中:A 为信号幅度。

其频谱为

$$S(\omega) = A\tau \mathrm{Sa}\left(\frac{\omega\tau}{2} \right) \mathrm{e}^{-\mathrm{j}\frac{\omega\tau}{2}} \tag{3.176}$$

当 $\omega = 0$ 时信号峰值最大,若以信号谱峰值下降 3dB 定义为信号谱宽度,则可将单信号谱宽度定义为信号的分辨力,而 3dB 的位置为 $\frac{\omega\tau}{2} = \pm 1.39$,则信号的频率分辨单元宽度为

$$\Delta F = \frac{0.885}{\tau} \tag{3.177}$$

若 $\Delta F\tau = 1$,则称其为单位频率时间积。

若为两个脉冲信号,如图 3.32 所示,其信号可表示为

$$s(t) = g_\tau \left(t - \frac{\tau}{2} \right) + g_\tau \left(t - \frac{\tau}{2} - T \right) \tag{3.178}$$

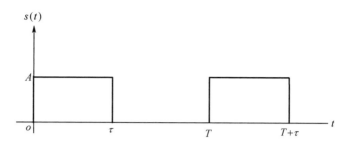

图 3.32 二脉冲信号波形

其频谱可表示为

$$S(\omega) = 2A\tau \mathrm{Sa}\left(\frac{\omega\tau}{2}\right)\cos\frac{\omega T}{2}\mathrm{e}^{-\mathrm{j}\frac{\omega(T+\tau)}{2}} \tag{3.179}$$

若 $T = \tau$,则为一脉冲宽度为 2τ 的信号,否则为被单脉冲信号谱调制的合成信号谱。若有 M 个脉冲串信号,其表达式为

$$s(t) = \sum_{i=0}^{M-1} g_\tau\left(t - \frac{\tau}{2} - iT\right) \tag{3.180}$$

则其谱为

$$S(\omega) = A\tau M\mathrm{Sa}\left(\frac{\omega\tau}{2}\right)\widetilde{\mathrm{Sa}}\left(\frac{\omega MT}{2}\right)\mathrm{e}^{-\mathrm{j}\frac{\omega(T(M-1)+\tau)}{2}} \tag{3.181}$$

式(3.181)表明脉冲串的谱被脉冲信号的谱调制,若 $\tau \ll T$,则脉冲串信号在信号谱主瓣谱可表示为

$$S(\omega) = A\tau \widetilde{\mathrm{Sa}}\left(\frac{\omega MT}{2}\right)\mathrm{e}^{-\mathrm{j}\frac{\omega(T(M-1)+\tau)}{2}} \tag{3.182}$$

故脉冲信号谱主瓣内的信号分辨主要取决于测量信号的总时间长度 MT,此时频率分辨为

$$\Delta F = \frac{0.885}{MT} \tag{3.183}$$

3.5.1.2 多目标信号分辨

若两个目标信号的频率不同,频率相差 Δf,则其信号表示为

$$s(t) = A\left(\mathrm{e}^{\mathrm{j}2\pi f_\mathrm{d}t} + \mathrm{e}^{\mathrm{j}2\pi(f_\mathrm{d}+\Delta f)t}\right)g_\tau\left(t - \frac{\tau}{2}\right) \tag{3.184}$$

其频谱表示为

$$S(\omega) = A\tau\big[\mathrm{Sa}(\pi(f-f_\mathrm{d})\tau) +$$
$$\mathrm{Sa}(\pi(f-f_\mathrm{d}-\Delta f)\tau)\mathrm{e}^{\mathrm{j}\pi\Delta F\tau}\big]\mathrm{e}^{-\mathrm{j}\pi(f-f_\mathrm{d})\tau} \tag{3.185}$$

若 ΔF 为信号主瓣宽度,即 $\Delta f = \Delta F = \dfrac{0.442}{\tau}$,如 $f = f_\mathrm{d}$,则

$$S(f_d) = A\tau(1 + Sa(0.442\pi) e^{j0.442\pi}) \tag{3.186}$$

即第二个信号对第一个峰值也产生影响,其值为 $|S(f_d)| = 1.326A\tau$,可知峰值比单信号要大;当 $f = f_d + \dfrac{\Delta F}{2}$,则 $S\left(f_d + \dfrac{\Delta F}{2}\right) = 1.087A\tau$,其比峰值下降 1.73dB,已不满足 3dB 分辨条件,故满足 3dB 条件分辨时,二个目标频率差必须大于单目标信号主瓣宽度。

若考虑目标信号之间的初始相位不同,即式(3.184)为

$$s(t) = A(e^{j2\pi f_d t} + e^{j(2\pi(f_d + \Delta f)t + \alpha_o)}) g_\tau\left(t - \frac{\tau}{2}\right) \tag{3.187}$$

其频谱可表示为

$$S(\omega) = A\tau[S_a(\pi(f - f_d)\tau) + Sa(\pi(f - f_d - \Delta f)\tau) e^{j(\pi\Delta F\tau + \alpha_o)}] e^{-j\pi(f - f_d)\tau} \tag{3.188}$$

如 $f = f_d, \Delta f = \dfrac{\varsigma}{\tau}, \varsigma$ 为频率时间积,则

$$S(f_d) = A\tau[1 + Sa(\varsigma\pi) e^{j(\varsigma\pi + \alpha_o)}] \tag{3.189}$$

若 $f = f_d + \dfrac{\Delta f}{2}$,则

$$S\left(f_d + \frac{\Delta f}{2}\right) = A\tau Sa\left(\frac{\pi\varsigma}{2}\right)(1 + e^{j(\pi\varsigma + \alpha_o)}) e^{-j\frac{\pi\varsigma}{2}} \tag{3.190}$$

为了研究两个相邻目标回波初始相位相互影响,定义衰减函数为

$$L(\Delta f) = \frac{\left|S\left(f_d + \dfrac{\Delta f}{2}\right)\right|^2}{|S(f_d)|^2} = Sa^2\left(\frac{\pi\varsigma}{2}\right) \frac{|(1 + e^{j(\pi\varsigma + \alpha_o)})|^2}{|1 + Sa(\pi\varsigma) e^{j(\pi\varsigma + \alpha_o)}|^2} \tag{3.191}$$

以 dB 数表示,则为

$$L_{dB}(\varsigma) = 20\lg \frac{Sa\left(\dfrac{\pi\varsigma}{2}\right)|(1 + e^{j(\pi\varsigma + \alpha_o)})|}{|1 + Sa(\pi\varsigma) e^{j(\pi\varsigma + \alpha_o)}|} \tag{3.192}$$

图 3.33 为式(3.192)的计算结果图,图 3.33(a)为信号谱峰值与二信号谱凹口值之比随二信号频差和初始相位差变化的三维图,图 3.33(b)为信号凹口衰减小于 3dB 的投影图,由此可知,当二信号的频率时间积差大于 1.53 个单元时,二信号才能完全分辨,与信号的初始相位差无关;当二信号的频率时间积差小于 1.53 个单元时,信号的分辨力还与二信号的相位差相关。在图 3.33(b)中,小于 1.53 个单元时,不能分辨的区域面积为 70.6%,也就是有 29.6% 的可能性是二目标可分辨的,当二目标信号频率相隔 1~1.53 个频率单元时,能分辨

的概率为 58.7% ,在二信号的初始相位差在某些值范围内,比较小的频率时间积差也能分辨,这说明频率时间积差小于 1.53 个单元后,目标的频域分辨力取决于二目标回波的初始相位差。

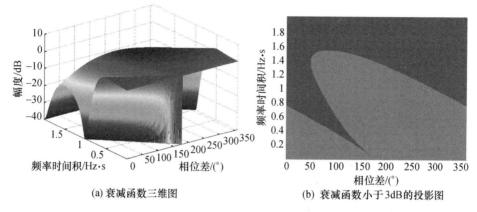

(a) 衰减函数三维图　　　　　　(b) 衰减函数小于 3dB 的投影图

图 3.33　衰减函数图(见彩图)

3.5.1.3　加窗分辨

式(3.176)信号谱中,当 $f = \pm \dfrac{3}{2\tau}$ 时,谱出现第一副瓣,若 $\Delta F = \dfrac{3}{2\tau}$, $f = f_d$,则

$$S(f_d) = A\tau\left(1 - j\mathrm{Sa}\left(\pi\frac{3}{2}\right)\right) \tag{3.193}$$

上式表明,在多目标情况下,任一信号谱的副瓣也会对其他信号产生影响,其合成信号峰值为 $|S(f_d)| = 1.022A\tau$。在二信号幅度相同时影响不大;当二信号的幅度相差比较大时,如这里其中一信号功率比另一信号功率小 13.5dB,则小信号将会被大信号的副瓣淹没,解决这一问题常用的方法是对信号加窗。

加窗会对处理信号的信噪比造成损失,若在信噪比足够大的条件下,信号的副瓣影响成为目标分辨主要矛盾时,以加窗为主要手段。加窗带来的另一问题是信号谱的主瓣被加宽。如,以海明窗为例,其数学表达式为

$$w(t) = 0.54 - 0.46\cos\left(2\pi\frac{t}{\tau}\right) \tag{3.194}$$

脉冲信号加了海明窗后,信号谱的数学表达式为

$$S_h(f) = A\tau\mathrm{e}^{-j\pi f\tau}\{0.54\mathrm{Sa}(\pi f\tau) + 0.23\mathrm{Sa}(\pi(f\tau-1)) + 0.23\mathrm{Sa}(\pi(f\tau+1))\} \tag{3.195}$$

主瓣宽度为

$$\Delta F_h = \frac{1.3024}{\tau} \tag{3.196}$$

故脉冲信号的主瓣宽度被展宽了,为

$$\zeta = \frac{\Delta F_{\mathrm{h}}}{\Delta F} \approx 1.47 \tag{3.197}$$

这也表明了信号的分辨能力因加窗而降低。若有相邻两个目标信号,其中二信号的频差为 Δf,相位差为 $\Delta \alpha$,信号的多普勒频率为 f_{d},则信号谱可为

$$S(f) = A\tau \mathrm{e}^{-\mathrm{j}\pi(f-f_{\mathrm{d}})\tau} \{ 0.54\mathrm{Sa}(\pi(f-f_{\mathrm{d}})\tau) +$$
$$0.23(\mathrm{Sa}(\pi((f-f_{\mathrm{d}})\tau - 1)) + \mathrm{Sa}(\pi((f-f_{\mathrm{d}})\tau + 1))) +$$
$$(0.54\mathrm{Sa}(\pi(f-f_{\mathrm{d}}-\Delta f)\tau) + 0.23(\mathrm{Sa}(\pi((f-f_{\mathrm{d}}-\Delta f)\tau - 1)) +$$
$$\mathrm{Sa}(\pi((f-f_{\mathrm{d}}-\Delta f)\tau + 1)))) \mathrm{e}^{\mathrm{j}(\pi\Delta f\tau + \Delta\alpha)} \} \tag{3.198}$$

令 $\varsigma = \Delta f\tau$,故有

$$S(f_{\mathrm{d}}) = A\tau \{ 0.54 + [0.54\mathrm{Sa}(\pi\varsigma) +$$
$$0.23\mathrm{Sa}(\pi(\varsigma + 1)) + 0.23\mathrm{Sa}(\pi(\varsigma - 1))] \mathrm{e}^{\mathrm{j}(\pi\varsigma + \Delta\alpha)} \} \tag{3.199}$$

$$S\left(f_{\mathrm{d}} + \frac{\Delta f}{2}\right) = A\tau \mathrm{e}^{-\mathrm{j}\pi\frac{\varsigma}{2}} (1 + \mathrm{e}^{\mathrm{j}(\pi\varsigma + \Delta\alpha)}) \left\{ 0.54\mathrm{Sa}\left(\pi\frac{\varsigma}{2}\right) + \right.$$
$$\left. 0.23\mathrm{Sa}\left(\pi\left(\frac{\varsigma}{2} - 1\right) + 0.23\mathrm{Sa}\left(\pi\left(\frac{\varsigma}{2} + 1\right)\right) \right\} \tag{3.200}$$

则衰减函数为

$$L(\varsigma) = \frac{\left| (1 + \mathrm{e}^{\mathrm{j}(\pi\varsigma + \Delta\alpha)}) \left\{ 0.54\mathrm{Sa}\left(\pi\frac{\varsigma}{2}\right) + 0.23\mathrm{Sa}\left(\pi\left(\frac{\varsigma}{2} - 1\right) + 0.23\mathrm{Sa}\left(\pi\left(\frac{\varsigma}{2} + 1\right)\right) \right\} \right|^2}{\left| 0.54 + [0.54\mathrm{Sa}(\pi\varsigma) + 0.23\mathrm{Sa}(\pi(\varsigma + 1)) + 0.23\mathrm{Sa}(\pi(\varsigma - 1))] \mathrm{e}^{\mathrm{j}(\pi\varsigma + \Delta\alpha)} \right|^2} \tag{3.201}$$

也可表示为

$$L_{\mathrm{dB}}(\varsigma) = 20\lg \frac{\left| (1 + \mathrm{e}^{\mathrm{j}(\pi\varsigma + \Delta\alpha)}) \left\{ 0.54\mathrm{Sa}\left(\pi\frac{\varsigma}{2}\right) + 0.23\mathrm{Sa}\left(\pi\left(\frac{\varsigma}{2} - 1\right)\right) + 0.23\mathrm{Sa}\left(\pi\left(\frac{\varsigma}{2} + 1\right)\right) \right\} \right|}{\left| \{ 0.54 + [0.54\mathrm{Sa}(\pi\varsigma) + 0.23\mathrm{Sa}(\pi(\varsigma + 1)) + 0.23\mathrm{Sa}(\pi(\varsigma - 1))] \mathrm{e}^{\mathrm{j}(\pi\varsigma + \Delta\alpha)} \} \right|}$$
$$\tag{3.202}$$

图 3.34 为式(3.202)的计算结果图,图 3.34(a)表示信号谱峰值与两信号谱凹口值之比随两信号频率时间积差和初始相位差变化的三维图,图 3.34(b)为信号凹口衰减小于 3dB 的投影图,由此可知,当两信号的频率时间积差大于

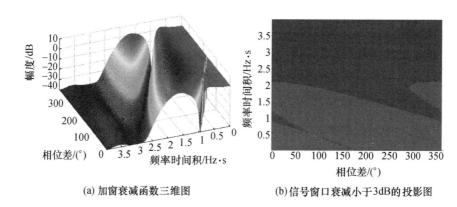

(a) 加窗衰减函数三维图   (b) 信号窗口衰减小于3dB的投影图

图 3.34　加窗衰减函数图（见彩图）

2.1 个单元时，两信号才能完全分辨，此时与信号的初始相位差无关；当二信号的频率时间积差小于 2.1 个单元时，信号的分辨力还与两信号的相位差有关，在图 3.34（b）中，小于 2.1 个单元时，能分辨的区域面积为 78.3%，也就是有 21.7% 的可能性是可分辨为两个目标，当两目标信号频率相隔 1 ~ 2.1 个单元时，分辨的概率为 37.4%，当相隔 1.5 ~ 2.1 个单元时，分辨概率达 48.8%，总之，加窗对信号的分辨影响比较大，并且当两信号的频率时间积差小于 2.1 个单元时，分辨能力仍与两信号的初始相位有关。

3.5.2　调频信号分辨

目标运动造成目标的雷达回波相位产生随时间高次项的变化，若在积累时间内，这种高次项所产生的相位变化引起多普勒频率扩展影响信号积累和目标分辨时，就必须考虑对其处理。以目标运动产生的线性调频项为例，如不考虑频率项，则信号可表示为

$$s(t) = \mathrm{e}^{\mathrm{j}2\pi f_s \tau^2 \left(\frac{t}{\tau}\right)^2} g_\tau\left(t - \frac{\tau}{2}\right) \tag{3.203}$$

若取时间二次项系数 $f_s\tau^2 = 2$，其与同样脉冲宽度信号的频谱如图 3.35（a）所示，由于调制频率的存在，调频信号的谱峰发生偏移，偏移 2 个单位频率时间积单元，而其 −3dB 频谱主瓣宽度比脉冲信号主瓣宽度展宽 3 倍，同时峰值下降 4dB；若取 $f_s\tau^2 = 3$，则会明显出现两个谱峰，如图 3.35（b）所示，与脉冲信号谱峰值相比，下降 5.7dB，故高次项所产生的相位变化不仅影响相参积累、参数估计，还影响目标分辨。

1) 匹配傅里叶频域主瓣宽度

线性调频信号的匹配傅里叶变换可表示为

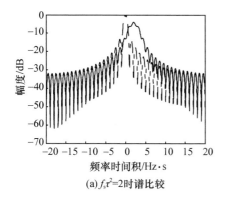

(a) $f_s\tau^2=2$ 时谱比较

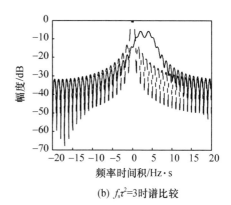

(b) $f_s\tau^2=3$ 时谱比较

图 3.35　线性调频项对信号谱的影响

$$S_M(f) = 2\int_0^\tau ts(t)\,\mathrm{e}^{-\mathrm{j}2\pi ft^2}\mathrm{d}t \tag{3.204}$$

以式(3.201)代入,可得匹配傅里叶谱为

$$S_M(f) = \tau^2 \mathrm{Sa}(\pi(f-f_s)\tau^2)\,\mathrm{e}^{-\mathrm{j}\pi(f-f_s)\tau^2} \tag{3.205}$$

式(3.205)所示的匹配傅里叶谱幅度随匹配傅里叶频率变化仍为辛格形的,设 $\Delta F_M = |f-f_s|$,故其单信号的 $-3\mathrm{dB}$ 分辨宽度为

$$\Delta F_M = \frac{0.442}{\tau^2} \tag{3.206}$$

以式(3.203)表示的线性调频信号的带宽为

$$B = 2f_s\tau \tag{3.207}$$

式(3.206)也可以转化为信号带宽的分辨,即

$$\Delta B = \frac{0.884}{\tau} \tag{3.208}$$

也就是说针对线性调频信号的匹配傅里叶变换,分辨单元体现的是信号带宽。若信号频率为更高阶调制信号,如

$$s(t) = \mathrm{e}^{\mathrm{j}2\pi f_s\tau^p\left(\frac{t}{\tau}\right)^p}g_\tau\left(t-\frac{\tau}{2}\right) \tag{3.209}$$

式中:τ^p 为脉冲,p 为 $1,2,3,\cdots$;f_M 为高阶调制系数。
则其匹配傅里叶变换谱为

$$S_M(f) = \int_0^\tau s(t)\,\mathrm{e}^{-\mathrm{j}2\pi ft^p}\mathrm{d}t^p \tag{3.210}$$

即

$$S_M(f) = \tau^p \mathrm{Sa}(\pi(f-f_M)\tau^p)\,\mathrm{e}^{-\mathrm{j}\pi(f-f_M)\tau^p} \tag{3.211}$$

故其单信号的 $-3dB$ 分辨宽度为

$$\Delta F_M = \frac{0.442}{\tau^p} \tag{3.212}$$

其信号带宽为

$$B = pf_M \tau^{p-1} \tag{3.213}$$

式(3.212)也可以转化为信号带宽的分辨,即

$$\Delta B = \frac{0.442p}{\tau} \tag{3.214}$$

这充分表明匹配傅里叶变换的分辨单元体现的是信号带宽。对更一般情况,设信号表达式为

$$s(t) = e^{j2\pi f_M \xi(t)} g_\tau\left(t - \frac{\tau}{2}\right) \tag{3.215}$$

式(3.215)相位项为一多项式,满足匹配傅里叶变换的约束条件,则其匹配傅里叶变换谱为

$$S_M(f) = \xi(\tau) Sa(\pi(f - f_M)\xi(\tau)) e^{-j\pi(f - f_M)\xi(\tau)} \tag{3.216}$$

故其单信号的 $-3dB$ 分辨宽度为

$$\Delta F_M = \frac{0.442}{\xi(\tau)} \tag{3.217}$$

信号带宽的分辨为

$$\Delta B = \frac{0.442\xi'(\tau)}{\xi(\tau)} \tag{3.218}$$

2) 多目标分辨

由前分析可知在多目标条件下,考虑目标信号初始相位的影响,傅里叶变换分辨性能不能以 $-3dB$ 主瓣宽度代替,同样匹配傅里叶变换分辨性能也受到目标信号初始相位的影响。若含有两个目标信号形式为

$$s(t) = (e^{j2\pi f_s \xi(t)} + e^{j(2\pi(f_s + \Delta f_s)\xi(t) + \alpha_o)}) g_\tau\left(t - \frac{\tau}{2}\right) \tag{3.219}$$

式中: α_o 为初始相位差。

令: $S = \Delta f \xi(\tau)$,则衰减函数为

$$L(\Delta f) = \frac{\left| S\left(f_d + \frac{\Delta f_s}{2}\right) \right|^2}{|S(f_d)|^2} = \frac{Sa^2\left(\frac{\pi S}{2}\right) |(1 + e^{j(\pi S + \alpha_o)})|^2}{|1 + Sa(\pi S) e^{j(\pi S + \alpha_o)}|^2} \tag{3.220}$$

即

$$L_{dB}(S) = 20\lg \frac{Sa\left(\frac{\pi S}{2}\right) |(1 + e^{j(\pi S + \alpha_o)})|}{|1 + Sa(\pi S) e^{j(\pi S + \alpha_o)}|} \tag{3.221}$$

式(3.220)与式(3.191)基本相同,故其频率分辨也有相似的结论。

设含有二目标回波信号为

$$s(t) = (e^{j2\pi(f_d t + f_s t^2)} + e^{j(2\pi((f_d + \Delta f_d)t + (f_s + \Delta f_s)t^2) + \alpha_o)}) g_\tau\left(t - \frac{\tau}{2}\right) \qquad (3.222)$$

对式(3.222)的二步匹配傅里叶变换为

$$S(f_0, f_1) = \int_0^\tau (1 + e^{j(2\pi(\Delta f_d t + \Delta f_s t^2) + \alpha_o)}) e^{j2\pi(f_d t + f_s t^2)} e^{-j2\pi(f_0 t + f_1 t^2)} dt^2 \qquad (3.223)$$

去调制处理为

$$S(f_0, f_1) = \int_o^\tau (1 + e^{j(2\pi(\Delta f_d t + \Delta f_s t^2) + \alpha_o)}) e^{j2\pi(f_d t + f_s t^2)} e^{-j2\pi(f_0 t + f_1 t^2)} dt \qquad (3.224)$$

若以式(3.223)和式(3.224)表示的匹配傅里叶变换处理技术获取二维谱,当 $f_o \neq f_d$ 时,匹配傅里叶谱受多普勒频率的影响,可以看到信号谱峰发生偏移,副瓣电平提升,这均会影响目标分辨,其分辨力与二信号的初始相位差、多普勒频率差和线性调频带宽有关。由于匹配傅里叶变换对线性调频项处理,故匹配傅里叶变换增加一维分辨自由度,提高了目标分辨能力。

3.5.3 时域分辨

3.5.3.1 脉冲压缩分辨

脉冲压缩表达式为

$$s(t) = \left(1 - \frac{|t|}{\tau}\right) \tau Sa\left(\pi Bt\left(1 - \frac{|t|}{\tau}\right)\right) e^{j\pi Bt} g_{2\tau}(t) \qquad (3.225)$$

研究脉冲压缩可认为 $|t| \ll \tau$,故式(3.225)可表示为

$$s(t) = A\tau Sa(\pi Bt) e^{j\pi Bt} g_{2\tau}(t) \qquad (3.226)$$

其与傅里叶变换谱的表达式(3.6)相似,故其分辨力也相近,即 $-3dB$ 分辨宽度为

$$B\Delta T = 0.885 \qquad (3.227)$$

在两个目标条件下,考虑目标回波的初始相位,设目标回波幅度相同,两信号相位差为 $\Delta\alpha$,两目标延时差 ΔT,两个目标回波信号脉冲压缩后可为

$$s(t) = A\tau (Sa(\pi B(t - t_o)) e^{j\pi Bt} g_{2\tau}(t - t_o) + $$
$$Sa(\pi B(t - t_o - \Delta T)) e^{j(\pi B(t - \Delta T) + \Delta\alpha)} g_{2\tau}(t - t_o - \Delta T) \qquad (3.228)$$

其衰减函数可定义为

$$L(\Delta T) = \frac{\left| s\left(t_o + \dfrac{\Delta T}{2}\right) \right|^2}{|S(T_o)|^2} \qquad (3.229)$$

令带宽时间积为 $S = B\Delta T$，则有

$$L(S) = \frac{\left(\mathrm{Sa}\left(\dfrac{\pi S}{2}\right)\right)^2 |(1 + \mathrm{e}^{\mathrm{j}(\pi\zeta + \Delta\alpha)})|^2}{|1 + \mathrm{Sa}(\pi S)\mathrm{e}^{\mathrm{j}(\pi\zeta + \Delta\alpha)}|^2} \tag{3.230}$$

即

$$L_{\mathrm{dB}}(S) = 20\lg \frac{\mathrm{Sa}\left(\dfrac{\pi S}{2}\right)|(1 + \mathrm{e}^{\mathrm{j}(\pi\zeta + \Delta\alpha)})|}{|1 + \mathrm{Sa}(\pi\zeta)\mathrm{e}^{\mathrm{j}(\pi\zeta + \Delta\alpha)}|} \tag{3.231}$$

式（3.230）与衰减函数式（3.192）相类似，当两信号的时差大于 1.53 个时间单元时，两信号才能完全分辨，与信号的初始相位差无关；当两信号的时差小于 1.53 个时间单元时，信号的分辨与两信号的相位差有关。

3.5.3.2　脉冲压缩加窗分辨

若脉冲压缩时，也进行加窗处理，仍以海明窗为例，压缩后的信号可表示为

$$s(t) = A\tau\mathrm{e}^{-\mathrm{j}\pi B(t - t_o)\tau}\{0.54\mathrm{Sa}(\pi B(t - t_o)) + 0.23(\mathrm{Sa}(\pi(B(f - t_o) - 1)) +$$
$$\mathrm{Sa}(\pi(B(t - t_o) + 1)))\}g_{2\tau}(t - t_o) \tag{3.232}$$

其 $-3\mathrm{dB}$ 主瓣宽度分辨为

$$\Delta T_{3\mathrm{dB}} = \frac{0.6512}{B} \tag{3.233}$$

若有两个目标，则加海明窗之后的脉冲压缩后的信号为

$$s(t) = A\tau\mathrm{e}^{-\mathrm{j}\pi B(t - t_o)\tau}\{0.54\mathrm{Sa}(\pi B(t - t_o)) + 0.23(\mathrm{Sa}(\pi(B(t - t_o) - 1)) +$$
$$\mathrm{Sa}(\pi(B(t - t_o) + 1)))g_{2\tau}(t - t_o) + [0.54\mathrm{Sa}(\pi B(t - t_o - \Delta T)) +$$
$$0.23(\mathrm{Sa}(\pi(B(t - t_o - \Delta T) - 1)) +$$
$$\mathrm{Sa}(\pi(B(t - t_o - \Delta T) + 1)))]g_{2\tau}(t - t_o - \Delta T)\mathrm{e}^{\mathrm{j}(\pi B\Delta T + \Delta\alpha)}\} \tag{3.234}$$

故有

$$s(t_o) = A\tau\{0.54 + [0.54\mathrm{Sa}(\pi B\Delta T) +$$
$$0.23(\mathrm{Sa}(\pi(B\Delta T + 1)) + \mathrm{Sa}(\pi(B\Delta T - 1)))]\mathrm{e}^{\mathrm{j}(\pi B\Delta T + \Delta\alpha)}\} \tag{3.235}$$

$$s\left(t_o + \frac{\Delta T}{2}\right) = A\tau\mathrm{e}^{-\mathrm{j}\pi B\frac{\Delta T}{2}}(1 + \mathrm{e}^{\mathrm{j}(\pi B\Delta T + \Delta\alpha)})\left\{0.54\mathrm{Sa}\left(\pi B\frac{\Delta T}{2}\right) +\right.$$
$$\left. 0.23\left[\mathrm{Sa}\left(\pi\left(\frac{B\Delta T}{2} - 1\right) + \mathrm{Sa}\left(\pi\frac{B\Delta T}{2} + 1\right)\right)\right]\right\} \tag{3.236}$$

令 $S = B\Delta T$，衰减函数为

$$L(S) = \frac{\left|(1 + \mathrm{e}^{\mathrm{j}(\pi S + \Delta\alpha)})\left\{0.54\mathrm{Sa}\left(\pi\dfrac{S}{2}\right) + 0.23\left(\mathrm{Sa}\left(\pi\dfrac{S}{2} - \pi\right) + \mathrm{Sa}\left(\pi\dfrac{S}{2} + \pi\right)\right)\right\}\right|^2}{|0.54 + [0.54\mathrm{Sa}(\pi S) + 0.23[\mathrm{Sa}(\pi(S + 1)) + \mathrm{Sa}(\pi S - 1)]\mathrm{e}^{\mathrm{j}(\pi S + \Delta\alpha)}|^2}$$

$$\tag{3.237}$$

即：

$$L_{dB}(\varsigma) = 20\lg \frac{\left| \begin{array}{l} (1 + e^{j(\pi\varsigma + \Delta\alpha)})\left\{ 0.54\mathrm{Sa}\left(\pi\dfrac{\varsigma}{2}\right) + \right. \\ \left. 0.23\mathrm{Sa}\left(\pi\dfrac{\varsigma}{2} - 1\right) + 0.23\mathrm{Sa}\left(\pi\dfrac{\varsigma}{2} + 1\right) \right\} \end{array} \right|}{\left| \begin{array}{l} \left\{ 0.54 + \left[0.54\mathrm{Sa}(\pi\varsigma) + \right.\right. \\ \left.\left. 0.23\left[\mathrm{Sa}(\pi\varsigma + 1)) + \mathrm{Sa}(\pi\varsigma - 1)) \right] e^{j(\pi\varsigma + \Delta\alpha)} \right\} \end{array} \right|}$$

$$(3.238)$$

当两信号的时差大于 2.1 个时间单元时,才能完全分辨,此时与信号的初始相位差无关;当两信号的时差小于 2.1 个时间单元时,信号的时间分辨与二信号的相位差有关。

3.5.4　空域分辨

3.5.4.1　天线角分辨

由式(3.152)可知阵列天线波束指向 θ_o 时的方向图为

$$p(\theta) = N\sqrt{\cos\theta}\,\widetilde{\mathrm{Sa}}\left(\pi\frac{Nd}{\lambda}(\sin\theta_o - \sin\theta)\right) e^{j\pi\frac{(N-1)d}{\lambda}(\sin\theta_o - \sin\theta)} \qquad (3.239)$$

式中的 $\cos\theta$ 不仅影响天线增益(空间积累),还影响天线的空间角分辨力。若不考虑 $\cos\theta$ 对分辨力的影响,设天线波瓣的 $-3\mathrm{dB}$ 点为 $\Delta\theta$,令 $\theta = \theta_o - \Delta\theta$,应用幂级数展开,可近似解得

$$\Delta\theta \approx \frac{\cos\theta_o - \sqrt{\cos^2\theta_o + \dfrac{0.885\lambda}{Nd}\sin\theta_o}}{\sin\theta_o} \qquad (3.240)$$

由此可得 $-3\mathrm{dB}$ 波束宽度为

$$\Delta\theta_{3\mathrm{dB}} \approx 2\frac{\cos\theta_o - \sqrt{\cos^2\theta_o + \dfrac{0.885\lambda}{Nd}\sin\theta_o}}{\sin\theta_o} \qquad (3.241)$$

若天线口径足够大,满足: $\cos^2\theta_o \gg \dfrac{0.885\lambda}{Nd}\sin\theta_o$,则式(3.241)可简化为

$$\Delta\theta_{3\mathrm{dB}} \approx \frac{0.885\lambda}{Nd\cos\theta_o} \qquad (3.242)$$

分析式(3.242)可知,阵列天线的波束宽度与波束指向 θ_o 有关,θ_o 越大,波束展宽越严重,说明空间分辨力越差;同时与天线口径 Nd 有关:口径越小,波束展宽越宽;若考虑 $\cos\theta$ 的影响,则在 $-3\mathrm{dB}$ 点波束衰减满足

$$\sqrt{\frac{\cos(\theta_o - \Delta\theta)}{\cos\theta_o}}\,\widetilde{\mathrm{Sa}}\left(2\pi\frac{Nd}{\lambda}\cos\left(\theta_o - \frac{\Delta\theta}{2}\right)\sin\left(\frac{\Delta\theta}{2}\right)\right) \approx 0.707 \qquad (3.243)$$

由于阵列天线在波束指向垂直面投影 $\cos\theta$ 作用会造成波束的二边 $-3dB$ 点的不对称,且随着波束指向的增大而增大,阵列天线口径越小越明显。图 3.36 给出了波束宽度与波束指向之间关系的举例,图中虚线为没有考虑阵列天线在波束指向垂直面投影 $\cos\theta$ 时的波束宽度随波束指向变化($0° \propto 60°$)的情况,图中实线为考虑 $\cos\theta$ 时的波束宽度随波束指向的变化;图 3.36(a) 为 12 单元,图 3.36(b) 为 64 单元,64 单元时二者波束宽度几乎重叠,这也说明天线单元越多,阵列天线投影 $\cos\theta$ 的影响越小,可以由式(3.243)计算波束宽度。

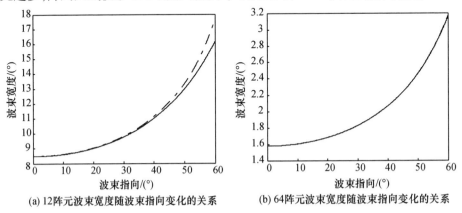

(a) 12阵元波束宽度随波束指向变化的关系　　(b) 64阵元波束宽度随波束指向变化的关系

图 3.36　不同阵元数波束宽度随波束指向变化的关系

在天线单元比较少时,必须考虑 $\cos\theta$ 的作用,它不仅影响探测空域的覆盖,在对目标进行角度测量时,如果角敏函数不考虑这问题,还将影响目标参数估计和目标跟踪航迹质量。

3.5.4.2　波束收发双程分辨

雷达探测目标时,通常发射和接收时的波束指向相同,而以 $-3dB$ 衰减为波束宽度,则探测目标时,必须考虑天线波束的收发共同作用,当收发共用天线时,则由于 $p_e(\theta) = p_r(\theta) = p(\theta)$,将式(3.239)代入,收发天线方向图积可为

$$p^2(\theta) = N^2 \cos\theta \, \widetilde{S} \, a^2\left(\pi \frac{Nd}{\lambda}(\sin\theta_o - \sin\theta)\right) e^{j2\pi\frac{(N-1)d}{\lambda}(\sin\theta_o - \sin\theta)} \qquad (3.244)$$

$-3dB$ 点波束衰减满足

$$\sqrt{\frac{\cos(\theta_o - \Delta\theta)}{\cos\theta_o}} \mathrm{Sa}\left(2\pi \frac{Nd}{\lambda}\cos\left(\theta_o - \frac{\Delta\theta}{2}\right)\sin\left(\frac{\Delta\theta}{2}\right)\right) \approx 2^{-\frac{1}{4}} \qquad (3.245)$$

图 3.37 给出了考虑天线收发影响的波束宽度与波束指向之间关系的举例,图中虚线为没有考虑阵列天线在波束指向垂直面投影 $\cos\theta$ 时的波束宽度随波束指向变化($0° \sim 60°$)的情况,图中实线为考虑 $\cos\theta$ 时的波束宽度随波束指向

变化的情况;图 3.37(a)为 12 单元,图 3.37(b)为 64 单元,64 单元时二者波束宽度重叠。其与图 3.36 比较,波束宽度明显变窄,在天线单元比较少时,$\cos\theta$ 仍影响波束宽度。

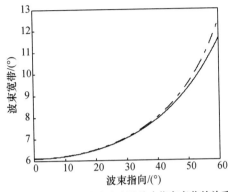

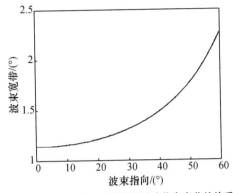

(a) 12 阵元收发波束宽度随波束指向变化的关系　　(b) 64 阵元收发波束宽度随波束指向变化的关系

图 3.37　不同阵元数收发波束宽度随波束指向变化的关系

多波束凝视雷达的最基本特征之一是利用接收多波束覆盖发射波束,提高雷达的天线功率口径积的利用率,那么一定存在某些波束与发射波束的指向不同,设接收波束指向与发射波束指向偏离 $\Delta\vartheta$,则接收天线方向图可表示为

$$p_{\mathrm{r}}(\theta) = N\sqrt{\cos\theta}\,\widetilde{\mathrm{Sa}}\left(\pi\frac{Nd}{\lambda}(\sin(\theta_{\mathrm{o}}+\Delta\vartheta)-\sin\theta)\right)\mathrm{e}^{\mathrm{j}\pi\frac{(N-1)d}{\lambda}(\sin(\theta_{\mathrm{o}}+\Delta\vartheta)-\sin\theta)}$$

$$(3.246)$$

收发天线方向图积可为

$$p_{\mathrm{e}}(\theta)p_{\mathrm{r}}(\theta) = N^2\cos\theta\,\widetilde{\mathrm{Sa}}\left(\pi\frac{Nd}{\lambda}(\sin\theta_{\mathrm{o}}-\sin\theta)\right)\widetilde{\mathrm{Sa}}\left(\pi\frac{Nd}{\lambda}(\sin(\theta_{\mathrm{o}}+\Delta\vartheta)-\sin\theta)\right)\times$$

$$\mathrm{e}^{\mathrm{j}\pi\frac{(N-1)d}{\lambda}(\sin\theta_{\mathrm{o}}+\sin(\theta_{\mathrm{o}}+\Delta\vartheta)-2\sin\theta)}$$

$$(3.247)$$

以 64 单元阵列天线为例,设波束指向 60°,$\lambda=2d$,由式(3.242)可计算得 $\Delta\theta_{3\mathrm{dB}}\approx3.17°$,取 $\Delta\vartheta=\dfrac{\Delta\theta}{2}$,由于合成波束的两个半功率点分别对应发射波束和接收波束的峰值功率点,故合成波束宽度为

$$\Delta\vartheta_{3\mathrm{dB}} = \frac{\Delta\theta}{2} \qquad (3.248)$$

多波束凝视雷达探测目标时,要利用多个发射波束半功率点以外的能量,故具体的分辨波束宽度可由式(3.248)分析获取。

参考文献

[1] 王盛利,等. 一种新的变换——匹配傅里叶变换[J]. 电子学报,2001, 29(3):403-405.

［2］王盛利,张光义．匹配傅里叶变换的噪声抑制与滤波［J］．电子学报,2001，12：1683－1684.

［3］王盛利,等．匹配傅里叶变换的分辨力［J］．系统工程与电子技术,2002，4:29－32.

［4］王盛利,张光义．离散匹配傅里叶变换［J］．电子学报,2001，12:1717－1718.

［5］陈翼,王盛利．一种基于匹配傅里叶变换的相参积累方法［C］．通信理论与信号处理学术年会,2010.

［6］张光义．相控阵雷达技术［M］．北京:电子工业出版社,2006.

［7］张光义．空间探测相控阵雷达［M］．北京:科学出版社,1989.

［8］里海捷克 A W．雷达分辨理论［M］．董士嘉 译．北京:科学出版社,1973.

第 **4** 章

多波束原理

　　若以信号系统的观念解释波束形成,则天线阵元发射可以认为是信号激励源,空间形成的波束可以认为是激励信号的响应。空间响应谱函数可确定在不同激励条件下获取不同的空间谱响应;而接收时,空间信号作用于雷达天线可以认为是天线的激励信号源,接收天线合成的波束可以认为是空间信号激励的响应,通过调整每个阵元的加权,获取对不同空间谱的响应。

　　多波束可分为时分多波束和同时多波束。同时多波束的优点是可充分利用时间资源,实现对大空域的多目标的多功能探测[1-7],如同时实现目标搜索、跟踪、识别等;可实现雷达系统的多任务,如探测、电子战、通信、数传、指挥等一体化。数字收发技术是实现同时多波束的有效方法。

◤ **4.1　数字波束形成的基本原理**

4.1.1　数字阵元发射信号合成

4.1.1.1　阵元信号相位分析

　　传统模拟相控阵技术是利用相位控制电路实现对每个天线单元或子阵输出的相位控制,在空间合成波束;而数字相控阵技术则是通过数字技术实现按波束指向所需的每个单元信号。

　　以图 4.1 所示线阵为例,指向 θ_o 第 i 单元的幅度归一化发射信号可表示为

$$s_i(t) = s_b(t)\,\mathrm{e}^{\mathrm{j}2\pi i\frac{d}{\lambda}\sin\theta_o} \tag{4.1a}$$

式中:s_b 为发射信号基本波形。

$$s_b(t) = \mathrm{e}^{\mathrm{j}2\pi\left(f_o t + \frac{1}{2}k(t-nT_r)^2 + \alpha_o\right)} g_\tau\left(t - \frac{\tau}{2} - nT_r\right) \tag{4.1b}$$

式中:f_o 为载频。

　　在电路实现时,不会在一个通道内产生复信号,总是一实信号,通过滤波器滤除其他频率信号,其实信号可表示为

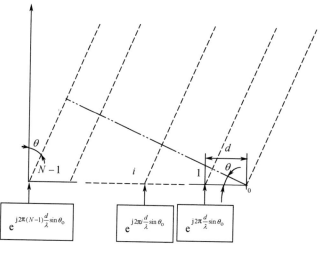

图 4.1 线阵示意图

$$s_{e,i}(t) = \cos\left(2\pi\left(f_o t + \frac{1}{2}k(t - nT_r)^2 + i\frac{d}{\lambda}\sin\theta_o\right) + \alpha_o\right)g_\tau\left(t - \frac{\tau}{2} - nT_r\right)$$

(4.2)

式中：$i\dfrac{d}{\lambda}\sin\theta_o$ 为第 i 发射单元的相位差异，α 为初始相位。若数模转换(D/A)速度足够，可在射频直接实现数字模拟转换，则式(4.2)离散形式为

$$s_{e,i}(m) = \cos\left(2\pi\left(f_o\Delta T_i m + \frac{1}{2}k(\Delta T_i m - nT_r)^2 + i\frac{d}{\lambda}\sin\theta_o\right) + \alpha_o\right) \times$$
$$g_\tau\left(\Delta T_i m - \frac{\tau}{2} - nT_r\right)$$

(4.3)

式中：ΔT_i 为第 i 个阵元的采样周期，设(D/A)后的数据经保持电路形成时域连续信号形式为

$$s_{e,i}(t) = \cos\left(2\pi\left(f_o\Delta T_i m + \frac{1}{2}k(\Delta T_i m - nT_r)^2 + i\frac{d}{\lambda}\sin\theta_o\right) + \alpha_o\right) \times$$
$$g_\tau\left(\Delta T_i m - \frac{\tau}{2} - nT_r\right)g_{\Delta T_i}(t - m\Delta T_i)$$

(4.4)

在此信号中含有多种信号谐波分量，谐波分量会对目标探测产生影响，故这里对谐波进行分析。

设 D/A 后的复信号为

$$s_c(t) = e^{j2\pi f_o\Delta T m}g_{\Delta\tau}(t - m\Delta T)$$

(4.5)

式中：$\Delta\tau$ 为每个数据保持时间。

其频谱为

$$S_c(f) = \Delta\tau Sa(\pi f\Delta\tau) e^{-j\pi f\Delta\tau} \sum_{m=0}^{M} e^{-j2\pi(f-f_o)\Delta Tm} \tag{4.6a}$$

即

$$S_c(f) = M\Delta\tau Sa(\pi f\Delta\tau) \widetilde{Sa}(\pi(f-f_o)\Delta T) e^{-j\pi f\Delta\tau} e^{-j\pi(M-1)(f-f_o)\Delta T} \tag{4.6b}$$

若时间长度 $M\Delta T \gg \Delta\tau$,由第 3 章谱分析可知,其信号谱为离散谱,谱峰值被调制,当 $f=f_o$ 时,$S_c(f_o)$ 为信号谱的最大峰;当 $f=f_o \pm \dfrac{1}{2M\Delta T}$ 时,出现比主峰值降约 13dB 的信号谱副瓣,在谱的其他位置也会出现不同峰值的副瓣,若 M 值越大,则大的副瓣越接近主瓣峰位置。

当 $f=f_o$ 的信号峰值为

$$S_c(f_o) = M\Delta\tau Sa(\pi f_o\Delta\tau) e^{-j\pi f_o\Delta\tau} \tag{4.7}$$

若 $\Delta\tau = \Delta T$,则式(4.6b)可表述为

$$S_c(f) = M\Delta T Sa(\pi f\Delta T) \widetilde{Sa}(\pi(f-f_o)\Delta T) e^{j\pi f_o\Delta T} e^{-j\pi M(f-f_o)\Delta T} \tag{4.8}$$

在 $f=f_o$ 条件下,式(4.8)可为

$$S_c(f_o) = M\Delta T Sa(\pi f_o\Delta T) e^{-j\pi f_o\Delta T} \tag{4.9}$$

设 $M\Delta T$ 为一定值,且 $\Delta T \leqslant \dfrac{1}{2f_o}$,则 ΔT 越小,输出信号越接近辛格函数的峰值点,这就是采样损失。式(4.8)经滤波后,其时域表达式为

$$s_{c,D/A}(t) \approx \Delta T Sa(\pi f_o\Delta T) e^{j\pi f_o\Delta T} e^{j2\pi f_o t} g_{M\Delta T}(t) \tag{4.10}$$

从上式中可以看出,D/A 后的模拟信号有附加相位为

$$\Delta\phi = \pi f_o\Delta T \tag{4.11}$$

式(4.5)中取 $\Delta\tau = \Delta T$,实信号 D/A 后的信号形式为

$$s_c(t) = \frac{e^{j2\pi f_o\Delta Tm} + e^{-j2\pi f_o\Delta Tm}}{2} g_{\Delta T}(t-m\Delta T) \tag{4.12}$$

则信号谱为

$$S_c(f) = M\Delta T Sa(\pi f\Delta T)(Sa(\pi(f-f_o)M\Delta T) e^{-j\pi f\Delta T} e^{-j\pi(M-1)(f-f_o)\Delta T} +$$
$$Sa(\pi(f+f_o)M\Delta T) e^{-j\pi(M-1)(f_o+f)\Delta T}) \tag{4.13}$$

这样,信号有两个频率点,若经功率放大,则功率会分散在不同频率点,常采用的方法是滤除一个边带,即可获取式(4.8)所示的信号。

对于式(4.4)所表示的信号,由前分析可得天线单元辐射模拟信号为

$$s_{e,i}(t) \approx \Delta T_i Sa(\pi f_o\Delta T_i) s_i(t) e^{j\pi f_o\Delta T_i} \tag{4.14}$$

为了保证阵列天线的辐射信号能在空间合成波束,通常希望每个单元的辐射信号的幅度和相位可控,若采用饱和功率放大,则可通过一致性挑选,保证每

个单元输出功率在一定范围内波动;从式(4.14)中可以看出还存在与 D/A 时钟频率有关的附加相位

$$\Delta\phi_i = \pi f_o \Delta T_i \tag{4.15}$$

若每个单元的时钟不同,则会造成每个单元辐射信号的相位不是按指定相位信号辐射,则合成的波束也不是指定方向,解决的方法是每个单元的时钟信号同步,即每个单元的控制时钟是由同一时钟源输出,即 $\Delta T_i \approx \Delta T$,保证 $\Delta\phi_i \approx \pi f_o \Delta T$,不因时钟不同而产生单元间相位差异影响雷达发射波束。

如果每个阵元定时有误差 δ_i,可令 $\Delta T_i = \Delta T + \delta_i$,那么式(5.15)可表示为

$$\Delta\phi_i = \pi f_o \Delta T + \pi f_o \delta_i \tag{4.16}$$

各阵元间 D/A 产生的相位误差取决于 $f_o \delta_i$,在 δ_i 一定的条件下,f_o 越大,则相位误差越大,故发射波段比较高时,为了减小相位误差对波束的影响,定时误差要求也高,例如,设 $f_o = 1\mathrm{GHz}$,若要求相位稳定误差小于 $\pm 5°$,则有 $|\delta_i| \leq 2.8 \times 10^{-11}\mathrm{s}$;如果 $f_o = 10\mathrm{GHz}$,则 $|\delta_i| \leq 2.8 \times 10^{-12}\mathrm{s}$。如果相位稳定误差要求提高,则相应地对 δ_i 要求也提高,这在技术上实现比较困难,故在 δ_i 所产生相位误差影响比较大时,可考虑增加上混频,降低 f_o。

由于天线阵面中,每个天线单元与同一时钟源的距离不同,它们是由线缆将信号传输到天线单元,且每个单元的延时响应也不相同,这些均会产生附加相位变化。

D/A 可以是集中式安装,即将 D/A 集中在一个机柜内,通过馈线将射频信号馈到天线单元的功放;也可以是 D/A 分布式安装于每个天线单元,将时钟信号和控制信号传输到每个天线单元,在每个单元中实现 D/A 转换。由于每个天线单元按一定间距安装,故无论什么信号均有一定的延时。

以线阵为例,设信号源在线阵中心,线阵共有 N 个阵元,若阵元数为偶数,则距线阵中心第 i 个阵元的信号延时为

$$\Delta t_i = \left(\left| i - \frac{N}{2} + \frac{1}{2} \right| \right) \frac{d}{c} \tag{4.17}$$

式中:c 为光速。

实际每个阵元存在不同的延时,设此附加延时为 τ_i,则式(4.14)可修正为

$$s_{e,i}(t) \approx \Delta T_i \mathrm{Sa}(\pi f_o \Delta T_i) s_i(t) \mathrm{e}^{-j2\pi(f_o(\Delta t_i + \tau_i)} \mathrm{e}^{j\pi f_o \Delta T_i} \tag{4.18}$$

即

$$s_{e,i}(t) \approx \Delta T_i \mathrm{Sa}(\pi f_o \Delta T_i) s_i(t) \mathrm{e}^{-j2\pi\left(\left| i - \frac{N-1}{2} \right| \frac{d}{\lambda} + f_o \tau_i \right)} \mathrm{e}^{j\pi f_o \Delta T_i} \tag{4.19}$$

从上式中可以看出,相位中的 $2\pi\left(\left| i - \frac{N-1}{2} \right| \frac{d}{\lambda} + f_o \tau_i \right)$ 是随阵元序列变化而变化,它会造成雷达波束指向的偏移,必须对其进行补偿。对于 Δt_i 所产生的相位偏移,可针对不同阵元,采用不同延时进行对消,最直接的方法是采用等长电

缆,若电缆等长延时为 Δt,则有 $\Delta t_i = \Delta t$;而针对 τ_i 可参考的方法是测量出每个阵元的延时,换算出对应的相位偏移,对数据库中信号波形预补偿。设测量获取每个阵元延时为 $\Delta\tau_i$,对式(4.18)相位补偿的表达式为

$$s_{e,io}(t) = s_{e,i}(t)\mathrm{e}^{\mathrm{j}2\pi f_o \Delta\tau_i} \tag{4.20}$$

即

$$s_{e,io}(t) \approx \Delta T_i \mathrm{Sa}(\pi f_o \Delta T_i)s_i(t)\mathrm{e}^{-\mathrm{j}2\pi f_o(\Delta t_i + \tau_i - \Delta\tau_i)}\mathrm{e}^{\mathrm{j}\pi f_o \Delta T_i} \tag{4.21}$$

在同源条件下 $\Delta T_i = \Delta T$,且电缆等长时,若阵元间延时误差完全补偿,则阵元信号可简化为

$$s_{e,io}(t) \approx \Delta T \mathrm{Sa}(\pi f_o \Delta T)s_i(t)\mathrm{e}^{-\mathrm{j}\pi f_o(2\Delta t - \Delta T)} \tag{4.22}$$

以此式表示不同阵元信号差异仅在于 $s_i(t)$,每个阵元辐射信号可在空间合成所需指向的波束。

4.1.1.2　脉冲信号间相参

数字阵列发射信号波形可以事前计算完成后存储在波形数据库中,工作时,从数据库中调入寄存器中再通过 D/A 转换获取模拟信号。若雷达是采用单脉冲方式探测目标,则每个阵元仅存储一组针对不同波束指向的波形数据即可;当还需要采用脉冲间能量积累时,为了充分利用有限的存储空间,减小设备量,可仅存储脉冲期间的信号波形,故有必要考虑脉间信号的相参性问题。

分析式(4.1b),脉冲的重复时间为 nT_r,若 $n = 0$,则发射信号的初始相位为 α_o,若 $n = 1$,则此脉冲信号的初始相位为 $2\pi f_o T_r + \alpha_o$,若 $n = 2$,则此脉冲信号的初始相位为 $4\pi f_o T_r + \alpha_o$,依此类推,在相参条件下,每个脉冲信号的初始相位是不同的;另一方面,由于信号相位的周期性,若

$$f_o T_r = q(q \text{ 为整数}) \tag{4.23}$$

则每个脉冲的初始相位相同,可保证发射脉冲信号的相参性。

对于离散信号来说,分析式(4.4),设 $\Delta T_i = \Delta T$,存储每个离散脉冲信号波形的初始相位满足(4.23)相参相位条件为

$$f_o Q\Delta T = q \tag{4.24}$$

式中

$$T_r = Q\Delta T \tag{4.25}$$

若雷达发射信号的波形是采用实时计算,计算完成后传至寄存器,则可不受此约束,根据计算结果实时更新每个发射波形以及相参性所对应的相位关系。

4.1.1.3　射频信号合成

若雷达发射信号的波段比较高,D/A 器件不能直接合成发射信号,则可在

比较低的载频条件下，获取发射信号波形，再对波形进行混频滤波获取发射信号。设 D/A 可获得模拟信号波形的离散信号为

$$s_{el,i}(m) = \cos\left(2\pi\left(\Delta f\Delta Tm + \frac{1}{2}k(\Delta Tm - nT_r)^2 + i\frac{d}{\lambda}\sin\theta_o + \alpha_o\right)\right)g_\tau\left(\Delta Tm - \frac{\tau}{2} - nT_r\right)$$

$$(4.26)$$

经 D/A 可获得模拟信号通过滤波后，用与式(4.18)相同的分析，可得近似结果为

$$s_{el,i}(t) \approx \Delta T\mathrm{Sa}(\pi\Delta f\Delta T)\cos\left(2\pi\left(\Delta ft + \frac{1}{2}k(t - nT_r)^2 + i\frac{d}{\lambda}\sin\theta_o + \alpha_o\right)g_\tau\left(t - \frac{\tau}{2} - nT_r\right)\right)$$

$$(4.27)$$

若有一本振源信号，设其为

$$s_s(t) = \cos(2\pi(f_o - \Delta f)t + \alpha_s) \tag{4.28}$$

式中：α_s 为本振信号初始相位。

该信号被等相位传输与每个阵元波形信号混频，则有

$$s_{em,i}(t) = s_{el,i}(t)s_s(t) \tag{4.29a}$$

即

$$s_{em,i}(t) \approx \Delta T\frac{\mathrm{Sa}(\pi\Delta f\Delta T)}{2}\left\{\cos\left(2\pi\left(f_ot + \frac{1}{2}k(t - nT_r)^2 + \right.\right.\right.$$
$$i\frac{d}{\lambda}\sin\theta_o + \alpha_o + \alpha_s\right) + \cos\left(2\pi\left((f_o - 2\Delta f)t - \right.\right.$$
$$\left.\left.\frac{1}{2}k(t - nT_r)^2 - i\frac{d}{\lambda}\sin\theta_o + \alpha_s - \alpha_o\right)\right\}g_\tau\left(t - \frac{\tau}{2} - nT_r\right) \quad (4.29b)$$

通过滤波，即可获取阵元发射复信号的波形为

$$s_{e,i}(t) \approx \Delta T\mathrm{Sa}(\pi\Delta f\Delta T)s_i(t) \tag{4.30}$$

由分析可知，合成的射频信号，前部为数字合成技术，后部为传统模拟技术，其优点是可以充分利用数字技术，但仍需应用复杂的模拟技术；但随着数字技术的发展，数字直接合成射频也会越来越高。

4.1.2 发射波束宽度控制

雷达天线阵面物理尺寸一旦确定，其最窄的波束宽度也就确定，而对发射波束宽度的控制仅能在一定范围内实现波束宽度的变宽，不能获取由天线物理尺寸限定的更窄波束。

在功放工作在饱和状态下，实现波束展宽的方法通常有两种，一是采用阵面划分的方法，即利用阵面中部分单元合成波束；二是利用全天线的阵元，以合适的相位加权实现波束展宽，即波束赋形。

4.1.2.1 阵面划分

以线阵为例,设阵列共有 N 个阵元,若将其划分为 P 个子阵,当为均匀划分,每个子阵有 M 个阵元,如果每个子阵指向不同方向,则第 k 子阵指向 θ_k 合成波束为

$$p_k(\theta) = \sqrt{\cos\theta} \sum_{i=0}^{M-1} e^{j2\pi kM\frac{d}{\lambda}(\sin\theta_k - \sin\theta)} e^{j2\pi i\frac{d}{\lambda}(\sin\theta_k - \sin\theta)} \tag{4.31a}$$

即

$$p_k(\theta) = M\sqrt{\cos\theta}\, \widetilde{\mathrm{Sa}}\left(\pi M \frac{d}{\lambda}(\sin\theta_k - \sin\theta)\right) e^{j\pi(2kM+M-1)\frac{d}{\lambda}(\sin\theta_k - \sin\theta)} \tag{4.31b}$$

式中为简化形式,省略阵元面积 ΔA。

其波束宽度比利用全单元指向同一方向的波束宽度展宽了 P 倍。雷达探测目标时,希望充分利用雷达阵面的功率,若合理设计阵元权值,允许波束内有一定的波动,即可获取在一定范围内波束宽度可控的波束。

若以阵面划分为两个子阵为例,设其中一波束指向 $\theta_o - \dfrac{\Delta\theta}{2}$;另一波束指向 $\theta_o + \dfrac{\Delta\theta}{2}$,并进行空间相位补偿,那么合成波束为

$$p_e(\theta) = M\sqrt{\cos\theta}\left\{ \widetilde{\mathrm{Sa}}\left(\pi M\frac{d}{\lambda}\left(\sin\left(\theta_o - \frac{\Delta\theta}{2}\right) - \sin\theta\right)\right) e^{j\pi(M-1)\frac{d}{\lambda}\left(\sin\left(\theta_o - \frac{\Delta\theta}{2}\right) - \sin\theta\right)} + \right.$$
$$\left. \widetilde{\mathrm{Sa}}\left(\pi M\frac{d}{\lambda}\left(\sin\left(\theta_o + \frac{\Delta\theta}{2}\right) - \sin\theta\right)\right) e^{j\pi(3M-1)\frac{d}{\lambda}\left(\sin\left(\theta_o + \frac{\Delta\theta}{2}\right) - \sin\theta\right)} e^{-j\psi} \right\}$$

$$\tag{4.32}$$

式中: ψ 为空间相位补偿角。

若取 $\theta_o = 0$,则有

$$p_e(\theta) = M\sqrt{\cos\theta}\left\{ \widetilde{\mathrm{Sa}}\left(\pi M\frac{d}{\lambda}\left(\sin\frac{\Delta\theta}{2} + \sin\theta\right)\right) + \right.$$
$$\left. \widetilde{\mathrm{Sa}}\left(\pi M\frac{d}{\lambda}\left(\sin\frac{\Delta\theta}{2} - \sin\theta\right)\right) e^{j2\pi M\frac{d}{\lambda}\left(\sin\frac{\Delta\theta}{2} - \sin\theta\right)} e^{j\left(2\pi(M-1)\frac{d}{\lambda}\sin\frac{\Delta\theta}{2} - \psi\right)} \right\} \times$$
$$e^{-j\pi(M-1)\frac{d}{\lambda}\left(\sin\frac{\Delta\theta}{2} + \sin\theta\right)} \tag{4.33}$$

如果取 $M=16$, $\psi=0$,那么在不同 $\Delta\theta$ 条件下,幅度归一化的两个波束功率分布图如图 4.2(a)所示,图 4.2(b)为 $-3\mathrm{dB}$ 的投影。从图可以发现,由于不同指向波束之间相位的影响,即使波束指向差别小于单波束宽度,也会合成分开的波束,如:两波束指向差别 $1.6°$,而实际波束指向差别可达 $5°$。为了合成比较宽的波束,就必须实现两波束同相叠加,在式(4.33)中, $\theta=0$,则有

$$p_e(0) = M\widetilde{\mathrm{Sa}}\left(\pi M\frac{d}{\lambda}\sin\frac{\Delta\theta}{2}\right) \times$$
$$\left\{1 + e^{j\left(2\pi(2M-1)\frac{d}{\lambda}\sin\frac{\Delta\theta}{2} - \psi\right)}\right\} e^{-j\pi(M-1)\frac{d}{\lambda}\sin\frac{\Delta\theta}{2}} \tag{4.34}$$

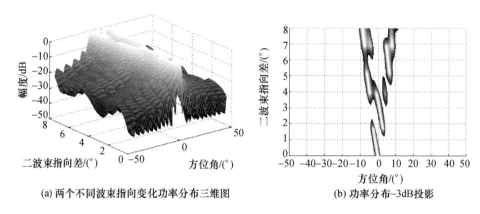

(a) 两个不同波束指向变化功率分布三维图　　(b) 功率分布-3dB投影

图 4.2　两个不同波束指向变化功率分布

则同相叠加的条件为

$$\psi = 2\pi(2M-1)\frac{d}{\lambda}\sin\frac{\Delta\theta}{2} \tag{4.35}$$

针对不同波束指向,按式(4.34)对阵元相位补偿,可获取图 4.3(a)所示的幅度归一化的两个不同指向变化波束的功率分布图,图 4.3(b)为其 −3dB 投影图,分析可知,当两波束指向差 $\Delta\theta \leqslant 3.16°$ 时,波束宽度变化不大;当 $3.16° \leqslant \Delta\theta \leqslant 3.68°$ 时,合成了三个不同指向波束;当 $3.68° \leqslant \Delta\theta \leqslant 4.36°$ 时,合成了一个 $11.6°$ 的宽波束;当 $4.36° \leqslant \Delta\theta \leqslant 4.76°$ 时,也出现三个不同指向的波束;当 $\Delta\theta \geqslant 4.76°$ 时,则出现了两个标准波束。

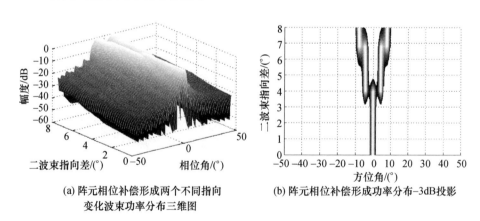

(a) 阵元相位补偿形成两个不同指向　　　(b) 阵元相位补偿形成功率分布-3dB投影
　　变化波束功率分布三维图

图 4.3　阵元相位补偿形成两个不同指向变化波束功率分布

对于更一般的情况,式(4.32)中的 $\theta = \theta_o$,有

$$p_e(\theta_o) = M \sqrt{\cos\theta_o} \left\{ \tilde{Sa}\left(2\pi M \frac{d}{\lambda}\cos\left(\theta_o - \frac{\Delta\theta}{4}\right)\sin\frac{\Delta\theta}{4}\right) e^{-j2\pi(M-1)\frac{d}{\lambda}\cos\left(\theta_o - \frac{\Delta\theta}{4}\right)\sin\frac{\Delta\theta}{4}} + \right.$$

$$\left. \tilde{Sa}\left(2\pi M \frac{d}{\lambda}\cos\left(\theta_o + \frac{\Delta\theta}{4}\right)\sin\frac{\Delta\theta}{4}\right) e^{j2\pi(3M-1)\frac{d}{\lambda}\cos\left(\theta_o + \frac{\Delta\theta}{4}\right)\sin\frac{\Delta\theta}{4}} e^{-j\psi} \right\} \quad (4.36)$$

在一般情况下, $\tilde{Sa}\left(2\pi M \frac{d}{\lambda}\cos\left(\theta_o - \frac{\Delta\theta}{4}\right)\sin\frac{\Delta\theta}{4}\right) \approx \tilde{Sa}\left(2\pi M \frac{d}{\lambda}\cos\left(\theta_o + \frac{\Delta\theta}{4}\right)\sin\frac{\Delta\theta}{4}\right)$,故有

$$p_e(\theta_o) = M \sqrt{\cos\theta_o} \tilde{Sa}\left(2\pi M \frac{d}{\lambda}\cos\left(\theta_o - \frac{\Delta\theta}{4}\right)\sin\frac{\Delta\theta}{4}\right) \times$$

$$\left\{ 1 + e^{j4\pi\frac{d}{\lambda}\left(M\cos\left(\theta_o + \frac{\Delta\theta}{4}\right) + (M-1)\cos\theta_o\cos\frac{\Delta\theta}{4}\right)\sin\frac{\Delta\theta}{4}} e^{-j\psi} \right\} e^{-j2\pi(M-1)\frac{d}{\lambda}\cos\left(\theta_o - \frac{\Delta\theta}{4}\right)\sin\frac{\Delta\theta}{4}}$$

$$(4.37)$$

若要实现两个指向波束在 θ_o 同相叠加,则阵元相位补偿必须满足

$$\psi = 4\pi \frac{d}{\lambda}\left(M\cos\left(\theta_o + \frac{\Delta\theta}{4}\right) + (M-1)\cos\theta_o\cos\frac{\Delta\theta}{4}\right)\sin\frac{\Delta\theta}{4} \quad (4.38)$$

如果天线阵面划分为更多的子阵,则其天线方向图可以此方法进行分析。

4.1.2.2 波束赋形

在凝视雷达中,波束赋形含义是在功放为饱和放大条件下,通过调制阵元发射空间相位实现发射波束展宽。

由于时域信号的不同加权,可形成不同的信号谱,而天线阵元不同加权也可以形成不同空间波束(谱),故二者本质相通。线性调频信号可以扩展信号谱,若天线阵元也以线性调频信号的变化规律加权,同样可以扩展空间谱。设天线增益的加权函数为

$$w_i = e^{j2\pi\frac{d}{\lambda}\left(\frac{k}{2}\left(i - \frac{N}{2}\right)^2 + i\sin\theta_o\right)} \quad (4.39)$$

式中:k 决定了波束展宽的程度。

天线波束为

$$p_e(\theta) = \sqrt{\cos\theta} \sum_{i=0}^{N-1} e^{j2\pi\frac{d}{\lambda}\left(\frac{k}{2}\left(i - \frac{N}{2}\right)^2 + i\sin\theta_o\right)} e^{-j2\pi\frac{d}{\lambda}i\sin\theta} \quad (4.40)$$

若天线有 128 个单元,取 $d = \frac{\lambda}{2}$,$k = 0.002$,$\theta_o = 0$,则可仿真出天线方向图如图 4.4(a)所示,当 $\theta_o = 30°$ 时,其仿真图如图 4.4(b)所示。

从图中可以看出,波束展宽,波束的增益下降,波束内出现波动,波峰与波谷可能相差达 3dB 以上。若以波束内平均峰值功率为基准,下降 3dB 为波束宽度,在此条件下的雷达发射功率的利用率可达近 0.9,且随着波束展得越宽,发

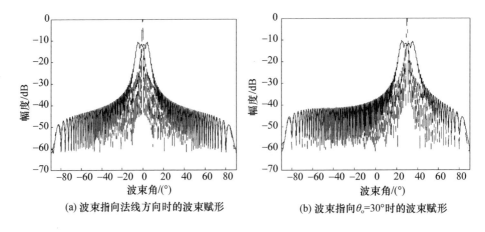

(a) 波束指向法线方向时的波束赋形　　　(b) 波束指向 $\theta_\text{o}=30°$ 时的波束赋形

图 4.4　波束赋形

射功率利用率越高。

　　由于天线阵元数有限,波束内的波动难免,而雷达设计者希望雷达发射功率能被充分利用,天线副瓣辐射的功率尽量降低,在功放工作在饱和放大条件下,通过控制单元空间角的相位实现低副瓣,波束主瓣的两边下降沿尽量陡峭,波束内低波动。

　　在应用中,为了获取得益,则可放宽其他条件的约束,凝视雷达的发射波束宽度约束可以降低,可以适当调整 k;要求波束内波动范围要小,如要求波动差允许在 3dB 以内,则波动频率可以不作要求;以此设计天线方向图,通过各种算法,调整每个天线阵元相位,直到近似达到要求。若凝视雷达应用于目标搜索,则每个波位均需计算,由于计算比较耗时,易事先完成计算,数据存储在数据库中,需要时调用即可。

4.1.3　接收数字波束形成

　　雷达接收机对远区目标回波信号的放大一般为线性放大,线性放大保留了不同目标回波的幅度和相位关系,这为接收数字波束合成提供可能。

　　天线波束形成所需的加权与在射频或中频或视频加入是等价的,如设某阵元接收到的目标回波信号为

$$s_{\text{r},i}(t) = as_\text{b}(t-t_\text{o})\sqrt{\cos\theta}\,\mathrm{e}^{\mathrm{j}2\pi i\frac{d}{\lambda}\sin\theta} \tag{4.41}$$

式中:s_b 为信号波形;t_o 为延时;a 为信号幅度。

　　在窄带条件下,模拟相控阵的处理方式是在接收射频端直接对每个单元加权,再波束合成,如下式所示

$$S_\text{r}(t) = as_\text{b}(t-t_\text{o})\sqrt{\cos\theta}\sum_{i=0}^{M-1}\mathrm{e}^{\mathrm{j}2\pi i\frac{d}{\lambda}(\sin\theta-\sin\theta_\text{o})} \tag{4.42}$$

令

$$p_r(\theta_o, \theta) = \sqrt{\cos\theta} \sum_{i=0}^{M-1} e^{j2\pi i \frac{d}{\lambda}(\sin\theta - \sin\theta_o)} \tag{4.43}$$

则

$$S_r(t) = a s_b(t - t_o) p_r(\theta_o, \theta) \tag{4.44}$$

从式(4.42)可以看出,在窄带条件下,目标回波信号的时、频、空域可以分别独立处理,不影响处理结果,故数字波束合成可以在视频处理,以减小大量计算。

若雷达工作在比较低的波段,A/D 采样响应时间足够高,则可在阵元内直接对接收到的信号采样,设采样间隔时间为 ΔT_r,则采样后阵元目标回波信号为

$$s_{r,i}(m) = a \sqrt{\cos\theta} e^{j\left(2\pi\left(f_o\Delta T_r m + f_d\Delta T_r m + \frac{1}{2}k(\Delta T_r m - t_o - nT_r)^2 + i\frac{d}{\lambda}\sin\theta\right) + \alpha_r\right)} g_\tau\left(\Delta T_r m - \frac{\tau}{2} - t_o - nT_r\right) \tag{4.45}$$

上式中,若有

$$f_o\Delta T_r = q \qquad (q \text{ 为整数}) \tag{4.46}$$

则式(4.45)可化简为

$$s_{r,i}(m) = a \sqrt{\cos\theta} e^{j\left(2\pi\left(f_d\Delta T_r m + \frac{1}{2}k(\Delta T_r m - t_o - nT_r)^2 + i\frac{d}{\lambda}\sin\theta\right) + \alpha_r\right)} g_\tau\left(\Delta T_r m - \frac{\tau}{2} - t_o - nT_r\right) \tag{4.47}$$

这样采样间隔时间 ΔT_r 必须满足采样定理,在满足式(4.46)时,可以省去数字下混频处理,也降低了数据下传的压力。

若雷达发射频率的波段比较高,A/D 采样响应时间有限时,就必须对接收到的信号下混频,设下混频后的中频为 Δf,那么下混频后的阵元采样信号为

$$s_{r,i}(m) = a \sqrt{\cos\theta} e^{j\left(2\pi\left(\Delta f\Delta T_r m + f_d\Delta T_r m + \frac{1}{2}k(\Delta T_r m - t_o - nT_r)^2 + i\frac{d}{\lambda}\sin\theta\right) + \alpha_o\right)} \times$$

$$g_\tau\left(\Delta T_r m - \frac{\tau}{2} - t_o - nT_r\right) \tag{4.48}$$

同样,若采样信号满足

$$\Delta f\Delta T_r = q \tag{4.49}$$

则式(4.48)仍可简化为式(4.47)。

实际雷达接收到目标回波在电路中的响应信号均为实数据,在数字化条件下,每个阵元的数据是通过希尔伯特变换获取正交 I/Q 二路数据。

阵元数字化数据可根据需要反复利用,调整相位权值,获取最大信噪比得益;在有各种干扰(如环境杂波,环境电磁干扰、电子战干扰)存在条件下,可对每个阵元数据采用不同加权,抑制干扰,也可利用不同时刻的阵元数据处理干扰

信号,检测目标。

4.1.4　通道一致性校准

若天线阵面的每个阵元均为一个通道,理想的情况是所有通道性能完全一致,但实际通道很难达到,则必须对阵面的通道进行校准。在窄带条件下,主要考虑幅相一致,若不考虑幅相一致性,则会影响天线波束增益、波束指向和目标空间角的测量。

为了解决通道一致性,在雷达设计阶段给出各分系统的技术指标,并在雷达工作中能实现对关键指标的实时检测;对影响一致性指标的元器件按系统技术指标进行严格筛选,并严格测试,给出各通道的技术参数,为通道补偿提供支撑。

雷达每个阵元组件包括收发二支路,它们的校准是不同的,而每个支路中又包含有源器件和无源器件两部分;无源部分一旦研制完成,其参数比较稳定,如天线阵子的幅相参数,由于天线阵子与安装在天线阵面后的性能参数是不同的,故可在天线制造完成后,测量出不同环境、不同频率、不同波束指向条件下的具体数据,形成一数据库,作为幅相一致性校准参数,该参数是收发共用。

4.1.4.1　通道补偿模型

设 i 通道模型如图 4.5 所示,图中 $\left|H_{a,i}(f,\theta)\right|\mathrm{e}^{\mathrm{j}\varphi_{a,i}(f,\theta)}$ 为阵元的天线第 i 阵子的频响函数,在不同波束指向时,其响应有一定差别,一般其由无源材料制成,若收发共用,则收发可用同一响应函数;$\left|H_{e,i}(f)\right|\mathrm{e}^{\mathrm{j}\varphi_{e,i}(f)}$ 和 $\left|H_{r,i}(f)\right|\mathrm{e}^{\mathrm{j}\varphi_{r,i}(f)}$ 为有源器件制成,每个阵元之间有一定差别,且随着雷达开机工作一段时间内有比较大的变化,工作到一定时间后趋于慢变化。其中 $\left|H_{a,i}(f,\theta)\right|$、$\left|H_{e,i}(f)\right|$、$\left|H_{r,i}(f)\right|$ 函数表示系统的幅度响应,$\varphi_{a,i(f,\theta)}$、$\varphi_{e,i(f)}$、$\varphi_{r,i(f)}$ 函数表示系统的相位响应。

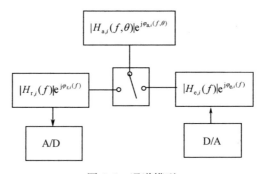

图 4.5　通道模型

4.1.4.2　发射通道补偿

若雷达发射机的功放处于饱和放大条件下,天线阵子之间的幅度响应变化和发射输出的幅度变化补偿比较困难,故在饱和放大条件下,常仅进行相位补偿。

式(4.27)为第 i 通道的 D/A 输出的模拟信号,若在存储的信号波形数据考虑通道相位补偿,则其可表示为

$$s_{R,i}(t) \approx \Delta T \sqrt{\cos\theta}\, \mathrm{Sa}(\pi\Delta f\Delta T) s_i(t)\mathrm{e}^{\mathrm{j}(\alpha_s - \varphi_i)} \tag{4.50}$$

窄带信号可忽略通道带内幅相波动影响,故发射链路天线辐射信号为

$$s_{e,i}(t) \approx \Delta T \sqrt{\cos\theta}\, s_i(t)\mathrm{Sa}(\pi\Delta f\Delta T)\,|H_{e,i}(f_o)|\,|H_{a,i}(f_o,\theta)|\,\mathrm{e}^{\mathrm{j}(\varphi_{e,i}(f_o)+\varphi_{a,i}(f_o,\theta))}\,\mathrm{e}^{\mathrm{j}(\alpha_s-\varphi_i)} \tag{4.51}$$

若相位不补偿,即 $\varphi_i = 0$, $|H_{e,i}(f_o)|\,|H_{a,i}(f_o,\theta)| = A_e\left(1 + \dfrac{\Delta A_{e,i}}{A_e}\right)$,则合成发射天线方向图为

$$p_e(\theta) = \sqrt{\cos\theta}\sum_{i=0}^{N-1}\left(1 + \frac{\Delta A_{e,i}}{A_e}\right)\mathrm{e}^{\mathrm{j}(\varphi_{e,i}(f_o)+\varphi_{a,i}(f_o,\theta))}\,\mathrm{e}^{\mathrm{j}2\pi i\frac{d}{\lambda}(\sin\theta_o-\sin\theta)} \tag{4.52}$$

式中: A_e 为参考通道的响应幅度; $\Delta A_{e,i}$ 为第 i 通道相对于参考通道的响应幅度相对误差。

设阵元输出功率不一致性为 $\pm 0.5\mathrm{dB}$,波束指向 $45°$,32 个天线阵元,相位波动 $\pm 20°$,阵元输出功率不一致性随机排列,天线方向图如图 4.6(a)所示,其与理想条件的方向图图中的点画线)相比,产生波束指向偏移,副瓣电平提高;若增加相位波动到 $\pm 45°$,阵元输出功率不一致性为 $\pm 1\mathrm{dB}$,则天线方向图状况变得更糟,如图 4.6(b)所示,主瓣的增益出现下降;故数字阵元输出信号相位不一致性达到一定条件下,必须进行幅相补偿,否则影响目标探测。

式(4.52)还可表示为

$$p_e(\theta) = \sqrt{\cos\theta}\,\mathrm{e}^{\mathrm{j}(\varphi_{e,0}(f_o)+\varphi_{a,0}(f_o,\theta))}\left(1 + \frac{\Delta A_{e,0}}{A_e} + \right.$$
$$\left. \sum_{i=1}^{N-1}\left(1 + \frac{\Delta A_{e,i}}{A_e}\right)\mathrm{e}^{\mathrm{j}(\varphi_{e,i}(f_o)+\varphi_{a,i}(f_o,\theta)-\varphi_{e,0}(f_o)-\varphi_{a,0}(f_o,\theta))}\,\mathrm{e}^{\mathrm{j}2\pi i\frac{d}{\lambda}(\sin\theta_o-\sin\theta)}\right) \tag{4.53}$$

若 $\varphi_i(\theta) = \varphi_{e,i}(f_o)+\varphi_{a,i}(f_o,\theta)-\varphi_{e,0}(f_o)-\varphi_{a,0}(f_o,\theta)$,则其合成的天线方向图为

$$p_e(\theta) = \sqrt{\cos\theta}\,\mathrm{e}^{\mathrm{j}(\varphi_{e,0}(f_o)+\varphi_{a,0}(f_o,\theta))}\sum_{i=0}^{N-1}\left(1 + \frac{\Delta A_{e,i}}{A_e}\right)\mathrm{e}^{\mathrm{j}\varphi_i(\theta)}\,\mathrm{e}^{\mathrm{j}2\pi i\frac{d}{\lambda}(\sin\theta_o-\sin\theta)} \tag{4.54}$$

若阵元输出信号功率不一致性在 $\pm 0.5\mathrm{dB}$ 以内,相位补偿后的不一致性在

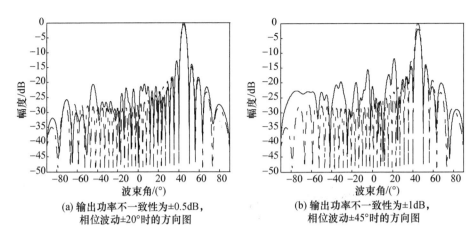

(a) 输出功率不一致性为±0.5dB，
相位波动±20°时的方向图

(b) 输出功率不一致性为±1dB，
相位波动±45°时的方向图

图 4.6　阵元输出功率不一致时的方向图

±5°，则可获取接近理想的天线辐射方向图，如图 4.7 所示。式(4.54)表明相位补偿时以天线阵面中的某一阵元为相位参考点进行相对相位补偿可达到补偿效果，若雷达中设计有发射支路的相位校准测量通道，而系统的相位变化为慢变化过程，则可以得到比较高的相位一致性。

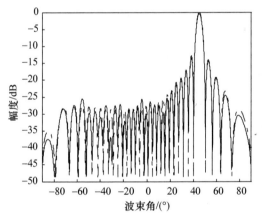

图 4.7　输出功率不一致性为 ±0.5dB，相位波动 ±5°时的方向图

4.1.4.3　接收通道补偿

第 i 个接收支路的天线阵子接收到目标回波信号可由式(4.41)，则 A/D 采集前的模拟信号可表示为

$$s_{r,i}(t) = a\sqrt{\cos\theta}s_i(t - t_o)|H_{r,i}(f_o)||H_{a,i}(f_o, \theta)|e^{j(\varphi_{r,i}(f_o) + \varphi_{a,i}(f_o, \theta))}e^{j2\pi f_d t}$$

$$(4.55)$$

接收支路不仅可以实现相位补偿，还可以实现幅度补偿。若幅相补偿函数

与发射支路的补偿方式相同,选取天线阵面中的某一阵元为参考进行相对的幅相补偿,若以第 o 支路为参考点,则补偿函数为

$$H_i(f_o,\theta_o) = \frac{|H_{r,0}(f_o)||H_{a,0}(f_o,\theta_o)|}{|H_{r,i}(f_o)||H_{a,i}(f_o,\theta_o)|}(1+\Delta A_{r,i})\,e^{j(\varphi_{r,0}(f_o)+\varphi_{a,0}(f_o,\theta_o)-\varphi_{r,i}(f_o)-\varphi_{a,i}(f_o,\theta_o))}$$

$$(4.56)$$

则接收方向图可为

$$p_r(\theta_o,\theta) = \sqrt{\cos\theta}\sum_{i=0}^{N-1}H_i(f_o,\theta_o)\frac{|H_{r,i}(f_o)||H_{a,i}(f_o,\theta)|}{|H_{r,0}(f_o)||H_{a,0}(f_o,\theta)|}\times$$
$$e^{j(\varphi_{r,i}(f_o)+\varphi_{a,i}(f_o,\theta))}e^{j2\pi i\frac{d}{\lambda}(\sin\theta_o-\sin\theta)}$$

$$(4.57)$$

即

$$p_r(\theta_o,\theta) = \sqrt{\cos\theta}\frac{|H_{a,0}(f_o,\theta_o)|}{|H_{a,0}(f_o,\theta)|}e^{j(\varphi_{r,0}(f_o)+\varphi_{a,0}(f_o,\theta_o))}\sum_{i=0}^{N-1}\frac{|H_{a,i}(f_o,\theta)|}{|H_{a,i}(f_o,\theta_o)|}(1+\Delta A_{r,i})\times$$
$$e^{j(\varphi_{a,i}(f_o,\theta)-\varphi_{a,i}(f_o,\theta_o))}e^{j2\pi i\frac{d}{\lambda}(\sin\theta_o-\sin\theta)}$$

$$(4.58)$$

在天线主波束内有 $|H_{a,i}(f_o,\theta)|\approx|H_{a,i}(f_o,\theta_o)|$,$\varphi_{a,i}(f_o,\theta)\approx\varphi_{a,i}(f_o,\theta_o)$,则式(4.58)可近似为

$$p_r(\theta_o,\theta) = \sqrt{\cos\theta}\frac{|H_{a,0}(f_o,\theta_o)|}{|H_{a,0}(f_o,\theta)|}e^{j(\varphi_{r,0}(f_o)+\varphi_{a,0}(f_o,\theta_o))}\sum_{i=0}^{N-1}(1+\Delta A_{r,i})e^{j2\pi i\frac{d}{\lambda}(\sin\theta_o-\sin\theta)}$$

$$(4.59)$$

其与式(4.54)相近,由于系统中幅相变化是慢变化过程,若系统中设计有接收校准通道,可以测量得到实时的幅相不一致参数,则幅相误差可以补偿在比较高精度范围,达到获取的主波束天线方向图接近理想,但补偿不能同时满足所有方向,故副瓣区不一定接近理想波形。

4.2　同时凝视多波束形成方法

多波束凝视雷达的一个重要特征是同时多波束。发射多波束可以充分利用时间资源,利用多个波束同时完成目标搜索和多目标跟踪;接收多波束与发射波束配合,还可以充分利用雷达发射信号能量,提高雷达性能。

多波束凝视探测时,可以是发射单波束,接收多波束,也可以是收发均为多波束。发射时,若功放工作在线性放大区,波束形成相对比较容易,而功放工作在饱和放大区,则受一定条件制约。

4.2.1　线性功放发射同时多波束

若每个天线通道功放工作在线性放大区,当 D/A 通道信号合成的多个不同

指向波束,且不同指向波束功率不同时,可以保证每个指向波束信号的功率和相位关系不变。

如果设计两个波束指向不同方向 θ_o 和 θ_1,第 i 阵元的离散信号形式为

$$s_{e,i}(m) = \Big(a_0\cos\Big(2\pi\Big(f_o\Delta Tm + \frac{k}{2}(\Delta Tm - nT_j)^2 + \frac{id}{\lambda}\sin\theta_o\Big) +$$

$$a_1\cos\Big(2\pi\Big(f_o\Delta Tm + \frac{k}{2}(\Delta Tm - nT_j)^2 + \frac{id}{\lambda}\sin\theta_1\Big)\Big)g_M\Big(\Delta Tm - \frac{\tau}{2} - nT_j\Big)$$

$$(4.60)$$

线性功放的最基本优点是各信号分量按相同放大系数增大,信号之间的其他相对参数不变,故天线阵面的所有阵元可按需求设计放大系数,获取理想的波束。

在饱和功率放大,且通道不一致条件下,仅能对通道的相位进行补偿,而不能实现对幅度补偿;而在线性功放条件下,可实现实时幅相补偿。

幅相补偿时,为了分析方便,设第 I 通道的变化范围最小,可以此通道为参考通道,若第 I 通道的频响函数为 $|H_{e,I}(f,\theta)|e^{j\varphi_{e,I}(f,\theta)} = |H_{a,I}(f,\theta)||H_{e,I}(f)|e^{j\varphi_{a,I}(f,\theta)}$ $e^{j\varphi_{e,I}(f)}$,第 i 通道的响应函数为 $|H_{e,i}(f,\theta)|e^{j\varphi_{e,i}(f,\theta)} = |H_{a,i}(f,\theta)||H_{e,i}(f)|$ $e^{j\varphi_{a,i}(f,\theta)}e^{j\varphi_{e,i}(f)}$,则第 i 通道的补偿函数为

$$\hat{H}_{e,j}(f,\theta) = \frac{|H_{e,I}(f,\theta)|}{|H_{e,i}(f,\theta,)|}e^{j(\varphi_{e,I}(f,\theta) - \varphi_{e,i}(f,\theta))} \qquad (4.61)$$

在窄带条件下,通常可忽略带内的幅相起伏,故

$$\hat{H}_{e,j}(f_o + B,\theta) \approx \hat{H}_{e,i}(f_o,\theta) \qquad (4.62)$$

式(4.60)预补偿(也可称预失真)的离散信号可表示为

$$s_{e,i}(m) = \Big\{ a_o\frac{|H_{e,I}(f_o,\theta_o)|}{|H_{e,i}(f_o,\theta_o)|}\cos\Big(2\pi\Big(f_o\Delta Tm + \frac{k}{2}(\Delta Tm - nT_j)^2 + \frac{id}{\lambda}\sin\theta_o\Big) +$$

$$\varphi_{e,I}(f_o,\theta_o) - \varphi_{e,i}(f_o,\theta_o)\Big) + a_1\frac{|H_{e,I}(f_o,\theta_1)|}{|H_{e,i}(f_o,\theta_1)|}\cos\Big(2\pi\Big(f_o\Delta Tm +$$

$$\frac{k}{2}(\Delta Tm - nT_j)^2 + \frac{id}{\lambda}\sin\theta_1\Big) + \varphi_{e,I}(f_o,\theta_1) - \varphi_{e,i}(f_o,\theta_1)\Big)\Big\} \times$$

$$g_M\Big(\Delta Tm - \frac{\tau}{2} - nT_j\Big) \qquad (4.63)$$

式中:$g_M\Big(\Delta Tm - \frac{\tau}{2} - nT_j\Big)$ 表示离散化门函数,门宽度为 M。

D/A 输出的模拟信号为

$$s_{e,i}(t) = \Delta T\mathrm{Sa}(\pi f_o\Delta T)\Big\{ a_0\frac{|H_{e,I}(f_o,\theta_o)|}{|H_{e,i}(f_o,\theta_o)|}\cos\Big(2\pi\Big(f_ot + \frac{k}{2}(t - nT_j)^2 + \frac{id}{\lambda}\sin\theta_o\Big) +$$

$$\varphi_{e,I}(f_o,\theta_o) - \varphi_{e,i}(f_o,\theta_o) + a_1 \frac{|H_{e,I}(f_o,\theta_1)|}{|H_{e,i}(f_o,\theta_1)|}\cos\left(2\pi\left(f_o t + \frac{k}{2}(t-nT_j)^2 + \right.\right.$$

$$\left.\left.\frac{id}{\lambda}\sin\theta_1\right) + \varphi_{e,I}(f_o,\theta_1) - \varphi_{e,i}(f_o,\theta_1)\right)\right\}g_M\left(t - \frac{\tau}{2} - nT_j\right) \tag{4.64}$$

该模拟信号通过滤波器和线性功率放大再到天线阵元的响应函数为 $|H_{e,i}(f,\theta)|e^{j\varphi_{e,i}(f,\theta)}$，故阵元的发射到空间的单边带信号为

$$s_{e,i}(t) = s_i(t)\sqrt{\cos\theta}\,\Delta T \mathrm{Sa}(\pi f_o\Delta T)\left\{a_0|H_{e,I}(f_o,\theta_o)|\frac{|H_{e,i}(f_o,\theta)|}{|H_{e,i}(f_o,\theta_o)|}\times\right.$$

$$e^{j(\varphi_{e,I}(f_o,\theta_o) + \varphi_{e,i}(f_o,\theta) - \varphi_{e,i}(f_o,\theta_o))} +$$

$$\left.a_1|H_{e,I}(f_o,\theta_1)|\frac{|H_{e,i}(f_o,\theta)|}{|H_{e,i}(f_o,\theta_1)|}e^{j(i\frac{d}{\lambda}(\sin\theta_1-\sin\theta_o) + \varphi_{e,i}(f_o,\theta_1) + \varphi_{e,i}(f_o,\theta) - \varphi_{e,i}(f_o,\theta_1))}\right\}$$

$$\tag{4.65}$$

式中的 $s_i(t)$ 如式（4.1a）所示，若天线共有 M 个辐射单元，则空间合成信号为

$$s_{e,i}(t) = s_b(t)\Delta T\mathrm{Sa}(\pi f_o\Delta T)\sqrt{\cos\theta}\left\{a_0|H_{e,I}(f_o,\theta_o)|e^{j\varphi_{e,I}(f_o,\theta_o)}\sum_{i=o}^{M-1}\frac{|H_{e,i}(f_o,\theta)|}{|H_{e,i}(f_o,\theta_o)|}\times\right.$$

$$e^{j\left(2\pi\frac{id}{\lambda}(\sin\theta_o-\sin\theta) + \varphi_{e,i}(f_o,\theta) - \varphi_{e,i}(f_o,\theta_o)\right)} +$$

$$a_1|H_{e,I}(f_o,\theta_1)|e^{j2\pi(\varphi_{e,I}(f_o,\theta_1))}\sum_{i=0}^{M-1}\frac{|H_{e,i}(f_o,\theta)|}{|H_{e,i}(f_o,\theta_1)|}\times$$

$$\left.e^{j\left(2\pi\frac{id}{\lambda}(\sin\theta_1-\sin\theta) + \varphi_{e,i}(f_o,\theta) - \varphi_{e,i}(f_o,\theta_1)\right)}\right\} \tag{4.66}$$

式中的 $s_b(t)$ 如式（4.1b）所示，指向 θ_o 和 θ_1 的天线方向图分别为

$$p(\theta_0,\theta) = \sqrt{\cos\theta}\sum_{i=0}^{M-1}\frac{|H_{e,i}(f_o,\theta)|}{|H_{e,i}(f_o,\theta_o)|}e^{j(\varphi_{e,i}(f_o,\theta) - \varphi_{e,i}(f_o,\theta_o))}e^{j2\pi\frac{id}{\lambda}(\sin\theta_o-\sin\theta)}$$

$$\tag{4.67}$$

$$p(\theta_1,\theta) = \sqrt{\cos\theta}\sum_{i=0}^{M-1}\frac{|H_{e,i}(f_o,\theta)|}{|H_{e,i}(f_o,\theta_1)|}e^{j(\varphi_{e,i}(f_o,\theta) - \varphi_{e,i}(f_o,\theta_1))}e^{j2\pi\frac{id}{\lambda}(\sin\theta_1-\sin\theta)}$$

$$\tag{4.68}$$

由于补偿函数不能同时对全方向进行补偿，仅对波束指向的一定范围内实现理想补偿，而其他方向则补偿不精准，故补偿后的天线方向图主瓣接近理想，而副瓣则不确定。由于数字发射的信号可以同时实现对不同波束的指向进行补偿，波束之间可实现互不干扰。式（4.66）还可表示为

$$s_{e,i}(t) = s_b(t)\Delta T\mathrm{Sa}(\pi f_o\Delta T)\sqrt{\cos\theta}\{a_0|H_{e,I}(f_o,\theta_o)|e^{j\varphi_{e,I}(f_o,\theta_o)}p(\theta_o,\theta) +$$

$$a_1|H_{e,I}(f_o,\theta_1)|e^{j2\pi(\varphi_{e,I}(f_o,\theta_1))}p(\theta_1,\theta)\} \tag{4.69}$$

那么指向两个方向的波束功率比为

$$\zeta = \frac{a_o^2 \, |H_{e,l}(f_o,\theta_o)|^2 \cos^2\theta_o}{a_1^2 \, |H_{e,l}(f_o,\theta_1)|^2 \cos^2\theta_1} \tag{4.70}$$

若$|H_{e,l}(f_o,\theta)|$在不同方向所形成的差异不大,则上式可简化为

$$\zeta \approx \frac{a_o^2 \cos^2\theta_o}{a_1^2 \cos^2\theta_1} \tag{4.71}$$

以上式可以将雷达发射功率合理分配到不同波束。若有 P 个波束,也可以此原理,根据探测需求,分配雷达功率到不同波束。

若凝视雷达需要展宽发射波束探测目标,设指向 θ_o 的为展宽波束,仍线性调相为例,方向图可为

$$p(\theta_o,\theta) = \sqrt{\cos\theta} \sum_{i=0}^{M-1} \frac{|H_{e,i}(f_o,\theta)|}{|H_{e,i}(f_o,\theta_o)|} e^{j(\varphi_{e,i}(f_o,\theta)-\varphi_{e,i}(f_o,\theta_o))} e^{j2\pi\frac{d}{\lambda}\left(\frac{k}{2}\left(i-\frac{M}{2}\right)^2+i(\sin\theta_o-\sin\theta)\right)}$$

$$\tag{4.72}$$

在设计有校准通道的情况下,通道的误差可实时更新,而天线阵子的空间角响应却不能完全对消,故上式可为

$$p(\theta_o,\theta) = \sqrt{\cos\theta} \sum_{i=0}^{M-1} \frac{|H_{a,i}(f_o,\theta)|}{|H_{a,i}(f_o,\theta_o)|} e^{j(\varphi_{a,i}(f_o,\theta)-\varphi_{a,i}(f_o,\theta_o))} e^{j2\pi\frac{d}{\lambda}\left(\frac{k}{2}\left(i-\frac{M}{2}\right)^2+i(\sin\theta_o-\sin\theta)\right)}$$

$$\tag{4.73}$$

上式表明,在波束展得比较宽时,天线阵子所产生的误差不可能用一个补偿数据补偿所有方向的误差,故有必要采取技术措施,使阵子在探测目标方向的性能尽量一致。补偿不能解决展宽太大波束的问题。

设式(4.68)所示波束宽度为 $\Delta\theta_{3dB}$,式(4.73)所示波束宽度为 $\kappa\Delta\theta_{3dB}$,κ 为比值,则指向两个方向的波束功率比为

$$\zeta \approx \kappa \frac{a_0^2 \cos^2\theta_o}{a_1^2 \cos^2\theta_1} \tag{4.74}$$

4.2.2 饱和功放发射同时多波束

在饱和功率放大条件下,形成发射多波束的直接方法是将天线划分为子阵,每个子阵指向不同方向,此部分内容已在 4.1.2 节讨论,这里研究仅利用相位加权形成发射多波束。

在饱和功放条件下,保证功率放大器的输出功率最大,其结果是原设计的各阵元不同指向波束信号经功放之后,各波束的功率分配和信号相位产生失真,如式(4.60)所表示离散信号,经 D/A 和滤波后,其正交模拟信号为

$$s_{e,i}(t) = \frac{s_b(t)}{2} \left\{ a_0 e^{j2\pi\frac{id}{\lambda}\sin\theta_o} + a_1 e^{j2\pi\frac{id}{\lambda}\sin\theta_1} \right\} \tag{4.75}$$

$$s_{e,i}(t) = \frac{s_b(t)}{2} \left\{ a_o \cos\left(2\pi \frac{id}{\lambda} \sin\theta_o\right) + a_1 \cos\left(2\pi \frac{id}{\lambda} \sin\theta_1\right) + \right.$$
$$\left. \mathrm{j}\left[a_0 \sin\left(2\pi \frac{id}{\lambda} \sin\theta_o\right) + a_1 \sin\left(2\pi \frac{id}{\lambda} \sin\theta_1\right)\right]\right\} \qquad (4.76)$$

令

$$A_i = \frac{1}{2} \left\{ \left[a_0 \cos\left(2\pi \frac{id}{\lambda} \sin\theta_o\right) + a_1 \cos\left(2\pi \frac{id}{\lambda} \sin\theta_1\right)\right]^2 + \right.$$
$$\left. \left[a_0 \sin\left(2\pi \frac{id}{\lambda} \sin\theta_o\right) + a_1 \sin\left(2\pi \frac{id}{\lambda} \sin\theta_1\right)\right]^2 \right\}^{1/2} \qquad (4.77a)$$

$$\phi_i = \arctan\left[\frac{a_0 \sin\left(2\pi \frac{id}{\lambda} \sin\theta_o\right) + a_1 \sin\left(2\pi \frac{id}{\lambda} \sin\theta_1\right)}{a_0 \cos\left(2\pi \frac{id}{\lambda} \sin\theta_o\right) + a_1 \cos\left(2\pi \frac{id}{\lambda} \sin\theta_1\right)} \right] \qquad (4.77b)$$

$$s_{e,i}(t) = A_i s_b(t) \mathrm{e}^{\mathrm{j}\phi_i} \qquad (4.78)$$

该信号经理想功率饱和放大,输出信号幅度为一恒定值,设信号幅度为 A,则上式为

$$s_{e,i}(t) = A \mathrm{e}^{\mathrm{j}\phi_i} s_b(t) \qquad (4.79)$$

若 $a_0 = a_1$,$\theta_o = 0$,$\theta_1 = 45°$,共有 32 个子阵,在饱和功放条件下获取的波束方向图如图 4.8(a)所示,从图中可以看出天线方向图有比较高的副瓣;若 $a_1 = 0.5a_0$,则其天线方向图如图 4.8(b)所示,从图中可以看出,指向 $\theta_1 = 45°$ 的波束会在 $\theta_1 = -45°$ 也出现一波束(栅瓣),且波束主瓣功率分配于这两个波束,这会造成雷达发射功率的浪费;若大功率的波束指向 $\theta_o = -5°$ 时,则栅瓣的指向也会偏向负区的更大角度,如图 4.8(c)所示,若 θ_o 指向更左方向,则栅瓣会出现折叠,在方向图的右边出现;若 θ_o 向右偏移,则栅瓣也会向右偏移,而所设计指向 $\theta_1 = 45°$ 波束仍保持,当两波束指向靠近到一定程度时,则会相互影响。

多波束凝视雷达的一个基本出发点是充分利用雷达的功率口径积,利用子阵方法虽然可以实现同时多波束,但波束被展宽,在目标跟踪时,由于对目标的俯仰方位角已获取,波束展宽造成雷达有限功率的浪费,故跟踪时,希望雷达以窄波束跟踪目标,同时希望根据目标回波的信噪比调整照射目标的功率密度,最大限度地利用雷达功率,而利用天线全口径实现多波束则是其必然选择。

多波束凝视雷达的发射凝视多波束形成基本思路是搜索波束可以展宽,通过延长积累时间,获取探测目标的信噪比,而跟踪波束的天线增益比较高,可以分配比较少的发射功率,使跟踪波束功率所占发射总功率比例比较小,在一定条件下,可以忽略,故可实现仅进行相位加权实现发射多波束,在同时跟踪的目标数大于一定数目的条件下,会失效。

设搜索波束的阵元发射幅相权为

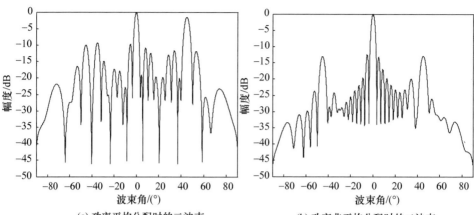

(a) 功率平均分配时的二波束　　　　　(b) 功率非平均分配时的二波束

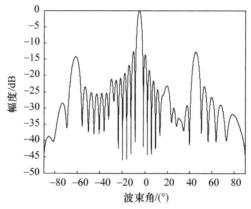

(c) 功率非平均分配且波束指向非法线方向的二波束

图 4.8　同时多波束功率分配

$$w_{i,\mathrm{o}} = A_0 \mathrm{e}^{\mathrm{j}2\pi\frac{d}{\lambda}\left(\frac{k}{2}\left(i-\frac{N}{2}\right)^2 + i\sin\theta_\mathrm{o}\right)} \tag{4.80}$$

跟踪目标的多波束的阵元幅相权为

$$w_{i,\mathrm{p}} = a_\mathrm{p} \mathrm{e}^{\mathrm{j}2\pi\frac{d}{\lambda}i\sin\theta_\mathrm{p}} \tag{4.81}$$

式中：a_p 为幅度。

则合成阵元幅相权为

$$w_i = w_{i,\mathrm{o}} + w_{i,\mathrm{p}} \tag{4.82a}$$

即

$$w_i = A_0 \mathrm{e}^{\mathrm{j}2\pi\frac{d}{\lambda}\left(\frac{k}{2}\left(i-\frac{N}{2}\right)^2 + i\sin\theta_\mathrm{o}\right)} + \sum_p a_\mathrm{p} \mathrm{e}^{\mathrm{j}2\pi\frac{d}{\lambda}i\sin\theta_\mathrm{p}} \tag{4.82b}$$

若雷达有一个目标跟踪，即令 $p=1$，则有权值

$$w_i = A_0 \mathrm{e}^{\mathrm{j}2\pi\frac{d}{\lambda}\left(\frac{k}{2}\left(i-\frac{N}{2}\right)^2 + i\sin\theta_\mathrm{o}\right)} + a_1 \mathrm{e}^{\mathrm{j}2\pi\frac{d}{\lambda}i\sin\theta_1} \tag{4.83}$$

即

$$w_i = \sqrt{A_0^2 + a_1^2 + 2A_0 a_1 \cos\left(2\pi \frac{d}{\lambda}\left(\frac{k}{2}\left(i - \frac{N}{2}\right)^2 + i\sin\theta_0\right)\right)\cos\left(2\pi \frac{d}{\lambda} i\sin\theta_1\right)} \times$$

$$e^{\mathrm{jarctan}\frac{A_0\sin\left(2\pi\frac{d}{\lambda}\left(\frac{k}{2}\left(i-\frac{N}{2}\right)^2+i\sin\theta_0\right)\right)+a_1\sin\left(2\pi\frac{d}{\lambda}i\sin\theta_1\right)}{A_0\cos\left(2\pi\frac{d}{\lambda}\left(\frac{K}{2}\left(i-\frac{N}{2}\right)^2+i\sin\theta_0\right)\right)+a_1\cos\left(2\pi\frac{d}{\lambda}i\sin\theta_1\right)}} \tag{4.84}$$

若对权幅度归一化,则可得权函数为

$$w_i = e^{\mathrm{jarctan}\frac{A_0\sin\left(2\pi\frac{d}{\lambda}\left(\frac{k}{2}\left(i-\frac{N}{2}\right)^2+i\sin\theta_0\right)\right)+a_1\sin\left(2\pi\frac{d}{\lambda}i\sin\theta_1\right)}{A_0\cos\left(2\pi\frac{d}{\lambda}\left(\frac{k}{2}\left(i-\frac{N}{2}\right)^2+i\sin\theta_0\right)\right)+a_1\cos\left(2\pi\frac{d}{\lambda}i\sin\theta_1\right)}} \tag{4.85}$$

在凝视雷达跟踪多个目标时,其加权函数可为

$$w_i = e^{\mathrm{jarctan}\frac{A_0\sin\left(2\pi\frac{d}{\lambda}\left(\frac{k}{2}\left(i-\frac{N}{2}\right)^2+i\sin\theta_0\right)\right)+\sum\limits_{p} a_p\sin\left(2\pi\frac{d}{\lambda}i\sin\theta_p\right)}{A_0\cos\left(2\pi\frac{d}{\lambda}\left(\frac{k}{2}\left(i-\frac{N}{2}\right)^2+i\sin\theta_0\right)\right)+\sum\limits_{p} a_p\cos\left(2\pi\frac{d}{\lambda}i\sin\theta_p\right)}} \tag{4.86}$$

以天线有 128 个单元,取 $d = \frac{\lambda}{2}$, $k = 0.002$, $\theta_0 = 0$,可仿真出没有跟踪波束时的天线方向图如图 4.9(a)所示,当一个跟踪波束时,波束指向 45°,合成的天线方向图如图 4.2(b)所示,仿真表明跟踪波束不影响搜索的宽波束;当两个跟踪波束,增加一跟踪波束指向 -9°时,其方向图如图 4.9(c)所示;若搜索目标的宽波束指向 -45°,则天线的方向图如图 4.9(d)所示,跟踪波束仍能有效将雷达功率辐射到指定方向;在此条件下,搜索波束指向发生变化,跟踪波束仍可有效指向目标。

分析图 4.9(d)中的搜索波束,可以看到波束内起伏比较大,这种起伏可以通过一定的约束条件,如允许的起伏波动、波束宽度、副瓣电平等,利用多种优化算法,不断调整每个阵元的相位权值,直到满足技术指标。

由于被跟踪目标出现的空间角不可能预先知道,故天线的每个阵元加权可事先计算完成形成数据库,遍历各种可能的情况,应用时直接调用数据库数据加权,这样需要非常大的数据库;另一种方案是实时计算,获取雷达的阵元加权值,这就需要系统具有高速计算性能。

4.2.3　接收同时多波束

为了充分利用天线增益,凝视雷达采用多个接收波束覆盖发射波束,而每个接收波束设计为尽可能大的天线增益。

接收信号的特点是雷达接收机一般工作在线性放大区,目标回波信号不因经过放大器而改变各目标回波的幅相关系,且信号数字化后,数字信号可以多次计算,这为同时多波束提供可能。

式(4.40)表示的指向 θ_0 方向的天线方向图可为

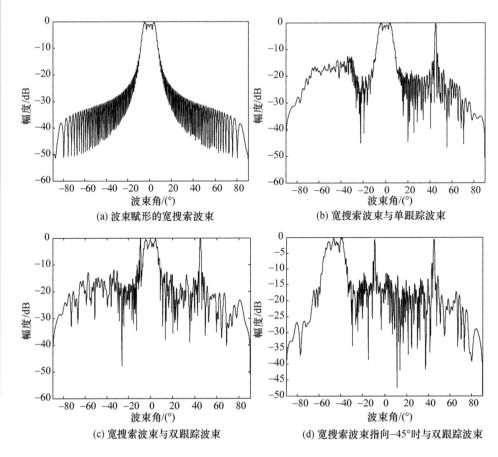

(a) 波束赋形的宽搜索波束 （b) 宽搜索波束与单跟踪波束

(c) 宽搜索波束与双跟踪波束 （d) 宽搜索波束指向-45°时与双跟踪波束

图 4.9 宽搜索波束与跟踪窄波束

$$p(\theta_o,\theta) = M\sqrt{\cos\theta}\,\widetilde{\mathrm{Sa}}\Big(\pi M\frac{d}{\lambda}(\sin\theta - \sin\theta_o)\Big)\mathrm{e}^{\mathrm{j}\pi(M-1)\frac{d}{\lambda}(\sin\theta - \sin\theta_o)} \quad (4.87)$$

若在 $\theta = \alpha_i$ 方向有一目标,其信号幅度为 a_i,则经天线积累后的信号幅度为

$$A_i = a_i p(\theta_o, \alpha_i) \quad (4.88)$$

即

$$A_i = a_i M\sqrt{\cos\alpha_i}\,\widetilde{\mathrm{Sa}}\Big(\pi M\frac{d}{\lambda}(\sin\alpha_i - \sin\theta_o)\Big)\mathrm{e}^{\mathrm{j}\pi(M-1)\frac{d}{\lambda}(\sin\alpha_i - \sin\theta_o)} \quad (4.89)$$

雷达通常接收到回波信号不仅有空中目标回波,还包括地面或者海面的回波,它们在接收波束中均会产生影响,由于它们可以来自任一方向,故指向 θ_o 方向的波束信号幅度为

$$A_0 = \sum_i a_i\sqrt{\cos\alpha_i}\,\widetilde{\mathrm{Sa}}\Big(\pi M\frac{d}{\lambda}(\sin\alpha_i - \sin\theta_o)\Big)\mathrm{e}^{\mathrm{j}\pi(M-1)\frac{d}{\lambda}(\sin\alpha_i - \sin\theta_o)} \quad (4.90)$$

若接收波束指向 θ_k 方向的波束响应为

$$p(\theta_k,\theta) = \sqrt{\cos\theta}\ \widetilde{\mathrm{Sa}}\Big(\pi M\frac{d}{\lambda}(\sin\theta - \sin\theta_k)\Big)\mathrm{e}^{\mathrm{j}\pi(M-1)\frac{d}{\lambda}(\sin\theta - \sin\theta_k)} \tag{4.91}$$

则接收波束指向 θ_k 方向信号幅度为

$$A_k = \sum_i a_i\ \sqrt{\cos\alpha_i}\ \widetilde{\mathrm{Sa}}\Big(\pi M\frac{d}{\lambda}(\sin\alpha_i - \sin\theta_k)\Big)\mathrm{e}^{\mathrm{j}\pi(M-1)\frac{d}{\lambda}(\sin\alpha_i - \sin\theta_k)} \tag{4.92}$$

分析式(4.92)可知,任一指向波束会接收到所有方向雷达回波,但不同方向回波的增益不同,目标回波在不同指向波束中的增益不同,为目标的空间角测量提供可能。

在理想条件下,每个阵元接收到信号被量化为一串数字信号,设第 m 个阵元获取的数字信号为 $s(m,n)$(n 为时间序列),那么多波束中,指向 θ_k 方向波束通道处理的基本表达式为

$$A_k(n) = \sum_{m=0}^{M-1} s(m,n)\mathrm{e}^{-\mathrm{j}2\pi m\frac{d}{\lambda}\sin\theta_k} \tag{4.93}$$

A/D 采集到的信号还必须考虑接收支路的系统响应,故每个支路所采集到信号应为

$$s_{\mathrm{r}}(m,n) = s(m,n)\,|H_{\mathrm{a},m}(f_{\mathrm{o}},\theta)|\,|H_{\mathrm{r},m}(f_{\mathrm{o}})|\,\mathrm{e}^{\mathrm{j}(\varphi_{\mathrm{a},m}(f_{\mathrm{o}},\theta) + \varphi_{\mathrm{r},m}(f_{\mathrm{o}}))} \tag{4.94}$$

由式(4.56)可推得指向 θ_k 的接收波束的通道补偿函数为

$$H_m(f_{\mathrm{o}},\theta_k) = \frac{|H_{\mathrm{r},\mathrm{o}}(f_{\mathrm{o}})|\,|H_{\mathrm{a},\mathrm{o}}(f_{\mathrm{o}},\theta_k)|}{|H_{\mathrm{r},m}(f_{\mathrm{o}})|\,|H_{\mathrm{a},m}(f_{\mathrm{o}},\theta_k)|}(1 + \Delta A_{\mathrm{r},m})\mathrm{e}^{\mathrm{j}(\varphi_{\mathrm{r},\mathrm{o}}(f_{\mathrm{o}}) + \varphi_{\mathrm{a},\mathrm{o}}(f_{\mathrm{o}},\theta_k) - \varphi_{\mathrm{r},m}(f_{\mathrm{o}}) - \varphi_{\mathrm{a},m}(f_{\mathrm{o}},\theta_k))} \tag{4.95}$$

波束指向 θ_k 的通道信号经补偿后为

$$s_{\mathrm{r},k}(m,n) = |H_{\mathrm{r},\mathrm{o}}(f_{\mathrm{o}})|\,|H_{\mathrm{a},\mathrm{o}}(f_{\mathrm{o}},\theta_k)|\,\mathrm{e}^{\mathrm{j}(\varphi_{\mathrm{r},\mathrm{o}}(f_{\mathrm{o}}) + \varphi_{\mathrm{a},\mathrm{o}}(f_{\mathrm{o}},\theta_k))} \times$$

$$s(m,n)\frac{|H_{\mathrm{a},m}(f_{\mathrm{o}},\theta)|}{|H_{\mathrm{a},m}(f_{\mathrm{o}},\theta_k)|}(1 + \Delta A_{\mathrm{r},m})\mathrm{e}^{\mathrm{j}(\varphi_{\mathrm{a},m}(f_{\mathrm{o}},\theta) - \varphi_{\mathrm{a},m}(f_{\mathrm{o}},\theta_k))} \tag{4.96}$$

若目标方向在指向 θ_k 的波束主瓣内,则上式中的 $\dfrac{|H_{\mathrm{a},m}(f_{\mathrm{o}},\theta)|}{|H_{\mathrm{a},m}(f_{\mathrm{o}},\theta_k)|}$ $\mathrm{e}^{\mathrm{j}(\varphi_{\mathrm{a},m}(f_{\mathrm{o}},\theta) - \varphi_{\mathrm{a},m}(f_{\mathrm{o}},\theta_k))}$ 的影响可以忽略,保证了主瓣内的目标回波有比较接近理想波束的响应,而非主瓣的目标回波则还被天线单元的响应所调制。

故通道数据补偿后所获取的第 k 个波束信号数据为

$$A_k(n) = |H_{\mathrm{r},\mathrm{o}}(f_{\mathrm{o}})|\,|H_{\mathrm{a},\mathrm{o}}(f_{\mathrm{o}},\theta_k)|\,\mathrm{e}^{\mathrm{j}(\varphi_{\mathrm{r},\mathrm{o}}(f_{\mathrm{o}}) + \varphi_{\mathrm{a},\mathrm{o}}(f_{\mathrm{o}},\theta_k))}\sum_{m=0}^{M-1} s(m,n)\frac{|H_{\mathrm{a},m}(f_{\mathrm{o}},\theta)|}{|H_{\mathrm{a},m}(f_{\mathrm{o}},\theta_k)|} \times$$

$$(1 + \Delta A_{\mathrm{r},m})\mathrm{e}^{\mathrm{j}(\varphi_{\mathrm{a},m}(f_{\mathrm{o}},\theta) - \varphi_{\mathrm{a},m}(f_{\mathrm{o}},\theta_k))}\mathrm{e}^{-\mathrm{j}2\pi m\frac{d}{\lambda}\sin\theta_k} \tag{4.97}$$

获取的此数据为后续信号处理的数据源。

4.2.4 角敏函数与角测量

4.2.4.1 测角基本原理

由前分析可知,任一目标在不同指向波束中均有响应,但响应是有一定差别的。若设两个相邻波束指向相差 $\Delta\theta$,目标的角度为 α_i,目标信号幅度为 a_i,则第 k 个数字波束指向为 θ_k,波束响应为

$$A_k = a_i M \sqrt{\cos\alpha_i}\, \widetilde{\mathrm{Sa}}\left(\pi\frac{d}{\lambda}M(\sin\theta_k - \sin\alpha_i)\right) \mathrm{e}^{\mathrm{j}\pi\frac{d}{\lambda}(M-1(\sin\theta_k - \sin\alpha_i)} \tag{4.98}$$

其相邻波束的响应为

$$A_{k+1} = a_i M \sqrt{\cos\alpha_i}\, \widetilde{\mathrm{Sa}}\left(\pi\frac{d}{\lambda}M(\sin(\theta_k + \Delta\theta) - \sin\alpha_i)\right) \mathrm{e}^{\mathrm{j}\pi\frac{d}{\lambda}(M-1(\sin(\theta_k + \Delta\theta) - \sin\alpha_i)}$$

$$\tag{4.99}$$

若以 A_k 为参考基准,则二者的相对比值为

$$\eta(\alpha_i) = \frac{\widetilde{\mathrm{Sa}}\left(\pi\dfrac{d}{\lambda}M(\sin(\theta_k + \Delta\theta) - \sin\alpha_i)\right)}{\widetilde{\mathrm{Sa}}\left(\pi\dfrac{d}{\lambda}M(\sin\theta_k - \sin\alpha_i)\right)} \mathrm{e}^{\mathrm{j}\pi\frac{d}{\lambda}(M-1)(\sin(\theta_k + \Delta\theta) - \sin\theta_k)}$$

$$\tag{4.100}$$

在式(4.98)和式(4.99)中,若目标在天线主瓣内,则可根据相位的正负判断目标在波束指向左边或右边,当 α_i 在二波束之间时,式(4.98)的相位为负,而式(4.99)的相位为正,但实际信号中存在信号的初相位,此判断不一定成立。在凝视雷达理论中,以小于 3dB 的多波束交叠减小波束增益损失,两个波束获取的信号功率比为

$$\mu(\alpha_i) = \left(\frac{\widetilde{\mathrm{Sa}}\left(\pi\dfrac{d}{\lambda}M(\sin(\theta_k + \Delta\theta) - \sin\alpha_i)\right)}{\widetilde{\mathrm{Sa}}\left(\pi\dfrac{d}{\lambda}M(\sin\theta_k - \sin\alpha_i)\right)}\right)^2 \tag{4.101}$$

若以 dB 表示,则有

$$\mu(\alpha_i) = 20\lg\left(\frac{\widetilde{\mathrm{Sa}}\left(\pi\dfrac{d}{\lambda}M(\sin(\theta_k + \Delta\theta) - \sin\alpha_i)\right)}{\widetilde{\mathrm{Sa}}\left(\pi\dfrac{d}{\lambda}M(\sin\theta_k - \sin\alpha_i)\right)}\right) \tag{4.102}$$

式(4.101)或式(4.102)称为角敏函数。在 θ_k、$\Delta\theta$ 一定的条件下,不同的 α_i

值对应不同的 $\mu(\alpha_i)$ 值,若以 12 阵元天线为例,设 $\theta_k = 0$,$\Delta\theta = 8°$,以式(4.102)计算出的角敏函数如图 4.10(a)所示;由于不同波束指向的波束宽度不同,若 $\theta_k = 40°$,则计算可得 $\Delta\theta = 12°$,其角敏函数如图 4.10(b)所示。应用时,计算出相邻两波束的信号功率比值,通过此曲线即可获取相对的目标角度。

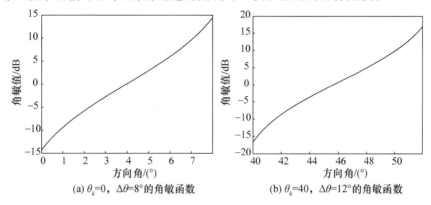

(a) $\theta_k = 0$,$\Delta\theta = 8°$的角敏函数 　　(b) $\theta_k = 40$,$\Delta\theta = 12°$的角敏函数

图 4.10　角敏函数

在实际雷达回波中,任一通道所采集到的信号,不仅含有目标回波,还包含噪声、杂波和干扰信号,不同波束之间可能差别很大,不仅造成目标所在波束判别失误,还会造成测角产生误差,其至信号功率比值超出角敏函数范围,产生溢出。

在接收多波束条件下,若仅有一个波束检测到目标,此时不能通过比幅估计比较高精度的目标角度,在目标搜索时,远区目标信噪比低,没有任何目标角度的先验信息,此时可以波束中心为目标角度,此产生的问题是目标角度估计误差比较大,目标航迹起始时振荡比较大;在目标跟踪时,以目标角度的先验信息为参考,若在同一波束,可设目标角度不变,若在相邻波束检测到,可以该波束最接近目标先验角度为测量角。此会产生两种现象:一是若目标远离,其回波信噪比会越来越低,造成侧角误差也越来越大,可导致目标航迹振荡,偏离真实航迹,最后目标丢失,若超出雷达探测范围,则目标可能不再被检测到,目标航迹结束;若目标仍在雷达探测范围内,则目标可能被再次探测到,形成一条新的目标航迹,但它们是同一目标;另一种是,目标可被连续跟踪,但偏离目标的真实角度,但随着目标回波在多个波束同时检测到,又可恢复到比较高的角度估计,回到比较真实的目标航迹。

如果目标被多个波束检测到,由于存在杂波和噪声的影响,则首先需要确定真实目标最大幅度出现在哪个波束,如:①根据多个波束检测到目标的最大值确定;②以多个波束检测目标的中间波束为判据;③依据前两点进行检测到目标波束加权判别。

4.2.4.2 多目标角测量

多波束凝视雷达采用多波束技术实现目标探测,不可避免遇到多目标探测问题,以两个目标为例,若两目标仅相隔一个波束,即设其中一个目标的空间角为 $\alpha_o = \theta_k + \Delta\alpha_o$,另一目标的空间角为 $\alpha_1 = \theta_k + 2\Delta\theta + \Delta\alpha_1$,二目标回波信号幅度相同,信号初始相位差为 φ_1,那么空间响应信号为

$$A_k = Ma\left\{ \sqrt{\cos(\theta_k + \Delta\alpha_1)}\ \widetilde{S}a\left(\pi\frac{d}{\lambda}M(\sin\theta_k - \sin(\theta_k + \Delta\alpha_o))\right) + \right.$$

$$\left. \sqrt{\cos(\theta_k + 2\Delta\theta + \Delta\alpha_1)}\ \widetilde{S}a\left(\pi\frac{d}{\lambda}M(\sin\theta_k - \sin(\theta_k + 2\Delta\theta + \Delta\alpha_1))\right)\right) \times$$

$$e^{j\varphi_1}e^{j\pi\frac{d}{\lambda}(M-1)(\sin(\theta_k+\Delta\alpha_o) - \sin(\theta_k+2\Delta\theta+\Delta\alpha_1))}\right\}e^{j\pi\frac{d}{\lambda}(M-1)(\sin\theta_k - \sin(\theta_k+\Delta\alpha_o))} \qquad (4.103)$$

$$A_{k+1} = Ma\left\{ \sqrt{\cos(\theta_k + \Delta\alpha_1)}\ \widetilde{S}a\left(\pi\frac{d}{\lambda}M(\sin(\theta_k + \Delta\theta) - \sin(\theta_k + \Delta\alpha_o))\right) + \right.$$

$$\left. \sqrt{\cos(\theta_k + 2\Delta\theta + \Delta\alpha_1)}\ \widetilde{S}a\left(\pi\frac{d}{\lambda}M(\sin(\theta_k + \Delta\theta) - \sin(\theta_k + 2\Delta\theta + \Delta\alpha_1))\right)\right) \times$$

$$e^{j\varphi_1}e^{j\pi\frac{d}{\lambda}(M-1)(\sin(\theta_k+\Delta\alpha_o) - \sin(\theta_k+2\Delta\theta+\Delta\alpha_1))}\right\}e^{j\pi\frac{d}{\lambda}(M-1)(\sin(\theta_k+\Delta\theta) - \sin(\theta_k+\Delta\alpha_o))} \qquad (4.104)$$

式中的 $\Delta\alpha_1 \leqslant \Delta\theta$,则相邻两波束的信号功率比值为

$$\zeta = 20\lg\left(\frac{|A_{k+1}|}{|A_k|}\right) \qquad (4.105)$$

此时信号功率反映了两个目标信号合成的结果,信号功率比值已不能从角敏函数中获取准确的目标角度信息,若两个目标回波信号功率不同,则这种影响会更大。为了获取正确目标角度信息,可采用的方法有:①提高距离分辨力,将不同目标尽量在距离实现分辨,再应用单目标测角;②提高速度分辨力,如:提高雷达波段,延长积累时间,在频域实现多目标分离;③应用航迹数据处理方法,利用已有的目标信息,实现多目标可靠测角。

4.3 异频同时凝视多波束形成

凝视雷达的另一个重要特征是多功能,多功能可分为时分多功能和同时多功能,而数字收发阵元技术为同时多功能实现提供可能,而同时多功能的一个重要方面是如何实现异频同时多功能,这在模拟收发组件中是比较难以实现的目标。分析过程中,不考虑信号波形的影响。

4.3.1 线性功放异频同时多波束

线性功放可以保持信号的频率和相位以及不同信号之间的幅度关系不变,

若指向不同方向的两个波束的载频不同,设指向 θ_0 方向的载频为 f_0,信号幅度为 a_0;设指向 θ_1 方向的载频为 f_1,信号幅度为 a_1;此二离散信号可以直接由 D/A 获取时,每个阵元的 D/A 前离散信号为

$$s_{e,i}(n) = \left\{ a_0\cos\left(2\pi f_0\Delta Tn + \varphi_0(\Delta Tn) + 2\pi\frac{d}{\lambda_0}i\sin\theta_0\right) + \right.$$
$$\left. a_1\cos\left(2\pi f_1\Delta Tn + \varphi_1(\Delta Tn) + 2\pi\frac{d}{\lambda_1}i\sin\theta_1\right) \right\} \qquad (4.106)$$

式中:φ_0、$\varphi_1(\Delta Tn)$ 为调制;λ_0、λ_1 为波长。

即指向不同方向的异频信号的阵元相位加权可在数字信号中直接生成,互不影响。则阵元线性功放输出模拟信号可为

$$s_{e,i}(t) = A\left\{ e^{j(2\pi f_0 t + \varphi_0(t) + 2\pi i\frac{d}{\lambda_0}\sin\theta_0)} + \frac{a_1}{a_0}e^{j(2\pi f_1 t + \varphi_1(t) + 2\pi i\frac{d}{\lambda_1}\sin\theta_1)} \right\} \qquad (4.107)$$

则雷达发射的信号在空间分布为

$$s_e(t,\theta) = MA\left\{ \tilde{S}a\left(\pi M\frac{d}{\lambda_0}(\sin\theta_0 - \sin\theta)\right)e^{j(2\pi f_0 t + \varphi_0(t))}e^{j\pi(M-1)\frac{d}{\lambda_0}(\sin\theta_0 - \sin\theta)} + \right.$$
$$\left. \frac{a_1}{a_0}\tilde{S}a\left(\pi M\frac{d}{\lambda_1}(\sin\theta_1 - \sin\theta)\right)e^{j(2\pi f_1 t + \varphi_1(t))}e^{j\pi(M-1)\frac{d}{\lambda_1}(\sin\theta_1 - \sin\theta)} \right\}$$
$$(4.108)$$

采用线性功放的最大优势是各空间信号的频率、相位和幅度关系不变,那么以此特性,可实现低副瓣幅度加权,降低副瓣干扰。

若有 K 个频率,指向 K 个不同方向,那么每个阵元的离散信号数据为

$$s_{e,i}(n) = \sum_{k=0}^{K-1} a_k\cos\left(2\pi f_k\Delta Tn + \varphi_k(\Delta Tn) + 2\pi\frac{d}{\lambda_k}i\sin\theta_k\right) \qquad (4.109)$$

经 D/A 和线性功放后的雷达发射信号空间分布为

$$s_e(t,\theta) = A\sum_{k=0}^{K-1} \frac{a_k}{a_0}\tilde{S}a\left(\pi M\frac{d}{\lambda_k}(\sin\theta_k - \sin\theta)\right)e^{j(2\pi f_k t + \varphi_k(t))}e^{j\pi(M-1)\frac{d}{\lambda_k}(\sin\theta_k - \sin\theta)}$$
$$(4.110)$$

针对完成不同任务的波束,可根据技术指标,实现对每个阵元的不同波束数字信号进行加权,其一般表达式为

$$s_{e,i}(n) = \sum_{k=0}^{K-1} a_k h_k(i)\cos\left(2\pi f_k\Delta Tn + \varphi_k(\Delta Tn) + 2\pi\frac{d}{\lambda_k}i\sin\theta_k\right) \qquad (4.111)$$

式中:$h_k(i)$ 为不同指向波束的权函数。

雷达系统的每个发射通道均有一定的工作频率范围,故异频发射的工作频率必须在雷达工作范围之内,同时还必须考虑单元间距与栅瓣问题。若 D/A 合成信号不能直接获取所设计的高波段射频信号,则其高波段射频信号形成方法

与同载频多波束合成方法相同,即采用低频段合成,再上混频合成更高射频信号。

4.3.2 饱和功放异频同时多波束

在饱和功放条件下,可采用子阵分割方式形成发射多波束,这里主要讨论共口径条件下异频多波束问题。

设有两个不同频率和不同波束指向的合成信号为

$$s_{e,i}(t) = a_0 e^{j2\pi\left(f_0 t + i\frac{d}{\lambda_0}\sin\theta_0\right)+\varphi_0} + a_1 \cos e^{j2\pi\left(f_1 t + i\frac{d}{\lambda_1}\sin\theta_1\right)+\varphi_1} \tag{4.112}$$

饱和放大后阵元输出信号为

$$s_{e,i}(t) = A e^{j\varphi(t,i)} \tag{4.113}$$

式中

$$\varphi(t,i) = \arctan \frac{a_0 \sin\left(2\pi f_0 t + i\frac{d}{\lambda_0}\sin\theta_0 + \varphi_0\right) + a_1 \sin\left(2\pi f_1 t + i\frac{d}{\lambda_1}\sin\theta_1 + \varphi_1\right)}{a_0 \cos\left(2\pi f_0 t + i\frac{d}{\lambda_0}\sin\theta_0 + \varphi_0\right) + a_1 \cos\left(2\pi f_1 t + i\frac{d}{\lambda_1}\sin\theta_1 + \varphi_1\right)}$$

式(4.113)还可以表示为

$$s_{e,i}(t) = A \frac{a_0 e^{j2\pi\left(f_0 t + i\frac{d}{\lambda_0}\sin\theta_0\right)+\varphi_0} + a_1 e^{j2\pi\left(f_1 t + i\frac{d}{\lambda_1}\sin\theta_1\right)+\varphi_1}}{a(t,i)} \tag{4.114}$$

式中

$$a(t,i) = \sqrt{a_0^2 + a_1^2 + 2a_0 a_1 \cos\left(2\pi\left((f_0 - f_1)t + id\left(\frac{\sin\theta_0}{\lambda_0} - \frac{\sin\theta_1}{\lambda_1}\right)\right) + \varphi_0 - \varphi_1\right)} \tag{4.115}$$

若信号功率平均分配,即设 $a_1 = a_0$,代入式(4.115),则有

$$a(t,i) = \sqrt{2}a_0 \sqrt{1 + \cos\left(2\pi\left((f_0 - f_1)t + id\left(\frac{\sin\theta_0}{\lambda_0} - \frac{\sin\theta_1}{\lambda_1}\right)\right) + \varphi_0 - \varphi_1\right)} \tag{4.116}$$

$$s_{e,i}(t) = \frac{A}{\sqrt{2}} \frac{e^{j2\pi\left(f_0 t + i\frac{d}{\lambda_0}\sin\theta_0\right)+\varphi_0} + e^{j2\pi\left(f_1 t + i\frac{d}{\lambda_1}\sin\theta_1\right)+\varphi_1}}{\sqrt{1 + \cos\left(2\pi\left((f_0 - f_1)t + id\left(\frac{\sin\theta_0}{\lambda_0} - \frac{\sin\theta_1}{\lambda_1}\right)\right) + \varphi_0 - \varphi_1\right)}} \tag{4.117}$$

设两个异频比为 $\nu = \frac{f_1}{f_0}$,共有 16 个阵元,发射信号的初始相位 $\varphi_0 = \varphi_1 = 0$,不考虑频率时间积的变化所产生的相位变化,其中波束指向 $\theta_0 = 20°$,$\theta_1 = 25°$,阵元间距由 f_0 决定,合成的天线辐射功率分布如图 4.11(a) 所示,针对每个 f_1 的

方向图归一化,其 −3dB 功率分布的投影如图 4.11(b)所示。分析可知,f_0 频率的功率分布指向在一定范围内漂移,这是由于受 f_1 频率信号的影响;f_1 频率的功率分布指向在一定范围内偏移,这是由于空间波束以 f_0 取样所产生的结果。

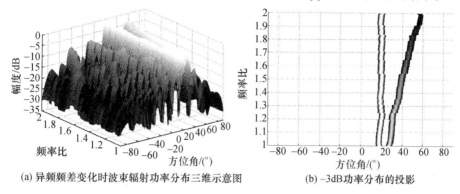

(a) 异频频差变化时波束辐射功率分布三维示意图　　(b) −3dB 功率分布的投影

图 4.11　异频频差变化时波束辐射功率分布

若取 $\nu = \dfrac{f_1}{f_0} = 1.1$,两信号的频率差时间积变化对功率分布的影响如图 4.12(a)所示,针对不同频率差时间积进行归一化处理后的 −3dB 宽度功率分布投影如图 4.12(b)所示,说明了波束指向和波束宽度会随频率差时间积的不同而变化。若取频率差时间积为 8,在线性功放条件下的不同频率的天线归一化功率分布如图 4.12(c)所示,饱和功放归一化功率分布如图 4.12(d)所示,其与图 4.12(c)相比,副瓣明显提高,这对探测功率的利用带来不利。

总之,异频信号在饱和发射条件下,由于非线性的因素,造成了实际输出信号的波束指向和波束宽度与设计值不同。

若其中某一波束所实现功能需要的功率比较小时,设 $a_0^2 \gg a_1^2$,两个波束之间信号影响可以忽略,则饱和功放输出信号可近似为

$$s_{e,i}(t) \approx A\left\{ e^{j2\pi\left(f_0 t + i\frac{d}{\lambda_0}\sin\theta_0\right)+\varphi_0} + \frac{a_1}{2a_0}\left(e^{j2\pi\left(f_1 t + i\frac{d}{\lambda_1}\sin\theta_1\right)+\varphi_1} - \right.\right.$$

$$\left.\left. e^{j2\pi\left((2f_0-f_1)t + id\left(2\frac{\sin\theta_0}{\lambda_0} - \frac{\sin\theta_1}{\lambda_1}\right)\right)+2\varphi_0-\varphi_1}\right) \right\} \tag{4.118}$$

从上式中可以看出,原设计的是两个不同频率、不同波束指向的波束变为 3 个频率点,各个波束指向不同的波束。若设计 $\theta_1 = 30°$,$\dfrac{a_1}{a_0} = 0.3$,发射功率分布如图 4.13(a)所示,−3dB 宽度功率分布投影如图 4.13(b)所示,图中指向 20° 的是 f_0,其右边弯曲是 f_1,左边斜的是 $2f_0-f_1$。取频差时间积为 8,不同频率波束在不同方向的功率分布如图 4.13(c)所示,图中有多条强功率分布带,但主要有三条,与前分析相吻合。

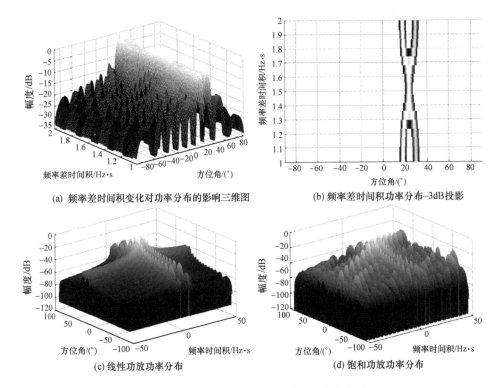

(a) 频率差时间积变化对功率分布的影响三维图   (b) 频率差时间积功率分布-3dB投影

(c) 线性功放功率分布   (d) 饱和功放功率分布

图 4.12   频率差时间积变化对功率分布的影响

在多目标条件下,目标参数测量误差;若频率 $2f_0 - f_1$ 不在发射信号带宽内,则有

$$s_{e,i}(t) = A\left\{ e^{j2\pi\left(f_0 t + i\frac{d}{\lambda_0}\sin\theta_0\right)+\varphi_0} + \frac{a_1}{2a_0}e^{j2\pi\left(f_1 t + i\frac{d}{\lambda_1}\sin\theta_1\right)+\varphi_1} \right\} \tag{4.119}$$

可以实现两个不同频率、不同指向的波束。若有更多的载频和不同指向波束,则情况变得更为复杂。当指向 θ_0 的波束为展宽波束时,设其扩展波束宽度的调相函数为 $\varphi(i)$,则有

$$s_{e,i}(t) = A\left\{ e^{j2\pi\left(f_0 t + \varphi(i) + i\frac{d}{\lambda_0}\sin\theta_0\right)+\varphi_0} + \frac{a_1}{2a_0}\left(e^{j2\pi\left(f_1 t + i\frac{d}{\lambda_1}\sin\theta_1 + \varphi_1\right.} - \right.\right.$$

$$\left.\left. e^{j2\pi\left((2f_0-f_1)t + 2\varphi(i) + id\left(2\frac{\sin\theta_0}{\lambda_0} - \frac{\sin\theta_1}{\lambda_1}\right)\right)+2\varphi_0-\varphi_1}\right)\right\} \tag{4.120}$$

在波束展开足够宽时,上式可近似为

$$s_{e,i}(t) = A\left\{ e^{j2\pi(f_0 t + \varphi(i) + i\frac{d}{\lambda_0}\sin\theta_0)+\varphi_0} + \frac{a_1}{2a_0}e^{j2\pi(f_1 t + i\frac{d}{\lambda_1}\sin\theta_1)+\varphi_1} \right\} \tag{4.121}$$

从式中可以看出,在此条件下,可以形成所需的二个波束,每个波束可以各自完成不同的任务。

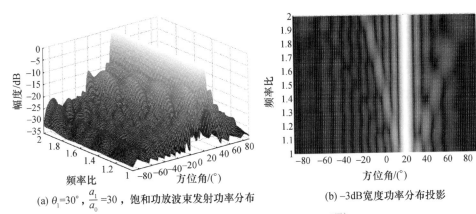

(a) $\theta_1 = 30°$，$\dfrac{a_1}{a_0} = 30$，饱和功放波束发射功率分布

(b) −3dB宽度功率分布投影

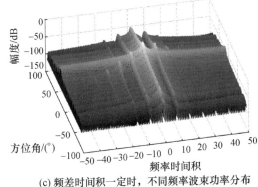

(c) 频差时间积一定时，不同频率波束功率分布

图 4.13　饱和功放波束发射功率分布

若有 K 个不同频率和指向的波束，则每个发射阵元的输出信号为：

$$s_{e,i}(t) \approx A\left\{ \frac{a_0 e^{j2\pi\left(f_0 t + i\frac{d}{\lambda_0}\sin\theta_0\right) + \varphi(i) + \varphi_0} + \sum\limits_{k=1}^{K-1} a_k e^{j2\pi\left(f_k t + i\frac{d}{\lambda_k}\sin\theta_k\right) + \varphi_k}}{\sqrt{\sum\limits_{k=0}^{K-1} a_k^2}\sqrt{1 + 2\frac{a_0}{\sum\limits_{k=0}^{K-1} a_k^2}\sum\limits_{k=1}^{K-1} a_k\cos\left(2\pi\left((f_0 - f_k)t + i\left(\frac{d}{\lambda_0}\sin\theta_0 - \frac{d}{\lambda_k}\sin\theta_k\right)\right) + \varphi(i) + \varphi_0 - \varphi_k\right)}} \right\}$$

$$\tag{4.122}$$

若 $a_0^2 \gg \sum\limits_{k=1}^{K-1} a_k^2$，则有

$$s_{e,i}(t) \approx A\left\{ e^{j2\pi\left(f_0 t + i\frac{d}{\lambda_0}\sin\theta_0\right) + \varphi(i) + \varphi_0} + \sum\limits_{k=1}^{K-1} \frac{a_k}{2a_0} e^{j2\pi\left(f_k t + i\frac{d}{\lambda_k}\sin\theta_k\right) + \varphi_k} - \right.$$

$$\left. \sum\limits_{k=1}^{K-1} \frac{a_k}{2a_0} e^{j2\pi\left((2f_0 - f_k)t + i\left(2\frac{d}{\lambda_0}\sin\theta_0 - \frac{d}{\lambda_k}\sin\theta_k\right)\right) + 2\varphi(i) + 2\varphi_0 - \varphi_k} \right\} \tag{4.123}$$

考虑到指向 θ_0 波束被展宽，则饱和功放阵元输出信号为

$$s_{e,i}(t) \approx A\left\{ e^{j2\pi\left(f_0 t + i\frac{d}{\lambda_0}\sin\theta_0\right)+\varphi(i)+\varphi_0} + \sum_{k=1}^{K-1}\frac{a_k}{2a_0}e^{j2\pi\left(f_k t + i\frac{d}{\lambda_k}\sin\theta_k\right)+\varphi_k} \right\} \quad (4.124)$$

上式表明,在发射波束能量大部分应用于目标搜索,且搜索波束被展宽到一定程度的条件下,空间波束可以设计的形式赋形。

4.3.3 异频接收多波束形成

在多波束凝视雷达采用发射异频同时多波束条件下,仍存在充分利用雷达发射功率问题,采用的方法仍是针对每个频率波束,实现接收多波束覆盖。

考虑异频波长对波束形成的影响,则式(4.88)可改为

$$p(\theta_0,\theta,\lambda_k) = M\sqrt{\cos\theta}\,\widetilde{\mathrm{Sa}}\left(\pi M\frac{d}{\lambda_k}(\sin\theta - \sin\theta_0)\right)e^{j\pi(M-1)\frac{d}{\lambda_k}(\sin\theta - \sin\theta_0)}$$

$$(4.125)$$

故异频接收波束形成时,针对不同频率分别进行多波束合成,即可获取探测目标的多波束。

对于异频来说,设计有滤波器,滤除带外其他频率信号,由傅里叶谱分析可知,信号谱不仅有主瓣,还存在信号谱副瓣,也就是说其他频率信号谱的副瓣也会进入。设有二频率波束指向不同方向 θ_0 和 θ_1,频率 f_1 的目标回波谱最大幅度为 A_1,可以用辛格函数表示信号谱在频域的分布,有

$$S_1(f) = A_1\mathrm{Sa}(\pi(f-f_1)\tau)e^{j\pi(f-f_1)\tau} \quad (4.126)$$

则指向 θ_0 的接收波束接收到 θ_1 波束的空间响应为

$$p(\theta,\lambda_0) = p_r(\theta_0,\theta,\lambda_0)p_e(\theta_1,\theta,\lambda_1)S_1(f_1) \quad (4.127)$$

即

$$p(\theta,\lambda_0) = A_1\cos\theta\,\widetilde{\mathrm{Sa}}\left(\pi M\frac{d}{\lambda_0}(\sin\theta - \sin\theta_0)\right) \times$$

$$\widetilde{\mathrm{Sa}}\left(\pi M\frac{d}{\lambda_1}(\sin\theta - \sin\theta_1)\right)e^{j\pi(M-1)d\left(\frac{\sin\theta-\sin\theta_0}{\lambda_0}+\frac{\sin\theta-\sin\theta_1}{\lambda_1}\right)} \times$$

$$\mathrm{Sa}(\pi(f_0-f_1)\tau)e^{j\pi(f_0-f_1)\tau}$$

$$(4.128)$$

从上式中可以看出,异频的频差 f_0-f_1 越大,辛格函数的值越小,则异频的影响越小,若频差落在谱的零点附近,则可忽略 f_1 对 f_0 的影响。

◼ 4.4　数字宽带波束[8]

4.4.1 瞬时宽带发射波束形成

每个发射单元所需相位可预先存储在发射波形数据库中,一旦需要,从波形

数据库调出,通过 D/A 就可获取单元发射信号,而不必再进行相位调制,省去了相位控制电路。在窄带条件下,此方法是可行的,原因是雷达发射信号频率相对变化范围比较小,变化部分频率因阵元间距延时所产生的相位也很小,故可以忽略。在宽带条件下,这种相位差则可能产生波束指向和波束宽度变化。

设发射信号幅度归一化信号模型为

$$s_b(t) = e^{j2\pi\left(f_o t + \frac{1}{2}kt^2\right)} g_\tau\left(t - \frac{\tau}{2}\right) \tag{4.129}$$

设信号脉冲宽度为 τ,则发射信号的频率为时间的函数,即

$$f(t) = f_o + B\frac{t}{\tau} \tag{4.130}$$

若 f_o 对应的信号波长为 λ,则上式对应的信号波长函数为

$$\lambda(t) = \lambda\left/\left(1 + \frac{Bt}{f_o\tau}\right)\right. \tag{4.131}$$

若波束指向 θ_o,天线的每个阵元仍以 $e^{j2\pi i\frac{d}{\lambda}\sin\theta_o}$ 进行加权,那么在宽带条件下所形成的天线方向图为时间函数,其方向图可表示为

$$p(\theta,t) = \sqrt{\cos\theta}\sum_{i=0}^{M-1} e^{j2\pi i\frac{d}{\lambda}\left(\sin\theta_o - \left(1 + \frac{Bt}{f_o\tau}\right)\sin\theta\right)} \tag{4.132}$$

即

$$p(\theta,t) = M\sqrt{\cos\theta}\,\tilde{S}a\left(\pi M\frac{d}{\lambda}(f_o\tau + Bt)\left(\frac{\sin\theta_o}{f_o\tau + Bt} - \sin\theta\right)\right) \times$$
$$e^{j\pi(M-1)\frac{d}{\lambda}(f_o\tau + Bt)\left(\frac{\sin\theta_o}{f_o\tau + Bt} - \sin\theta\right)} \tag{4.133}$$

在式(4.133)中,当 $\sin\theta = \dfrac{\sin\theta_o}{1 + \dfrac{Bt}{f_o\tau}}$ 时,波束增益最大,此也是雷达波束的指

向,在 $t = 0$ 时,波束指向 θ_o,随着 t 的增大,波束指向向 0 角度方向偏移,如图 4.14(a)所示 64 阵元,波束指向 $\theta_o = 20°$,相对带宽 20% 时的情况。在式(4.133)中还可以看出,由于 $1 + \dfrac{Bt}{f_o\tau}$ 影响,还会造成波长变短,导致波束宽度变窄,(如果雷达信号的波长随时间变大,则波束指向向两边方向偏移,波束宽度变宽)。若 $\theta_o = 0$,波束指向保持不变,如图 4.14(b)所示,但波束宽度仍会变宽,图 4.14(c)为图 4.14(b)局部放大图,该图为 −3dB 投影图,图中可明显看到波束随信号带宽变宽波束变窄过程,这也表明在带宽变宽的过程中,波束的功率密度也产生了变化。

从这里可知,在宽带条件下,阵元以固定相位加权会造成波束指向产生比较大的偏移,且偏离法线方向越远,这种偏离越大,纠正波束指向偏离的方法是阵

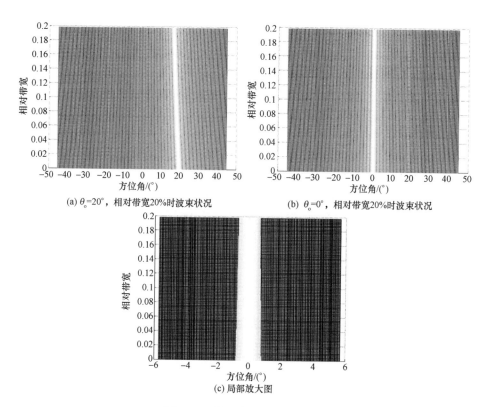

(a) $\theta_o=20°$，相对带宽20%时波束状况　　(b) $\theta_o=0°$，相对带宽20%时波束状况

(c) 局部放大图

图 4.14　信号带宽对波束影响

元的相位加权与信号的瞬时频率相匹配，即相位权函数是时变函数。

若以第 0 阵元为参考基准，设雷达发射信号为线性调频信号，所有阵元同步发射，忽略阵元间延时对基带信号影响，信号幅度归一化，那么第 i 阵元辐射到空间不同角度的信号为

$$s_{e,i}(t) = \sqrt{\cos\theta}\mathrm{e}^{\mathrm{j}\left(2\pi\left(f_o\left(t-i\frac{d}{c}\sin\theta\right)+\frac{1}{2}k\left(t-i\frac{d}{c}\sin\theta\right)^2\right)+\alpha_o\right)}g_\tau\left(t-\frac{\tau}{2}\right) \quad (4.134)$$

此式还可表示为

$$s_{e,i}(t) = s_b(t)\sqrt{\cos\theta}\mathrm{e}^{-\mathrm{j}2\pi\left(\left(1+\frac{Bt}{f_o\tau}\right)i\frac{d}{\lambda}\sin\theta-\frac{1}{2}B\tau\left(i\frac{d}{c\tau}\sin\theta^2\right)\right)} \quad (4.135)$$

上式中的大括号所表示的第一部分为雷达发射信号波形，第二部分为各阵元相对延时所造成散射到空间相位差。

为了保证雷达信号能在指定方向形成波束指向不变，则必须保证每个阵元在指定方向的相位一致，故在宽带条件下，相位加权与之相对应，每个阵元为时变相位加权

$$w(i,t) = \mathrm{e}^{\mathrm{j}2\pi i\left(1+\frac{Bt}{f_o\tau}\right)\frac{d}{\lambda}\sin\theta_o}g_\tau\left(t-\frac{\tau}{2}\right) \quad (4.136)$$

加权后的阵元输出空间散射信号为

$$s_{e,i}(t,\theta_o) = s_b(t)\sqrt{\cos\theta}\, e^{j2\pi\left(\left(1+\frac{Bt}{f_o\tau}\right)i\frac{d}{\lambda}(\sin\theta_o-\sin\theta)+\frac{1}{2}B\tau\left(i\frac{d}{c\tau}\sin\theta\right)^2\right)} \tag{4.137}$$

若有 M 个阵元,则天线方向图为

$$p_e(t,\theta_o) = \sqrt{\cos\theta}\sum_{i=0}^{M-1} e^{j2\pi\left(\left(1+\frac{Bt}{f_o\tau}\right)i\frac{d}{\lambda}(\sin\theta_o-\sin\theta)+\frac{1}{2}B\tau\left(i\frac{d}{c\tau}\sin\theta\right)^2\right)}g_\tau\left(t-\frac{\tau}{2}\right) \tag{4.138}$$

由于上式中 $\left(i\dfrac{d}{c\tau}\sin\theta\right)^2$ 为高阶小,若忽略其影响,则上式可简化为

$$p_e(t,\theta_o) = \sqrt{\cos\theta}\sum_{i=0}^{M-1} e^{j2\pi\left(1+\frac{Bt}{f_o\tau}\right)i\frac{d}{\lambda}(\sin\theta_o-\sin\theta)}g_\tau\left(t-\frac{\tau}{2}\right) \tag{4.139}$$

即

$$p_e(t,\theta_o) = M\sqrt{\cos\theta}\,\widetilde{Sa}\left(\pi\left(1+\frac{Bt}{f_o\tau}\right)M\frac{d}{\lambda}(\sin\theta_o-\sin\theta)\right)\times$$

$$e^{j\pi\left(1+\frac{Bt}{f_o\tau}\right)(M-1)\frac{d}{\lambda}(\sin\theta_o-\sin\theta)}g_\tau\left(t-\frac{\tau}{2}\right) \tag{4.140}$$

分析式(4.139),可以知道波束指向的偏移被消除,但波束展宽项 $1+\dfrac{Bt}{f_o\tau}$ 仍存在,展宽程度取决于信号的相对带宽,即信号带宽与发射信号载频之比。

据此分析,若射频直接 D/A 合成,可设计第 i 阵元权值 D/A 输入的离散信号为

$$s_{D,i}(n,\theta_o) = \cos\left(2\pi\left(f_o\Delta Tn+\frac{1}{2}k(\Delta Tn)^2+\left(1+\frac{Bt}{f_o\tau}\right)i\frac{d}{\lambda}\sin\theta_o\right)\right)g_\tau\left(n-\frac{\tau}{2\Delta T}\right) \tag{4.141}$$

若雷达发射波段比较高,仅能合成以中频 f_c 工作,则第 i 阵元 D/A 输入的离散信号为

$$s_{D,i}(n,\theta_o) = \cos\left(2\pi\left(f_c\Delta Tn+\frac{1}{2}k(\Delta Tn)^2+\left(1+\frac{Bt}{f_o\tau}\right)i\frac{d}{\lambda}\sin\theta_o\right)\right)g_\tau\left(n-\frac{\tau}{2\Delta T}\right) \tag{4.142}$$

在形成模拟信号之后,再进行上混,合成射频信号。

4.4.2 瞬时宽带接收波束形成

设有一目标与雷达站距离为 R_o,其相对于雷达发射信号延时为 T_o,目标与雷达天线阵面法线方向夹角为 θ,那么,线阵中第 i 个阵元接收到目标回波信号延时为 $T_o+i\dfrac{d}{c}\sin\theta$,则其接收到幅度归一化的信号可近似为

$$s_{\mathrm{r},i}(t) = \sqrt{\cos\theta}\,e^{j\left(2\pi\left(f_{\mathrm{o}}\left(t-T_{\mathrm{o}}-i\frac{d}{c}\sin\theta\right)+\frac{1}{2}k\left(t-T_{\mathrm{o}}-i\frac{d}{c}\sin\theta\right)^2\right)+\alpha_{\mathrm{o}}\right)}g_{\tau}\left(t-\frac{\tau}{2}-T_{\mathrm{o}}\right)$$

$$(4.143)$$

式(4.143)表示的接收阵元信号模型关键问题是目标延时 T_{o} 是未知的。式(4.143)也可以表示为

$$s_{\mathrm{r},i}(t) \approx s_{\mathrm{b}}(t-T_{\mathrm{o}})\sqrt{\cos\theta}\,e^{-j2\pi\left(1+\frac{B}{f_{\mathrm{o}}}\frac{(t-T_{\mathrm{o}})}{\tau}\right)i\frac{d}{\lambda}\sin\theta}$$

$$(4.144)$$

应用宽带信号对目标探测时,通常对目标延时有一测量和估计,设估计误差为 ΔT_{o},实际目标延时估计为 $T_{\mathrm{o}}+\Delta T_{\mathrm{o}}$,那么应用于发射波束相类似方法,阵元为时变相位加权仍是(4.136)形式,即

$$w(i,t-T_{\mathrm{o}}) = e^{j2\pi i\left(1+\frac{B(t-T_{\mathrm{o}})}{f_{\mathrm{o}}\tau}\right)\frac{d}{\lambda}\sin\theta_{\mathrm{o}}}g_{\tau}\left(t-\frac{\tau}{2}-T_{\mathrm{o}}\right)$$

$$(4.145)$$

则脉冲持续时间内形成的波束为

$$p_{\mathrm{r}}(t,\theta_{\mathrm{o}}) = \sqrt{\cos\theta}\sum_{i=0}^{M-1}e^{j2\pi\left(1+\frac{B(t-T_{\mathrm{o}})}{f_{\mathrm{o}}\tau}\right)i\frac{d}{\lambda}(\sin\theta_{\mathrm{o}}-\sin\theta)}e^{j2\pi\frac{B\Delta T_{\mathrm{o}}}{f_{\mathrm{o}}\tau}i\frac{d}{\lambda}\sin\theta}g_{\tau}\left(t-\frac{\tau}{2}-T_{\mathrm{o}}\right)$$

$$(4.146)$$

对于数字化离散接收信号来说,波束形成的表达式为

$$p_{\mathrm{r}}(n,\theta_{\mathrm{o}}) = \sqrt{\cos\theta}\sum_{i=0}^{M-1}e^{j2\pi\left(1+\frac{B(n\Delta T-T_{\mathrm{o}})}{f_{\mathrm{o}}\tau}\right)i\frac{d}{\lambda}(\sin\theta_{\mathrm{o}}-\sin\theta)}e^{j2\pi\frac{B\Delta T_{\mathrm{o}}}{f_{\mathrm{o}}\tau}i\frac{d}{\lambda}\sin\theta}g_{\tau}\left(t-\frac{\tau}{2}-T_{\mathrm{o}}\right)$$

$$(4.147)$$

分析上式可知,相对带宽 $\frac{B}{f_{\mathrm{o}}}$ 一定的条件下,$\frac{B\Delta T_{\mathrm{o}}}{f_{\mathrm{o}}\tau}i\frac{d}{\lambda}\sin\theta$ 中的 $\frac{\Delta T_{\mathrm{o}}}{\tau}$ 越大,则接收波束中响应越偏离波束指向 θ_{o},故比较高精度的测距和发射比较宽的脉冲信号可降低探测目标角的误差;在 $\frac{\Delta T_{\mathrm{o}}}{\tau}$ 一定的条件下,相对带宽 $\frac{B}{f_{\mathrm{o}}}$ 越小,这种偏差也越小,故发射窄带信号条件下,可以忽略测角偏离。

4.4.3 色散处理

雷达发射信号时,每个阵元可以通过定时系统,实现全阵面阵元同步发射,并将阵元之间的误差控制在一定范围内,再通过对每个阵元的相位控制实现波束指向的控制;而接收信号的目标延时的不确定性,则造成接收波束形成与发射波束形成方法的不同,必须对宽度信号的目标回波色散进行处理。

4.4.3.1 频域数字波束形成

分析式(4.143)所表达的阵元接收到目标回波信号中,线性调频信号为 $S(f)$,则信号 $s_{\mathrm{o}}(t) = e^{j\left(2\pi\left(f_{\mathrm{o}}t+\frac{1}{2}kt^2\right)+\alpha_{\mathrm{o}}\right)}g_{\tau}(t)$ 的谱为 $S_{\mathrm{o}}(f) = S(f-f_{\mathrm{o}})e^{j\alpha_{\mathrm{o}}}$,故式

(4.143)谱为

$$S_{\mathrm{r},i}(f) = \sqrt{\cos\theta}\, S(f - f_{\mathrm{o}})\, \mathrm{e}^{\mathrm{j}\alpha_{\mathrm{o}}}\, \mathrm{e}^{-\mathrm{j}2\pi f T_{\mathrm{o}}}\, \mathrm{e}^{-\mathrm{j}2\pi \frac{f}{f_{\mathrm{o}}} i\frac{d}{\lambda}\sin\theta} \qquad (4.148)$$

上式表现为信号谱、目标回波延时谱和阵元延时谱三者的乘积,可以分别处理,若接收波束指向 θ_{o},则频域的天线方向图为

$$p_{\mathrm{r}}(f,\theta_{\mathrm{o}}) = \sqrt{\cos\theta}\sum_{i=0}^{M-1}\mathrm{e}^{\mathrm{j}2\pi\frac{f}{f_{\mathrm{o}}} i\frac{d}{\lambda}\sin\theta_{\mathrm{o}}}\,\mathrm{e}^{-\mathrm{j}2\pi\frac{f}{f_{\mathrm{o}}} i\frac{d}{\lambda}\sin\theta} \qquad (4.149)$$

即

$$p_{\mathrm{r}}(f,\theta_{\mathrm{o}}) = \sqrt{\cos\theta}\,\widetilde{\mathrm{Sa}}\left(\pi M\frac{f}{f_{\mathrm{o}}}\frac{d}{\lambda}(\sin\theta_{\mathrm{o}} - \sin\theta)\right)\mathrm{e}^{\mathrm{j}\pi(M-1)\frac{f}{f_{\mathrm{o}}}\frac{d}{\lambda}(\sin\theta_{\mathrm{o}} - \sin\theta)}$$

$$(4.150)$$

分析上式可知,波束指向的偏移已消除,由于 f 的存在范围为 $f_{\mathrm{o}} \sim f_{\mathrm{o}} + B$,故波束宽度的变化仍存在。

数字波束处理的信号为数字离散信号,若处理的信号为零中频信号,则式(4.143)的零中频数字信号为

$$s_{\mathrm{r},i}(n) = \sqrt{\cos\theta}\,\mathrm{e}^{-\mathrm{j}\left(2\pi\left(f_{\mathrm{o}}T_{\mathrm{o}} + i\frac{d}{\lambda}\sin\theta\right) - \alpha_{\mathrm{o}}\right)}\,\mathrm{e}^{\mathrm{j}\pi k\left(n\Delta T - T_{\mathrm{o}} - i\frac{d}{c}\sin\theta\right)^2}g_{\tau}\left(t - \frac{\tau}{2} - T_{\mathrm{o}}\right)$$

$$(4.151)$$

设线性调频脉冲信号谱为 $S(K)$,则上式谱为

$$S_{\mathrm{r},i}(K) = S(K)\sqrt{\cos\theta}\,\mathrm{e}^{-\mathrm{j}\left(2\pi\left(f_{\mathrm{o}}T_{\mathrm{o}} + i\frac{d}{\lambda}\sin\theta\right) - \alpha_{\mathrm{o}}\right)}\,\mathrm{e}^{-\mathrm{j}2\pi\Delta f K\left(T_{\mathrm{o}} + i\frac{d}{c}\sin\theta\right)} \qquad (4.152)$$

即

$$S_{\mathrm{r},i}(K) = S(K)\sqrt{\cos\theta}\,\mathrm{e}^{-\mathrm{j}\left(2\pi\left(f_{\mathrm{o}}\left(1 + \frac{\Delta f K}{f_{\mathrm{o}}}\right)T_{\mathrm{o}} + i\frac{d}{\lambda}\sin\theta\right) - \alpha_{\mathrm{o}}\right)}\,\mathrm{e}^{-\mathrm{j}2\pi\left(1 + \frac{\Delta f K}{f_{\mathrm{o}}}\right)i\frac{d}{\lambda}\sin\theta} \qquad (4.153)$$

故数字波束合成的信号处理可表示为

$$S_{\mathrm{r}}(K,\theta_{\mathrm{o}}) = \sqrt{\cos\theta}\sum_{i=0}^{M-1}S_{\mathrm{r},i}(K)\,\mathrm{e}^{\mathrm{j}2\pi\left(1 + \frac{\Delta f K}{f_{\mathrm{o}}}\right)i\frac{d}{\lambda}\sin\theta_{\mathrm{o}}} \qquad (4.154)$$

其中脉冲持续时间内的数字波束为

$$p_{\mathrm{r}}(K,\theta_{\mathrm{o}}) = \sqrt{\cos\theta}\sum_{i=0}^{M-1}\mathrm{e}^{\mathrm{j}2\pi\left(1 + \frac{\Delta f K}{f_{\mathrm{o}}}\right)i\frac{d}{\lambda}\sin\theta_{\mathrm{o}}}\,\mathrm{e}^{-\mathrm{j}2\pi\left(1 + \frac{\Delta f K}{f_{\mathrm{o}}}\right)i\frac{d}{\lambda}\sin\theta} \qquad (4.155)$$

即

$$p_{\mathrm{r}}(K,\theta_{\mathrm{o}}) = \sqrt{\cos\theta}\,\widetilde{\mathrm{Sa}}\left(\pi M\left(1 + \frac{\Delta f K}{f_{\mathrm{o}}}\right)\frac{d}{\lambda}(\sin\theta_{\mathrm{o}} - \sin\theta)\right) \times$$

$$\mathrm{e}^{\mathrm{j}\pi(M-1)\left(1 + \frac{\Delta f K}{f_{\mathrm{o}}}\right)\frac{d}{\lambda}(\sin\theta_{\mathrm{o}} - \sin\theta)}$$

$$(4.156)$$

由此可知,频域数字波束形成可以有效校正波束指向偏移,其处理的过程是首先将每个阵元采集到的数字信号变换到频域,在频域以式(4.155)的处理方式加权即可获取指定方向波束的频域信号,当然也可在不同频点对空域信号窗

加权,获取所希望的波束宽度和副瓣的波束。

式(4.154)所示的阵元频域的加权函数可以表示为

$$H_{\theta_o,i}(K) = e^{j2\pi\left(1+\frac{\Delta f}{f_o}K\right)i\frac{d}{\lambda}\sin\theta_o} \qquad (4.157)$$

则阵元信号的频域加权可表示为

$$S_{r,i}(K,\theta_o) = S_{r,i}(K)H_{\theta_o,i}(K) \qquad (4.158)$$

可以认为 $H_{\theta_o,i}(K)$ 是一滤波器,则其时域离散形式可表示为

$$h_{\theta_o,i}(n) = \sum_{K=0}^{N-1} H_{\theta,i}(K)e^{j2\pi K\Delta Tn} \qquad (4.159)$$

式(4.159)为一信号均衡滤波器,故阵元信号的频域加权可以等效为阵元信号在时域通过一均衡滤波器滤波,故式(4.159)时域滤波后信号可表示为

$$s_{r,i}(n,\theta_o) = s_{r,i}(n) * h_{\theta_o,i}(n) \qquad (4.160)$$

式中: $*$ 表示卷积。

则指向 θ_o 的波束合成信号为

$$s_r(n,\theta_o) = \sum_{i=0}^{M-1} s_{r,i}(n,\theta_o) \qquad (4.161)$$

均衡滤波器也可以仅处理因宽带信号所产生的色散,则式(4.157)滤波器可为

$$\widetilde{H}_{\theta_o,i}(K) = e^{j2\pi\frac{\Delta f}{f_o}Ki\frac{d}{\lambda}\sin\theta_o} \qquad (4.162)$$

其时域可表示为

$$\tilde{h}_{\theta_o,i}(n) = \sum_{K=0}^{N-1} \widetilde{H}_{\theta,i}(K)e^{j2\pi K\Delta Tn} \qquad (4.163)$$

时域滤波后信号可表示为

$$\tilde{s}_{r,i}(n,\theta_o) = s_{r,i}(n) * \tilde{h}_{\theta_o,i}(n) \qquad (4.164)$$

则指向 θ_o 的波束合成信号为

$$s_r(n,\theta_o) = \sum_{i=0}^{M-1} \tilde{s}_{r,i}(n,\theta_o)e^{j2\pi i\frac{d}{\lambda}\sin\theta_o} \qquad (4.165)$$

其为窄带数字波束合成的时域计算表达式,故宽度信号经色散处理后,可应用传统的波束形成方法处理。

4.4.3.2 多子带处理

由于宽带信号的色散效应已影响到波束合成,考虑到窄带条件下,色散效应的影响可以忽略,故处理色散效应的一个方法是将宽带信号拆分为多个窄带信号,分别进行处理。多子带方法有时分多子带和同时多子带。

时分多子带是将一宽带信号分解成多个带宽较窄的信号,每个脉冲发射其中

一部分带宽信号,若宽带信号等分解为 L 个带宽较窄的信号,那么对于其发射 L 脉冲信号合成一完整带宽的信号,此信号也就是有一定信号带宽的频率步进信号。

若发射信号的带宽为 B,那么子带信号的带宽为

$$b = \frac{B}{L} \tag{4.166}$$

波束指向 θ_o 阵元加权发射信号可为

$$s_i(t,l) = \mathrm{e}^{\mathrm{j}\left(2\pi\left(f_o(t+lT)+lbt+\frac{1}{2}b\tau\left(\frac{t}{\tau}\right)^2\right)+\alpha_o\right)}\mathrm{e}^{\mathrm{j}2\pi\left(1+l\frac{b}{f_o}\right)i\frac{d}{\lambda}\sin\theta_o}g_\tau\left(t-\frac{\tau}{2}\right) \tag{4.167}$$

式中:l 为子带序列号;b 为子带带宽。

信号在空间散射到不同方向 θ 形式为

$$s_i(t,l,\theta) = \sqrt{\cos\theta}\,\mathrm{e}^{\mathrm{j}\left(2\pi\left(f_o\left(t+lT-i\frac{d}{c}\sin\theta\right)+lb\left(t-i\frac{d}{c}\sin\theta\right)+\frac{1}{2}b\tau\left(\frac{t-i\frac{d}{c}\sin\theta}{\tau}\right)^2\right)+\alpha_o\right)} \times$$
$$\mathrm{e}^{\mathrm{j}2\pi\left(1+l\frac{b}{f_o}\right)i\frac{d}{\lambda}\sin\theta_o}g_\tau\left(t-\frac{\tau}{2}\right) \tag{4.168}$$

合成的脉冲持续时间内波束为

$$p_e(\theta,l) = \sqrt{\cos\theta}\sum_{i=0}^{M-1}\mathrm{e}^{-\mathrm{j}\pi\left(b\tau\left(2i\frac{t}{\tau}\frac{d}{c}\sin\theta-\left(i\frac{d}{c}\sin\theta\right)^2\right)\right)}\mathrm{e}^{\mathrm{j}2\pi\left(1+l\frac{b}{f_o}\right)i\frac{d}{\lambda}(\sin\theta_o-\sin\theta)}g_\tau\left(t-\frac{\tau}{2}\right) \tag{4.169}$$

由于设计的窄带信号的色散影响可以忽略,故空间合成的波束为

$$p_e(\theta,l) = \sqrt{\cos\theta}\sum_{i=0}^{M-1}\mathrm{e}^{\mathrm{j}2\pi\left(1+l\frac{b}{f_o}\right)i\frac{d}{\lambda}(\sin\theta_o-\sin\theta)} \tag{4.170}$$

上式说明,宽带信号分解为窄带信号后,可以认为每个脉冲信号的载频不同,为了保证波束指向同一方向,可根据不同的载频选择不同的权值,这种权值仅取决于发射信号的载频,而与不同载频发射的时序无关,其接收波束可以在时域分别对每个脉冲按照窄带波束合成方式进行波束合成。

若式(4.167)中的 $T = \tau$,则合为一脉冲信号,即宽带脉冲信号。若式(4.167)中的 $T = 0$,则为同时多子带信号,那么阵元加权后的信号为

$$s_i(t,l) = \mathrm{e}^{\mathrm{j}\left(2\pi\left((f_o+lb)t+\frac{1}{2}b\tau\left(\frac{t}{\tau}\right)^2\right)+\alpha_o\right)}\mathrm{e}^{\mathrm{j}2\pi\left(1+l\frac{b}{f_o}\right)i\frac{d}{\lambda}\sin\theta_o}g_\tau\left(t-\frac{\tau}{2}\right) \tag{4.171}$$

信号在空间散射到不同方向 θ 形式为

$$s_{e,i}(t,l,\theta) = \sqrt{\cos\theta}\,\mathrm{e}^{\mathrm{j}\left(2\pi\left((f_o+lb)\left(t-i\frac{d}{c}\sin\theta\right)+\frac{1}{2}b\tau\left(\frac{t-i\frac{d}{c}\sin\theta}{\tau}\right)^2\right)+\alpha_o\right)}\mathrm{e}^{\mathrm{j}2\pi\left(1+l\frac{b}{f_o}\right)i\frac{d}{\lambda}\sin\theta_o}g_\tau\left(t-\frac{\tau}{2}\right) \tag{4.172}$$

同理,由于窄带信号的延时色散可以忽略,故空间合成的波束仍可以式(4.170)表示,而接收信号仍为瞬时宽带信号,故接收波束合成仍为瞬时宽带波束合成。

通常每个子带间的频率间隔可以大于子带信号带宽,研究子带方法的目的之一是希望在接收信号处理时也能利用窄带处理方法,故可采用滤波方法,设计多个滤波器,滤出每个子带信号,同时要考虑减小每个子带信号泄漏影响其他子带信号。设子带间频率间隔为 Δf,且

$$\Delta f > b \tag{4.173}$$

则阵元加权后的信号为

$$s_i(t,l) = e^{j\left(2\pi\left(f_o\left(1+l\frac{\Delta f}{f_o}\right)+\frac{1}{2}b\tau\left(\frac{t}{\tau}\right)^2\right)+\alpha_o\right)} e^{j2\pi\left(1+l\frac{\Delta f}{f_o}\right)i\frac{d}{\lambda}\sin\theta_o} g_\tau\left(t-\frac{\tau}{2}\right) \tag{4.174}$$

信号在空间的散射形式为

$$s_{e,i}(t,l,\theta) = \sqrt{\cos\theta}\, e^{j\left(2\pi\left(f_o\left(1+l\frac{\Delta f}{f_o}\right)\left(t-i\frac{d}{c}\sin\theta\right)+\frac{1}{2}b\tau\left(\frac{t-i\frac{d}{c}\sin\theta}{\tau}\right)^2\right)+\alpha_o\right)} e^{j2\pi\left(1+l\frac{\Delta f}{f_o}\right)i\frac{d}{\lambda}\sin\theta_o} g_\tau\left(t-\frac{\tau}{2}\right) \tag{4.175}$$

空间合成的波束为

$$p_e(\theta,l) = \sqrt{\cos\theta}\sum_{i=0}^{M-1} e^{j2\pi\left(1+l\frac{\Delta f}{f_o}\right)i\frac{d}{\lambda}(\sin\theta_o-\sin\theta)} \tag{4.176}$$

阵元接收到的信号可表示为

$$s_{r,i}(t,l,\theta) \approx \sqrt{\cos\theta}\, e^{j\left(2\pi\left(f_o\left(1+l\frac{\Delta f}{f_o}\right)(t-T_o)+\frac{1}{2}b\tau\left(\frac{t-T_o}{\tau}\right)^2\right)+\alpha_o\right)} \times$$
$$e^{-j\left(2\pi\left(f_o\left(1+l\frac{\Delta f}{f_o}\right)i\frac{d}{c}\sin\theta\right)\right)} g_\tau\left(t-\frac{\tau}{2}-T_o\right) \tag{4.177}$$

若有 L 个带通滤波器选择不同子带信号,对时域信号的滤波提取可以是在波束形成之前进行,也可以是在滤波之后完成,但滤波器之后再进行波束合成可以降低计算复杂度,故这里研究先滤波,后波束形成。设第 l 个滤波器的中心频率为 $f_o + l\Delta f + \dfrac{b}{2}$,带宽为 b,设其可以完整获取对应的子带信号,设滤波器为 $h_l(t)$,则滤波器输出为

$$s_{r,i}(t,l) \approx \sqrt{\cos\theta}\, e^{-j2\pi\left(1+l\frac{\Delta f}{f_o}\right)i\frac{d}{\lambda}\sin\theta} e^{j\left(2\pi\left(f_o\left(1+l\frac{\Delta f}{f_o}\right)(t-T_o)+\frac{1}{2}b\tau\left(\frac{t-T_o}{\tau}\right)^2\right)+\alpha_o\right)} \times$$
$$g_\tau\left(t-\frac{\tau}{2}-T_o\right)*h_l(t) e^{-j2\pi\left(1+l\frac{\Delta f}{f_o}\right)i\frac{d}{\lambda}\sin\theta} \tag{4.178}$$

如果针对第 l 个子带信号的滤波器可将带外其他子带信号完全滤除,设接收波束指向 θ_o,则合成波束为

$$p_r(\theta_o,l) = \sqrt{\cos\theta}\sum_{i=0}^{M-1} e^{j2\pi\left(1+l\frac{\Delta f}{f_o}\right)i\frac{d}{\lambda}(\sin\theta_o-\sin\theta)} \tag{4.179}$$

上式表示了同时多子带信号,通过滤波提取各子带信号,应用窄带波束形成的方法完成波束合成,再用子带合成宽带信号。

若滤波在数字信号中进行,设信号为 0 载频,则阵元离散信号为

$$s_{r,i}(n,l) \approx \sqrt{\cos\theta}\, e^{j\left(2\pi\left(l\frac{\Delta f}{f_0}(n\Delta T - T_o) + \frac{1}{2}b\tau\left(\frac{n\Delta T - T_o}{\tau}\right)^2\right) + \alpha_o\right)} e^{-j2\pi\left(1 + l\frac{\Delta f}{f_0}\right)i\frac{d}{\lambda}\sin\theta}\, g_\tau\left(n\Delta T - \frac{\tau}{2\Delta T} - T_o\right)$$

$$(4.180)$$

第 l 个数字滤波器的中心频率为 $l\Delta f + \dfrac{b}{2}$，带宽为 b，设其可以完整获取对应的子带信号，设滤波器为 $h_l(n)$，则滤波器输出为

$$s_{r,i}(n,l) \approx \sqrt{\cos\theta}\, e^{j\left(2\pi\left(l\frac{\Delta f}{f_0}(n\Delta T - T_o) + \frac{1}{2}b\tau\left(\frac{n\Delta T - T_o}{\tau}\right)^2\right) + \alpha_o\right)} \times$$

$$g_\tau\left(n\Delta T - \frac{\tau}{2\Delta T} - T_o\right) * h_l(n)\, e^{-j2\pi\left(1 + l\frac{\Delta f}{f_0}\right)i\frac{d}{\lambda}\sin\theta} \qquad (4.181)$$

若波束指向仍为 θ_o，则第 l 个子带信号波束依旧为式(4.179)。

子带带宽也可以设计为不一致，设第 l 个子带信号带宽为 b_l，且保证每个子带的延时色散可以忽略，相邻子带间频率间隔为 ΔF_l，则 $\Delta F_0 = 0$，则阵元发射信号为

$$s_i(t,l) = e^{j\left(2\pi\left(f_0\left(1 + \frac{\sum_{k=0}^{l-1}(\Delta F_k + b_k)}{f_0}\right) + \frac{1}{2}b_l\tau\left(\frac{t}{\tau}\right)^2\right) + \alpha_o\right)} e^{j2\pi\left(1 + \frac{\sum_{k=0}^{l-1}(\Delta F_k + b_k)}{f_0}\right)i\frac{d}{\lambda}\sin\theta_o}\, g_\tau\left(t - \frac{\tau}{2}\right)$$

$$(4.182)$$

如果接收波束指向 θ_o，则针对第 l 个子带信号收发波束为

$$p_r(\theta_o,l) = p_e(\theta,l) = \sqrt{\cos\theta}\sum_{i=0}^{M-1} e^{j2\pi\left(1 + \frac{\sum_{k=0}^{l-1}(\Delta F_k + b_k)}{f_0}\right)i\frac{d}{\lambda}(\sin\theta_o - \sin\theta)} \qquad (4.183)$$

总之，这里同时发射多子带信号的接收波束形成的关键是如何有效提取单个子带信号，子带信号的波束形成可应用传统的波束形成方法。

参考文献

[1] 伊优斯 杰里 L.，等. 现代雷达原理[M]. 卓荣邦，等译. 北京：电子工业出版社，1991.

[2] 蔡希尧. 雷达系统概论[M]. 北京：科学出版社，1983.

[3] 张光义. 相控阵雷达技术[M]. 北京：电子工业出版社，2006.

[4] 张光义. 空间探测相控阵雷达.[M]. 北京：科学出版社，1989.

[5] 丁鹭飞，等. 雷达系统[M]. 西安：西北电讯工程学院出版社，1984.

[6] 丁鹭飞. 雷达原理[M]. 西安：西北电讯工程学院出版社，1984.

[7] 向敬成，等. 雷达系统.[M]. 北京：电子工业出版社，2001.

[8] 章华銮，王盛利. 宽带雷达信号接收波束形成的方法[C]. 通信理论与信号处理学术年会，2009.

第 **5** 章

多波束凝视 DPCA 技术

运动平台雷达探测运动目标需要处理的重要问题之一是在杂波中检测目标。地面固定站雷达[1-4]由于雷达平台不运动,地杂波谱集中在零多普勒附近;在海况等级比较低时,海杂波也集中在零多普勒附近比较小的区域范围内,故可以充分利用运动目标多普勒信息检测目标;而运动平台雷达所接收到的杂波因平台运动产生杂波谱扩展,目标回波的多普勒频率处于杂波谱中,造成目标检测的困难,虽然可以通过天线设计、发射信号波形的设计等措施加以改进,但平均杂波回波功率仍会影响运动目标探测,为了提高运动平台雷达探测运动目标的性能,一个有效的方法是对消雷达回波中的杂波功率,或将杂波谱聚集在比较窄的谱范围内,利用收发阵列单元为杂波处理带来更多的自由度,有利于在杂波环境中检测目标。

▉ 5.1 DPCA 基本概念

5.1.1 杂波谱分析

图 5.1 给出了运动平台地面点杂波的几何模型,设雷达平台的飞行高度为 h_o,运动速度为 v_o,地面点目标坐标为 (x,y),与雷达平台距离为 R_o,方位角为 θ,俯仰角为 β,某一距离单元等效为一点杂波,点杂波幅度为 $\sigma(\theta,\beta)$,则点杂波与雷达之间距离为

$$R(t) = R_o - v_o t \sin\varphi + \cos^2\varphi \frac{(v_o t)^2}{2R_o} \tag{5.1}$$

目标回波延时为

$$T(t) = 2\frac{R(t)}{c}$$

若忽略时间二次方项,且 $\sin\varphi = \sin\theta\cos\beta$

即

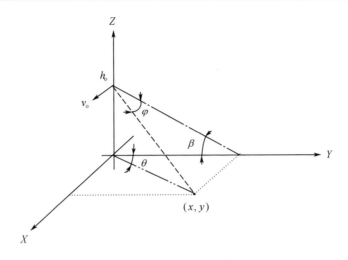

图 5.1　点杂波的几何模型

$$T(t) \approx 2\frac{R_o}{c} - 2\frac{v_o t}{c}\sin\theta\cos\beta \tag{5.2}$$

若雷达发射归一化线性频率调制信号为

$$s_{eo}(t) = e^{j\pi k t^2} g_\tau\left(t - \frac{\tau}{2}\right) \tag{5.3}$$

雷达发射脉冲串信号可表示为

$$s_e(t,n) = s_{eo}(t - nT_r)e^{j2\pi f_o(nT_r + t)} \tag{5.4}$$

若在脉冲持续时间内,目标与雷达平台间的相对运动可忽略,则目标延时随脉冲数的变化可表示为

$$T(n) \approx 2\frac{R_o}{c} - 2\frac{v_o T_r}{c}\sin\theta\cos\beta n \tag{5.5}$$

则目标回波为

$$s_r(t,n) = \sigma(\theta,\beta)s_e(t - T(n)) \tag{5.6}$$

式中:$\sigma(\theta,\beta) = |\sigma(\theta,\beta)|e^{j\alpha(\theta,\beta)}$,为散射函数。则地杂波回波多普勒频率为

$$f_d(\theta,\beta) \approx -2\sin\theta\cos\beta\frac{v_o}{\lambda} \tag{5.7}$$

由于杂波在运动平台的四周,故任何角度的地杂波信号都有可能进入雷达天线和接收机,在距离不模糊时,则任一距离门内的杂波频率范围为 $\left(-2\cos\beta\dfrac{v_o}{\lambda}, 2\cos\beta\dfrac{v_o}{\lambda}\right)$,此杂波频率范围之外称为清晰区,由于距离越远,$\beta$ 越小,则杂波频率范围会随杂波距离的变远而扩展。

若不考虑发射功率和传输过程的影响,主要研究收发天线的影响,设波束指

向 θ_o,则接收到地面点散射幅度为 $\sigma(\theta,\beta)$ 的杂波回波下混滤除载频后的某一距离单元的基带信号模型为

$$s_r(t,n,\theta,\beta) = \sigma(\theta,\beta)p_e(\theta_o,\theta)p_r(\theta_o,\theta)s_{eo}(t - nT_r - T(n))\,\mathrm{e}^{\mathrm{j}2\pi f_d(\theta,\beta)T_r n}$$

$$(5.8)$$

式中:$p_e(\theta_o,\theta)$ 为波束指向 θ_o 的发射天线方向图;$p_r(\theta_o,\theta)$ 为波束指向 θ_o 的接收天线方向图。

则雷达某一距离单元接收到的总杂波信号为

$$s_R(t,n,\beta) = s_{eo}(t - nT_r - T(n))\int_o^{2\pi} A(\theta,\beta)\,\mathrm{e}^{\mathrm{j}2\pi f_d(\theta,\beta)T_r n}\,\mathrm{d}\theta \qquad (5.9)$$

式中

$$A(\theta,\beta) = \sigma(\theta,\beta)p_e(\theta_o,\theta)p_r(\theta_o,\theta) \qquad (5.10)$$

上式表明,每个距离单元的地杂波是由平台方位向,相同距离所有杂波的集合,并分布于 $\left(-2\cos\beta\dfrac{v_o}{\lambda},2\cos\beta\dfrac{v_o}{\lambda}\right)$ 频率范围内,若运动目标的多普勒频率在这一区域范围内,则将影响运动目标检测。

5.1.2 二天线 DPCA 技术

地面固定站探测运动目标时,地面固定目标回波谱集中在零频附近,故应用 MTI 技术可以对消大部分杂波回波功率,有效检测运动目标。MTI 技术最基本的方法是二脉冲对消,其能对消的原因是雷达平台与地面固定点之间没有相对运动,即使是在双站条件下,由于平台与地面固定点不存在相对运动,则其地杂波谱也集中在零频附近,每个站接收到的回波信号也可以应用 MTI 技术处理杂波。

在雷达平台运动的条件下,也可以基于其基本机理,若能形成雷达收发与地面固定点之间的相对运动很小,在其距离变化产生的相位变化可忽略时,也可应用 MTI 技术处理杂波。

若运动平台的雷达有二天线,其相距 D,如图 5.2 所示,平台以 v_o 向前运动,设前一个天线为 A,后一个天线为 B。在 t_0 时刻,天线 A 发射信号;在 t_1 时刻,天线 A 接收信号,天线 A 运动距离为 l;对于天线 B 来说,在 t_2 时刻,其运动到天线 A 在 t_0 时刻的位置,天线 B 发射信号;在 t_3 时刻,天线 B 运动到天线 A 在 t_1 时刻的位置,天线 B 接收信号;杂波对消的关键是保证相邻二脉冲探测信号间同一点杂波所经路径相同,故此保证天线 A 和天线 B 的收发信号的位置相同,则可利用 MTI 技术对消杂波。

若天线 A 在 t_0 时刻发射的归一化信号为

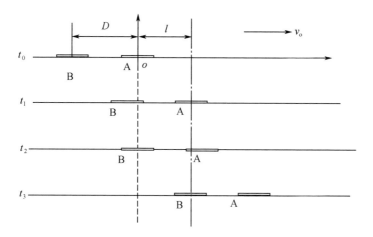

图5.2　运动中天线收发的时序与位置关系

$$s_{e,A}(t) = e^{j\alpha_o} s_e(t) \tag{5.11}$$

在 t_1 时刻，天线 A 移动的距离为 l，其对应的距离延时为

$$\Delta T_A = t_1 - t_0 \tag{5.12}$$

它对应着杂波距离延时，天线 A 接收到的对应的零中频杂波信号为

$$s_{R,A}(t,\beta) = \int_0^{2\pi} s_r(t,\theta,\beta)\,\mathrm{d}\theta \tag{5.13}$$

天线 B 发射信号时，相对于天线 A 延时为 $\Delta T = t_2 - t_0$，即平台将天线 B 中心位置运动到天线 A 中心原所在位置所需要时间；同理，天线 B 移动的距离为 l，其对应的距离延时为

$$\Delta T_B = t_3 - t_2 \tag{5.14}$$

它也对应着杂波距离延时。若天线 B 与天线 A 在同一高度，同一点杂波与二天线的擦地角（或俯仰角）相同，则天线 B 接收到的对应的零中频杂波信号为

$$s_{R,B}(t,\beta) = \int_0^{2\pi} s_r(t,\theta,\beta)\ e^{-j2\pi f_d(\theta,\beta)\Delta T_B}\mathrm{d}\theta \tag{5.15}$$

天线 A 和天线 B 接收到的信号之差为

$$\Delta s_R(t) = \int_0^{2\pi} s_r(t,\theta,\beta)\ (e^{-j2\pi f_d(\theta,\beta)\Delta T_A} - e^{-j2\pi f_d(\theta,\beta)\Delta T_B})\mathrm{d}\theta \tag{5.16}$$

若 $\Delta T_B = \Delta T_A$，则有 $\Delta s_R(t) = 0$，杂波信号完全对消，故二天线杂波对消的约束条件是在匀速运动条件下有

$$\Delta T_B = \Delta T_A \tag{5.17}$$

为了保证二天线发射信号在同一位置，必须有

$$v_o \Delta T = D \tag{5.18}$$

式中:ΔT 为发射脉冲信号的重复周期。

但在实际中,二天线的收发位置不可能完全重叠,如平台方向变化,平台速度的变化等。杂波能对消的考虑第一因素是二次接收对消信号为同一距离门,在窄带条件下,由于二天线的中心距比较小,平台一般在亚音速飞行,通过合理设计脉冲发射时间,可以保证对消杂波的脉冲为相同距离门,但不能保证收发脉冲的二天线中心位置重叠。设二天线发射信号时,中心位置偏差 Δd_{e},则辐射到地面各点因中心位置偏差所产生的信号相位差为

$$\Delta\psi_{\mathrm{e}} = 2\pi\frac{\Delta d_{\mathrm{e}}}{\lambda}\sin\theta\cos\beta \tag{5.19}$$

设二天线接收信号时,由于平台运动的不稳定性,造成对应时刻的中心位置偏差 Δd_{r},则辐射到地面各点因中心位置偏差所产生的信号相位差为

$$\Delta\psi_{\mathrm{r}} = 2\pi\frac{\Delta d_{\mathrm{r}}}{\lambda}\sin\theta\cos\beta \tag{5.20}$$

故天线 B 相对于天线 A 因收发天线中心位置偏差所产生的相位偏差为

$$\Delta\psi = 2\pi\frac{\Delta d}{\lambda}\sin\theta\cos\beta \tag{5.21}$$

式中:$\Delta d = \Delta d_{\mathrm{e}} + \Delta d_{\mathrm{r}}$。

在一般情况下,若天线 B 相对于天线 A 的空间角相位误差为 $\Delta\psi$,则天线 B 的接收到的信号可为

$$s_{\mathrm{R,B}}(t,\beta) = \int_0^{2\pi} s_{\mathrm{r}}(t,\theta,\beta)\, \mathrm{e}^{\mathrm{j}2\pi\frac{\Delta d}{\lambda}\sin\theta\cos\beta}\mathrm{e}^{-\mathrm{j}2\pi f_{\mathrm{d}}(\theta,\beta)\Delta T_{\mathrm{B}}}\mathrm{d}\theta \tag{5.22}$$

杂波对消后的信号为

$$\Delta s_{\mathrm{R}}(t) = \int_0^{2\pi} s_{\mathrm{r}}(t,\theta,\beta)\big(\mathrm{e}^{-\mathrm{j}2\pi f_{\mathrm{d}}(\theta,\beta)\Delta T_{\mathrm{A}}} - \mathrm{e}^{\mathrm{j}2\pi\frac{\Delta d}{\lambda}\sin\theta\cos\beta}\mathrm{e}^{-\mathrm{j}2\pi f_{\mathrm{d}}(\theta,\beta)\Delta T_{\mathrm{B}}}\big)\mathrm{d}\theta \tag{5.23}$$

设 $\Delta T_{\mathrm{A}} = \Delta T_{\mathrm{B}}$,则有

$$\Delta s_{\mathrm{R}}(t) = 2\mathrm{j}\int_0^{2\pi} s_{\mathrm{r}}(t,\theta,\beta)\, \mathrm{e}^{-\mathrm{j}2\pi f_{\mathrm{d}}(\theta,\beta_{\mathrm{A}})\Delta T_{\mathrm{A}}}\Gamma(\theta,\beta)\mathrm{d}\theta \tag{5.24}$$

式中

$$\Gamma(\theta,\beta) = \sin\left(\pi\frac{\Delta d}{\lambda}\sin\theta\cos\beta\right)\mathrm{e}^{\mathrm{j}\pi\frac{\Delta d}{\lambda}\sin\theta\cos\beta} \tag{5.25}$$

定义为对消响应函数,它反映了杂波对消效果。在上式中 $\Delta d_{\mathrm{e}} + \Delta d_{\mathrm{r}}$ 越小,杂波处理效果越好,在某一距离门内,Δd 和雷达波长一旦确定,则越接近垂直于平台运动方向的杂波对消得越好,雷达发射信号的波长越长,对消的效果也越好。

◥ 5.2 收发相位中心凝视 DPCA[5]

数字收发阵列的优点之一是可选择阵列中的部分阵元分别组成不同的收发天线,不同阵元组成的子阵列天线中心距离可在一定范围内调节,特别是接收子阵列天线可在一定范围内调整,使收发中心距之和最小,达到更佳的杂波对消效果。

5.2.1 阵列天线相位中心

设天线有 M 阵元,M 为偶数,如图 5.3 所示阵元 $0 \sim M-1$,若希望合成的波束指向 θ_o,那么其归一化天线方向图可表示为

$$p_M(\theta_o, \theta) = \sqrt{\cos\theta}\, \tilde{\mathrm{Sa}}\left(\pi M \frac{d}{\lambda}(\sin\theta_o - \sin\theta)\right) \mathrm{e}^{\mathrm{j}\pi(M-1)\frac{d}{\lambda}(\sin\theta_o - \sin\theta)} \quad (5.26)$$

若天线增加一阵元,即有 $M+1$ 阵元,如图 5.3 所示阵元 $0 \sim M$,则归一化天线方向图为

$$p_{M+1}(\theta_o, \theta) = \sqrt{\cos\theta}\, \tilde{\mathrm{Sa}}\left(\pi(M+1)\frac{d}{\lambda}(\sin\theta_o - \sin\theta)\right) \mathrm{e}^{\mathrm{j}\pi M\frac{d}{\lambda}(\sin\theta_o - \sin\theta)} \quad (5.27)$$

比较式(5.26)与式(5.27),可以清楚发现,二者相位差为

$$\Delta\psi = \pi \frac{d}{\lambda}(\sin\theta_o - \sin\theta) \quad (5.28)$$

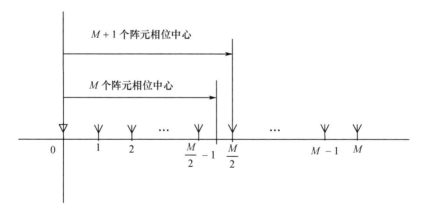

图 5.3　线阵相位中心示意图

式中:θ_o 为每个阵元所加的相位权,它是固定值,而 θ 则取决于回波的方向。这也说明了若天线阵元的初始位置相同,但不同阵元数天线的相位中心是不同的;

若二相邻脉冲时形成波束的阵元数相差为1,则此时最大天线中心位置偏移$\dfrac{d}{2}$,这也为 DPCA 接收天线中心位置对准提高了精度。

若式(5.26)与式(5.27)的相位误差可以完全补偿,则二者幅度之差为

$$\left| \Delta p(\theta_o, \theta) \right| = \sqrt{\cos\theta}\left| \widetilde{S}a\left(\pi(M+1)\frac{d}{\lambda}(\sin\theta_o - \sin\theta) \right) - \right.$$

$$\left. \widetilde{S}a\left(\pi M \frac{d}{\lambda}(\sin\theta_o - \sin\theta) \right) \right| \tag{5.29}$$

即

$$\Delta p(\theta_o, \theta) = \frac{\sqrt{\cos\theta}}{(M+1)\sin\left(\pi\frac{d}{\lambda}(\sin\theta_o - \sin\theta) \right)}\left| \sin\left(\pi(M+1)\frac{d}{\lambda}(\sin\theta_o - \sin\theta) \right) - \right.$$

$$\left. \frac{M+1}{M}\sin\left(\pi M \frac{d}{\lambda}(\sin\theta_o - \sin\theta) \right) \right| \tag{5.30}$$

此式说明在 θ 比较接近 θ_o 时,可以比较低差异,否则差异性增加;阵元数越多,式(5.26)和式(5.27)的包络越接近,则差异越低。如果取 $M=32,\theta_o=0°$,式(5.30)所示方向图差别如图 5.4(a)所示,任意方向的方向图差别可达 27dB,如果波束指向不同方向,从 $-90°\sim90°$,方向图差别如图 5.4(b)所示,方向图差别均可达 27dB。

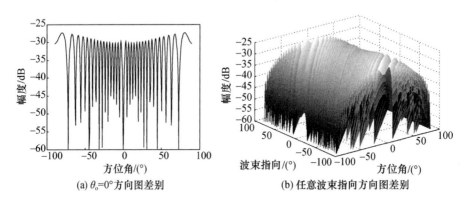

(a) $\theta_o=0°$ 方向图差别 (b) 任意波束指向方向图差别

图 5.4 32 阵元方向图差别

如果取 $M=100,\theta_o=0°$,式(5.4)所示差异如图 5.5(a)所示,任一方向差别可达 37dB,波束指向从 $-90°$ 到 $90°$,差别如图 5.5(b)所示,差别均可达 37dB,但从仿真图中可以发现,在波束指向附近,二方向越接近。若取 $d=\dfrac{\lambda}{2}$,式(5.30)可近似表示为

$$\left|\Delta p(\theta_{\mathrm{o}},\theta)\right| \approx \frac{\sqrt{2}}{(M+1)} \tag{5.31}$$

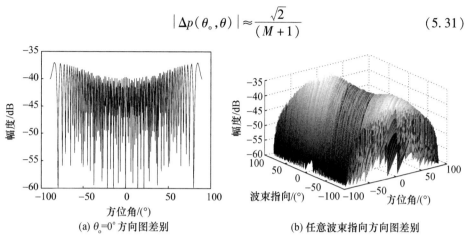

(a) $\theta_{\mathrm{o}}=0^{\circ}$ 方向图差别　　　(b) 任意波束指向方向图差别

图 5.5　100 阵元方向图差别

5.2.2　数字收发 DPCA 原理

与二天线 DPCA 相比,数字收发阵列天线可在一定范围内调节二次收发子阵中心,使二次收发子阵中心位置尽量靠近,故数字收发阵列不仅雷达发射信号重频有比较大的选择范围,且子阵中心也可以有一定调节范围,特别是接收子阵单元的选取,可根据实际雷达平台移动距离调整。

以线阵为例,在图 5.6 中,设阵面有 M 个阵元,阵元间距为 d。在 t_0 时刻,选择阵面右边 M_0 个阵元发射;在 t_1 时刻,可选择部分阵元 M_1 个(也可所有阵元)接收并采集数据,平台以速度为 v_{o} 运动,在由发射转换为接收的持续时间内线阵移动距离为 D_{o};在 t_2 时刻,(即相对于 t_0 时刻,平台运动 ΔT 时间,)天线再次发射,此时平台移动距离为 $D=v_{\mathrm{o}}\Delta T$,若此次发射阵元数仍选为 M_0,那么其对应选取阵元序移动量

$$I = \frac{v_{\mathrm{o}}\Delta T}{d} \tag{5.32}$$

在理想情况下,通过调整 ΔT,使平台运动距离为阵元间距的整数倍,则可选取对应的发射阵元,保证发射相位中心不变;同样也可保证接收相位中心不变。

若在 t_0 时刻,发射阵元为 $0 \sim (M_0 - 1)$,那么以此时刻第 0 个阵元位置为参考点,其发射方向图为

$$p_{\mathrm{eb}}(\theta_{\mathrm{o}},\theta) = \sqrt{\cos\theta}\sum_{m=0}^{M_{\mathrm{o}}-1} \mathrm{e}^{\mathrm{j}2\pi m\frac{d}{\lambda}(\sin\theta-\sin\theta_{\mathrm{o}})} \tag{5.33}$$

在 t_2 时刻的发射阵元为 $I \sim (I+M_0-1)$;发射方向图为

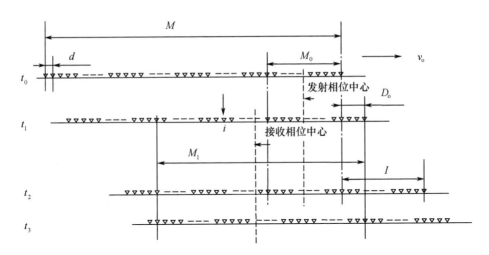

图 5.6　阵列天线相位中心调整示意图

$$p_{\mathrm{ea}}(\theta_{\mathrm{o}},\theta) = \sqrt{\cos\theta}\sum_{m=I}^{I+M_{\mathrm{o}}-1}\mathrm{e}^{\mathrm{j}2\pi(m-I)\frac{d}{\lambda}(\sin\theta-\sin\theta_{\mathrm{o}})} \tag{5.34}$$

由此可见,在理想条件下,合理控制发射信号的时刻和选取合适的发射阵元可以实现前后两次发射的相位中心和天线方向图相同。

在 t_1 时刻接收为阵元为 $0\sim(M_1-1)$,在 t_3 时刻选取的接收阵元也移动 I 个,即阵元序号为 $I\sim(I+M_1-1)$。

若信号波形调制的影响比较小,忽略其影响,在 t_1 时刻,接收阵列天线的第 i 个阵元所接收到的前一脉冲信号某一距离门延时 ΔT_{A} 的零中频地面杂波回波模型抽象为

$$s_{\mathrm{r,f}}(t,\beta,i) = \int_0^{2\pi}s_{\mathrm{r,o}}(t,\theta,\beta,i)\,p_{\mathrm{eb}}(\theta_{\mathrm{o}},\theta)\mathrm{e}^{-\mathrm{j}2\pi f_{\mathrm{d}}(\theta,\beta)\Delta T_{\mathrm{A}}}\mathrm{d}\theta \tag{5.35}$$

式中

$$s_{\mathrm{r,o}}(t,\theta,\beta,i) = s_{\mathrm{r,o}}(t,\theta,\beta)\mathrm{e}^{-\mathrm{j}2\pi i\frac{d}{\lambda}\sin\theta\cos\beta} \tag{5.36a}$$

$$s_{\mathrm{r,o}}(t,\theta,\beta) = \sigma(\theta,\beta)\sqrt{\cos\theta}\mathrm{e}^{\mathrm{j}2\pi f_{\mathrm{d}}(\theta,\beta)t} \tag{5.36b}$$

式中:β 为对应杂波距离;$\sigma(\theta,\beta)$ 为同一距离门的地面不同区域散射强度;$s_{\mathrm{r,o}}(t,\theta,\beta)$ 为天线对散射信号的响应,这里仅考虑天线方位向投影的影响;$s_{\mathrm{r,o}}(t,\theta,\beta,i)$ 为每个阵元的响应。在 t_3 时刻,接收阵列天线的第 $I+i$ 个阵元所接收到的后一脉冲信号某一距离门延时 ΔT_{B} 的零中频地杂波的幅度归一化回波信号模型为

$$s_{\mathrm{r,s}}(t,\beta,i) = \int_0^{2\pi}s_{\mathrm{r,o}}(t,\theta,\beta,i)p_{\mathrm{ea}}(\theta_{\mathrm{o}},\theta)\mathrm{e}^{-\mathrm{j}2\pi f_{\mathrm{d}}(\theta,\beta)\Delta T_{\mathrm{B}}}\mathrm{d}\theta \tag{5.37}$$

比较式(5.35)与式(5.37),若 $\Delta T_{\mathrm{A}} = \Delta T_{\mathrm{B}}$,且保证 $p_{\mathrm{ea}}(\theta_{\mathrm{o}}, \theta) = p_{\mathrm{eb}}(\theta_{\mathrm{o}}, \theta)$,则 $s_{\mathrm{r,f}}(t, \beta, i) - s_{\mathrm{r,s}}(t, \beta, i) = 0$,(下角 f、s 分别表示第一、第二)表明在理想情况下,杂波可以完全对消掉。

实际平台运动速度测量和脉冲发射时间控制精度是有限的,但可以选择中心位置偏差尽可能小的发射阵元组成发射子阵,故二次发射信号之间的天线相位中心总是存在一定误差,这种相位中心位置误差不可避免。设第二次发射信号相对于前一次的天线相位中心偏差为 Δd_{e},如图 5.7 所示,则后一次发射波束为

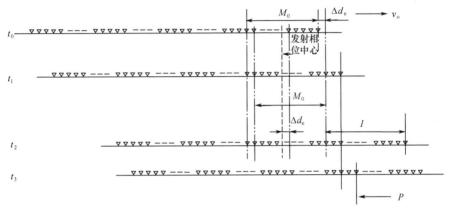

图 5.7　天线相位中心变化过程

$$p_{\mathrm{ea}}(\theta_{\mathrm{o}}, \theta) = \sqrt{\cos\theta} \sum_{m=I}^{I+M_0-1} \mathrm{e}^{-\mathrm{j}2\pi \frac{\Delta d_{\mathrm{e}}}{\lambda}\sin\theta} \mathrm{e}^{\mathrm{j}2\pi(m-I)\frac{d}{\lambda}(\sin\theta - \sin\theta_{\mathrm{o}})} \tag{5.38}$$

即:

$$p_{\mathrm{ea}}(\theta_{\mathrm{o}}, \theta) = p_{\mathrm{eb}}(\theta_{\mathrm{o}}, \theta) \mathrm{e}^{-\mathrm{j}2\pi \frac{\Delta d_{\mathrm{e}}}{\lambda}\sin\theta} \tag{5.39}$$

接收时,在 t_3 时刻,每个阵元移动 $\Delta d_{\mathrm{r}} + Id$,若接收阵元序列也移动 I,则式(5.37)考虑相位中心误差的表达式可为

$$s_{\mathrm{r,s}}(t, \beta, i) = \int_0^{2\pi} s_{\mathrm{r,o}}(t, \theta, \beta, i) \, \mathrm{e}^{-\mathrm{j}2\pi f_{\mathrm{d}}(\theta, \beta)\Delta T_{\mathrm{B}}} \mathrm{e}^{-\mathrm{j}2\pi \frac{\Delta d_{\mathrm{e}} + \Delta d_{\mathrm{r}}}{\lambda}\sin\theta\cos\beta} \mathrm{d}\theta \tag{5.40}$$

设 $\Delta T_{\mathrm{A}} = \Delta T_{\mathrm{B}} = \Delta T$,二个脉冲信号对消为

$$\Delta s_{\mathrm{r}}(t, \beta, i) = s_{\mathrm{r,f}}(t, \beta, i) - s_{\mathrm{r,s}}(t, \beta, i) \tag{5.41}$$

即

$$\Delta s_{\mathrm{r}}(t, \beta, i) = \int_0^{2\pi} s_{\mathrm{r,o}}(t, \theta, \beta, i) \, \mathrm{e}^{-\mathrm{j}2\pi f_{\mathrm{d}}(\theta, \beta)\Delta T} \left(1 - \mathrm{e}^{-\mathrm{j}2\pi \frac{\Delta d_{\mathrm{e}} + \Delta d_{\mathrm{r}}}{\lambda}\sin\theta\cos\beta}\right) \mathrm{d}\theta \tag{5.42}$$

分析上式可知,由于收发子阵的相位中心位置没有完全对齐,会造成不同方

向角的杂波对消比的差异,在某些条件下,如 $\dfrac{\Delta d_e + \Delta d_r}{\lambda}\sin\theta\sin\beta = \dfrac{1}{2}$ 时,杂波会增强,不能实现杂波对消。

收发相位中心的位置偏差之和 $\Delta d_e + \Delta d_r$ 有可能大于阵元间距 d,设其为

$$\Delta d_e + \Delta d_r = pd + k\frac{d}{2} + \Delta d \qquad (5.43)$$

式中:p 是一未知的整数;k 为 0、1 中之一,$0 \leqslant \Delta d < \dfrac{d}{2}$。

若第二个脉冲回波信号接收天线相位中心偏移几个阵元,对式(5.38)的收发位置总偏移量进行补偿,可进行二次接收相位中心偏差,设选取合适起始 P 阵元,实现相位补偿,则补偿后的相位中心距离偏差为

$$\Delta l = (p - P)d + k\frac{d}{2} + \Delta d \qquad (5.44)$$

若 $k = 1$,则可选 $p - P = -1$,保证 $|\Delta l| \leqslant \dfrac{d}{2}$;若 $k = 0$,则可选 $p - P = 0$,仍可保证 $|\Delta l| \leqslant \dfrac{d}{2}$。

由于两个脉冲的收发相位中心位置偏差的准确数值并不知道,故 P 的大小也是不知道的,但在数字化条件下,数据可以反复利用,不断调整相位中心位置,或者并行多组同时计算,总存在一组计算使接收杂波回波功率最小。对第二个脉冲信号回波相位中心调整后的信号可为

$$s_{r,s}(t,\beta,i) = \int_0^{2\pi} s_{r,o}(t,\theta,\beta,i)\, e^{-j2\pi f_d(\theta,\beta)\Delta T}\, e^{-j2\pi \frac{\Delta d_e + \Delta d_r - Pd}{\lambda}\sin\theta\cos\beta}\, d\theta \qquad (5.45)$$

相位中心调整后代入式(5.16)有对消信号为

$$\Delta s_r(t,\beta,i) = \int_0^{2\pi} s_{r,o}(t,\theta,\beta,i)\, e^{-j2\pi f_d(\theta,\beta)\Delta T}(1 - e^{-j2\pi \frac{\Delta d_e + \Delta d_r - Pd}{\lambda}\sin\theta\cos\beta})\, d\theta \qquad (5.46)$$

调整到位,即 $\Delta d_e + \Delta d_r - Pd = \Delta d$ 时的对消信号为

$$\Delta s_r(t,\beta,i) = 2j\int_0^{2\pi} s_{r,o}(t,\theta,\beta,i)\, e^{-j2\pi f_d(\theta,\beta)\Delta T}\, \Gamma(\theta,\beta)\, d\theta \qquad (5.47)$$

式中

$$\Gamma(\theta,\beta) = \sin\left(\pi \frac{\Delta d}{\lambda}\sin\theta\cos\beta\right)e^{-j\pi\frac{\Delta d}{\lambda}\sin\theta\cos\beta} \qquad (5.48)$$

为对消响应函数,它反映了相位中心凝视时,天线的不同方向杂波对消性能,它

为杂波在 DPCA 处理后的响应,Δd 的最大值为 $\dfrac{d}{2}$,取 $d = \dfrac{\lambda}{2}$,故有

$$\left| \Gamma(\theta,\beta) \right| \leqslant \left| \sin\left(\frac{\pi}{4}\sin\theta\cos\beta \right) \right| \tag{5.49}$$

杂波影响运动目标检测不仅体现在某一方向的杂波功率,其他任一方向杂波功率均会干扰运动目标检测,故可定义杂波对消总功率比,即 DPCA 处理前后杂波对消总功率之比

$$\eta(\beta) = \frac{1}{\pi} \int_{-\frac{\pi}{2}}^{\frac{\pi}{2}} \left| \Gamma^2(\theta,\beta) \right| \mathrm{d}\theta \tag{5.50}$$

图 5.8 为取 $\cos\beta = 1$ 时,对式(5.49)所示天线杂波对消效果的不同角度的仿真结果,从图可以看出:不同方位角的杂波对消情况是不相同的,在垂直于速度方向的角度杂波对消最好;杂波最低处仅对消 3dB,由(5.50)计算得总杂波功率对消 11.5dB。总之,θ 角越大,杂波对消越不理想。分析式(5.48)可知,Δd 越小,对消效果也越好。

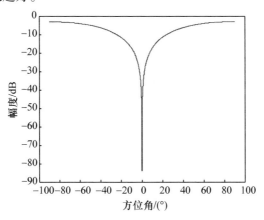

图 5.8 天线杂波对消响应

5.2.3 阵列天线波束 DPCA

若接收子阵选用 M_r 个阵元形成波束,设波束指向 θ_o,由式(5.33)单元接收信号合成波束的第一个脉冲回波信号可为

$$s_{\mathrm{r,f}}(t,\beta,\theta_\mathrm{o}) = \int_0^{2\pi} s_{\mathrm{r,o}}(t,\theta,\beta) p_{\mathrm{ea}}(\theta_\mathrm{o},\theta)\, \mathrm{e}^{-\mathrm{j}2\pi f_\mathrm{d}(\theta,\beta)\Delta T_\mathrm{A}} \sum_{i=0}^{M_\mathrm{r}-1} \mathrm{e}^{-\mathrm{j}2\pi i \frac{d}{\lambda}\sin\theta\cos\beta}\, \mathrm{d}\theta \tag{5.51}$$

将式(5.46)代入,有

$$s_{r,f}(t,\beta,\theta_o) = \int_0^{2\pi} s_{r,o}(t,\theta,\beta)p_{ea}(\theta_o,\theta) \mid p_{M_r}(\theta_o,\theta) \mid e^{-j2\pi f_d(\theta,\beta)\Delta T} e^{j\pi(M_r-1)\frac{d}{\lambda}(\sin\theta_o-\sin\theta)} d\theta$$

$$(5.52)$$

由式(5.40)可得形成波束的第二个脉冲回波信号为

$$s_{r,s}(t,\beta,\theta_o) = \int_0^{2\pi} s_{r,o}(t,\theta,\beta)p_{ea}(\theta_o,\theta) \mid p_{M_r}(\theta_o,\theta) \mid \times$$

$$e^{-j2\pi f_d(\theta,\beta)\Delta T} e^{-j2\pi\frac{\Delta d_e+\Delta d_r-Pd}{\lambda}\sin\theta\cos\beta} e^{j\pi(M_r-1)\frac{d}{\lambda}(\sin\theta_o-\sin\theta)} d\theta \quad (5.53)$$

两脉冲对消后的信号为

$$\Delta s_r(t,\beta,\theta_o) = s_{r,f}(t,\beta,\theta_o) - s_{r,s}(t,\beta,\theta_o) \quad (5.54a)$$

即

$$\Delta s_r(t,\beta,\theta_o) = \int_0^{2\pi} s_{r,o}(t,\theta,\beta)p_{ea}(\theta_o,\theta) \mid p_{M_r}(\theta_o,\theta) \mid \times$$

$$e^{j2\pi f_d(\theta,\beta)(t-\Delta T)}(1 - e^{-j2\pi\frac{\Delta d_e+\Delta d_r-Pd}{\lambda}\sin\theta\cos\beta}) e^{j\pi(M_r-1)\frac{d}{\lambda}(\sin\theta_o-\sin\theta)} d\theta$$

$$(5.54b)$$

选取合适起始阵元 P，相位补偿后的对消信号满足

$$\Delta s_r(t,\beta,i) \approx 2j\int_0^{2\pi} s_{r,o}(t,\theta,\beta)p_{ea}(\theta_o,\theta) \mid p_{M_r}(\theta_o,\theta) \mid \sin\left(\frac{\pi}{4}\sin\theta\cos\beta\right) \times$$

$$e^{-j2\pi f_d(\theta,\beta)\Delta T} e^{-j\pi\frac{\Delta d}{\lambda}\sin\theta\cos\beta} e^{j\pi(M_r-1)\frac{d}{\lambda}(\sin\theta_o-\sin\theta)} d\theta \quad (5.55)$$

若雷达波束方位指向 θ_o 角比较小，则方位角 θ 比较大区域的杂波可以通过降低接收天线副瓣实现更好杂波抑制；若雷达波束方位角 θ_o 比较大，则主瓣内杂波对消效果有限，还必须采样其他措施降低杂波。

降低杂波的方法之一是减小 Δd，若 $\Delta d \leq \frac{d}{4}$，则在平台速度方向的杂波对消比提高 5.3dB；比较式(5.26)和式(5.27)可以发现，增加一个阵元，可以使接收波束回波相位增加式(5.28)所示的相位差，则在 $\frac{d}{4} \leq \Delta d \leq \frac{d}{2}$，通过增加一个阵元提高杂波对消效果，此时设

$$\Delta d = \frac{d}{4} + \delta \quad (5.56)$$

式中：$\delta \leq \frac{d}{4}$。

故第二个脉冲增加一个阵元的回波信号可为

$$s_{r,s}(t,\beta,\theta_o) = \int_0^{2\pi} s_{r,o}(t,\theta,\beta) p_{ea}(\theta_o,\theta) \mid p_{M_r+1}(\theta_o,\theta) \mid \times$$

$$e^{j2\pi f_d(\theta,\beta)(t-\Delta T)} e^{-j2\pi \frac{\Delta d - \frac{d}{2}}{\lambda} \sin\theta\cos\beta} e^{jM_r \frac{d}{\lambda}(\sin\theta_o - \sin\theta)} d\theta \qquad (5.57)$$

补偿后的二脉冲对消后的信号为

$$\Delta s_r(t,\beta,\theta_o) = \int_0^{2\pi} s_{r,o}(t,\theta,\beta) p_{ea}(\theta_o,\theta) e^{j2\pi f_d(\theta,\beta)(t-\Delta T)} e^{j\pi(M_r-1)\frac{d}{\lambda}(\sin\theta_o - \sin\theta)} \times$$

$$(\mid p_{M_r}(\theta_o,\theta) \mid - \mid p_{M_r+1}(\theta_o,\theta) \mid e^{-j2\pi \frac{\Delta d - \frac{d}{2}}{\lambda} \sin\theta\cos\beta}) d\theta \qquad (5.58)$$

在上式中,由于 M_r 大到一定程度条件下,有 $\mid p_{M_r}(\theta_o,\theta) \mid \approx \mid p_{M_r+1}(\theta_o,\theta) \mid$,故式(5.58)可近似为

$$\Delta s_r(t,\beta,\theta_o) = \int_0^{2\pi} s_{r,o}(t,\theta,\beta) p_{ea}(\theta_o,\theta) \mid p_{M_r}(\theta_o,\theta) \mid (1 - e^{-j2\pi \frac{\Delta d - \frac{d}{2}}{\lambda} \sin\theta\cos\beta}) \times$$

$$e^{j2\pi f_d(\theta,\beta)(t-\Delta T)} e^{j\pi(M_r-1)\frac{d}{\lambda}(\sin\theta_o - \sin\theta)} d\theta \qquad (5.59)$$

对消响应函数为

$$\Gamma(\theta,\beta) = \sin\left(\pi \frac{\Delta d - \frac{d}{2}}{\lambda} \sin\theta\cos\beta\right) e^{-j\pi \frac{\Delta d - \frac{d}{2}}{\lambda} \sin\theta\cos\beta} \qquad (5.60)$$

由于 $\mid \Delta d \mid$ 和 $\left| \Delta d - \frac{d}{2} \right|$ 总存在一个小于 $\frac{d}{4}$,故有

$$\mid \Gamma(\theta,\beta) \mid \leqslant \left| \sin\left(\frac{\pi}{8}\sin\theta\cos\beta\right) \right| \qquad (5.61)$$

分析上式,可知在平台速度方向的杂波对消达 8.3dB 以上,即在任意方向的杂波功率对消均达 8.3dB 以上,由(5.50)计算得总杂波功率对消22.6dB。阵元数字化 DPCA 的特点是可以利用接收天线阵元调整补偿发射天线相位中心的位置偏差,而不必仅依靠调整脉冲发射时间实现发射相位中心对齐,此在理论和技术上为 DPCA 在一定范围内增加了一维可调自由度。

若考虑收发天线阵面的俯仰方位投影影响,则各向杂波滤波响应性能为

$$\mid \eta(\theta,\beta) \mid \leqslant \left| \sin\left(\frac{\pi}{8}\sin\theta\cos\beta\right) \cos\theta\cos\beta \right| \qquad (5.62)$$

在 $\cos\beta \approx 1$ 时,杂波性能如图 5.9 所示,其方位角 $\pm 44°$ 处的杂波处理性能最低,但也达 -14.2dB。

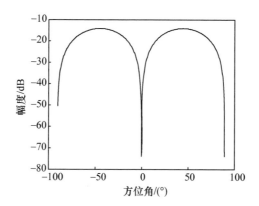

图 5.9　考虑天线投影面积时的杂波处理性能

雷达探测目标更多方向为非天线的法线方向,若希望减小雷达波束指向的杂波,则在杂波对消时,对波束指向角方向加权,降低波束主瓣杂波,也可对不同方向进行加权,针对不同目标多普勒形成不同的低杂波区,以利于运动目标检测。若对第二个回波信号加权为 $w = \mathrm{e}^{\mathrm{j}2\gamma(\theta_\mathrm{r})}$,则式(5.54b)所示的二脉冲对消表达式可修改为

$$\Delta s_\mathrm{r}(t,\beta,i) = s_{\mathrm{r,f}}(t,\beta,i) - w s_{\mathrm{r,s}}(t,\beta,i) \tag{5.63}$$

式(5.59)可修改为

$$\Delta s_\mathrm{r}(t,\beta,\theta_\mathrm{o}) = \int_0^{2\pi} s_{\mathrm{r,o}}(t,\theta,\beta) p_{\mathrm{ea}}(\theta_\mathrm{o},\theta) \mid p_{M_\mathrm{r}}(\theta_\mathrm{o},\theta) \mid \Big(1 -$$

$$\mathrm{e}^{-\mathrm{j}2\left(\frac{\Delta d - \frac{d}{2}}{\lambda}\sin\theta\cos\beta - \gamma(\theta_\mathrm{r})\right)}\Big) \mathrm{e}^{\mathrm{j}2\pi f_\mathrm{d}(\theta,\beta)(t - \Delta T)} \mathrm{e}^{\mathrm{j}\pi(M_\mathrm{r}-1)\frac{d}{\lambda}(\sin\theta_\mathrm{o} - \sin\theta)} \mathrm{d}\theta \tag{5.64}$$

对消响应函数为

$$\Gamma(\theta,\beta) = \sin\left(\pi \frac{\Delta d - \frac{d}{2}}{\lambda}\sin\theta\cos\beta - \gamma(\theta_\mathrm{r})\right) \mathrm{e}^{-\mathrm{j}\left(\frac{\Delta d - \frac{d}{2}}{\lambda}\sin\theta\cos\beta - \gamma(\theta_\mathrm{r})\right)} \tag{5.65}$$

调制 $\gamma(\theta_\mathrm{r})$ 可获取不同零点的对消响应函数。在图 5.9 仿真条件下,将零点设置在 $\theta_\mathrm{r} = 20.5°$ 时,如图 5.10 所示,零点两边对消效果不同,零点左边对消比小些,方位角为 $-37°$ 时对消比为 10.7dB,零点右边对消比高些,方位角为 52.6°时对消比为 19.5dB;在 $\theta_\mathrm{r} = 45.5°$ 时,如图 5.11 所示,零点左边方位角为 $-34°$时对消比为 8dB,方位角为 64.8°时对消比为 29.9dB;由于杂波谱的频率与方位俯仰角有关,而目标的多普勒频率还与目标的速度有关,故可针对不同目标多普勒区域,设置不同的零点,降低杂波的影响。

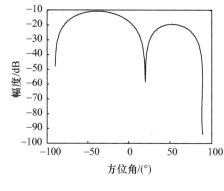

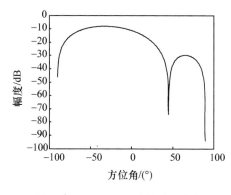

图 5.10　$\theta_r = 20.5°$时的对消响应　　　　图 5.11　$\theta_r = 45.5°$时的对消响应

5.3　高阶相位中心凝视 DPCA

若实际雷达系统有三个以上天线,且有多个天线同时接收回波信号,则可形成多个天线相位中心,多个相位中心可为杂波对消提供更多的自由度、更高的杂波对消比。

5.3.1　三天线 DPCA 技术

设雷达系统有三天线 A、B、C,天线间距相同均为 D,如图 5.12 所示。平台以速度 v_o 飞行;在 t_0 时刻,天线 A 在 o 位置发射脉冲信号,然后,t_1 时刻,天线 A 和天线 B 同时接收回波信号,故有两个天线相位中心;t_2 时刻,当天线 B 运动到 o 位置时也发射脉冲信号,随后 t_3 时刻,天线 A、天线 B 和天线 C 接收回波信号,由于此时天线 B 和天线 C 所处空间位置与前一脉冲时的天线 A 和天线 B 位置相同,故可以在两个天线相位中心进行 DPCA 处理;若天线 C 运动到 o 位置时也发射脉冲信号,天线 B 和天线 C 接收回波信号,此时其相位中心与天线 B 发射时天线 A、天线 B 的相位中心重叠,故它们也可应用 DPCA 技术处理;同时天线 A、天线 B 和天线 C 的相位中心会在 o 位置后重叠,可以应用 MTI 的相关技术提高对消比。

设地面存在某一点目标,如图 5.13 所示,在天线 A 发射时,三天线分别到该点目标距离近似为

$$R_{A,A}(t) \approx R_o - v_o t \sin\theta\cos\beta \qquad (5.66a)$$

$$R_{A,B}(t) \approx R_o + (D - v_o t)\sin\theta\cos\beta \qquad (5.66b)$$

$$R_{A,C}(t) \approx R_o + (2D - v_o t)\sin\theta\cos\beta \qquad (5.66c)$$

式中下标的第一字母表示发射天线,第二字母表示接收天线,后文表达同样含义。天线 B 发射时,三天线分别到该点的距离为

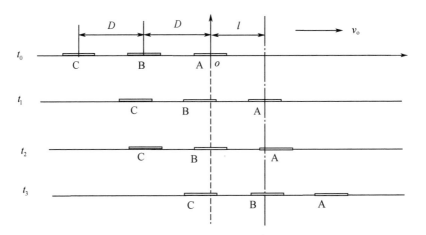

图 5.12 运动中的天线收发时间位置示意图

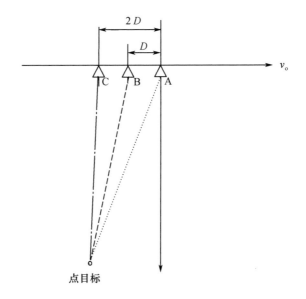

图 5.13 点目标与三天线间的几何关系

$$R_{B,A}(t) \approx R_o - (D + v_o t)\sin\theta\cos\beta \qquad (5.67a)$$

$$R_{B,B}(t) \approx R_o - v_o t\sin\theta\cos\beta \qquad (5.67b)$$

$$R_{B,C}(t) \approx R_o + (D - v_o t)\sin\theta\cos\beta \qquad (5.67c)$$

天线 C 发射时,三天线分别到该点的距离为

$$R_{C,A}(t) \approx R_o - (2D + v_o t)\sin\theta\cos\beta \qquad (5.68a)$$

$$R_{C,B}(t) \approx R_o - (D + v_o t)\sin\theta\cos\beta \qquad (5.68b)$$

$$R_{C,C}(t) \approx R_o - v_o t\sin\theta\cos\beta \qquad (5.68c)$$

分析上式可知，$R_{A,A}(t) = R_{B,B}(t) = R_{C,C}(t)$，$R_{A,B}(t) = R_{B,C}(t)$，$R_{B,A}(t) = R_{C,B}(t)$，则在理想条件下，可以应用 DPCA 技术有效对消杂波，但考虑收发天线相位中心的偏差，如前所述，对消比不稳定。若以天线 A 收发相位中心为参考基准，则天线 B 发射相位中心位置偏差为 $d_{e,B}$，接收时的相位中心位置偏差为 $d_{r,B}$，天线 C 发射相位中心位置偏差为 $d_{e,C}$，接收时的相位中心位置偏差为 $d_{r,C}$，设三天线的方向图相同，在不考虑信号波形调制影响条件下，如果令

$$s_{r,o}(t) = \sigma(\theta,\beta) p_e(\theta,\beta) p_r(\theta,\beta) e^{j2\pi\frac{2}{\lambda}v_o t \sin\theta\cos\beta} \tag{5.69}$$

在天线 A 发射时，各天线接收到的地面点目标回波幅度归一化零中频信号为

$$s_{A,A}(t) = s_{r,o}(t) \tag{5.70a}$$

$$s_{A,B}(t) = s_{r,o}(t) e^{-j2\pi\frac{2D}{\lambda}\sin\theta\cos\beta} \tag{5.70b}$$

$$s_{A,C}(t) = s_{r,o}(t) e^{-j2\pi\frac{4D}{\lambda}\sin\theta\cos\beta} \tag{5.70c}$$

在天线 B 发射时，各天线接收到的地面点目标回波幅度归一化零中频信号为

$$s_{B,A}(t) = s_{r,o}(t) e^{j2\pi\frac{1}{\lambda}(2D+d_{e,B}+d_{r,B})\sin\theta\cos\beta} \tag{5.71a}$$

$$s_{B,B}(t) = s_{r,o}(t) e^{j2\pi\frac{1}{\lambda}(d_{e,B}+d_{r,B})\sin\theta\cos\beta} \tag{5.71b}$$

$$s_{B,C}(t) = s_{r,o}(t) e^{-j2\pi\frac{1}{\lambda}(2D-d_{e,B}-d_{r,B})\sin\theta\cos\beta} \tag{5.71c}$$

在天线 C 发射时，各天线接收到的地面点目标回波幅度归一化零中频信号为

$$s_{C,A}(t) = s_{r,o}(t) e^{j2\pi\frac{1}{\lambda}(4D+d_{e,C}+d_{r,C})\sin\theta\cos\beta} \tag{5.72a}$$

$$s_{C,B}(t) = s_{r,o}(t) e^{j2\pi\frac{1}{\lambda}(2D+d_{e,C}+d_{r,C})\sin\theta\cos\beta} \tag{5.72b}$$

$$s_{C,C}(t) = s_{r,o}(t) e^{j2\pi\frac{1}{\lambda}(d_{e,C}+d_{r,C})\sin\theta\cos\beta} \tag{5.72c}$$

若对相位中心相近的接收信号进行 DPCA 处理有 $\Delta s_{A,B}(t) = s_{A,A}(t) - s_{B,B}(t)$；$\Delta s_{B,C}(t) = s_{B,B}(t) - s_{C,C}(t)$；$\Delta s_{-D,A,B}(t) = s_{A,B}(t) - s_{B,C}(t)$；$\Delta s_{D,B,C}(t) = s_{B,A}(t) - s_{C,B}(t)$；有

$$\Delta s_{A,B}(t) = -2j s_{r,o}(t) \sin\left(\pi\frac{d_{e,B}+d_{r,B}}{\lambda}\sin\theta\cos\beta\right) e^{j\pi\frac{d_{e,B}+d_{r,B}}{\lambda}\sin\theta\cos\beta} \tag{5.73a}$$

$$\Delta s_{B,C}(t) = 2j s_{r,o}(t) \sin\left(\pi\frac{d_{e,B}+d_{r,B}-d_{e,C}-d_{r,C}}{\lambda}\sin\theta\cos\varphi\right) e^{j\pi\frac{d_{e,B}+d_{r,B}+d_{e,C}+d_{r,C}}{\lambda}\sin\theta\cos\varphi} \tag{5.73b}$$

$$\Delta s_{-D,A,B}(t) = -2j s_{r,o}(t) \sin\left(\pi\frac{d_{e,B}+d_{r,B}}{\lambda}\sin\theta\cos\varphi\right) e^{-j2\pi\frac{2}{\lambda}D\sin\theta\cos\beta} e^{j\pi\frac{d_{e,B}+d_{r,B}}{\lambda}\sin\theta\cos\varphi} \tag{5.73c}$$

$$\Delta s_{D,B,C}(t) = 2js_{r,o}(t)\sin\left(\pi \frac{d_{e,B} + d_{r,B} - d_{e,C} - d_{r,C}}{\lambda}\sin\theta\cos\varphi\right) \times$$

$$e^{j2\pi\frac{2}{\lambda}D\sin\theta\cos\varphi} e^{j\pi\frac{d_{e,B} + d_{r,B} + d_{e,C} + d_{r,C}}{\lambda}\sin\theta\cos\varphi} \tag{5.73d}$$

由于雷达平台是一惯性系统,在短时间内平台速度不会突变,要在存在速度测量误差条件下,控制测量校准时间间隔,一次测量校准之后,其误差变化可近似线性,故天线 B 与天线 A 收发天线相位中心偏差可能是天线 C 与天线 A 收发天线相位中心偏差的一倍,也可能是其一半;若是其一半,即 $d_{e,C} + d_{r,C} = 2(d_{e,B} + d_{r,B}) = 2\Delta d$,则有

$$\Delta s_{A,B}(t) = -2js_{r,o}(t)\sin\left(\pi \frac{\Delta d}{\lambda}\sin\theta\cos\beta\right)e^{j\pi\frac{\Delta d}{\lambda}\sin\theta\cos\beta} \tag{5.74a}$$

$$\Delta s_{B,C}(t) = -2js_{r,o}(t)\sin\left(\pi \frac{\Delta d}{\lambda}\sin\theta\cos\beta\right)e^{j\pi\frac{3\Delta d}{\lambda}\sin\theta\cos\beta} \tag{5.74b}$$

$$\Delta s_{-D,A,B}(t) = -2js_{r,o}(t)\sin\left(\pi \frac{\Delta d}{\lambda}\sin\theta\cos\beta\right)e^{-j\pi\frac{4D-\Delta d}{\lambda}\sin\theta\cos\beta} \tag{5.74c}$$

$$\Delta s_{D,B,C}(t) = -2js_{r,o}(t)\sin\left(\pi \frac{\Delta d}{\lambda}\sin\theta\cos\beta\right)e^{j\pi\frac{4D+3\Delta d}{\lambda}\sin\theta\cos\beta} \tag{5.74d}$$

由前分析可知,DPCA 的杂波对消比与天线相位中心偏差和杂波的方位角有关,而三天线 DPCA 则是研究在同样条件下,如何利用增加的天线提高杂波对消比。由 MTI 杂波对消技术可知,可利用三脉冲对消技术改进杂波对消比,则 DPCA 技术也可据此思想,改进杂波对消。例如,可利用式(5.74a)与式(5.74b)再次对消,即二阶 DPCA,令

$$\Delta s_{s,ABC}(t) = \Delta s_{A,B}(t) - \Delta s_{B,C}(t) \tag{5.75}$$

即

$$\Delta s_{s,ABC}(t) = -4s_{r,o}(t)\sin^2\left(\pi \frac{\Delta d}{\lambda}\sin\theta\cos\beta\right)e^{j2\pi\frac{\Delta d}{\lambda}\sin\theta\cos\beta} \tag{5.76}$$

注意上式中幅度的平方项,若 $\left|\frac{\Delta d}{\lambda}\sin\theta\cos\varphi\right| \leqslant \frac{1}{2}$,它可有效稳健地改进杂波对消比,这里定义此处理方法为二阶 DPCA,若有更多的天线进行 DPCA,则可定义其为高阶 DPCA。

若式(5.74a)与式(5.74c)再次对消,令

$$\Delta s_{s,AB}(t) = \Delta s_{A,B}(t) - \Delta s_{-D,A,B}(t) \tag{5.77}$$

即

$$\Delta s_{s,AB}(t) = -4s_{r,o}(t)\sin\left(2\pi \frac{D}{\lambda}\sin\theta\cos\beta\right)\sin\left(\pi \frac{\Delta d}{\lambda}\sin\theta\cos\beta\right)e^{-j\pi\frac{2D-\Delta d}{\lambda}\sin\theta\cos\beta}$$

$$\tag{5.78}$$

上式由于 $\sin\left(2\pi\dfrac{D}{\lambda}\sin\theta\cos\beta\right)$ 存在,也可以改进杂波对消比,通常 $D>\lambda$,其值存在周期性变化,故不同方位角的杂波对消比是不同的。实际杂波在不同方位角的大小是不均匀的,若已知某一方位距离的杂波,则可通过改变此项的角度,提高这区域的杂波对消比。设这区域的方位角为 θ_x,俯仰角为 β_x,天线的中心距 D 是已知的,以权

$$w_x = \mathrm{e}^{\mathrm{j}4\pi\frac{D}{\lambda}\sin\theta_x\cos\beta_x} \tag{5.79}$$

对式(5.74c)加权后再进行对消,则式(5.77)可修正为

$$\Delta s_{\mathrm{s,AB}}(t) = \Delta s_{\mathrm{A,B}}(t) - w_x \Delta s_{-D,\mathrm{A,B}}(t) \tag{5.80}$$

即

$$\Delta s_{\mathrm{s,AB}}(t) = -4s_{\mathrm{r,o}}(t)\sin\left(2\pi\frac{D}{\lambda}(\sin\theta\cos\beta - \sin\theta_x\cos\beta_x)\right)\sin\left(\pi\frac{\Delta d}{\lambda}\sin\theta\cos\beta\right)$$
$$\mathrm{e}^{-\mathrm{j}2\pi\frac{D}{\lambda}(\sin\theta\cos\beta - \sin\theta_x\cos\beta_x)}\mathrm{e}^{\mathrm{j}\pi\frac{\Delta d}{\lambda}\sin\theta\cos\beta} \tag{5.81}$$

分析上式可知,θ、β 在 θ_x、β_x 附近有很高的杂波对消能力,故通过加权可以实现强杂波区的有效杂波对消,如 θ_x、β_x 与天线波束指向相同,可对消主瓣杂波。

式(5.74b)与式(5.74d)进行对消处理,有

$$\Delta s_{\mathrm{s,BC}}(t) = \Delta s_{\mathrm{B,C}}(t) - \Delta s_{D,\mathrm{B,C}}(t) \tag{5.82}$$

即

$$\Delta s_{\mathrm{s,BC}}(t) = -4s_{\mathrm{r,o}}(t)\sin\left(\pi\frac{\Delta d}{\lambda}\sin\theta\cos\beta\right)\sin\left(2\pi\frac{D}{\lambda}\sin\theta\cos\beta\right)\mathrm{e}^{\mathrm{j}\pi\frac{2D+3\Delta d}{\lambda}\sin\theta\cos\beta} \tag{5.83}$$

其结果与式(5.78)相同。式(5.82)中的 $\Delta s_{D,\mathrm{B,C}}(t)$ 被式(5.79)的共轭加权,有

$$\Delta s_{\mathrm{s,BC}}(t) = \Delta s_{\mathrm{B,C}}(t) - w_x^* \Delta s_{D,\mathrm{B,C}}(t) \tag{5.84}$$

即

$$\Delta s_{\mathrm{s,AB}}(t) = -4s_{\mathrm{r,o}}(t)\sin\left(\pi\frac{\Delta d}{\lambda}\sin\theta\cos\varphi\right)\sin\left(2\pi\frac{D}{\lambda}(\sin\theta\cos\beta - \sin\theta_x\cos\beta_x)\right)$$
$$\mathrm{e}^{\mathrm{j}2\pi\frac{D}{\lambda}(\sin\theta\cos\beta - \sin\theta_x\cos\beta_x)}\mathrm{e}^{\mathrm{j}3\pi\frac{\Delta d}{\lambda}\sin\theta\cos\beta} \tag{5.85}$$

比较式(5.85)与式(5.81),可知两式信号幅度相同,差别是其相位,若二式再加权后进行杂波对消,即高阶 DPCA,就可以得到新结果,设权函数为

$$w_y = \mathrm{e}^{\mathrm{j}2\pi\frac{D}{\lambda}(\sin\theta_y\cos\beta_y - \sin\theta_x\cos\beta_x)} \tag{5.86}$$

对消的数学表达式为

$$\Delta s(t) = w_y\Delta s_{\mathrm{s,AB}}(t) - w_y^*\Delta s_{\mathrm{s,BC}}(t) \tag{5.87}$$

$$\Delta s(t) = -8\mathrm{j}s_{\mathrm{r,o}}(t)\sin\left(\pi\frac{2D+\Delta d}{\lambda}\left(\sin\theta\cos\beta - \frac{2D}{2D+\Delta d}\sin\theta_y\cos\beta_y\right)\right)\times$$

$$\sin\left(2\pi\frac{D}{\lambda}(\sin\theta\cos\beta-\sin\theta_x\cos\beta_x)\right)\sin\left(\pi\frac{\Delta d}{\lambda}\sin\theta\cos\varphi\right)e^{j2\pi\frac{\Delta d}{\lambda}\sin\theta\cos\beta}$$

$$(5.88)$$

由此可以再次对消在 θ_y 方位向附近的强杂波,同时根据其幅度的周期性,对其他方位的杂波也有一定对消得益。

5.3.2 阵列天线高阶 DPCA 原理

前面讨论了阵列天线 DPCA 技术的天线相位中心可以阵元进行调整,若每个阵元均为一个通道,那么每个阵元也均可认为是一相位中心,通过发射信号的脉冲间隔和阵元的调整实现收发相位中心的凝视,获取比较小的二脉冲之间的地杂波回波相位偏差。

设在一维线阵情况下,以第一个收发信号的天线相位中心为基准,根据雷达平台速度,调整发射信号重频和发射阵元序列,保证各次发射的阵元数相同,相位中心接近,设地面某一方向有点杂波,其与线阵各阵元的距离关系为

$$R_e(i,n,t)\approx R_o+(id-v_o nT_s-v_o t)\sin\theta\cos\beta \qquad (5.89a)$$

与接收阵元的距离关系为

$$R_r(p,n,t)\approx R_o+(pd-v_o nT_s-v_o t)\sin\theta\cos\beta \qquad (5.89b)$$

设发射波束指向 θ_o,发射第一个脉冲时,利用的发射阵元序列为 $0\sim M_e-1$,接收阵元序列为 $0\sim M_r-1$,若不考虑信号波形调制的影响,设发射阵元加权为 $w=e^{j2\pi i\frac{d}{\lambda}\sin\theta_o}$,接收阵元加权为 $w=e^{j2\pi p\frac{d}{\lambda}\sin\theta_o}$,考虑收发阵元面积投影的影响,忽略初始相位影响,则接收 p 阵元接收第 i 阵元发射幅度归一化的零中频点杂波信号为

$$s_r(i,p,0,t)=\sqrt{\cos\theta}s_{r,a}(t)e^{-j2\pi\frac{(p+i)d}{\lambda}(\sin\theta\cos\beta-\sin\theta_o)} \qquad (5.90)$$

式中:$s_{r,a}(t)=\sigma(\theta,\beta)e^{j\pi k(t-T_o)^2}e^{j2\pi\frac{2}{\lambda}v_o t\sin\theta\cos\beta}g_\tau(t-T_o)$。

第 n 个脉冲时,发射阵列选取的起始阵元为 $I_e(n)$,则发射阵元第 $I_e(n)+i$ 的加权为 $w=e^{j2\pi i\frac{d}{\lambda}\sin\theta_o}$;接收阵列选取的起始阵元为 $I_r(n)$,那么接收阵元第 $I_r(n)+p$ 的加权为 $w=e^{j2\pi p\frac{d}{\lambda}\sin\theta_o}$。归一化点杂波回波信号为

$$s_r(i,p,n,t)=\sqrt{\cos\theta}s_{r,a}(t)e^{-j2\pi\frac{(p+i)d}{\lambda}(\sin\theta\cos\beta-\sin\theta_o)}e^{-j2\pi\frac{(I_e(n)+I_r(n))d-2v_o nT_s}{\lambda}\sin\theta\cos\beta}$$

$$(5.91)$$

在理想条件下,希望 $(I_e(n)+I_r(n))d=2v_o nT$,则可使式(5.91)与式(5.90)相同;但任何测量雷达平台速度设备均存在一定测量误差,且通过调制阵元 $I_r(n)$ 也不能保证地面任一点目标前后两次收发距离相同。若以同一重频发射脉冲,阵元中心的位置偏差形成积累,若在雷达发射信号脉冲一个重复间

隔时间内,以第一个脉冲的收发位置为参考点,第二个脉冲收发阵元位置调整之和为

$$I = I_e(1) + I_r(1) \tag{5.92}$$

且此后的阵元位置调整数均为 I,设调整后的相位中心位置偏差为 $\Delta d = Id - 2v_oT_s$,故式(5.91)也可表示为

$$s_r(i,p,n,t) = \sqrt{\cos\theta} s_{r,a}(t) e^{-j2\pi\frac{(p+i)d}{\lambda}(\sin\theta\cos\beta - \sin\theta_o)} e^{-j2\pi\frac{n\Delta d}{\lambda}\sin\theta\cos\beta} \tag{5.93}$$

以相邻二脉冲信号对消杂波,可构造对消信号

$$\Delta s_1(i,p,n,t) = s_r(i,p,n,t) - s_r(i,p,n+1,t) \tag{5.94}$$

将式(5.93)代入上式有

$$\Delta s_1(i,p,n,t) = 2j\sqrt{\cos\theta} s_{r,a}(t)\sin\left(\pi\frac{\Delta d}{\lambda}\sin\theta\cos\beta\right) \times$$
$$e^{-j2\pi\frac{(p+i)d}{\lambda}(\sin\theta\cos\beta - \sin\theta_o)} e^{-j\pi\frac{(2n+1)\Delta d}{\lambda}\sin\theta\cos\beta} \tag{5.95}$$

由前面讨论的二阶 DPCA 原理,可以推论出数字收发阵列的二阶 DPCA 的表达式为

$$\Delta s_2(i,p,n,t) = \Delta s_1(i,p,n,t) - \Delta s_1(i,p,n+1,t) \tag{5.96}$$

将式(5.95)代入式(5.96),有

$$\Delta s_2(i,p,n,t) = -4\sqrt{\cos\theta} s_{r,a}(t)\sin^2\left(\pi\frac{\Delta d}{\lambda}\sin\theta\cos\beta\right) \times$$
$$e^{-j2\pi\frac{(p+i)d}{\lambda}(\sin\theta\cos\beta - \sin\theta_o)} e^{-j\pi\frac{(2n+2)\Delta d}{\lambda}\sin\theta\cos\beta} \tag{5.97}$$

分析式(5.97)与式(5.95),可知二阶 DPCA 的杂波对消比明显改进。与式(5.25)相类似,由于采用三脉冲信号对消,故定义二阶 DPCA 的对消响应函数为

$$\Gamma_2(\theta,\beta) = \sin^2\left(\pi\frac{\Delta d}{\lambda}\sin\theta\cos\beta\right) e^{-j2\pi\frac{\Delta d}{\lambda}\sin\theta\cos\beta} \tag{5.98}$$

由式(5.95)和式(5.97)可以推出更高阶 DPCA。那么高阶 DPCA 的表达式为

$$\Delta s_m(i,p,n,t) = \Delta s_{m-1}(i,p,n,t) - \Delta s_{m-1}(i,p,n+1,t) \tag{5.99}$$

高阶对消响应函数为

$$\Gamma_m(\theta,\beta) = \sin^m\left(\pi\frac{\Delta d}{\lambda}\sin\theta\cos\beta\right) e^{-jm\pi\frac{\Delta d}{\lambda}\sin\theta\cos\beta} \tag{5.100}$$

通过调整选取不同 I,总存在 $\Delta d \leqslant \dfrac{d}{2}$,故上式满足

$$|\Gamma_m(\theta,\beta)| \leqslant \left|\sin^m\left(\frac{\pi}{4}\sin\theta\cos\beta\right)\right| \tag{5.101}$$

根据式(5.48)所表示总杂波功率对消比的定义,可有高阶 DPCA 总杂波功率对消比定义为

$$\eta_m(\beta) = \frac{1}{\pi} \int_{-\frac{\pi}{2}}^{\frac{\pi}{2}} |\Gamma_m^2(\theta,\beta)| \mathrm{d}\theta \qquad (5.102)$$

由前面分析可知,可采用前后二脉冲的接收阵元数的差异减小 DPCA 的相位中心位置差,设发射阵元数为 M_e,波束方向图为 $p_{M_e}(\theta,\theta_o)$;前一脉冲接收阵元数选为 M_r,形成方向图为 $p_{M_r}(\theta,\theta_o)$,则由式(5.94)所示阵元接收信号方向图合成后为

$$s_{r,M_r}(n,t) = s_{r,a}(t)p_{M_e}(\theta,\theta_o)p_{M_r}(\theta,\theta_o)\mathrm{e}^{-j2\pi\frac{n\Delta d}{\lambda}\sin\theta\cos\beta} \qquad (5.103)$$

若接收利用 M_r+1 个阵元,接收波束仍指向 θ_o,形成方向图为 $p_{M_r+1}(\theta,\theta_o)$,则其接收信号为

$$s_{r,M_r+1}(n,t) = s_{r,a}(t)p_{M_e}(\theta,\theta_o)p_{M_r+1}(\theta,\theta_o)\mathrm{e}^{-j2\pi\frac{n\Delta d}{\lambda}\sin\theta\cos\beta} \qquad (5.104)$$

若 $|p_{M_r+1}(\theta,\theta_o)| \approx |p_{M_r}(\theta,\theta_o)|$,则有

$$p_{M_r+1}(\theta,\theta_o) \approx p_{M_r}(\theta,\theta_o)\mathrm{e}^{j\pi\frac{d}{\lambda}\sin\theta\cos\beta} \qquad (5.105)$$

$$s_{r,M_r+1}(n,t) \approx s_{r,a}(t)p_{M_e}(\theta,\theta_o)p_{M_r}(\theta,\theta_o)\mathrm{e}^{-j2\pi\frac{n\Delta d-\frac{d}{2}}{\lambda}\sin\theta\cos\beta} \qquad (5.106)$$

其含义是通过调整接收阵列的阵元序列和阵元数,可保证存在前后二脉冲的收发天线相位中心偏差小于四分之一个阵元间距,即计算二次对消;其一是前后二脉冲接收阵元数相同时的对消,为

$$\Delta s_{1,M_r}(n,t) = s_{r,M_r}(n,t) - s_{r,M}(n+1,t) \qquad (5.107)$$

$$\Delta s_{1,M_r}(n,t) = 2\mathrm{j}S_{r,a}(t,\theta,\beta)\sin\left(\pi\frac{\Delta d}{\lambda}\sin\theta\cos\beta\right)\mathrm{e}^{-j\pi\frac{(2n+1)\Delta d}{\lambda}\sin\theta\cos\beta} \qquad (5.108)$$

式中:$S_{r,a}(t,\theta,\beta) = s_{r,a}(t)p_{M_e}(\theta,\theta_o)p_{M_r}(\theta,\theta_o)$;对消响应函数为

$$\Gamma_{1,M_r}(\theta,\beta) = \sin\left(\pi\frac{\Delta d}{\lambda}\sin\theta\cos\beta\right)\mathrm{e}^{-j\pi\frac{\Delta d}{\lambda}\sin\theta\cos\beta} \qquad (5.109)$$

其二是后一脉冲的阵元数增加一个时的对消,为

$$\Delta s_{1,M_r+1}(n,t) = s_{r,M_r}(n,t) - s_{r,M_r+1}(n+1,t) \qquad (5.110)$$

$$\Delta s_{1,M_r+1}(n,t) = 2\mathrm{j}S_{r,a}(t,\theta,\beta)\sin\left(\pi\frac{\Delta d-\frac{d}{2}}{\lambda}\sin\theta\cos\beta\right)\mathrm{e}^{-j\pi\frac{(2n+1)\Delta d-\frac{d}{2}}{\lambda}\sin\theta\cos\beta}$$

$$(5.111)$$

对消响应函数为

$$\Gamma_{1,M_r+1}(\theta,\beta) = \sin\left(\pi\frac{\Delta d-\frac{d}{2}}{\lambda}\sin\theta\cos\beta\right)\mathrm{e}^{-j\pi\frac{\Delta d-\frac{d}{2}}{\lambda}\sin\theta\cos\beta} \qquad (5.112)$$

由于通过调整形成接收波束阵元序列,总存在 $\Delta d \leqslant \frac{d}{2}$,如果取 $\Delta d = \frac{d}{2} \pm \delta$,

$\delta \leqslant \dfrac{d}{4}$，则式（5.109）和式（5.112）可为

$$\Gamma_{1,M_r}(\theta,\beta) = \sin\left(\pi\frac{\dfrac{d}{2}\pm\delta}{\lambda}\sin\theta\cos\beta\right)e^{-j\pi\frac{\frac{d}{2}\pm\delta}{\lambda}\sin\theta\cos\beta} \tag{5.113}$$

$$\Gamma_{1,M_r+1}(\theta,\beta) = \sin\left(\pi\frac{\delta}{\lambda}\sin\theta\cos\beta\right)e^{\mp j\pi\frac{\delta}{\lambda}\sin\theta\cos\beta} \tag{5.114}$$

式（5.113）和式（5.114）中，总存在最小值为

$$\min\left\{|\Gamma_{1,M_r}(\theta,\beta)|\,\text{or}\,|\Gamma_{1,M_r+1}(\theta,\beta)|\right\} \leqslant \left|\sin\left(\frac{\pi}{8}\sin\theta\cos\beta\right)\right| \tag{5.115}$$

也就是说式（5.113）和式（5.114）均需要计算，以获取小信杂比信号。为了便于分析，可设一阶 DPCA 后的信号为

$$\Delta s_{1,M_r+1}(n,t) = \pm 2j S_{r,a}(t,\theta,\beta)\sin\left(\pi\frac{\delta}{\lambda}\sin\theta\cos\beta\right)e^{-j\pi\frac{2n\Delta d\pm\delta}{\lambda}\sin\theta\cos\beta} \tag{5.116}$$

同理，可推得

$$\Delta s_{1,M_r}(n,t) = s_{r,M_r-1}(n,t) - s_{r,M_r}(n+1,t) \tag{5.117}$$

即

$$\Delta s_{1,M_r}(n,t) = \pm 2j S_{r,a}(t,\theta,\beta)\sin\left(\pi\frac{\delta}{\lambda}\sin\theta\cos\beta\right)e^{-j\pi\frac{2n\Delta d\pm\delta+d}{\lambda}\sin\theta\cos\beta} \tag{5.118}$$

定义二阶 DPCA 为

$$\Delta s_{2,M_r+1}(n,t) = \Delta s_{1,M_r}(n,t) - \Delta s_{1,M_r+1}(n+1,t) \tag{5.119}$$

即

$$\Delta s_{2,M_r+1}(n,t) = (\pm 2j)^2 S_{r,a}(t,\theta,\beta)\sin^2\left(\pi\frac{\delta}{\lambda}\sin\theta\cos\beta\right)e^{-j\pi\frac{2n\Delta d\pm2\delta+d}{\lambda}\sin\theta\cos\beta} \tag{5.120}$$

那么二阶对消响应函数为

$$\Gamma_{2,M_r+1}(\theta,\beta) = \sin^2\left(\pi\frac{\delta}{\lambda}\sin\theta\cos\beta\right)e^{-j\pi\frac{d\pm2\delta}{\lambda}\sin\theta\cos\beta} \tag{5.121}$$

由于 $\delta \leqslant \dfrac{d}{4}$，故有

$$|\Gamma_{2,M_r+1}(\theta,\beta)| \leqslant \sin^2\left(\frac{\pi}{8}\sin\theta\cos\beta\right) \leqslant \sin^2\left(\frac{\pi}{8}\right) \tag{5.122}$$

此式表明利用二阶 DPCA 技术可以实现全方向杂波对消，有 16.2dB 的得益，如图 5.14 所示，总杂波功率对消达 41.7dB 以上。若考虑收发天线阵面的俯

仰方位投影影响,则各向杂波滤波性能为

$$|\eta_2(\theta,\beta)| \leq \left| \sin^2\left(\frac{\pi}{8}\sin\theta\cos\beta \right)\cos\theta\cos\beta \right| \tag{5.123}$$

在 $\cos\beta \approx 1$ 时,天线方向图杂波性能影响如图 5.15 所示,其方位角 $\pm 54°$ 处的杂波处理性能最低,但可达 24.8dB,其性能比一阶 DPCA 处理性能有比较大的改进。

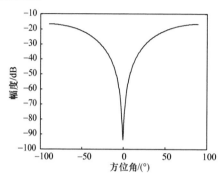

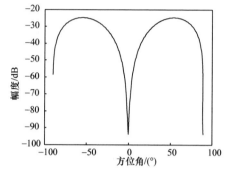

图 5.14　二阶 DPCA 各方向杂波响应　　　图 5.15　考虑天线阵面投影时的响应

依此类推,高阶 DPCA 的杂波响应函数满足

$$|\Gamma_{m,M_r+1}(\theta,\beta)| \leq \left| \sin^m\left(\frac{\pi}{8}\sin\theta\cos\beta \right) \right| \tag{5.124}$$

考虑收发天线阵面的俯仰方位投影影响,则各向杂波滤波性能满足为

$$|\eta_m(\theta,\beta)| \leq \left| \sin^m\left(\frac{\pi}{8}\sin\theta\cos\beta \right)\cos\theta\cos\beta \right| \tag{5.125}$$

DPCA 处理的阶数越高,杂波抑制性能越好,但天线阵元数是有限的,在不同阵元数条件下,合成天线方向图近似相等的条件可能不成立,会造成杂波对消效果提高受阻,同时还要考虑目标信号处理的损失,要具体情况具体分析,分析原理与此相同。

在高阶 DPCA 处理时,也可充分利用对消零点降低杂波电平,与式(5.53)原理相同,设一阶加权为 $w_1 = \mathrm{e}^{\mathrm{j}2\gamma_1(\theta_{r,1})}$:

$$\Delta s_{1,M_r}(n,t) = s_{r,M_r}(n,t) - w_1 s_{r,M_r}(n+1,t) \tag{5.126}$$

即

$$\Delta s_{1,M_r}(n,t) = 2\mathrm{j}S_{r,a}(t,\theta,\beta)\sin\left(\pi\frac{\Delta d}{\lambda}\sin\theta\cos\beta - \gamma_1(\theta_{r,1}) \right)\mathrm{e}^{-\mathrm{j}\left(\pi\frac{(2n+1)\Delta d}{\lambda}\sin\theta\cos\beta - \gamma_1(\theta_{r,1}) \right)}$$

$$\tag{5.127}$$

式中:$\gamma_1(\theta_{r,1})$ 为相位权函数。

当后一脉冲的阵元数增加一个时的加权对消为

$$\Delta s_{1,M_r+1}(n,t) = s_{r,M_r}(n,t) - w_1 s_{r,M_r+1}(n+1,t) \tag{5.128}$$

$$\Delta s_{1,M_r+1}(n,t) = 2\mathrm{j}S_{r,a}(t,\theta,\beta)\sin\left(\pi\frac{\Delta d - \dfrac{d}{2}}{\lambda}\sin\theta\cos\beta - \gamma_1(\theta_{r,1})\right)$$

$$\mathrm{e}^{-\mathrm{j}\left(\pi\frac{(2n+1)\Delta d - \frac{d}{2}}{\lambda}\sin\theta\cos\beta - \gamma_1(\theta_{r,1})\right)} \tag{5.129}$$

根据式(5.119)的二阶 DPCA 定义,对消处理时再加权,设权为 $w_2 = \mathrm{e}^{\mathrm{j}2\gamma_2(\theta_{r,2})}$,则加权后的二阶 DPCA 定义为

$$\Delta s_{2,M_r+1}(n,t) = \Delta s_{1,M_r}(n,t) - w_2\Delta s_{1,M_r+1}(n+1,t) \tag{5.130}$$

即

$$\Delta s_{2,M_r+1}(n,t) = (\pm 2\mathrm{j})^2 S_{r,a}(t,\theta,\beta)\sin\left(\pi\frac{\delta}{\lambda}\sin\theta\cos\beta - \gamma_1(\theta_{r,1})\right)$$

$$\sin\left(\pi\frac{\delta}{\lambda}\sin\theta\cos\beta - \gamma_2(\theta_{r,2})\right)\mathrm{e}^{-\mathrm{j}\left(\pi\frac{2n\Delta d \pm 2\delta + d}{\lambda}\sin\theta\cos\beta - \gamma_1(\theta_{r,1}) - \gamma_2(\theta_{r,2})\right)}$$

$$\tag{5.131}$$

二阶对消响应函数满足

$$|\Gamma_{2,M_r+1}(\theta,\beta)| \leqslant \left|\sin\left(\pi\frac{\delta}{\lambda}\sin\theta\cos\beta - \gamma_1(\theta_{r,1})\right)\sin\left(\pi\frac{\delta}{\lambda}\sin\theta\cos\beta - \gamma_2(\theta_{r,2})\right)\right|$$

$$\tag{5.132}$$

从式(5.132)看到二阶 DPCA 可设置两个零点,以此类推,m 阶 DPCA 可设置 m 个零点,阶对消响应函数满足

$$|\Gamma_{m,M_r+1}(\theta,\beta)| \leqslant \left|\prod_{i=1}^{m}\sin\left(\pi\frac{\delta}{\lambda}\sin\theta\cos\beta - \gamma_i(\theta_{r,i})\right)\right| \tag{5.133}$$

考虑收发天线阵面的俯仰方位投影影响时,有

$$|\Gamma_{m,M_r+1}(\theta,\beta)| = \left|\prod_{i=1}^{m}\sin\left(\pi\frac{\delta}{\lambda}\sin\theta\cos\beta - \gamma_i(\theta_{r,i})\right)\right|\cos\theta\cos\beta \tag{5.134}$$

以三阶 DPCA 为例,如果取 $\cos\beta \approx 1$,$\theta_{r,1} = 0°$,$\theta_{r,2} = 44.4°$,$\theta_{r,3} = -44.4°$,按式(5.134)得到的对消比响应如图 5.16 所示,每个方向的杂波均可对消 42.9dB 以上。由于雷达探测目标波束指向角的天线增益比较大,其杂波影响也比较大,若杂波对消零点与波束指向相同,则可有效降低主瓣杂波的影响,设主波束指向 $20°$,取 $\theta_{r,1} = 20°$,则对消比响应如图 5.17 所示,从图中可知,方位向 $16°$ 处对消杂波 36.8dB 以上,虽然该角度杂波对消性能有所下降,但波束指向处为杂波零点。

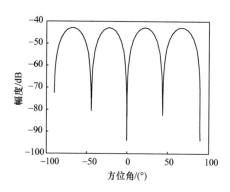

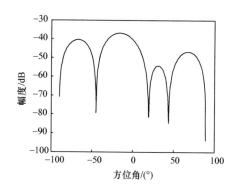

图 5.16 三阶 DPCA 对消响应示意   图 5.17 与波束指向相同时的对消响应示意

5.3.3 距离模糊影响

DPCA 技术是应用于运动平台的杂波对消处理技术,而杂波区与平台的高度有关,也就是说杂波区取决于雷达对地的视距,若平台飞行高度为 8km,那么对地的视距为 369km,如果雷达发射信号的重频为 1kHz,其不模糊距离为 150km,那么在距离 150 ~ 300km 的杂波会产生折叠;而 300 ~ 369km 之间的杂波也会折叠。

如果设雷达发射脉冲信号重复周期为 $T_r = 1\text{ms}$,设有两个理想点杂波,其一点 a 延时为 T_a, 式(5.90)中的基带信号可表示为

$$s_{r,a,a}(t) = \sigma(\theta_a,\beta_a) s_a(t) \tag{5.135}$$

式中: $s_a(t) = \mathrm{e}^{\mathrm{j}\pi k(t - T_a)^2} \mathrm{e}^{\mathrm{j}2\pi\frac{2}{\lambda}v_o t\sin\theta\cos\beta} g_\tau\left(t - \frac{\tau}{2} - T_a\right)$

另一点 b 的延时为 $T_a + T_r$,信号包络可表示为

$$s_{r,a,b}(t) = \sigma(\theta_b,\beta_b) s_a(t) \mathrm{e}^{\mathrm{j}\varphi_b} \mathrm{e}^{\mathrm{j}2\pi\frac{2}{\lambda}v_o T_r\sin\theta\cos\beta} \tag{5.136}$$

若收发相位中心不变,即凝视条件下,分析式(5.90)可得点目标 a 的回波信号为

$$s_{r,M_r,a}(n,t) = \sigma(\theta_a,\beta_a) s_a(t) p_{M_e}(\theta,\theta_o) p_{M_r}(\theta,\theta_o) \mathrm{e}^{-\mathrm{j}2\pi\frac{n\Delta d}{\lambda}\sin\theta_a\cos\beta_a} \tag{5.137}$$

点目标 b 的回波信号为

$$s_{r,M_r,b}(n,t) = \sigma(\theta_b,\beta_b) s_a(t) p_{M_e}(\theta,\theta_o) p_{M_r}(\theta,\theta_o) \mathrm{e}^{-\mathrm{j}2\pi\frac{(n+1)\Delta d}{\lambda}\sin\theta_b\cos\beta_b}$$

$$\tag{5.138}$$

两个点目标的合成信号为

$$s_{r,M_r}(n,t) = s_{r,M_r,a}(n,t) + s_{r,M_r,b}(n,t) \tag{5.139}$$

即

$$s_{r,M_r}(n,t) = s_a(t)p_{M_e}(\theta,\theta_o)p_{M_r}(\theta,\theta_o)(\sigma(\theta_a,\beta_a)e^{-j2\pi\frac{n\Delta d}{\lambda}\sin\theta_a\cos\beta_a} +$$

$$\sigma(\theta_b,\beta_b)e^{-j2\pi\frac{(n+1)\Delta d}{\lambda}\sin\theta_b\cos\beta_b}) \tag{5.140}$$

DPCA 处理的信号为

$$\Delta s_{r,M_r}(n,t) = s_a(t)p_{M_e}(\theta,\theta_o)p_{M_r}(\theta,\theta_o)(\sigma(\theta_a,\beta_a)(1-e^{-j2\pi\frac{\Delta d}{\lambda}\sin\theta_a\cos\beta_a})e^{-j2\pi\frac{n\Delta d}{\lambda}\sin\theta_a\cos\beta_a} +$$

$$\sigma(\theta_b,\beta_b)(1-e^{-j2\pi\frac{\Delta d}{\lambda}\sin\theta_b\cos\beta_b})e^{-j2\pi\frac{(n+1)\Delta d}{\lambda}\sin\theta_b\cos\beta_b}) \tag{5.141}$$

分析式(5.141)可知,每一点的杂波对消响应函数均可以与式(5.55)相似,由此推论,在天线相位中心凝视条件下,距离模糊时仍可获取 DPCA 处理性能。

5.4　相位中心凝视多普勒处理

DPCA 技术的本质是模拟地面固定站雷达的 MTI 技术,创造两个脉冲的地面固定杂波回波的相位变化尽可能的小,若有多个脉冲的天线收发相位中心不变,就可以利用运动目标回波有多普勒频移,而地面杂波的多普勒频移很小这种频域差别实现目标检测。

5.4.1　相位中心凝视多普勒处理

若雷达平台以速度 v_r 前行,而雷达收发信号的天线相位中心以速度 v_o 后行,那么就可保证雷达收发信号时位置保持不变。若在一个重复周期内,雷达平台向前运动距离 v_oT_r 与天线后移距离 Id 的距离差为 Δd,那么,杂波的频率为

$$f_c = 2\frac{\Delta d}{\lambda T_r}\sin\theta\cos\beta \tag{5.142}$$

由于 $\Delta d = Id - v_oT_r$,在理想条件下,若 $v_oT_s = Id$,则杂波集中在零频,而运动目标的速度所产生的距离变化不能对消,故可以采用多普勒检测技术发现目标。在一般情况下,杂波的频率范围为

$$B_c \leqslant 4\left|\frac{\Delta d}{\lambda T_r}\right| \tag{5.143}$$

前文讨论,采用天线相位中心凝视,若 $\Delta d \leqslant \dfrac{d}{2}$,阵元间距为 $d = \dfrac{\lambda}{2}$,则有

$$B_c \leqslant \left|\frac{1}{T_r}\right| \tag{5.144}$$

由此可见,杂波谱宽与 T_r 有关,T_r 越长,杂波谱宽越窄。若在 M_{st} 个脉冲时间内保持天线相位中心偏差小 Δd,则式(5.143)所示的杂波带宽可修正为

$$B_c \leqslant 4\left|\frac{\Delta d}{\lambda M_{st}T_r}\right| \tag{5.145}$$

式(5.143)可修正为

$$B_c \leqslant \left| \frac{1}{M_{st}T_r} \right| \qquad (5.146)$$

式中:M_{st}为凝视脉冲数。

在离散数字信号中谱不重叠谱域宽度为$\frac{1}{T_r}$,则杂波谱在数字信号谱中所占比例为$\frac{1}{M_{st}}$,杂波谱主要功率集中在零频附近,可定义其为凝视杂波谱聚集;而探测的运动目标由于自身运动时产生多普勒频率,则会造成其频谱与杂波谱的差异。

如设一天线长 8m,发射信号波长 $\lambda=0.1m$,阵元间距 $d=0.05m$,总阵元数 160,收发均取 $M_{st}=32$ 个阵元调节收发波束的相位中心,故发射天线和接收天线相位中心均可调节 $l=M_{st}d=1.6m$,若平台的飞行速度为 $v_o=200m/s$,在保证收发天线增益不变的条件下,可保证天线相位中心凝视时间为

$$T_{st} = \frac{l}{v_o} \qquad (5.147)$$

在此可计算出,$T_{st}=8ms$。天线相位中心凝视时间又可表示为

$$T_{st} = M_{st}T_r \qquad (5.148)$$

同时调整发射脉冲重复周期,使其运动距离为阵元间距的整数倍,即

$$v_o T_s = kd \qquad (5.149)$$

如果取 $k=1$,则 $T_r=\frac{d}{v_o}=250\mu s$,凝视的脉冲数为 $M_{st}=32$;取 $k=2$,凝视的脉冲数为 $M_{st}=16$。

任何一惯导系统对运动平台速度测量均有一定误差,这种误差的积累会造成天线相位中心凝视的偏差,导致杂波谱的扩展,影响运动目标的检测。设速度测量误差为 ΔV,在相位中心凝视时间内,希望积累的相位中心偏差 $\Delta d \leqslant \frac{d}{2}$,由于 $\Delta d=\Delta V T_{st}$,故测速误差应满足

$$\Delta V \leqslant \frac{d}{2T_{st}} \qquad (5.150)$$

在前述条件下,测速误差 $\Delta V \leqslant 3.125m/s$,可得到比较好相位中心凝视,杂波谱宽为 $B_c \leqslant 125Hz$,而没有进行相位中心凝视处理时的杂波谱宽为 $B \leqslant 2\left|\frac{2v_o}{\lambda}\right|=8kHz$。很明显,相位中心凝视处理扩展了检测目标的清晰区。

5.4.2 多相位中心凝视点多普勒处理

雷达天线口径是有限的,由于雷达平台的运动,在空间位置的某一点不能长

时间凝视,为了实现雷达探测远距离目标,在雷达功率口径积一定的条件下,必须通过延长积累时间实现目标检测,则可能的措施是在多个空间位置进行收发相位中心凝视实现探测。

若称在空间位置的某一点的雷达天线相位中心凝视探测目标时间为一帧凝视时间,为了延长积累时间,则可在另一空间位置开始下一帧凝视时间;如果雷达对某空域连续发射脉冲信号,则下一帧凝视时间时,相位中心距前一帧凝视时间的相位中心距离为 $l = v_o M_{st} T_r$,由式(5.91)可分析得新一帧凝视时间的接收到的回波模型为

$$s_r(i,p,M_{st}+n,t) = s_r(i,p,n,t) e^{j2\pi f_{do}T_r\sin\theta\cos\beta M_{st}} \tag{5.151}$$

式中:$f_{do} = \dfrac{2v_o}{\lambda}$。

天线方向图合成后的前后相邻位置的信号为

$$s_{r,M_r}(n,t) = s_{r,a}(t) p_{M_e}(\theta,\theta_o) p_{M_r}(\theta,\theta_o) e^{-j2\pi\frac{n\Delta d}{\lambda}\sin\theta\cos\beta} \tag{5.152}$$

$$s_{r,M_r}(M_{st}+n,t) = s_{r,M_r}(n,t) e^{j2\pi f_{do}T_r\sin\theta\cos\beta M_{st}} \tag{5.153}$$

若 $s_{r,M_r}(n,t)$ 的傅里叶变换为

$$s_{o,M_r}(f,t) = \sum_{n=0}^{M_{st}-1} s_{r,M}(n,t) e^{-j2\pi fT_r n} \tag{5.154}$$

则 $s_{r,M_r}(M_{st}+n,t)$ 的傅里叶变换为

$$s_{1,M_r}(f,t) = \sum_{n=0}^{M_{st}-1} s_{r,M}(M_{st}+n,t) e^{-j2\pi fT_r n} \tag{5.155a}$$

即

$$s_{1,M_r}(f,t) = s_{o,M_r}(f,t) e^{j2\pi(f_{do}\sin\theta\cos\beta - f)T_r M_{st}} \tag{5.155b}$$

故有

$$S_{r,M_r}(f,t) = s_{o,M_r}(f,t) + s_{1,M_r}(f,t) \tag{5.156}$$

即

$$S_{r,M_r}(f,t) = s_{o,M_r}(f,t)(1 + e^{j2\pi(f_{do}\sin\theta\cos\beta - f)T_r M_{st}}) \tag{5.157}$$

分析式(5.157)可知,两个相位中心凝视时的杂波谱受 $s_{o,M}(f,t)$ 调制,而由上一节讨论明确杂波谱能量聚集于 $B_c \leqslant \left| \dfrac{1}{M_{st}T_r} \right|$ 范围内,故式(5.157)表示的两个相位中心凝视时的合成信号谱的主要杂波谱能量也聚集于 B_c。

一般情况下,设有多个相位中心凝视点 M_p,第 m 点的接收信号为

$$s_{r,M_r}(mM_{st}+n,t) = s_{r,M_r}(n,t) e^{j2\pi mf_{do}T_r M_{st}} \tag{5.158}$$

其傅里叶变换谱为

$$S_{r,M_r}(f,t) = s_{o,M_r}(f,t) \sum_{m=0}^{M_p-1} e^{j2\pi m(f_{do}\sin\theta\cos\beta - f)T_r M_{st}} \tag{5.159}$$

即：

$$S_{r,M_r}(f,t) = s_{0,M_r}(f,t) \frac{\sin(\pi(f_{do}\sin\theta\cos\beta - f)T_r M_p M_{st})}{\sin(\pi(f_{do}\sin\theta\cos\beta - f)T_r M_{st})} \times$$
$$e^{j\pi(f_{do}\sin\theta\cos\beta - f)T_s(M_p-1)M_{st}} \tag{5.160}$$

分析式(5.160)可知,杂波谱的宽度和杂波能量的分布取决于 $s_{0,M_r}(f,t)$,在 $T_r M_p M_{st}$ 比较大时,可以明显发现 $\dfrac{\sin(\pi(f_{do}\sin\theta\cos\beta - f)T_r M_p M_{st})}{\sin(\pi(f_{do}\sin\theta\cos\beta - f)T_r M_{st})}$ 是对 $s_{0,M_r}(f,t)$ 频域取样,取样的频率点为 $f_{do}\sin\theta\cos\beta$,其具体理论分析可参考 3.1.1 节;杂波的副瓣也存在,其对运动目标的检测同样也有影响,若采用相位中心凝视 DPCA,再结合多普勒处理,加窗处理,可以有效地降低杂波能量及其副瓣对运动目标检测的影响。

◼ 5.5　斜置天线多波束凝视 DPCA

若机载雷达天线安装时,其天线法线方向不一定垂直平台速度方向,由此产生的相位中心偏差也变得复杂,平台运动的结果是若要保证天线相位中心的凝视,所取对应位置的阵元会在垂直速度方向产生距离偏差,若这种偏差不得到补偿,将会影响 DPCA 杂波对消效果。

5.5.1　斜置天线点杂波

设雷达有三天线为等边三角形安装,靠近机头的天线垂直平台速度方向,如图 5.18 所示,有阵面 A、B 和 C,阵元间距为 d ,每个天线口径均为 D_o 。设其中一斜置天线 B 与地面某一点杂波的几何关系如图 5.19 所示,则第 i 个阵元与地面点杂波之间的距离关系为

$$R(t) \approx R(x,y) + \left(id\sin\left(\theta + \frac{\pi}{6}\right) - v_o t\sin\theta\right)\cos\beta - \frac{D_o}{2}\cos\theta\cos\beta \tag{5.161}$$

式中: $R(x,y) = \sqrt{x^2 + y^2}$ 。

若第 i 阵元发射,第 p 阵元接收的点杂波延时为

$$T(t) \approx T + \frac{(i+p)d\sin\left(\theta + \dfrac{\pi}{6}\right) - 2v_o t\sin\theta - D_o\cos\theta}{c}\cos\beta \tag{5.162}$$

式中: $T = 2\dfrac{R(x,y)}{c}$ 。

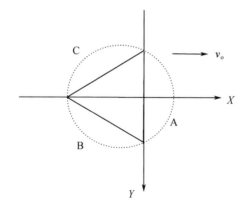

图 5.18 三面天线与载机飞行方向几何关系

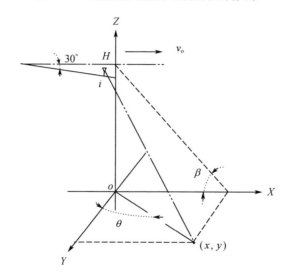

图 5.19 B 面天线与点杂波之间几何关系

第 i 阵元发射,第 p 个阵元接收到第 n 脉冲的点杂波可表示为

$$s_r(t,i,p,n) = s_{r,o}(t,\theta,\beta) e^{j2\pi \frac{D_o\cos\theta - (i+p)d\sin\left(\theta+\frac{\pi}{6}\right)}{\lambda}\cos\beta} e^{j2\pi \frac{2v_o nT_s\sin\theta - (I(n)+P(n))d\sin\left(\theta+\frac{\pi}{6}\right)}{\lambda}\cos\beta}$$

$$(5.163)$$

式中:$s_{r,o}(t,\theta,\beta) = \sigma(\theta,\beta)\cos\theta e^{-j2\pi \frac{2v_o}{\lambda}t\sin\theta\cos\beta}$

5.5.2 斜置天线凝视 DPCA 处理

DPCA 处理是前一脉冲回波信号与后一脉冲回波信号对消,凝视过程是调整发射接收阵元序列,实现对消脉冲间阵元间位置之和偏差最小。第 i 阵元发

射，第 p 个阵元接收到的相邻二脉冲接收信号对消为

$$\Delta s_{1,r}(t,i,p,n) = s_r(t,i,p,n+1) - w_1 s_r(t,i,p,n) \tag{5.164}$$

若取权 $w_1 = e^{j2\gamma_1(\theta_1)}$，$\gamma_1(\theta_1)$ 为相位数有

$$\Delta s_{1,r}(t,i,p,n) = 2js_{r,o}(t,\theta,\beta)\Gamma_1(\theta,\beta,\theta_1) \times$$

$$e^{j2\left(\pi\frac{D_o\cos\theta - (I(n)+P(n)+i+p)d\sin\left(\theta+\frac{\pi}{6}\right)}{\lambda}\cos\beta + \gamma_1(\theta_1)\right)}e^{j2\pi\frac{2v_on T_r\sin\theta}{\lambda}\cos\beta} \tag{5.165}$$

式中：对消响应函数为

$$\Gamma_1(\theta,\beta,\theta_1) = \sin\left(\pi\frac{D_1(\theta)}{\lambda}\cos\beta - \gamma_1(\theta_1)\right)e^{j\left(\pi\frac{D(\theta)}{\lambda}\cos\beta - \gamma_1(\theta_1)\right)} \tag{5.166}$$

令 $I_1(n) = I(n+1) - I(n)$，$P_1(n) = P(n+1) - P(n)$，$K_1 = I_1(n) + P_1(n)$，则式中杂波方向角调制 $D_1(\theta)$ 为

$$D_1(\theta) = \left(2v_oT_r - K_1 d\cos\frac{\pi}{6}\right)\sin\theta - \frac{K_1 d}{2}\cos\theta \tag{5.167}$$

如果雷达天线采用低波段发射，则阵元间距比较大，若 $v_oT_r \leqslant \dfrac{d}{4}$，即在一个脉冲信号重复周期内，平台运动的距离小于阵元间距的一半，则 $K_1 = 0$，式(5.166)可为

$$\Gamma_1(\theta,\beta,\theta_1) = \sin\left(\pi\frac{2v_oT_r}{\lambda}\sin\theta\cos\beta - \gamma_1(\theta_1)\right)e^{j\left(\pi\frac{2v_oT_r}{\lambda}\sin\theta\cos\beta - \gamma_1(\theta_1)\right)} \tag{5.168}$$

此式与前面介绍的式(5.65)一阶 DPCA 杂波对消响应函数特性相同。

如果 $2v_oT_r = K_1 d\cos\dfrac{\pi}{6}$，则式(5.167)为

$$\Gamma_1(\theta,\beta,\theta_1) = -\sin\left(\pi\frac{K_1 d}{2\lambda}\cos\theta\cos\beta + \gamma_1(\theta_1)\right)e^{-j\left(\pi\frac{K_1 d}{2\lambda}\cos\theta\cos\beta + \gamma_1(\theta_1)\right)} \tag{5.169}$$

如果 $v_oT_r = K_1 d\cos\dfrac{\pi}{6}$，则式(5.166)为

$$\Gamma_1(\theta,\beta,\theta_1) = \sin\left(\pi\frac{K_1 d}{\lambda}\sin\left(\theta - \frac{\pi}{6}\right)\cos\beta - \gamma_1(\theta_1)\right)e^{j\left(\pi\frac{K_1 d}{\lambda}\sin\left(\theta - \frac{\pi}{6}\right)\cos\beta - \gamma_1(\theta_1)\right)} \tag{5.170}$$

上式中取 $K_1 = 1$ 时，其可表达为

$$\Gamma_1(\theta,\beta,\theta_1) = \sin\left(\pi\frac{d}{\lambda}\sin\left(\theta - \frac{\pi}{6}\right)\cos\beta - \gamma_1(\theta_1)\right)e^{j\left(\pi\frac{d}{\lambda}\sin\left(\theta - \frac{\pi}{6}\right)\cos\beta - \gamma_1(\theta_1)\right)} \tag{5.171}$$

分析式(5.171)可知,在某些角度没有杂波对消效果,但在 $\theta = \dfrac{\pi}{6}$ 时,

$\gamma_1(\theta_1) = 0$ 杂波对消效果最好;一般情况下, $\gamma_1(\theta_1) = \pi \dfrac{d}{\lambda}\sin\left(\theta_1 - \dfrac{\pi}{6}\right)\cos\beta$, 当

$\theta = \theta_1$ 时,为杂波响应零点。

式(5.167)还可表示为

$$D_1(\theta) = \Delta d\sin(\theta - \vartheta) \tag{5.172}$$

式中

$$\Delta d = \sqrt{\left(2v_oT_s - K_1 d\cos\dfrac{\pi}{6}\right)^2 + \left(K_1 d\sin\dfrac{\pi}{6}\right)^2} \tag{5.173}$$

$$\sin\vartheta = \dfrac{K_1 d}{2\Delta d} \tag{5.174}$$

将式(5.172)代入式(5.166)有

$$\Gamma_1(\theta,\beta,\theta_1) = \sin\left(\pi\dfrac{\Delta d}{\lambda}\sin(\theta - \vartheta)\cos\beta - \gamma_1(\theta_1)\right)e^{j\left(\pi\frac{\Delta d}{\lambda}\sin(\theta-\vartheta)\cos\beta - \gamma_1(\theta_1)\right)} \tag{5.175}$$

分析式(5.175)可知,其不同方向角的对消效果是可改变的。若 DPCA 零点凹口与波束指向相同,则可降低主瓣杂波。

由于研究的天线倾斜 $\dfrac{\pi}{6}$,若以天线阵面的法线方向定义为 0°,则可令 $\theta = \overleftarrow{\theta} - \dfrac{\pi}{6}$,式(5.175)可为

$$\Gamma_1(\overleftarrow{\theta},\beta,\theta_1) = \sin\left(\pi\dfrac{\Delta d}{\lambda}\sin\left(\overleftarrow{\theta} - \dfrac{\pi}{6} - \vartheta\right)\cos\beta - \gamma_1(\theta_1)\right)e^{j\left(\pi\frac{\Delta d}{\lambda}\sin\left(\overleftarrow{\theta} - \frac{\pi}{6} - \vartheta\right)\cos\beta - \gamma_1(\theta_1)\right)} \tag{5.176}$$

式中: $\overleftarrow{\theta}$ 上的"←"表示移动。

如取 $v_oT_s = K_1 d\cos\dfrac{\pi}{6}$ 时,式(5.170)的模为

$$\left|\Gamma_1(\overleftarrow{\theta},\beta,\theta_1)\right| = \left|\sin\left(\pi\dfrac{K_1 d}{\lambda}\sin\left(\overleftarrow{\theta} - \dfrac{\pi}{3}\right)\cos\beta - \gamma_1(\theta_1)\right)\right| \tag{5.177}$$

如果 $\gamma_1 = 0°$, $\cos\beta = 1$, $K_1 = 1$,式(5.177)表示的对消响应函数如图 5.20 所示,由于 $\dfrac{\pi}{2}\sin\left(\overleftarrow{\theta} - \dfrac{\pi}{3}\right)$ 是在 $\left(-\dfrac{\pi}{2}\sin\left(\dfrac{4\pi}{3}\right), \dfrac{\pi}{2}\sin\left(\dfrac{2\pi}{3}\right)\right)$ 范围内变化,故其仅有一个零点;而当 $K_1 = 2$ 时,同样原因,式(5.177)有二个零点,如图 5.21(a)所示的对消响应函数,一是在 $\dfrac{\pi}{6}$,另一零点在 $-\dfrac{\pi}{3}$;若取 $\gamma_1(\theta_1) = -\pi\dfrac{K_1 d}{\lambda}\sin\left(\dfrac{\pi}{3}\right)\cos\beta$,

则对消响应函数如图5.21(b)所示,可以实现在0°方向实现零点;若雷达波束指向 θ_1 ,设计

$$\gamma_1(\theta_1) = -\pi \frac{K_1 d}{\lambda} \sin\left(\theta_1 - \frac{\pi}{3}\right)\cos\beta \tag{5.178}$$

可实现雷达主波束内高效杂波对消。

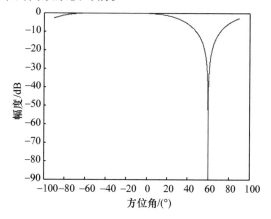

图 5.20 $K_1 = 1$ 时的对消响应函数曲线

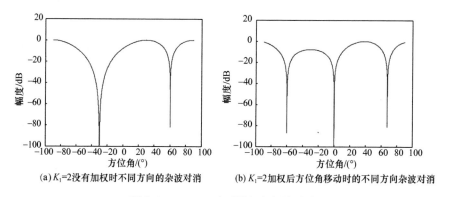

(a) $K_1 = 2$ 没有加权时不同方向的杂波对消　　(b) $K_1 = 2$ 加权后方位角移动时的不同方向杂波对消

图 5.21 $K_1 = 2$ 时不同方向杂波对消

由于 DPCA 处理也可以等效为滤波器,在不同方向设置零点,也可以认为是不同的滤波器,则同一信号通过不同滤波器的响应也不同,所获取的杂波功率也不同,说明对杂波的抑制能力也不同,图 5.22 给出了零点设置在不同方向时的总杂波对消能力,这表明斜视天线的一阶 DPCA 的杂波抑制能力是有限的。

5.5.3　斜置天线高阶凝视 DPCA 处理

式(5.165)为一阶 DPCA 处理的表达式,根据二阶 DPCA 处理原理,利用此式再进行一次杂波对消处理,若前一次对消仍用式(5.165),则后一次接收到信

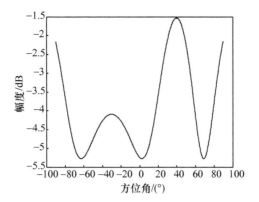

图 5.22 $K_1 = 2$ 时,不同 θ_1 时总杂波功率对消能力

号可为

$$\Delta s_{1,r}(t,i,p,n+1) = 2\mathrm{j}s_{r,o}(t,\theta,\beta)\Gamma_1(\theta,\beta,(\theta_1)) \times$$

$$\mathrm{e}^{\mathrm{j}2\left(\pi\frac{D_o\cos\theta - (I(n+1)+P(n+1)+i+p)d\sin\left(\theta+\frac{\pi}{6}\right)}{\lambda}\cos\beta + \gamma_1(\theta_1)\right)}\mathrm{e}^{\mathrm{j}2\pi\frac{2v_o(n+1)T_r\sin\theta}{\lambda}\cos\beta}$$

$$(5.179)$$

二阶 DPCA 的定义为

$$\Delta s_{2,r}(t,i,p,n+1) = \Delta s_{1,r}(t,i,p,n+1) - w_2\Delta s_{1,r}(t,i,p,n) \quad (5.180)$$

若令 $w_2 = \mathrm{e}^{\mathrm{j}2\gamma_2(\theta_2)}$,则

$$\Delta s_{2,r}(t,i,p,n) = \Delta s_{1,r}(t,i,p,n+1) - w_2\Delta s_{1,r}(t,i,p,n) \quad (5.181)$$

即

$$\Delta s_{2,r}(t,i,p,n) = -4s_{r,o}(t,\theta,\beta)\Gamma_1(\theta,\beta,\theta_1)\Gamma_{1,2}(\theta,\beta,\theta_2) \times$$

$$\mathrm{e}^{\mathrm{j}2\left(\pi\frac{D_o\cos\theta - (I(n)+P(n)+i+p)d\sin\left(\theta+\frac{\pi}{6}\right)}{\lambda}\cos\beta + \gamma_1(\theta_1)+\gamma_2(\theta_2)\right)}\mathrm{e}^{\mathrm{j}2\pi\frac{2v_onT_r\sin\theta}{\lambda}\cos\beta}$$

$$(5.182)$$

式中

$$\Gamma_{1,2}(\theta,\beta,\theta_2) = \sin\left(\pi\frac{D_2(\theta)}{\lambda}\cos\beta - \gamma_2(\theta_2)\right)\mathrm{e}^{\mathrm{j}\left(\pi\frac{D_2(\theta)}{\lambda}\cos\beta - \gamma_2(\theta_2)\right)} \quad (5.183)$$

若令 $I_2(n) = I(n+1) - I(n)$,$P_2(n) = P(n+1) - P(n)$,$K_2 = I_2(n) + P_2(n)$,
则有

$$D_2(\theta) = \left(2v_oT_s - K_2d\cos\frac{\pi}{6}\right)\sin\theta - \frac{K_2d}{2}\cos\theta \quad (5.184)$$

令:$\Gamma_{1,1}(\theta,\beta,\theta_1) = \Gamma_1(\theta,\beta,\theta_1)$,则二阶对消响应函数为

$$\Gamma_2(\theta,\beta,\theta_1,\theta_2) = \Gamma_{1,1}(\theta,\beta,\theta_1)\Gamma_{1,2}(\theta,\beta,\theta_2) \tag{5.185}$$

同理可推得 m 阶 DPCA 的杂波对消响应函数为

$$\Gamma_m(\theta,\beta,\theta_1,\cdots,\theta_m) = \prod_{i=1}^{m}\Gamma_{1,i}(\theta,\beta,\theta_i) \tag{5.186}$$

式中:$\Gamma_{1,i}(\theta,\beta,\theta_i) = \sin\left(\pi\dfrac{D_i(\theta)}{\lambda}\cos\beta - \gamma_i(\theta_i)\right)e^{j\left(\pi\frac{D_i(\theta)}{\lambda}\cos\beta - \gamma_i(\theta_i)\right)}$

如果 $\Gamma_{1,i}(\theta,\beta,\theta_i) = \Gamma_1(\theta,\beta,\theta_1)$,则式(5.186)可为

$$\Gamma_m(\theta,\beta,\theta_1,\cdots,\theta_i) = \Gamma_1^m(\theta,\beta,\theta_1) \tag{5.187}$$

分析式(5.186)所示的高阶杂波对消响应函数,可知最大值为 1,其位置固定,m 阶对消之后,其值不变;式(5.186)的零点位置固定,其大部分区域值小于 1,m 阶对消之后,其值将会更小,故 m 阶对消可以降低总杂波功率,例如,$K_1 = 2$,$\gamma_1(\theta_i) = 0$,$m = 1$,时,杂波对消约 4.1dB,若 $m = 5$,则杂波对消比约 7.4dB。

这里可以明显看出杂波对消比不高,但若高阶 DPCA 的零点设置不同方位角,高效对消杂波。将 θ 变换到 $\overleftarrow{\theta}$,$K_i = 2$,可得式(5.177),取 $\theta_1 = 0°$,以(5.178)调整 $\gamma_1(\theta_o)$,可得图 5.23(a)所示的不同方向杂波对消曲线,总杂波对消 5.23dB;取 $\theta_2 = -\dfrac{\pi}{2}$,则可得图 5.23(b)所示的二阶 DPCA 不同方向 $\Gamma_2(\theta,\beta,\theta_2)$ 的杂波对消曲线,总杂波对消 10dB;取 $\theta_3 = 56.3°$,则可得图 5.23(c)所示的三阶 DPCA 不同方向 $\Gamma_{1,3}(\theta,\beta,\theta_3)$ 的杂波对消曲线,总杂波对消 15dB;取 $\theta_4 = 20.5°$,则可得图 5.23(d)所示的四阶 DPCA 不同方向 $\Gamma_{1,4}(\theta,\beta,\theta_4)$ 的杂波对消曲线,总杂波对消 19.8dB;取 $\theta_5 = 46.3°$,则可得图 5.23(e)所示的五阶 DPCA 不同方向 $\Gamma_{1,5}(\theta,\beta,\theta_5)$ 的杂波对消曲线,总杂波对消 26.3dB,任一方向杂波均对消 20dB;由此可见,通过设置不同零点,可以有效对消杂波。

5.5.4 天线波束方向图影响

DPCA 处理与波束形成是两个独立处理,两种处理特性是不相同的。DPCA 和天线方向图都可以认为是利用天线阵元对杂波进行空域处理,相位中心凝视 DPCA 处理是考虑雷达平台运动的因素,为了实现有效杂波对消,针对平台运动所产生的相位中心偏移,必须利用部分阵元调整相位中心,再进行杂波对消处理。波束形成主要是对副瓣杂波实现抑制,而天线主瓣杂波则也会有增益,可以理解为对不同方向杂波的加权;DPCA 的零点设置比较灵活,若零点设置在天线方向图主瓣中,不仅可以有效对消主瓣杂波,且对零多普勒附近范围运动目标检测存在一定影响。

针对式(5.165)所示的模型,设利用 M_e 个发射阵元形成波束,阵元加权为 $w_e(i) = e^{j2\pi\frac{d}{\lambda}i\sin\overleftarrow{\theta_e}}$;接收利用 M_r 阵元形成波束,阵元加权为 $w_r(p) = e^{j2\pi\frac{d}{\lambda}p\sin\overleftarrow{\theta_r}}$,则波

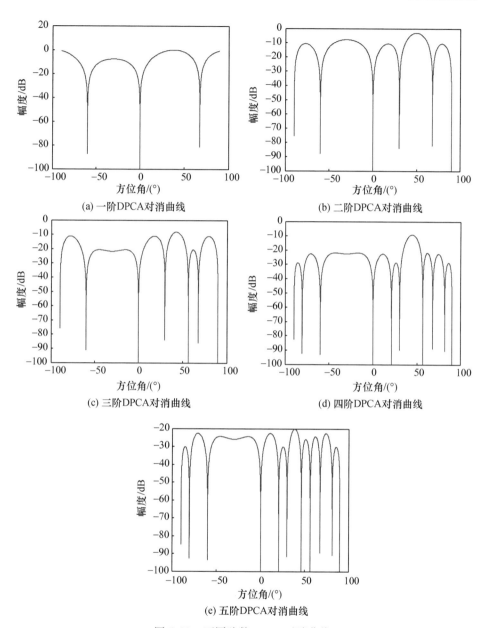

(a) 一阶DPCA对消曲线

(b) 二阶DPCA对消曲线

(c) 三阶DPCA对消曲线

(d) 四阶DPCA对消曲线

(e) 五阶DPCA对消曲线

图 5.23 不同阶数 DPCA 对消曲线

束形成信号为

$$\Delta S_{1,\mathrm{r}}(t,\overset{\leftarrow}{\theta}_{\mathrm{e}},\overset{\leftarrow}{\theta}_{\mathrm{r}},n) = \sum_{i=0}^{M_{\mathrm{e}}-1}\sum_{p=0}^{M_{\mathrm{r}}-1}\Delta s(t,i,p,n)w_{\mathrm{e}}(i)w_{\mathrm{r}}(p) \qquad (5.188)$$

由于定义 $\theta = \overset{\leftarrow}{\theta} - \dfrac{\pi}{6}$，故式(5.165)可为

$$\Delta s_{1,r}(t,i,p,n) = 2 \mathrm{j} s_{r,o}\left(t,\overleftarrow{\theta},\beta\right)\Gamma_1\left(\overleftarrow{\theta},\beta\right) \times$$

$$\mathrm{e}^{\mathrm{j}2\left(\frac{D_o\cos\left(\overleftarrow{\theta}-\frac{\pi}{6}\right)-(I(n)+P(n)+i+p)d\sin\overleftarrow{\theta}}{\lambda}\cos\beta+\gamma_1\right)}\mathrm{e}^{\mathrm{j}2\pi\frac{2v_onT_r\sin\left(\overleftarrow{\theta}-\frac{\pi}{6}\right)}{\lambda}\cos\beta} \tag{5.189}$$

则式(5.188)可解得

$$\Delta S_{1,r}\left(t,\overleftarrow{\theta}_e,\overleftarrow{\theta}_r,n\right) = 2\mathrm{j}\sigma\left(\overleftarrow{\theta},\beta\right)\Gamma_1\left(\overleftarrow{\theta},\beta\right)p_e\left(\overleftarrow{\theta}_e,\overleftarrow{\theta}\right)p_r\left(\overleftarrow{\theta}_r,\overleftarrow{\theta}\right) \times$$

$$\mathrm{e}^{\mathrm{j}2\left(\frac{D_o\cos\left(\overleftarrow{\theta}-\frac{\pi}{6}\right)-(I(n)+P(n))d\sin\overleftarrow{\theta}}{\lambda}\cos\beta+\gamma_1\right)}\mathrm{e}^{\mathrm{j}2\pi\frac{2v_onT_r\sin\left(\overleftarrow{\theta}-\frac{\pi}{6}\right)}{\lambda}\cos\beta} \tag{5.190}$$

式中

$$p_e\left(\overleftarrow{\theta}_e,\overleftarrow{\theta}\right) = \sqrt{\cos\overleftarrow{\theta}}\frac{\sin\left(\pi\frac{d}{\lambda}M_e\left(\sin\overleftarrow{\theta}_e-\sin\overleftarrow{\theta}\right)\right)}{\sin\left(\pi\frac{d}{\lambda}\left(\sin\overleftarrow{\theta}_e-\sin\overleftarrow{\theta}\right)\right)}\mathrm{e}^{\mathrm{j}\pi\frac{d}{\lambda}(M_e-1)\left(\sin\overleftarrow{\theta}_e-\sin\overleftarrow{\theta}\right)} \tag{5.191}$$

$$p_r\left(\overleftarrow{\theta}_r,\overleftarrow{\theta}\right) = \sqrt{\cos\overleftarrow{\theta}}\frac{\sin\left(\pi\frac{d}{\lambda}M_r\left(\sin\overleftarrow{\theta}_r-\sin\overleftarrow{\theta}\right)\right)}{\sin\left(\pi\frac{d}{\lambda}\left(\sin\overleftarrow{\theta}_r-\sin\overleftarrow{\theta}\right)\right)}\mathrm{e}^{\mathrm{j}\pi\frac{d}{\lambda}(M_r-1)\left(\sin\overleftarrow{\theta}_r-\sin\overleftarrow{\theta}\right)} \tag{5.192}$$

考虑 DPCA 和天线方向图的综合影响,定义杂波响应函数

$$\Lambda\left(\overleftarrow{\theta},\beta,\theta_1\right) = \Gamma_1\left(\overleftarrow{\theta},\beta,\theta_1\right)p_e\left(\overleftarrow{\theta}_e,\overleftarrow{\theta}\right)p_r\left(\overleftarrow{\theta}_r,\overleftarrow{\theta}\right) \tag{5.193}$$

为了评价 DPCA 杂波处理效果,定义 DPCA 处理后与处理前的杂波总功率之比为总杂波对消比,即

$$\eta\left(\overleftarrow{\theta}_e,\overleftarrow{\theta}_r,\theta_1,\beta\right) = \frac{\displaystyle\int_{-\frac{\pi}{2}}^{\frac{\pi}{2}}\left|\Lambda\left(\overleftarrow{\theta},\beta,\theta_1\right)\right|^2\mathrm{d}\overleftarrow{\theta}}{\displaystyle\int_{-\frac{\pi}{2}}^{\frac{\pi}{2}}\left|p_e\left(\overleftarrow{\theta}_e,\overleftarrow{\theta}\right)p_r\left(\overleftarrow{\theta}_r,\overleftarrow{\theta}\right)\right|^2\mathrm{d}\overleftarrow{\theta}} \tag{5.194}$$

上式说明了收发波束的不同指向和不同距离门条件下,杂波对消能力是不同的。

据此原理,可推得高阶 DPCA 的杂波响应函数为

$$\Lambda_m\left(\overleftarrow{\theta},\beta,\theta_1,\cdots,\theta_m\right) = \Gamma_m\left(\overleftarrow{\theta},\beta,\theta_1,\cdots,\theta_m\right)p_e\left(\overleftarrow{\theta}_e,\overleftarrow{\theta}\right)p_r\left(\overleftarrow{\theta}_r,\overleftarrow{\theta}\right) \tag{5.195}$$

高阶 DPCA 的总杂波对消比为

$$\eta_m(\overleftarrow{\theta}_e,\overleftarrow{\theta}_r,\theta_1,\cdots,\theta_m,\beta) = \frac{\displaystyle\int_{-\frac{\pi}{2}}^{\frac{\pi}{2}} |\Lambda_m(\overleftarrow{\theta},\beta,\theta_1,\cdots,\theta_m)|^2 \mathrm{d}\overleftarrow{\theta}}{\displaystyle\int_{-\frac{\pi}{2}}^{\frac{\pi}{2}} |p_e(\overleftarrow{\theta}_e,\overleftarrow{\theta}) p_r(\overleftarrow{\theta}_r,\overleftarrow{\theta})|^2 \mathrm{d}\overleftarrow{\theta}} \qquad (5.196)$$

若天线采用发射阵元 $M_e = 16$,接收阵元 $M_r = 32$,取 $K_i = 2$,DPCA 处理以图 5.23 为条件,收发波束均为辛格形,图 5.24(a)为一阶 DPCA 杂波响应函数,杂波响应峰降到 .20dB 以下,以式(5.196)可计算得总杂波功率减少了 29.3dB;四阶杂波响应函数如图 5.24(b)所示,杂波峰值在 .40dB 左右,总杂波功率减少了 38.8dB,比一阶 DPCA 处理杂波总功率少 9.5dB。若增加接收阵元,降低接收波束宽度,且采用加窗技术降低副瓣,则杂波功率会降低更多。如果探测目标的波束偏离天线阵面的法线方向,则杂波对消性能会下降,图 5.25 为一阶 DPCA 对消零点和波束指向均为 $\frac{\pi}{3}$ 时的杂波响应,杂波总功率对消了 17.3dB,比法线方向的杂波对消性能下降 12dB,其很重要的一个原因是波束指向偏离法线方向后波束变宽。

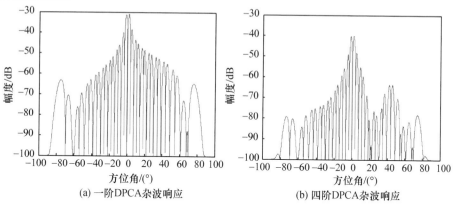

(a) 一阶DPCA杂波响应　　　　　(b) 四阶DPCA杂波响应

图 5.24　一阶与四阶 DPCA 杂波响应

5.5.5　斜置天线凝视杂波谱

分析式(5.163),并进行阵面方向角变换,波束形成后的接收信号可为

$$S_r(t,\overleftarrow{\theta}_e,\overleftarrow{\theta}_r,n) = \sigma(\overleftarrow{\theta},\beta) p_e(\overleftarrow{\theta}_e,\overleftarrow{\theta}) p_r(\overleftarrow{\theta}_r,\overleftarrow{\theta}) \mathrm{e}^{j2\pi\frac{D_o\cos\left(\overleftarrow{\theta}-\frac{\pi}{6}\right)}{\lambda}\cos\beta} \times$$

$$\mathrm{e}^{j2\pi\frac{2v_o n T_r\sin\left(\overleftarrow{\theta}-\frac{\pi}{6}\right)-(I(n)+P(n))d\sin\overleftarrow{\theta}}{\lambda}\cos\beta} \qquad (5.197)$$

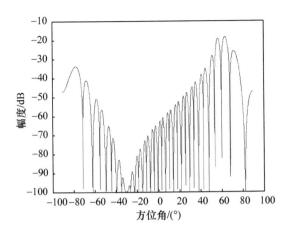

图 5.25　一阶 DPCA 对消零点和探测波束指向均为 60°时的杂波响应

没进行相位中心凝视时的杂波谱宽度为

$$B_{\mathrm{c}} = 2\frac{v_{\mathrm{o}}}{\lambda}\left(\sin\frac{\pi}{3} + 1\right) \tag{5.198}$$

如果取 $2v_{\mathrm{o}}T_{\mathrm{s}} = ad$，$a$ 为一比例常数，d 为单元间距。设 $I(n) + P(n) = n$，则式(5.198)可表示为

$$S_{\mathrm{r}}(t,\overset{\leftarrow}{\theta_{\mathrm{e}}},\overset{\leftarrow}{\theta_{\mathrm{r}}},n) = \sigma(\overset{\leftarrow}{\theta},\beta)p_{\mathrm{e}}(\overset{\leftarrow}{\theta_{\mathrm{e}}},\overset{\leftarrow}{\theta})p_{\mathrm{r}}(\overset{\leftarrow}{\theta_{\mathrm{r}}},\overset{\leftarrow}{\theta})\mathrm{e}^{\mathrm{j}2\pi\frac{D_{\mathrm{o}}\cos\left(\overset{\leftarrow}{\theta} - \frac{\pi}{6}\right)}{\lambda}\cos\beta} \times$$

$$\mathrm{e}^{\mathrm{j}2\pi\left(a\sin\left(\overset{\leftarrow}{\theta} - \frac{\pi}{6}\right) - \sin\overset{\leftarrow}{\theta}\right)\frac{d}{\lambda}\cos\beta n} \tag{5.199}$$

则相位中心凝视时的杂波多普勒频率为

$$f_{\mathrm{sc}} = \left(a\sin\left(\overset{\leftarrow}{\theta} - \frac{\pi}{6}\right) - \sin\overset{\leftarrow}{\theta}\right)\frac{d}{\lambda T_{\mathrm{r}}} \tag{5.200}$$

分析上式可知 f_{d} 的变化范围越小，杂波谱宽也越窄，而其变化又与 a 有很大关系。若令

$$\zeta(a,\overset{\leftarrow}{\theta}) = a\sin\left(\overset{\leftarrow}{\theta} - \frac{\pi}{6}\right) - \sin\overset{\leftarrow}{\theta} \tag{5.201}$$

则相位中心凝视时的杂波谱宽度为

$$B_{\mathrm{sc}} = \left(|\zeta_{\max}(a,\overset{\leftarrow}{\theta})| + |\zeta_{\min}(a,\overset{\leftarrow}{\theta})|\right)\frac{d}{\lambda T_{\mathrm{r}}} \tag{5.202}$$

上式表现了杂波谱的展宽情况，图 5.26 给出 $\zeta(a,\overset{\leftarrow}{\theta})$ 的 a 在 $(0,2)$ 范围内最大值与最小值边界，而图 5.27 二值之差则反映了杂波谱的展宽情况。从图中可以得出在 $a \approx 1.14$ 时展宽最小，$|\zeta_{\max}(a,\overset{\leftarrow}{\theta})| + |\zeta_{\min}(a,\overset{\leftarrow}{\theta})| \approx 0.58$。若 $v_{\mathrm{o}} = \dfrac{d}{T_{\mathrm{r}}}$，则 $B_{\mathrm{sc}} = 0.58\dfrac{v_{\mathrm{o}}}{\lambda}$，$\dfrac{B_{\mathrm{c}}}{B_{\mathrm{sc}}} \approx 6.4$，这表明杂波谱宽度被压缩，检测目标的清晰区扩展。

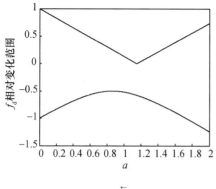

图 5.26　$\zeta(a, \overleftarrow{\theta})$ 的边界

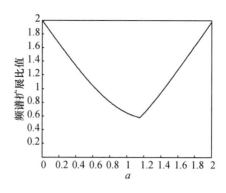

图 5.27　$\left| \zeta_{\max}(a, \overleftarrow{\theta}) \right| + \left| \zeta_{\min}(a, \overleftarrow{\theta}) \right|$ 的范围

参考文献

[1] 张光义. 相控阵雷达技术[M]. 北京:电子工业出版社,2006.

[2] 张光义. 空间探测相控阵雷达[M]. 北京:科学出版社,1989.

[3] 丁鹭飞. 雷达原理[M]. 西安:西北电讯工程学院出版社, 1984.

[4] 向敬成,等. 雷达系统[M]. 北京:电子工业出版社,2001.

[5] 陈翼. DPCA Motion Compensation Technique Based On Multiple Phase Centers[C]. IEEE CIE international conference on radar,2011.

第 ❻ 章

多波束凝视雷达

多波束凝视雷达基于阵列天线技术,充分利用天线口径,实现同时多波束,改进雷达发射功率的利用率,提高雷达探测性能;另一方面,利用多波束可获取更多的目标信息和同时多功能,实现雷达完成同时多任务。

◢ 6.1 多波束凝视雷达方程

在收发单波束工作条件下,为保证发射波束内被照射到的目标回波能被接收波束接收到,传统雷达收发波束指向通常是一致的;若不一致,则雷达发射波束照射空域的目标回波会偏离接收波束的接收空域,又因接收增益小而降低有效检测目标性能。

凝视雷达则是利用数字多波束形成技术,合成多个波束覆盖发射波束,接收波束可采用 1dB 甚至更小波束增益衰减实现波束交叠,提高雷达发射功率和天线口径的利用率,改进雷达系统的探测性能。

6.1.1 多波束凝视雷达搜索方程

式(2.18)所示传统雷达搜索方程[1-14]中,若考虑天线增益的方向性,其可表示为

$$\text{SNR} = \frac{\eta_t \eta_r P_t T_s G_t(\Delta\theta, \theta_o, \Delta\beta, \beta_o) G_r(\Delta\theta, \theta_o, \Delta\beta, \beta_o) \lambda^2 \sigma F_t^2 F_r^2}{(4\pi)^3 k T_n R^4 L_a L_\Sigma L_{sp}} \frac{\Delta\theta}{\theta} \frac{\Delta\beta}{\beta} \quad (6.1)$$

式中:θ_o 和 β_o 反映了波束方位和俯仰指向;$\Delta\theta$ 和 $\Delta\beta$ 则反映偏离波束中心指向的角度,$\Delta\theta$ 和 $\Delta\beta$ 可为波束交叠时的波束宽度,$\Delta\theta$ 和 $\Delta\beta$ 越大,则天线增益衰减越大。由于天线收发增益之积随 $\Delta\theta$ 和 $\Delta\beta$ 越大下降速度越快,为了保证检测信噪比,在功率口径积一定的条件下,必须延长积累时间,方可有效检测目标。

雷达发射波束是将雷达信号功率辐射到某一探测空域,目标遇到此信号产生散射,这是目标能被探测的基础,而能被用于改进雷达探测性能的关键之一是提高接收目标回波信号功率。在天线面积一定条件下,由于相位电扫雷达的阵

面法线方向确定之后,随着目标偏离天线法线方向角度的增大而使得面积投影变小,则天线的收发增益也因此而降低,若能实时改变雷达天线阵面的法线方向,就可以降低此部分损失,改进雷达探测性能,如传统的机扫雷达,波束始终为天线面的法线方向。

若雷达阵面法线方向不能实时改变,则利用接收波束数字合成技术,同时合成多个不同指向波束,也可改进雷达探测性能。在式(6.1)中,θ_o 为雷达波束方位向指向,设俯仰角度偏离 $\Delta\beta = 0$,在方位偏离 3dB 波束宽度 $\Delta\theta$ 角度时的天线增益下降 3dB,则收发天线增益下降 6dB,而造成目标不能被有效检测,故常常以波束宽度的一半设计波位。若改变接收波束指向,接收波束指向为发射波束衰减 3dB 波束宽度处,那么收发天线的合成衰减也为 3dB,可保证目标检测,以此方法,可以波束宽度设计波位,考虑天线波束俯仰方位两个方向各为 3dB,则多波束凝视相对于半波束波位设计得益为 6dB。凝视雷达搜索方程可表示为

$$\mathrm{SNR} = \frac{\eta_t\eta_r P_t T_s G_t(\Delta\theta,\theta_o,\Delta\beta,\beta_o) G_r(\theta_\Delta,\theta_r,\beta_\Delta,\beta_r)\lambda^2\sigma F_t^2 F_r^2}{(4\pi)^3 k T_n R^4 L_a L_\Sigma L_{sp}}\frac{\Delta\theta}{\theta}\frac{\Delta\beta}{\beta} \quad (6.2)$$

式中:接收波束方位指向 θ_r 和俯仰指向 β_r 均为发射波束的 3dB 衰减处;θ_Δ 为接收波束方位交叠;β_Δ 为接收波束俯仰交叠。

由于接收波束指向发射波束 3dB 衰减处,故计算雷达威力时,接收天线增益可取波束指向之值;则发射波束 3dB 衰减处,$G_t(\Delta\theta,\theta_o,\Delta\beta,\beta_o) = \frac{1}{2}G_t(\theta_o,\beta_o)$,取 $G_r(\theta_\Delta,\theta_r,\beta_\Delta,\beta_r) \approx G_t(\theta_o,\beta_o)$ 的雷达方程为

$$\mathrm{SNR} = \frac{\eta_t\eta_r P_t T_s G_t(\theta_o,\beta_o) G_r(\theta_o,\beta_o)\lambda^2\sigma F_t^2 F_r^2}{2(4\pi)^3 k T_n R^4 L_a L_\Sigma L_{sp}}\frac{\Delta\theta_{3\mathrm{dB}}}{\theta}\frac{\Delta\beta_{3\mathrm{dB}}}{\beta} \quad (6.3)$$

若通过设计更多波束,接收不同时刻相邻波束的发射信号回波,甚至可以接收其他波位发射副瓣回波,以提高雷达探测性能,则一般凝视雷达方程(6.2)中接收波束方位指向 θ_r 和俯仰指向 β_r 可以不为发射波束的 3dB 衰减处,故有

$$||\theta_o| - |\theta_r|| = |\Delta\theta + \theta_\Delta| \quad (6.4)$$

某些近距离的目标,可以利用发射副瓣实现探测,例如,设发射副瓣为 $-24\mathrm{dB}$,则小于雷达威力 $R/4$ 以内的目标可以利用发射副瓣能量实现探测,故以此接收到的多个发射波位的回波信号联合处理可以进一步改进雷达探测目标能力。

6.1.2 多波束凝视边搜索边跟踪方程

传统相控阵雷达发射一般为单波束,在搜索目标过程中,通常还必须对已探测到的目标进行跟踪,在完成目标跟踪的过程中,将占用雷达的功率和时间资源,而雷达为了完成指定空域的目标搜索,规定了搜索间隔时间,而为了保证能

有效跟踪目标,必须满足一定的数据率,这样在跟踪目标比较多时可能完全占用雷达时间资源,故一部雷达跟踪目标数也是有限的。

如雷达对某空域的搜索间隔时间为 $T_s = 2s$,每个波位驻留 $T_j = 5ms$,数据率为 $T_r = 0.1s$,则每个目标在搜索间隔时间内被探测次数为 $M = \dfrac{T_s}{T_r} = 20$,其总驻留时间为 $T_{j\Sigma} = MT_j = 0.1s$,故跟踪不同方向 10 批目标将消耗 50% 时间资源,那么搜索空域将减小一半,若跟踪不同方向 20 批目标,时间资源将耗尽,当然也可以采用技术措施,如近区目标驻留时间短,平稳飞行目标数据率低,但改进程度有限。

多波束凝视雷达采用同时多波束技术,搜索波束和跟踪波束同时发射,跟踪波束凝视跟踪目标,直到目标丢失,这样可保证跟踪目标不占用搜索时间,而消耗部分雷达功率。其凝视雷达发射波束极限是覆盖整个探测空域,凝视接收多波束覆盖发射空域,此时通过数据处理,将多波束获取的目标信号进行处理,得到目标的信息,不设计专用的跟踪目标波束,则可不考虑跟踪波束消耗功率。

在目标回波可相参积累时间有限的条件下,超过有效积累时间的长时相参积累无效,在一定条件下,由于回波信号幅度闪烁,使得非相参积累也无效,仍采用时分多波束完成探测空域搜索,如果跟踪目标数比较多,则消耗的雷达发射功率也多,用于搜索目标的功率也会降低,雷达发射功率是有限的,故多波束凝视雷达跟踪目标数也是有限的。由雷达方程

$$\text{SNR} = \frac{\eta_t \eta_r P_t \tau G_t G_r \lambda^2 \sigma F_t^2 F_r^2}{(4\pi)^3 k T_n R^4 L_a L_\Sigma L_{sp}} \tag{6.5}$$

跟踪目标的信噪比与积累时间 τ 不占用搜索目标的时间资源,故 τ 可以设计得比较大;若搜索时,发射波束宽度在方位俯仰均扩展 10 倍,则发射天线增益下降20dB,发射搜索目标的波位数也减至 $1/100$,故为了实现相同检测性能下有相同的作用距离,可以积累时间 τ 延长 100 倍实现之。而在跟踪时,目标的方位俯仰参数已基本获取,故此时选最大天线增益;设搜索时每个波位的驻留时间为 0.1s,跟踪时积累时间也取为 0.1s,跟踪目标波束的发射天线采用全口径增益,则跟踪时的发射天线增益比搜索时的天线增益大 100 倍,跟踪一个目标所分配的功率为 $\dfrac{P_t}{100}$ 即可实现目标空间有同样的功率密度,满足目标跟踪需求。若跟踪数据率仍为 0.1s,希望每个波束分配更少的功率,仍能有效跟踪目标,则可在信号处理时,充分利用过去信号能量,探测目标;如跟踪目标波束分配功率为 $\dfrac{P_t}{200}$,则可积累时间为 0.2s,以 0.1s 信号滑窗更新信号处理数据,即可满足数据率的要求。也就是说,跟踪时,采用积累时间为 0.2s,可以将雷达发射功率分配到

200 个不同指向的凝视波束,完成目标跟踪,这比传统相控阵雷达跟踪目标数提高一个数量级,而数据率已不取决于波束驻留时间,而取决于信号更新。积累时间长度可以决定于目标回波去相参时间,这种利用过去信号能量实现延长积累时间方法仅在一定范围有效。

故在一般情况下,设搜索目标时,发射波束在方位向展宽 M_a,俯仰向展宽 M_e,跟踪积累时间比搜索时积累时间有效延长 M_j,则每个跟踪波束所占功率为

$$\Delta P_t = \frac{P_t}{M_a M_e M_j} \tag{6.6}$$

当目标比较近时,发射天线增益、积累时间和检测信噪比不变的条件下,可根据目标距离再次分配雷达跟踪目标的功率,使得分配跟踪近距离目标的雷达发射功率更小,充分发挥雷达有限能量。若多波束雷达跟踪 N 个目标,每个目标均在雷达威力边界,则跟踪目标占用总发射功率为

$$\Delta P_{t\Sigma} = N\Delta P_t = \frac{NP_t}{M_a M_e M_j} \tag{6.7}$$

应用于目标搜索的发射功率为 $P_t - \Delta P_{t\Sigma}$,则在同时跟踪条件下的多波束雷达搜索方程为

$$\text{SNR} = M \frac{\eta_t \eta_r \left(P_t - \dfrac{NP_t}{M_a M_e M_j} \right) T_s G_t G_r \lambda \sigma F_t^2 F_r^2}{(4\pi)^3 k T_n R^4 L_a L_\Sigma L_{sp}} \frac{\Delta\theta}{\theta} \frac{\Delta\beta}{\beta} \tag{6.8}$$

多波束凝视雷达跟踪同样雷达威力目标的能力为

$$N = M_a M_e M_j \tag{6.9}$$

若以 $\Delta\Omega$ 表示雷达波束立体角,以 Ω 表示探测空域的立体角,则式(6.8)可为

$$\text{SNR} = M \frac{\eta_t \eta_r \left(P_t - \dfrac{NP_t}{M_a M_e M_j} \right) T_s G_t G_r \lambda \sigma F_t^2 F_r^2}{(4\pi)^3 k T_n R^4 L_a L_\Sigma L_{sp}} \frac{\Delta\Omega}{\Omega} \tag{6.10}$$

若目标出现在搜索区域,则可不必另设发射跟踪波束,也可通过雷达功率的利用率,设跟踪时发射波束为天线全口径的 $-3dB$ 波束宽度,N 个跟踪波束可避免重复照射空域为 $N\Delta\Omega_{3dB}$,此部分得益也可改进雷达性能。

6.1.3　多波束凝视雷达方程分析

凝视雷达波位可以按 $-3dB$ 波束宽度设计,提高雷达的功率口径积的利用率,前面证明了发射搜索波束展宽,并利用同时发射多个波位高增益跟踪波束方法,可以提高雷达的边搜索边跟踪目标性能。

影响雷达有效检测目标的重要因素是噪声和杂波,在雷达接收到目标回波

功率一定的条件下,降低噪声影响的有效方法是通过脉冲压缩和脉冲积累提高信噪比,这是传统雷达常用的方法;而提高信杂比方法中,空中运动平台与地面固定或海面低动态平台的条件不同,各有特色。对于地面固定或海面低动态远程目标探测来说,由于传统雷达的时间资源的限制,每个波位的驻留时间有限,通常仅数个脉冲,频率分辨力低,不能在频域分离杂波与运动目标回波。例如,L 波段雷达,探测径向速度为 300m/s 目标,其多普勒频率为 $f_d = 2000\mathrm{Hz}$,设探测目标距离为 300km,不模糊探测距离的脉冲信号重频为 $f_s = 500\mathrm{Hz}$,则速度可模糊,在发射脉冲数不多的情况下,目标谱与杂波谱混杂在一起,造成目标探测困难。传统的处理技术是 MTI 和加窗技术,也仅在一定条件下(如杂波谱不宽)有效。

若有一理想点信号幅度为 A_c,多普勒频率为零,即平台和点杂波不存在相对运动,则脉冲压缩后的杂波谱表示为

$$S(f) = A_c \frac{\sin \pi N f T_r}{\sin \pi f T_r} \mathrm{e}^{\mathrm{j}\pi f T_r(N-1)} \tag{6.11}$$

从式(6.11)可以看出,仅当 $NfT_r = k$(k 为任意整数,取 $|k| < \dfrac{N}{2}$)时,其杂波幅度为零,而运动目标不一定出现在此处,这说明杂波谱的副瓣对运动目标的检测是有影响的,由于通常 A_c 很大,而运动目标回波与其相比很小,造成目标难以检测,但分析式(6.11)中的脉冲数 N,当 $NfT_r = k \pm \dfrac{1}{2}$ 时,则有

$$|S(k)| = A_c \frac{1}{\sin \dfrac{\pi}{N}\left(k \pm \dfrac{1}{2}\right)} \tag{6.12}$$

副瓣峰值相对于主瓣峰值的衰减为

$$\zeta = 20\lg\left(\frac{|S(k)|}{S(0)}\right) \tag{6.13a}$$

即

$$\zeta = 20\lg\left(\frac{1}{N\sin \dfrac{\pi}{N}\left(k \pm \dfrac{1}{2}\right)}\right) \tag{6.13b}$$

分析上式可知:副瓣数一定的条件下,k 值越大,即副瓣离杂波主瓣越远,副瓣杂波信号越小,而 k 的最大值取决于 N;另一方面,在脉冲数大到一定条件下,可以通过加窗技术降低副瓣对运动目标检测影响,且目标距离杂波主瓣区越远,杂波副瓣的影响越小,这些说明积累脉冲数的增加(即积累时间延长)对减小杂波影响有一定得益。

发射天线增益可以理解为天线将全向辐射电磁波约束在某特定方向的能

力,若特定的区域范围为 $\Delta\theta$ 和 $\Delta\beta$,则发射增益可近似为

$$G_t(\Delta\theta,\theta_o,\Delta\beta,\beta_o) \approx \cos\theta_o\cos\beta_o\frac{2\pi^2}{\Delta\theta\Delta\beta} \tag{6.14}$$

代入式(6.5),有

$$SNR = \frac{P_t A_r T_s \sigma\cos\theta_o\cos\beta_o F_t^2 F_r^2}{32\pi k T_n R^4 L_a L_\Sigma L_{sp}\Delta\theta\Delta\beta}\eta_t\eta_r \tag{6.15}$$

此凝视雷达方程中没有波长 λ 出现,但电磁波的传输损耗或者其他与波段有关的参数仍存在。式(2.13)也可以表示为

$$R = \left(\frac{\eta_t\eta_r P_t\tau G_t A_r\sigma F_t^2 F_r^2}{(4\pi)^2 k T_n SNR L_a L_\Sigma L_{sp}}\right)^{\frac{1}{4}} \tag{6.16}$$

当发射波束扩展,天线增益下降,所需搜索波位数减少时,若要保持雷达威力不变,在同样搜索间隔时间条件下,可延长每个波位的驻留时间 τ,这也为多普勒处理提供条件。将式(2.15)代入式(6.16),有

$$R = \left(\frac{\eta_t\eta_r P_t T_s\dfrac{G_t}{M}A_r\sigma F_t^2 F_r^2}{(4\pi)^2 k T_n SNR L_a L_\Sigma L_{sp}}\right)^{\frac{1}{4}} \tag{6.17}$$

只要 $\dfrac{G_t}{M}$ 保持不变,就可保证雷达威力不变。

▇ 6.2 功率口径积与时间资源

传统雷达探测目标时,考虑雷达搜索空域、搜索空域间隔时间、检测目标信噪比要求,收发波束常采用 -4dB 交叠,仅从发射波束来说,是 -2dB 交叠,有时是以半波束宽度为交叠,这样造成了发射功率的利用率不高。而传统雷达的多波束通常是时分多波束,在多目标探测跟踪条件下,时间资源常常成为雷达性能提高的关键指标之一。

6.2.1 发射功率的利用效率

若不考虑天线投影的影响,其方向图为 $\dfrac{\sin x}{x}$ 形,对于线阵来说,若有 N 个天线单元,则其方向图可表示为

$$|p(\theta)| = \sqrt{\cos\theta}\frac{\sin\left(\pi\dfrac{d}{\lambda}N(\sin\theta_o - \sin\theta)\right)}{\sin\left(\pi\dfrac{d}{\lambda}(\sin\theta_o - \sin\theta)\right)} \tag{6.18}$$

式中:$\theta_{\circ}$ 为波束指向,若利用波束指向 $\pm\frac{1}{2}\Delta\theta$ 宽度内的信号功率探测目标,则雷达发射信号的功率利用率为

$$\zeta = \frac{\int_{-\frac{1}{2}\Delta\theta}^{\frac{1}{2}\Delta\theta} |p(\theta)|^2 d\theta}{\int_{-90°}^{90°} |p(\theta)|^2 d\theta} \qquad (6.19)$$

当 $\frac{\sin x}{x}$ 中的 $x = 1.39$ 时,若 $\theta_{\circ} = 0$,则 $\frac{\Delta\theta}{2} = \arcsin\left(\frac{1.39\lambda}{\pi dN}\right)$,其为天线增益的 $-3dB$ 点,$-3dB$ 点对应的波束宽度一般称为波束宽度。由式(6.19)可计算得 $-3dB$ 波束宽度内的功率利用率为73% 。考虑方位俯仰二维情况,则天线发射到空中功率利用率为53% 。在雷达设计中必须考虑天线收发方向图的影响,若在方向图边缘 $-3dB$ 处,发射天线增益小 $3dB$,接收天线增益也小 $3dB$,这样总增益小 $6dB$,存在探测目标的很大漏警,这在雷达应用中是不允许的。若以天线增益降低 $-1.5dB$ 为波束宽度,则在波束覆盖边缘天线收发总增益降低仅 $-3dB$,可以满足探测需求,式(6.19)中的 $\Delta\theta$ 对应为 $-1.5dB$ 波束宽度,可计算得仅一个方向的 $-3dB$ 波束宽度时发射信号的功率利用率为84% ,当考虑为方位俯仰二维情况时不到61% ,由于发射副瓣还占有部分功率,故雷达发射到空中信号总功率的利用率降约到37% 。在实际中常以 $-3dB$ 波束宽度的一半设计波位,那么仅一个方向的半个 $-3dB$ 波束宽度的功率利用率约为43% ,考虑副瓣影响,方位俯仰二维波束的总功率利用率仅为19% ,这表明雷达发射功率利用率很低;当然,有时可降低发现概率的情况下,天线收发总增益允许降低 $4dB$,但发射能量的利用提高有限。

传统雷达探测目标波束通常有和波束、方位差波束和俯仰差波束,方位和俯仰差波束的主要作用是测量目标的方位俯仰角,雷达在某一波位探测目标时,其发射到接收回波信号完成期间,波束指向保持不变,这就使信号方向图双程衰减造成分贝双倍下降,如图 6.1 所示,图中虚线为单程天线方向图,实线为双程影响,从图中可以知道双程的 $-3dB$ 波束宽度明显减小,实线 $-3dB$ 波束宽度以外的发射信号能量被浪费。

若能解决分贝数双倍下降问题,可大幅度提高雷达发射功率的利用率,从而改进雷达性能,多波束凝视则是比较好的方法之一。多波束凝视的思想是设计多个接收波束覆盖发射波束,而在接收波位设计时,有些接收波束最大增益指向发射波束 $-3dB$ 衰减处,如图 6.2 所示,实线表示发射天线方向图,虚线和点划线为指向发射方向图 $-3dB$ 的两个接收波束,这样可保证发射 $-3dB$ 波束的信

号能量均能用于探测目标。考虑双程影响时的两个接收天线方向图如图6.3
(a)所示；两个接收天线方向图合成探测目标空域方向图如图6.3(b)所示(即
发射波束波位中心左边采用虚线接收波束方向图，发射波束波位中心右边采用
点画线接收波束方向图，图中的点画线为作为比较的发射波束方向图。)，从图
中可以看到，采用多波束凝视覆盖发射波束时，发射波束中心合成接收天线增益
小了3dB，而且在合成波束内均有一定的天线增益减小，减小的程度均不大于
3dB，采用多波束凝视的方法充分利用了发射波束-3dB波束宽度内发射信号能
量，可提高雷达的探测性能。

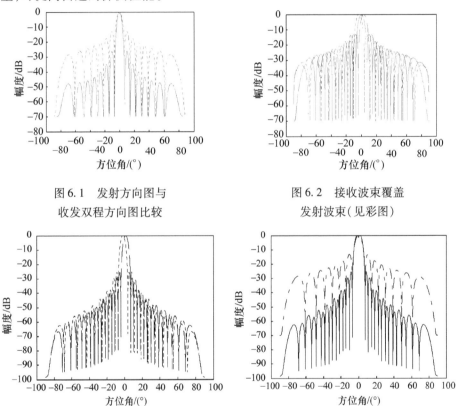

图6.1　发射方向图与
收发双程方向图比较

图6.2　接收波束覆盖
发射波束(见彩图)

(a) 双程影响时的两个接收天线方向图　　(b) 两个接收天线方向图合成探测目标空域方向图

图6.3　同时两个接收波束

　　若考虑方位俯仰波束二维的影响，采用多波束凝视方法比以-1.5dB为波
束宽度进行探测的方法使发射功率利用率提高一倍。

　　由此分析可知：-3dB波束宽度内近73%功率可被利用，考虑俯仰方位，则
发射总功率利用率近似为53%，但总计还有近47%的发射功率浪费，多波束凝
视雷达的目的之一是充分利用雷达发射功率，其设计思想是降低发射方向图的

副瓣,主瓣二边缘陡峭,实现尽可能多的发射功率用于目标探测。例如,在发射总功率不变的条件下,采用天线发射阵元加权方法,可有效降低方向图副瓣,虽然方向图主瓣展宽,但接收方向图增益和波束宽度可以保持不变,在保持搜索间隔时间不变的条件下,可延长每个波位积累时间保持雷达威力不变。

6.2.2 相邻波位发射能量的利用效率

采用多波束凝视方式可以实现发射 $-3\mathrm{dB}$ 波束宽度以内功率实现目标探测,而在 $-3\mathrm{dB}$ 波束宽度以外也可设置接收波束,同样也可以接收到目标回波信号,但在设计时,一个波位驻留时间的积累不能满足目标检测条件,若利用相邻波位的雷达发射信号的能量就可能满足目标检测条件。

接收机的噪声谱密度一般是比较稳定的,设某一波位接收到的目标回波能量为

$$E_{\mathrm{f}} = \frac{\eta_{\mathrm{t}}\eta_{\mathrm{r}}P_{\mathrm{t}}\tau G_{\mathrm{t}}(\theta_{\mathrm{o}} - \theta_i)G_{\mathrm{r}}(\theta - \theta_i)\lambda^2\sigma F_{\mathrm{t}}^2 F_{\mathrm{r}}^2}{(4\pi)^3 R^4 L_{\mathrm{a}} L_{\Sigma} L_{\mathrm{sp}}} \tag{6.20}$$

若发射波束变化一波位 $\Delta\theta$,而接收波位不变,则雷达将会再次接收到这目标的回波能量,设二次积累时间相同,则有

$$E_{\mathrm{s}} = \frac{\eta_{\mathrm{t}}\eta_{\mathrm{r}}P_{\mathrm{t}}\tau G_{\mathrm{t}}(\theta_{\mathrm{o}} + \Delta\theta - \theta_i)G_{\mathrm{r}}(\theta - \theta_i)\lambda^2\sigma F_{\mathrm{t}}^2 F_{\mathrm{r}}^2}{(4\pi)^3 R^4 L_{\mathrm{a}} L_{\Sigma} L_{\mathrm{sp}}} \tag{6.21}$$

则雷达接收到同一目标的回波能量为

$$E = \frac{\eta_{\mathrm{t}}\eta_{\mathrm{r}}P_{\mathrm{t}}\tau G_{\mathrm{r}}(\theta - \theta_i)\lambda^2\sigma F_{\mathrm{t}}^2 F_{\mathrm{r}}^2}{(4\pi)^3 R^4 L_{\mathrm{a}} L_{\Sigma} L_{\mathrm{sp}}}(G_{\mathrm{t}}(\theta_{\mathrm{o}} - \theta_i) + G_{\mathrm{t}}(\theta_{\mathrm{o}} + \Delta\theta - \theta_i)) \tag{6.22}$$

则目标回波信噪比为

$$\mathrm{SNR} = \frac{\eta_{\mathrm{t}}\eta_{\mathrm{r}}P_{\mathrm{t}}\tau G_{\mathrm{t}}G_{\mathrm{r}}\lambda^2\sigma F_{\mathrm{t}}^2 F_{\mathrm{r}}^2}{(4\pi)^3 kT_{\mathrm{n}} R^4 L_{\mathrm{a}} L_{\Sigma} L_{\mathrm{sp}}}\frac{G_{\mathrm{r}}(\theta - \theta_i)}{G_{\mathrm{r}}}\left(\frac{G_{\mathrm{t}}(\theta_{\mathrm{o}} - \theta_i) + G_{\mathrm{t}}(\theta_{\mathrm{o}} + \Delta\theta - \theta_i)}{G_{\mathrm{t}}}\right)$$

$$\tag{6.23}$$

当 $\dfrac{G_{\mathrm{r}}(\theta - \theta_i)}{G_{\mathrm{r}}}\left(\dfrac{G_{\mathrm{t}}(\theta_{\mathrm{o}} - \theta_i) + G_{\mathrm{t}}(\theta_{\mathrm{o}} + \Delta\theta - \theta_i)}{G_{\mathrm{t}}}\right) \geqslant \dfrac{1}{2}$ 时,即可保证雷达探测目标的威力不变。若雷达发射信号波束采用 $-4.5\mathrm{dB}$ 交叠,设置一凝视波束指向 $-4.5\mathrm{dB}$ 交叠,利用二相邻波束能量之和,则可得到 $3\mathrm{dB}$ 的得益,满足目标检测的条件,图 6.4 为发射二相邻波位的波束以 $-4.5\mathrm{dB}$ 相交,图 6.5 为 3 个接收波束覆盖图 6.4 中绿色发射波束,图 6.6 为 3 个接收波束覆盖图 6.4 中红色发射波束,在图 6.7 和图 6.6 中洋红色接收波束均存在,考虑两个不同时发射波束与接收波束共同作用的结果如图 6.7 所示。在方位俯仰二维条件下,四个相邻波束相交点的为 $-9\mathrm{dB}$ 交叠,通过四个波束能量的应用,有 $6\mathrm{dB}$ 得益,满足探测目标能量要求。

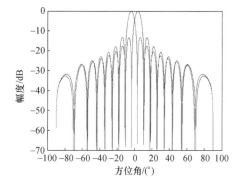
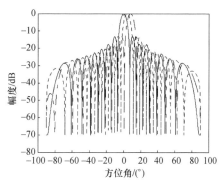

图 6.4　二相邻波位的波束以
−4.5dB 相交（见彩图）

图 6.5　覆盖洋红色发
射波束 3 个接收波束（见彩图）

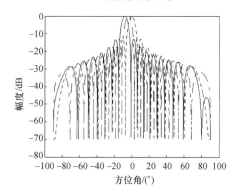
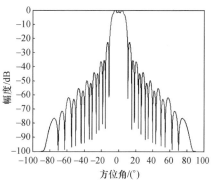

图 6.6　覆盖绿色发射波束 3 个
接收波束（见彩图）

图 6.7　两个相邻波位发射波束与
接收波束合成的收发方向图

在二发射波束波位以 −4.5dB 交叠时，其中一个波束的 −3 ∼ −4.5dB 波束宽度的功率对于于另一波束 −4.5 ∼ −6.2dB 波束宽度，整个搜索空域均采用 −4.5dB 交叠，则可利用 −6.2dB 波束宽度以内雷达发射功率，这样可以达到发射总功率 84% 以上利用率，方位俯仰二维的发射总功率利用率可达 72%。

−4.5dB 波束宽度是 −3dB 波束宽度的 1.2 倍，是 −1.5dB 波束宽度的 1.68 倍，若考虑方位俯仰二维，则同样雷达规模的多波束凝视雷达是传统相控阵雷达搜索能力的 2.8 倍，即得益 4.5dB；若传统相控阵雷达采用半个 −3dB 波束交叠，则二维多波束凝视雷达搜索目标能力是其 5.76 倍，即得益 7.6dB，多波束凝视雷达比传统相控阵雷达搜索目标能力有明显提高。

6.2.3　天线加权的影响

多波束凝视雷达探测性能改进的方法之一是利用雷达发射功率，另一个方法是降低发射方向图的副瓣，主瓣二边缘陡峭，实现尽可能多的发射功率用于目标探测。例如,在发射总功率不变的条件下,采用天线单元加权方法,可有效降低方向图副瓣,虽然方向图主瓣展宽,但接收方向图增益和波束宽度可以保持不变,在保持搜索间隔时间不变的条件下,可延长每个波位积累时间保持雷达威力不变。

若采用海明权对每个天线单元加权,则其发射波束方向图如图6.8(a)中实线所示,图6.8(b)为其局部曲线,其波束宽度是不加权时的1.45倍,利用4个接收波束覆盖发射波束,如图6.8(a)中虚线和点画线所示,这样考虑收发波束共同作用的天线方向图如图6.9(a)所示,图6.9(b)为局部图,故 – 3dB 雷达发射功率利用率约为77%,比不加权提高4.8%,方位俯仰二维均采用海明权,则雷达功率利用率约为60%。

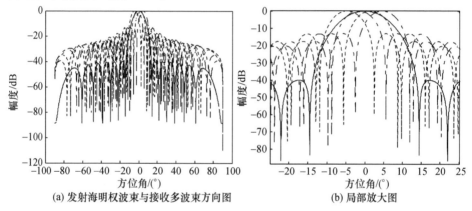

(a) 发射海明权波束与接收多波束方向图 (b) 局部放大图

图 6.8　发射海明权与接收多波束方向图

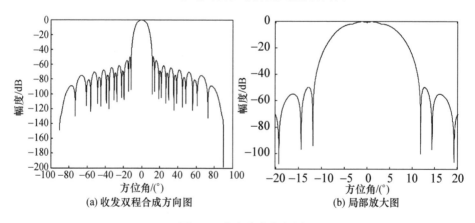

(a) 收发双程合成方向图 (b) 局部放大图

图 6.9　收发合成方向图

采用加权方法可提高雷达发射功率的利用率,加权的同时亦展宽了雷达波束的宽度,造成波束内功率密度降低。为了保证探测目标的能量不降低,可采用延长波束驻留时间,而波束宽度增加,可减少雷达探测目标的波位数,整体上雷达探测性能是提高的。在不降低雷达威力的条件下,加宽雷达波束宽度,就必须延长积累时间,积累时间的延长可提高雷达的多普勒分辨,这为雷达获取更多的信息提供了可能。

若雷达发射波束的波位采用 -4.5dB,则仅一个方向的雷达发射总功率利用率为 92%,在方位俯仰均采用海明加权,则总功率的利用率为 85.47%,是 -3dB 波位宽度利用率的 1.23 倍;二维得益为 1.83dB,故采用海明加权的总得益为 2.55dB,比传统 -1.5dB 波位宽度得益高 6.76dB,比半个 -3dB 波束宽度为波位间隔情况下的总得益高 10dB。

为了充分利用雷达天线功率口径积,亦可以采用其他办法,设计出合理的加权方法,保证雷达发射功率应用于目标探测,而发射波瓣加宽而导致的发射天线增益下降可延长相参积累时间补偿,长时积累可提高雷达的频率分辨,可促使雷达提供更多的目标信息,但必须考虑长时积累时,目标闪烁会对相参积累产生影响。

6.2.4　搜索间隔时间发射能量利用率

雷达搜索目标时,必须在一规定时间内完成指定空域的目标搜索,传统雷达发射能量仅应用于当前积累时间内,而雷达历史发射能量被放弃,当然这是雷达发展历史原因所造成的。随着电子技术的进步,应用雷达历史发射能量有可能应用于目标探测。

若雷达搜索目标间隔时间为 $T_j = 10\text{s}$,目标速度为 $v = 300\text{m/s}$,则 10s 内目标飞行了 3km,设目标距离雷达 300km,如果有两个目标,目标的 RCS 可能不同,目标距离不同,多普勒频率差异,而且回波可能不在同一波位接收波束内,但这些问题不影响雷达威力分析,设某一次探测目标回波能量可表示为

$$E_i = \frac{\eta_t \eta_r P_t \tau G_t(\theta_o - \theta_i) G_r(\theta - \theta_i) \lambda^2 \sigma_i F_t^2 F_r^2}{(4\pi)^3 R_i^4 L_a L_\Sigma L_{sp}} \tag{6.24}$$

同一波位相邻搜索间隔时间内目标回波能量为

$$E_i + E_{i+1} = \frac{\eta_t \eta_r P_t \tau G_t(\theta_o - \theta_i) G_r(\theta - \theta_i) \lambda^2 \sigma_i F_t^2 F_r^2}{(4\pi)^3 R_i^4 L_a L_\Sigma L_{sp}}$$
$$\left(1 + \frac{G_t(\theta_o - \theta_{i+1}) G_r(\theta - \theta_{i+1}) \sigma_{i+1} R_i^4}{G_t(\theta_o - \theta_i) G_r(\theta - \theta_i) \sigma_i R_{i+1}^4} \right) \tag{6.25}$$

由于目标在俯仰向变化比较慢,通过多波束凝视设计,可保证处理后的收发波束增益波动差小于 2dB,而二帧信号之间距离可近似相等,若设

$$\frac{G_t(\theta_o - \theta_{i+1}) G_r(\theta - \theta_{i+1}) \sigma_{i+1} R_i^4}{G_t(\theta_o - \theta_i) G_r(\theta - \theta_i) \sigma_i R_{i+1}^4} = 1 \tag{6.26}$$

则 $E_i + E_{i+j} = 2E_i$，若有 M 帧信号，则探测目标的回波能量为

$$E = \sum_{i=0}^{M-1} \frac{\eta_t \eta_r P_t \tau G_t(\theta_o - \theta_i) G_r(\theta - \theta_i) \lambda^2 \sigma_i F_t^2 F_r^2}{(4\pi)^3 R_i^4 L_a L_{\Sigma} L_{sp}} \quad (6.27)$$

理想情况下，$\sigma_i = \sigma$ 时，有

$$E = M \frac{\eta_t \eta_r P_t \tau G_t(\theta_o - \theta_i) G_r(\theta - \theta_i) \lambda^2 \sigma F_t^2 F_r^2}{(4\pi)^3 R^4 L_a L_{\Sigma} L_{sp}} \quad (6.28)$$

帧间信号积累后的信噪比为

$$SNR = M \frac{\eta_t \eta_r P_t T_s G_t G_r \lambda^2 \sigma F_t^2 F_r^2}{(4\pi)^3 k T_n R^4 L_a L_{\Sigma} L_{sp}} \frac{\Delta\theta}{\theta} \frac{\Delta\beta}{\beta} \quad (6.29)$$

由于采用多波束凝视探测方式，发射信号的每个波位比 $-3dB$ 的波束宽度要宽，利用 2 帧回波信号积累得益为 3dB，则在海明加权的条件下，采用 $-4.5dB$ 波束交叠，其比 $-1.5dB$ 交叠的性能提高近 9.7dB；而比采用半个 $-3dB$ 波束宽度交叠的性能提高近 13.0dB。

6.2.5 时间资源

传统雷达发射信号之后，一般接收波束与发射波束指向相同，若雷达发射信号的脉冲重复间隔时间为 $T_r = 2ms$，如果占空比为 $\frac{\tau}{T_r} = 10\%$，那么雷达发射也就是仅有 10% 时间工作，其余的 90% 时间为接收机工作时间，且仅对一个波束方向；若波束指向转换下一波位，必须接收完目标回波之后，方能在下一波位发射信号；若雷达探测的是数千千米远空间目标，时间资源明显不足，如设探测的目标为 4500km，则目标延时达 30ms，目标速度为 v_t，波束俯仰角宽度为 $\Delta\beta$，距离 R 处的搜索屏厚度为 $\Delta D = 2R\sin\frac{\Delta\beta}{2}$，当 N 次搜索间隔时间 T_s 内，目标没穿出搜索屏，则有

$$v_t T_s < 2 \frac{R}{N} \sin\frac{\Delta\beta}{2} \quad (6.30)$$

如果取 $N = 2$，$v_t = 6km/s$，波束宽度 $\Delta\theta = \Delta\beta = 1°$，方位向搜索 $\pm45°$，半个波束宽度交叠，共需 180 个波位，则完成一个搜索屏搜索所需时间为 5.4s，$v_t T_s = 32.4km$，当目标距离 $R < 3713km$ 时，已不满足式（6.30），而探测某些空间目标，仅设一道搜索屏，会出现目标漏探，故必须设置多道搜索屏，若仅对某一距离范围回波进行接收，而脉冲间隔时间中的一段时间波束转向其他波位发射信号，以此实现时间资源的利用。

随着固态发射技术的发展，占空比越来越高，甚至可到连续波，但发射信号的峰值功率受器件的物理特性限制；另一方面，利用多普勒处理技术可改进杂波

处理性能;据此,多波束凝视雷达则是不仅充分利用雷达的功率天线口径积,还要充分利用有限的时间资源,改进雷达性能。理想状况是同时收发连续波信号,但存在的问题是发射信号会辐射到接收端,产生极大干扰,那么收发隔离是同时收发连续波信号的关键,在现有的技术条件下,收发分置是易于实现的技术。

而在多波束条件下,可以将信号分解成多段信号,每段具有不同发射频率,并指向不同方向,雷达可形成多波束完成不同方向的目标探测,针对当时发射信号频率设置陷波器和直通信号的对消电路,保证其他频率的目标回波信号能被有效接收。

6.3　多波束凝视与多任务

在外辐射源雷达中,例如,可利用调频广播信号探测目标,调频广播的功能是传输信息,而雷达则是利用其辐射电磁波的功率和信号带宽实现目标探测,但同时,同频信号则会干扰接收信息的设备和雷达系统,不能获取信息和目标探测,故雷达信号也可实现同样功能,同时完成多项任务,即多任务性。

多任务性是根据多波束凝视的特点,在一套雷达系统中,应用数字收发波束形成技术,可以实现同时多波束、不同调制同时多波束,实现雷达探测、通信、数传、电子战等多任务;多功能性是根据多波束凝视的特点,在一套雷达系统中同时实现预警探测、目标跟踪、目标识别、目标指示等多功能;当然,多波束凝视雷达也可多任务性和多功能性二者兼而有之。

6.3.1　多任务性

由于雷达为了实现目标探测,特别是远程目标探测,其发射功率相比于通信、数传、电子战要大得多,这是由于雷达方程中的目标回波功率与距离四次方成反比,而其他设备接收到的信号功率是与作用距离的平方成反比;另一方面,雷达的规模要比其他装备大得多,故借用雷达的冗余能力同时实现通信、数传、电子战等多任务为未来雷达发展的重要方向之一。

由式(2.2)可知,若雷达利用其功率 $p_{t,m}$ 进行第 m 项任务,则雷达辐射到第 m 电子设备处的功率密度为

$$S_{t,m} = \frac{p_{t,m}G_{t,m}}{4\pi R_m^2} \tag{6.31}$$

式中:下角 m 表示第 m 个波束指向对应的第 m 个接收天线。

设该设备的接收天线的有效面积为 A_m,考虑损耗,则接收到的雷达功率为

$$p_{r,m} = \frac{\eta_{t,m}p_{t,m}G_{t,m}A_{r,m}F_{t,m}^2F_{r,m}^2}{4\pi R_m^2 L_{a,m}L_{\Sigma,m}} \tag{6.32}$$

6.3.1.1 信息传输

若雷达发射信号被应用于信息传输,则通过式(2.10)所示的单位带宽噪声功率,可得信噪比为

$$\text{SNR}_m = \frac{\eta_{\text{t},m}\eta_{\text{r}}p_{\text{t},m}G_{\text{t},m}A_{\text{r},m}F_{\text{t},m}^2 F_{\text{r},m}^2}{4\pi k T_{\text{n}} B R^2 L_{\text{a},m} L_{\Sigma,m}} \tag{6.33}$$

由于雷达天线增益比传统的通信或数传天线大得多,所以在同样传输距离和信噪比技术条件下,所需发射功率要小得多。利用同样发射功率,若雷达天线增益比其他设备的增益大 30dB,则传输距离大 31 倍;设原设备的作用距离是 10km,那么利用雷达天线实现传输距离将为 300km 以上。若雷达作为接收设备,其效果同样。

6.3.1.2 信息设备干扰

若雷达发射作为干扰,则可利用雷达强大的发射功率和天线口径实现对电子装备的有效干扰。设信息干扰设备的有效作用距离为 r,发射功率为 p_{j},发射天线增益为 G_{j},信息传输的接收到的信号功率为

$$p_{\text{jr}} = \frac{\eta_{\text{j}}p_{\text{j}}G_{\text{j}}A_{\text{rc}}F_{\text{t},j}^2 F_{\text{r},j}^2}{4\pi r^2 L_{\text{a}} L_{\Sigma}} \tag{6.34}$$

由式(6.32)分析,可得一般信息传输设备间接收到信号功率 p_{rc} 为

$$p_{\text{rc}} = \frac{\eta_{\text{c}}p_{\text{tc}}G_{\text{tc}}A_{\text{rc}}F_{\text{t},c}^2 F_{\text{r},c}^2}{4\pi R_{\text{c}}^2 L_{\text{ac}} L_{\Sigma c}} \tag{6.35}$$

式中:L_{ac} 为传输损耗;$L_{\Sigma c}$ 为系统总损耗。

则信干比为

$$\text{SJR} = 10\lg\frac{p_{\text{rc}}}{p_{\text{r}}} \tag{6.36}$$

即

$$\text{SJR} = 10\lg\left(\frac{p_{\text{tc}}G_{\text{tc}}}{p_{\text{j}}G_{\text{j}}}\left(\frac{r}{R_{\text{c}}}\right)^2\frac{\eta_{\text{c}}F_{\text{t},c}^2 F_{\text{r},c}^2}{\eta_{\text{j}}F_{\text{t},j}^2 F_{\text{r},j}^2}\frac{L_{\text{a}}L_{\Sigma}}{L_{\text{ac}}L_{\Sigma c}}\right) \tag{6.37}$$

设传统干扰设备的功率天线增益积为 $p_{\text{o}}G_{\text{o}}$,干扰设备与信息接收设备距离为 r_{o},那么式(6.37)也可表示为

$$\text{SJR} = 10\lg\left(\frac{p_{\text{o}}G_{\text{o}}}{p_{\text{j}}G_{\text{j}}}\left(\frac{r}{r_{\text{o}}}\right)^2\right) +$$
$$10\lg\left(\frac{p_{\text{tc}}G_{\text{tc}}}{p_{\text{o}}G_{\text{o}}}\left(\frac{r_{\text{o}}}{R_{\text{c}}}\right)^2\frac{\eta_{\text{c}}F_{\text{t},c}^2 F_{\text{r},c}^2}{\eta_{\text{j}}F_{\text{t},j}^2 F_{\text{r},j}^2}\frac{L_{\text{a}}L_{\Sigma}}{L_{\text{ac}}L_{\Sigma c}}\right) \tag{6.38}$$

在其他损耗和效率影响忽略的条件下,上式中的第一项为对应用雷达系统

与传统干扰机对信息传输设备干扰得益,若

$$\frac{p_o G_o}{r_o^2} = \frac{p_j G_j}{r^2} \tag{6.39}$$

则雷达达到一般干扰机的同样功率效果。如果雷达天线增益比一般干扰机的天线增益高 30dB,在同样干扰功率条件下,作用距离要大 31 倍,故雷达应用于对电子设备远程干扰。

6.3.1.3　雷达设备干扰

若被干扰雷达设备接收到目标回波功率可表示为

$$p_{t,r} = \frac{\eta_t \eta_r p_t G_t G_r \lambda^2 \sigma F_t^2 F_r^2}{(4\pi)^3 R^4 L_a L_\Sigma} \tag{6.40}$$

当雷达作为干扰机工作时,由于干扰信号不一定是从被干扰雷达天线主瓣进入接收分系统,故被干扰雷达接收到的干扰信号功率 $p_{j,m}$ 为

$$p_{j,m} = \frac{\eta_j p_j G_j G_r(\Delta\theta,\theta,\Delta\beta,\beta)\lambda^2 F_{t,j}^2 F_{r,j}^2}{(4\pi)^2 R_j^2 L_{aj} L_{\Sigma j}} \tag{6.41}$$

式中:L_{aj} 为传输损耗;$L_{\Sigma j}$ 为总损耗。则被干扰雷达的天线端口的信干比为

$$\mathrm{SJR} = 10\lg \frac{p_{t,r}}{p_{j,m}} \tag{6.42}$$

即

$$\mathrm{SJR} = 10\lg\left(\frac{p_t G_t G_r \sigma R_j^2}{p_j G_j G_r(\Delta\theta,\theta,\Delta\beta,\beta) R^4}\right) +$$
$$10\lg\left(\frac{\eta_t \eta_r L_{aj} L_{\Sigma j} F_t^2 F_r^2}{4\pi \eta_j L_a L_\Sigma F_{t,j}^2 F_{r,j}^2}\right) \tag{6.43}$$

对雷达干扰效果主要体现在上式中的第一项,可根据被保护目标的 RCS、其与被干扰雷达的距离、被干扰雷达的规模和实施干扰雷达的距离、干扰指标,分配干扰功率。

雷达系统的主要功能是探测目标,多功能是在探测目标的功率、时间和处理能力有冗余的条件下完成的。

由前分析可知,无论雷达是应用于信息传输,还是对其他电子设备干扰,均需要将雷达功率和信息送达到指定电子设备。

6.3.2　天线子阵多波束同时多任务

在雷达发射功率有冗余条件下,采用天线划分子阵,每个子阵各司其职,且子阵技术难度相对较小,易于实现,故可以根据任务的性质、所需功率口径积的状况选择天线单元。雷达有源探测均是探测自身发射信号的目标回波;信息传

输通常可收发频率不同,以免相互干扰,获取好的传输质量;在电子战有源干扰中,频率瞄准式干扰的干扰效率比较高,但其干扰频率则取决于被干扰设备的频率,故雷达技术发展的重要方向之一是雷达可高功率、宽频段范围工作,宽禁带技术的发展满足这一需求,使选择合适的天线阵元应用于不同功能有了可能。

由于采用子阵划分形成不同任务功能和波束指向的波束,所以每个波束的相位中心也不同,以线阵为例,共 M 个阵元,如图 6.10 所示。设完成二项任务,若 $0 \sim M_1 - 1$ 阵元发射应用于目标探测,波束指向 θ_0,发射信号波长为 λ_0;$M_1 \sim M-1$ 阵元应用于另一项任务,波束指向 θ_1,发射信号波长为 λ_1。指向 θ_0 波束的方向图为

$$p(\theta, \theta_0) = \sqrt{\cos\theta} \sum_{i=0}^{M_1-1} e^{j2\pi i \frac{d}{\lambda_0}(\sin\theta - \sin\theta_0)} \tag{6.44}$$

$$p(\theta, \theta_0) = \sqrt{\cos\theta} \frac{\sin\left(\pi M_1 \dfrac{d_0}{\lambda_0}(\sin\theta - \sin\theta_0)\right)}{\sin\left(\pi \dfrac{d_0}{\lambda_0}(\sin\theta - \sin\theta_0)\right)} e^{j\pi(M_1-1)\frac{d_0}{\lambda_0}(\sin\theta - \sin\theta_0)} \tag{6.45}$$

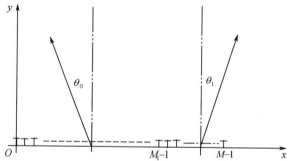

图 6.10　子阵多波束示意图

指向 θ_1 波束的方向图为

$$p(\theta, \theta_1) = \sqrt{\cos\theta} \sum_{i=M_1}^{M-1} e^{j2\pi i \frac{d}{\lambda_1}(\sin\theta - \sin\theta_1)} \tag{6.46}$$

$$p(\theta, \theta_1) = \sqrt{\cos\theta} \frac{\sin\left(\pi(M - M_1) \dfrac{d_1}{\lambda_1}(\sin\theta - \sin\theta_1)\right)}{\sin\left(\pi \dfrac{d_1}{\lambda_1}(\sin\theta - \sin\theta_1)\right)} e^{j\pi(M + M_1 - 1)\frac{d_1}{\lambda_1}(\sin\theta - \sin\theta_1)}$$

$$\tag{6.47}$$

比较式(6.45)和(6.47)可知,由于所取阵元数不同,其发射功率和波束宽度不同,它们的相位中心也不一样。若阵面中可能有部分阵元可根据任务进行调配,则阵元间距必须合理设计,避免出现栅瓣;在制造成本允许的条件下,则可

以"波长短"为参考来设计阵元间距。

由于采用子阵划分实现多波束,通常一个子阵为一个波束,以远程信息传输为例,一个波束在某一时刻仅能实现某一方向信息发射,若要实现多方向信息发射,则可以时分多波束发射,故必须在信号带宽、信息量、时间资源进行综合。

而雷达可接收天线能覆盖的任意角度的电磁波信号,天线接收到的任一电磁波信号功率的大小取决于该信号的功率密度和天线面积在信号方向的垂直投影,所有方向的电磁信号均可同时被雷达天线接收到,故可采用同时多波束探测系统响应带宽内的所有信号,获取信息,可应用于信息接收、辐射源探测等。

若有 K 个在雷达天线响应带宽内电磁信号同时达到天线,设第 m 个信号幅度为 a_m,第 i 阵元接收到的第 m 个信号可表示为

$$\hat{s}_i(t) = a_m \sqrt{\cos\theta_m} \mathrm{e}^{\mathrm{j}(2\pi f_m t + \psi_m(t))} \mathrm{e}^{\mathrm{j}2\pi i \frac{d}{\lambda_m}\sin\theta_m} \qquad (6.48)$$

则第 i 阵元接收到的总信号为

$$s_i(t) = \sum_{m=0}^{K-1} a_m \sqrt{\cos\theta_m} \mathrm{e}^{\mathrm{j}(2\pi f_m t + \psi_m(t))} \mathrm{e}^{\mathrm{j}2\pi i \frac{d}{\lambda_m}\sin\theta_m} \qquad (6.49)$$

若接收到信号在频域分为 Q 个子带,每个子带形成 L 个波束,设阵元接收到的信号中有 V 个频率信号通过第 q 个子带滤波器,则第 q 个子带输出信号表示为

$$s_{i,q}(t) = \sum_{v=0}^{V-1} a_{v,q} \sqrt{\cos\theta_{v,q}} \mathrm{e}^{\mathrm{j}(2\pi f_{v,q} t + \psi_k(t))} \mathrm{e}^{\mathrm{j}2\pi i \frac{d}{\lambda_{v,q}}\sin\theta_{v,q}} \qquad (6.50)$$

式中:$a_{v,q}$ 为信号幅度。则第 l 个波束的输出信号为

$$S_{l,q}(t) = \sum_{v=0}^{V-1} a_{v,q} \sqrt{\cos\theta_{v,q}} \mathrm{e}^{\mathrm{j}(2\pi f_{v,q} t + \psi_k(t))} \sum_{i=0}^{M-1} \mathrm{e}^{\mathrm{j}2\pi i d\left(\frac{\sin\theta_{v,q}}{\lambda_{v,q}} - \frac{\sin\theta_l}{\lambda_q}\right)} \qquad (6.51)$$

子带内的每个频率信号的带宽影响可忽略,则波长可以近似认为相等,即 $\lambda_{v,q} \approx \lambda_q$,于是式(6.51)可为

$$S_{l,q}(t) \approx \sum_{v=0}^{V-1} a_{v,q} \sqrt{\cos\theta_{v,q}} \mathrm{e}^{\mathrm{j}(2\pi f_{v,q} t + \psi_k(t))} \times$$

$$\frac{\sin\left(\pi M \frac{d}{\lambda_q}(\sin\theta_{v,q} - \sin\theta_l)\right)}{\sin\left(\pi \frac{d}{\lambda_q}(\sin\theta_{v,q} - \sin\theta_l)\right)} \mathrm{e}^{\mathrm{j}\pi(M-1)\frac{d}{\lambda_q}(\sin\theta_{v,q} - \sin\theta_l)} \qquad (6.52)$$

由于接收时应用全阵面接收信号,相对于应用子阵面发射信号的天线增益要大,与式(6.32)相对应,设信息传输设备的发射功率为 p_m,雷达接收天线增益为 G_r,雷达接收到其他设备传输信号功率为

$$P_{r,m} = \frac{\eta_{t,m} p_m G_r A_{t,m} F_{t,m}^2 F_{r,m}^2}{4\pi R_m^2 L_{a,m} L_{\Sigma,m}} \qquad (6.53)$$

式中：$L_{a,m}$ 为传输损耗；$L_{\Sigma,m}$ 为总损耗。则信息传输设备接收信号功率与雷达接收信息传输设备的功率比为

$$\eta_p = \frac{P_{r,m}}{p_{r,m}} \qquad (6.54)$$

即

$$\eta_p = \frac{p_m G_r}{p_{t,m} G_{t,m}} \qquad (6.55)$$

由式(6.55)分析可知,接收时是全阵面所有阵元均接收信号,而发射时为部分阵元参与,故 $G_r > G_{t,m}$,若信号处理时在同样信噪比条件下,选择 $\eta_p = 1$,则 $p_m < p_{t,m}$,即其他设备发射较小的功率,雷达可利用高天线增益获取同样的处理效果。

6.3.3 共口径同时多波束多任务

凝视雷达最重要的特点之一是充分利用功率和天线口径,设计天线子阵虽然可实现多任务,且技术实现难度相对小,但发射功率利用存在较大冗余度,其原因是采用子阵发射信号,则波束宽度较宽,发射功率辐射在比较大的空域,若采用全口径发射,在被作用于空域有同样的功率密度条件下,可降低雷达功率的辐射空域,改进雷达功率的利用率。

由第4章讨论可知,在线性功放条件下,各波束之间互不影响;若发射机工作于饱和状态,凝视雷达设计宽波束搜索在满足一定条件下,跟踪波束消耗的功率远小于搜索波束的功率时,通过相位加权可以满足搜索和跟踪的同时多波束探测。

应用全天线口径形成信息传输波束增益为 G_{ta},设式(6.32)所示信息接收设备所接收到的信号功率为

$$\hat{p}_{r,m} = \frac{\eta_{t,m} \hat{p}_{t,m} G_{ta} A_{r,m} F_{t,m}^2 F_{r,m}^2}{4\pi R_m^2 L_{a,m} L_{\Sigma,m}} \qquad (6.56)$$

考虑单位带宽噪声功率为 $N = kT_n$,系统带宽为 B,则信息传输的信噪比为

$$\mathrm{SNR}_m = \frac{\eta_{t,m} \hat{p}_{t,m} G_{ta} A_{r,m} F_{t,m}^2 F_{r,m}^2}{4\pi R_m^2 k T_n B L_{a,m} L_{\Sigma,m}} \qquad (6.57)$$

得到检测信噪比要求时的发射功率为

$$\hat{p}_{t,m} = \frac{\mathrm{SNR}_m 4\pi R_m^2 k T_n B L_{a,m} L_{\Sigma,m}}{\eta_{t,m} G_{ta} A_{r,m} F_t^2 F_{r,m}^2} \qquad (6.58)$$

由式(6.5)所示雷达方程可知,雷达威力为 R 时的发射功率为

$$P_t = \frac{\text{SNR}(4\pi)^3 kT_n R^4 L_a L_\Sigma L_{sp}}{\eta_t \eta_r \tau G_{ta} G_r \lambda^2 \sigma F_t^2 F_r^2} \qquad (6.59)$$

那么探测目标与信息传输所需功率之比为

$$\eta_{d,c} = \frac{\hat{p}_{t,m}}{P_t} \qquad (6.60)$$

即

$$\eta_{d,c} = \frac{\text{SNR}_m L_{a,m} L R_m^2}{\text{SNR}(4\pi)^2 R^4 L_a L_\Sigma L_{sp}} \frac{\eta_t \eta_r \tau B G_r \lambda^2 \sigma F_t^2 F_r^2}{\eta_{t,m} A_{r,m} F_{t,m}^2 F_{r,m}^2} \qquad (6.61)$$

若不考虑各种损耗的影响,则有

$$\eta_{d,c} = \frac{\text{SNR}_m}{\text{SRN}} \frac{\tau B A_r \sigma R_m^2}{4\pi A_{r,m} R^4} \qquad (6.62)$$

若 SNR_m 比 SNR 大 20dB,取 $\tau B = 10\text{dB}$,A_r 比 $A_{r,m}$ 大 40dB,取 $R_m = R$,而当 R_m^2 比 σ 大 100dB 时,$\eta_{d,c} \ll 1$,故应用于信息传输的功率占用探测目标的功率很小,故适用共口径形成同时发射多波束。

在接收到同样功率信息信号条件下,即 $\hat{p}_{r,m} = p_{r,m}$,则利用全口径发射的功率与子阵发射功率相比,有

$$\hat{p}_{t,m} = p_t \frac{G_{t,m}}{G_{ta}} \qquad (6.63)$$

由于 $G_{ta} > G_{t,m}$,故全口径形成波束时,比子阵多波束技术的发射功率要小。

在进行电子战支援时,式(6.41)可修正为

$$\hat{p}_{j,m} = \frac{\eta_j \hat{p}_j G_{ta} G_r(\Delta\theta, \theta, \Delta\beta, \beta) \lambda^2 F_{t,j}^2 F_{r,j}^2}{(4\pi)^2 R_j^2 L_{aj} L} \qquad (6.64)$$

仍设被干扰设备带宽为 B,若干扰功率仅有部分进入被干扰设备,则干噪比为

$$\text{JNR} = \eta \frac{\eta_j \hat{p}_j G_{ta} G_r(\Delta\theta, \theta, \Delta\beta, \beta) \lambda^2 F_{t,j}^2 F_{r,j}^2}{(4\pi)^2 R_j^2 kT_n B L_{aj} L_{\Sigma j}} \qquad (6.65)$$

式中:η 为有效干扰功率,则所需干扰功率为

$$\hat{p}_j = \frac{\text{JNR}(4\pi)^2 R_j^2 kT_n B L_{aj} L_{\Sigma j}}{\eta\eta_j G_{ta} G_r(\Delta\theta, \theta, \Delta\beta, \beta) \lambda^2 F_{t,j}^2 F_{r,j}^2} \qquad (6.66)$$

上式干扰功率与式(6.59)的雷达探测目标功率之比为

$$\eta_{d,j} = \frac{\eta_t \eta_r \tau G_r \sigma F_t^2 F_r^2}{\eta\eta_j G_r(\Delta\theta, \theta, \Delta\beta, \beta) F_{t,j}^2 F_{r,j}^2} \frac{\text{JNR} R_j^2 B L_{aj} L_{\Sigma j}}{\text{SNR}(4\pi) R^4 L_a L_\Sigma L_{sp}} \qquad (6.67)$$

若不考虑各种损耗,有

$$\eta_{d,j} = \frac{\text{JNR}\sigma R_j^2}{\text{SNR}(4\pi) R^4} \frac{\tau B G_r}{G_r(\Delta\theta, \theta, \Delta\beta, \beta)} \qquad (6.68)$$

当 JNR 比 SNR 大 20dB，取 $\tau B = 0$dB，$\dfrac{\tau B G_{\mathrm{r}}}{G_{\mathrm{r}}(\Delta\theta,\theta,\Delta\beta,\beta)} = 40$dB，$R = R_{\mathrm{j}}$，$R^2$ 比 σ 大 100dB 时，存在 $\eta_{\mathrm{d,j}} \ll 1$，即使 (J/N) 再增加 10dB，仍满足 $\eta_{\mathrm{d,j}} \ll 1$，故适用共口径形成同时发射多波束。

同样理由，由于利用了全天线增益，与子阵方法相比可降低发射功率，达到同样干扰效果。

◢ 6.4 目标跟踪与目标信息获取

雷达搜索目标的主要作用是发现目标，只有发现目标才能实现对目标的跟踪和目标信息的获取。搜索目标阶段，不知道目标是否存在，必须在一定时间内完成探测空域目标搜索，而如何改进雷达发现目标能力已在凝视雷达方程中进行了讨论；在目标跟踪阶段，已有目标部分信息，这部分信息为提高雷达跟踪目标距离提供了基础。

6.4.1 跟踪威力扩展

凝视雷达在跟踪某目标时，可以获取该目标的距离、速度、加速度、俯仰角、方位角、航迹等，传统雷达在目标跟踪时，若目标远离雷达，超出一定雷达威力范围之后，该航迹终止，在这期间，若雷达电磁波仍能照射到目标，目标的回波仍存在，但小于检测门限，如果降低检测门限，虽能检测到目标，但虚警信号也增多，造成目标航迹振荡，不能准确获取目标点迹，目标也会很快丢失。

这里讨论在雷达跟踪状态下，提高雷达跟踪威力的方法是利用雷达已获取的目标信息，提高雷达检测目标的信噪比，扩展雷达跟踪目标威力。

分析式(2.8)，在凝视雷达发射一定跟踪目标功率条件下，传统跟踪目标最远距离的目标回波能量为

$$S_{\min} = \eta_{\mathrm{t}}\eta_{\mathrm{r}} \frac{P_{\mathrm{t}}\tau G_{\mathrm{t}}A_{\mathrm{r}}\sigma F_{\mathrm{t}}^2 F_{\mathrm{r}}^2}{(4\pi)^2 R_{\max}^4 L_{\mathrm{a}}L_{\Sigma}L_{\mathrm{sp}}} \qquad (6.69)$$

检测目标的最小信噪比为

$$\mathrm{SNR}_{\min} = \eta_{\mathrm{t}}\eta_{\mathrm{r}} \frac{P_{\mathrm{t}}\tau G_{\mathrm{t}}A_{\mathrm{r}}\sigma F_{\mathrm{t}}^2 F_{\mathrm{r}}^2}{(4\pi)^2 kT_{\mathrm{n}}R_{\max}^4 L_{\mathrm{a}}L_{\Sigma}L_{\mathrm{sp}}} \qquad (6.70)$$

随着时间的推移，目标与雷达之间距离变远，若目标 RCS 闪烁影响可忽略，目标匀速运动，其径向速度投影为 v_{o}，数据率为 $1/T_{\mathrm{d}}$，设每隔 T_{d}，目标距离增加 ΔR，那么目标距离变为 $R_{\max} + \Delta R$，则回波信号能量为

$$S = \eta_{\mathrm{t}}\eta_{\mathrm{r}} \frac{P_{\mathrm{t}}\tau G_{\mathrm{t}}A_{\mathrm{r}}\sigma F_{\mathrm{t}}^2 F_{\mathrm{r}}^2}{(4\pi)^2 (R_{\max} + \Delta R)^4 L_{\mathrm{a}}L_{\Sigma}L_{\mathrm{sp}}}, \qquad (6.71)$$

信噪比满足

$$\text{SNR}_{\min} > \eta_t \eta_r \frac{P_t \tau G_t A_r \sigma F_t^2 F_r^2}{(4\pi)^2 k T_n (R_{\max} + \Delta R)^4 L_a L_\Sigma L_{\text{sp}}} \tag{6.72}$$

则目标不能被有效检测到。若 n 次之后，则目标距离为 $R_{\max} + n\Delta R$，回波信号能量为

$$S = \eta_t \eta_r \frac{P_t \tau G_t A_r \sigma F_t^2 F_r^2}{(4\pi)^2 (R_{\max} + n\Delta R)^4 L_a L_\Sigma L_{\text{sp}}} \tag{6.73}$$

信噪比为

$$\text{SNR} = \eta_t \eta_r \frac{P_t \tau G_t A_r \sigma F_t^2 F_r^2}{(4\pi)^2 k T_n (R_{\max} + n\Delta R)^4 L_a L_\Sigma L_{\text{sp}}} \tag{6.74}$$

随着 n 增加，信噪比下降。设 $\varsigma = \dfrac{\Delta R}{R_{\max}}$，则式(6.73)所示的目标回波信号能量可表示为

$$S(n) = S_{\min} \frac{1}{(1 + n\varsigma)^4} \tag{6.75}$$

设 $S_{\min}$ 所对应信号幅度为 A_o，则 $S(n)$ 所对应的信号幅度为

$$A(n) = \frac{A_o}{(1 + n\varsigma)^2} \tag{6.76}$$

目标的多普勒频率为 f_d，目标延时为 $T_o + n\Delta T$，距离延时分辨为 Δ，脉冲压缩和相参积累后的信号形式可抽象为

$$s(t, n) = \frac{A_0}{(1 + n\varsigma)^2} g_\Delta(t - T_o - n\Delta T) e^{j\varphi_o} e^{j2\pi n f_d T_d} + \text{Noi}(t, n) \tag{6.77}$$

式中：$\text{Noi}(t, n)$ 表示为噪声；$g_\Delta(t)$ 表示距离门函数。

式(6.77)中，$n = 0$ 和 $n = 1$ 时信号为

$$s(t, 0) = s_o(t) + \text{Noi}(t, 0) \tag{6.78}$$

式中

$$s_o(t) = A_o g_\Delta(t - T_o) e^{j\varphi_o} \tag{6.79}$$

$$s(t, 1) = \frac{A_o}{(1 + \varsigma)^2} g_\Delta(t - T_o - \Delta T) e^{j\varphi_o} e^{j2\pi f_d T_d} + \text{Noi}(t, 1) \tag{6.80}$$

分析式(6.77)和式(6.78)，二式存在目标运动产生的延时 ΔT 所引起的距离门频域和相位差别，同时还存在多普勒频率所产生的相移。分析此二式，有

$$s(t, 1) = \frac{1}{(1 + \varsigma)^2} s_o(t - \Delta T) e^{j2\pi f_d T_d} + \text{Noi}(t, 1) \tag{6.81}$$

更一般情况为

$$s(t, n) = \frac{1}{(1 + n\varsigma)^2} s_o(t - n\Delta T) e^{j2\pi n f_d T_d} + \text{Noi}(t, n) \tag{6.82}$$

由于数据率 $1/T_d \ll f_d$，则存在严重的多普勒频率模糊，而各次观察之间目标回波的距离延时变化的 ΔT 相对于距离门变化也比较大，故此不能简单叠加，式(6.79)傅里叶变换为

$$S_o(f) = \int_{-\infty}^{+\infty} s_o(t) \mathrm{e}^{-\mathrm{j}2\pi ft} \mathrm{d}t \tag{6.83}$$

则式(6.78)的傅里叶变换为

$$S(f,0) = S_o(f) + \mathrm{NOI}(f,0) \tag{6.84}$$

式中：$\mathrm{NOI}(f,0)$ 为噪声 $\mathrm{Noi}(t,0)$ 的谱，则式(6.81)傅里叶变换谱为

$$S(f,1) = \frac{1}{(1+\mathcal{S})^2} S_o(f-f_d) \mathrm{e}^{-\mathrm{j}2\pi f\Delta T} + \mathrm{NOI}(f,1) \tag{6.85}$$

式(6.85)表明了时域的延时表现为频域的附加相位，若在频域补偿此相位，就可实现信号延时的对齐。频域补偿表达式为

$$\hat{S}(f,1) = S(f,1) \mathrm{e}^{\mathrm{j}2\pi f\Delta t} \tag{6.86}$$

此式也就是信号均衡，补偿信号的延时。故式(6.80)可通过信号均衡处理，实现与式(6.78)相同的积累延时，这也就是所谓跨距离门积累，当然，还有其他更好的解决方法，这里仅讨论如何实现威力扩展问题。

式(6.86)进行逆傅里叶变换，有

$$\hat{s}(t,1) = \frac{1}{(1+\mathcal{S})^2} s_o(t-(\Delta T-\Delta t)) \mathrm{e}^{\mathrm{j}2\pi f_d T_d} + \hat{\mathrm{Noi}}(t,1) \tag{6.87}$$

当 $\Delta t = \Delta T$ 时，上式可化简为

$$\hat{s}(t,1) = \frac{1}{(1+\mathcal{S})^2} s_o(t) \mathrm{e}^{\mathrm{j}2\pi f_d T_d} + \hat{\mathrm{Noi}}(t,1) \tag{6.88}$$

其与式(6.78)中的目标回波相比，还造成多普勒频率引起的相位误差项 $\mathrm{e}^{\mathrm{j}2\pi f_d T_d}$，若补偿此相位，可实现同相叠加，也就是相参积累。设补偿权值为 $\mathrm{e}^{-\mathrm{j}2\pi \Delta f T_d}$，前后相邻二帧信号积累可表示为

$$s_\Sigma(t) = s(t,0) + \hat{s}(t,1) \mathrm{e}^{-\mathrm{j}2\pi \Delta f T_d} \tag{6.89}$$

由于在跟踪条件下，有一定的先验 f_d 估计，在一定小范围再次进行搜索，若 $\Delta f = f_d$，则有

$$s_\Sigma(t) = s_o(t)\left(1 + \frac{1}{(1+\mathcal{S})^2}\right) + \mathrm{Noi}(t,0) + \hat{\mathrm{Noi}}(t,1) \mathrm{e}^{-\mathrm{j}2\pi \Delta f T_d} \tag{6.90}$$

故二帧信号相参积累信噪比得益为

$$\Delta \mathrm{SNR} = 10\lg\left(\frac{1}{2}\left(1 + \frac{1}{(1+\mathcal{S})^2}\right)^2\right) \tag{6.91}$$

由于 $\zeta \ll 1$ ，故式（6.91）可近似为

$$\Delta \mathrm{SNR} \approx 10 \log_{10}(2(1-4\varsigma)) \tag{6.92}$$

在理想情况下，有接近 3dB 的得益。而随着目标距离的渐远，目标回波的信噪比逐渐下降，需要更多帧的信号积累；如果有 N 帧信号积累，则式（6.82）表示的第 n 帧信号的傅里叶变换为

$$S(f,n) = \frac{1}{(1+n\varsigma)^2} S_o(f-nf_d) \mathrm{e}^{-j2\pi nf\Delta T} + \mathrm{NOI}(f,n) \tag{6.93}$$

其相位补偿后的表达式为

$$\hat{S}(f,n) = S(f,n) \mathrm{e}^{j2\pi nf\Delta t} \tag{6.94}$$

其逆傅里叶变换为

$$\hat{\mathrm{s}}(t,n) = \frac{1}{(1+n\varsigma)^2} s_o(t-n(\Delta T-\Delta t)) \mathrm{e}^{j2\pi nf_d T_d} + \hat{\mathrm{Noi}}(t,n) \tag{6.95}$$

如果 $\Delta t = \Delta T$ ，则有

$$\hat{\mathrm{s}}(t,n) = \frac{1}{(1+n\varsigma)^2} s_o(t) \mathrm{e}^{j2\pi nf_d T_d} + \hat{\mathrm{Noi}}(t,n) \tag{6.96}$$

若有 N 帧信号积累，则可对式（6.28）进行离散傅里叶变换，有

$$\hat{S}(t,k) = \sum_{n=0}^{N-1} s(t,n) \mathrm{e}^{-j2\pi kn\Delta f T_d} \tag{6.97}$$

当 $\Delta f = f_d$ 时，积累信噪比最大，信噪比得益为

$$\Delta \mathrm{SNR} = 10\lg\left(\frac{1}{N}\left(\sum_{n=0}^{N-1}\frac{1}{(1+n\varsigma)^2}\right)^2\right) \tag{6.98}$$

若 $N\varsigma \ll 1$ ，则上式可近似为

$$\Delta \mathrm{SNR} \approx 10\lg\left(\frac{1}{N}\left(\sum_{n=0}^{N-1}(1-2n\zeta)\right)^2\right) \tag{6.99}$$

即

$$\Delta \mathrm{SNR} \approx 10\lg(N(1-\varsigma N)^2) \tag{6.100}$$

例如，当利用 4 帧信号积累时，跟踪距离扩展 41%；如果利用 16 帧信号积累，则跟踪距离扩展接近 1 倍。

对于远离雷达站的目标来说，随着距离变远，目标回波闪烁角变化越来越小，那么可积的点数逐渐增多，这为威力扩展提供可能。

威力扩展的一个关键问题是跨距离门积累，前面分析仅给出了可能性，但也必须考虑到对 ΔT 估计误差问题。解决方法：①对于远离的目标，可以适当降低距离分辨，减小 ΔT 估计误差对积累的影响；②对 ΔT 进行搜索估计，获取最高信

噪比;③研究对 ΔT 的预处理,使其不影响积累。

若目标存在机动飞行,则会使积累变复杂,考虑目标回波幅度和相位变化的非平稳,不仅造成积累实现难度增加,同时还要考虑长时积累对目标测角的影响。

6.4.2　跟踪信号分析

在目标跟踪阶段,雷达遇到的问题与搜索阶段不尽完全相同,搜索阶段主要解决的问题是有无被探测的目标,并对目标参数进行初步估计,跟踪阶段则是要对目标参数更进一步的测量估计,形成目标的航迹,目标信息,同时在复杂电子战环境中,还有可能遭受电磁干扰。

凝视雷达为了提高威力的措施之一是采用过去数据(也是大数据处理在雷达中的应用)进行积累,但会遇到目标回波跨距离门的问题,其中一个改进的方法是降低距离分辨,这对远距离目标探测是可行的方法。

雷达的一个很重要的指标是定位精度,雷达对目标定位精度取决于:回波信号的信噪比、信杂比、目标距离、角度分辨、距离分辨、多普勒分辨、测量精度、数据率、分辨单元内的目标数、雷达系统误差校准状况等。

若雷达角分辨为 $1°$,在高信噪比条件下,设测角精度为 $0.05°$,若目标距离为 $100km$,那么由测角精度引起的定位误差约为 $87m$;设距离分辨为 $150m$,若测距精度为 $15m$。比较二者,测角所产生的定位误差要大得多,若目标距离为 $200km$,则测角精度引起的误差将达 $174m$;提高距离分辨可改进距离维多目标分辨,通过航迹滤波改进航迹质量,而对应远距离目标,若降低发射信号带宽亦可改进回波信噪比,有利于长时积累,且提高了多普勒速度分辨,在速度维改进目标分辨,同样也可改进目标航迹质量,在必要时,发射高分辨信号,确认目标数。

雷达跟踪时,不仅要考虑数据率,还要考虑雷达发射能量的波位分配,同时还要考虑目标的速度以及 RCS 闪烁对积累的影响,雷达的数据存储和处理能力也是传统雷达利用多次探测信号进行积累的限制条件之一。

设目标的飞行速度为 $600m/s$,雷达的距离分辨力为 $75m$,若波位驻留时间为 $0.01s$,那么目标在积累时间内移动距离为 $6m$,则其距离徙动影响可以忽略,若雷达平台也以 $600m/s$ 速度飞行,其最大相对距离移动为 $12m$,此时已产生了一定积累损失。以地面固定雷达站为例,若数据率为 $0.1s$,相邻二驻留时间内,目标移动 $60m$,此时直接积累已没有得益,若雷达发射信号的距离分辨力降为 $750m$,已可以直接积累;若距离分辨力降为 $1500m$,则可以实现更长的驻留时间信号积累,其代价是牺牲目标距离分辨力。

由于利用波束驻留间信号积累的首要问题是跨距离门,在不考虑其影响因素时,脉冲压缩后信号可为

$$s(t) = \tau \mathrm{Sa}(\pi Bt) g_{\tau}\left(t - \frac{\tau}{2}\right) \mathrm{e}^{\mathrm{j}\pi Bt} \tag{6.101}$$

第 n 个脉冲的回波信号可表示为

$$s(t,n) = s(t - nT_{\mathrm{s}} - T_{\mathrm{o}} - n\Delta T) \tag{6.102}$$

设利用 N 个驻留积累,仅考虑目标距离徙动影响,若第 N 个驻留距离影响比较小,则其中间其他驻留的距离徙动影响将更小。故设

$$s(t,N) = \tau \mathrm{Sa}\left(\pi B\left(t - \frac{\varepsilon}{B}\right)\right) g_{\tau}\left(t - \frac{\tau}{2} - \frac{\varepsilon}{B}\right) \mathrm{e}^{\mathrm{j}\pi B\left(t - \frac{\varepsilon}{B}\right)} \tag{6.103}$$

式中

$$\varepsilon = N\Delta TB \tag{6.104}$$

以第 1 个脉冲和第 N 个驻留信号积累为

$$s_{\Sigma}(t) = \tau\left(\mathrm{Sa}(\pi Bt) g_{\tau}(t) \mathrm{e}^{\mathrm{j}\pi Bt}\right) + \mathrm{Sa}\left(\pi B\left(t - \frac{\varepsilon}{B}\right)\right) g_{\tau}\left(t - \frac{\varepsilon}{B}\right) \mathrm{e}^{\mathrm{j}\pi B\left(t - \frac{\varepsilon}{B}\right)} \tag{6.105}$$

在式(6.103)中,ε 越小,则 $|s(t)|$ 越接近最大值,若 $N\Delta T$ 为一定值,由式(6.104)可知,信号带宽越窄,则 ε 越小,故在目标已分辨条件下,跟踪威力扩展可采用带宽比较窄的雷达信号。

设一地面固定站雷达,在一个波位驻留时间 0.01s 内积累 10 个脉冲,雷达波长为 $\lambda = 0.5\mathrm{m}$,由前假设,可计算得多普勒频率为 $f_{\mathrm{d}} = 2400\mathrm{Hz}$,存在多普勒模糊,但不影响积累,取发射脉冲宽度为 $\tau = 100\mu\mathrm{s}$,由于目标运动,在仿真中没有加入噪声时,取 4 次驻留脉冲压缩后的时序图如图 6.11 所示,横向为距离门,纵向为脉冲数,距离分辨力为 75m,设目标开始时,在第 200 个距离门,共取 400点,可以看出每个波束驻留的距离已产生徙动,若对其进行相参积累,其结果如图 6.12 所示,图 6.13 是在距离维的投影,图 6.14 为没有距离徙动的对比图,可以明显看到没有距离徙动时,积累的峰值要高。

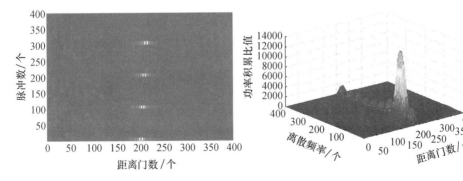

图 6.11 4 次波束驻留目标
距离移动(见彩图)

图 6.12 4 次驻留信号直接
积累(见彩图)

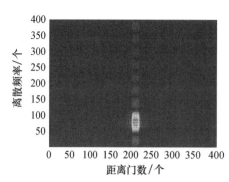

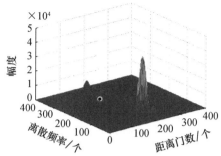

图 6.13 直接积累投影(见彩图)   图 6.14 没有距离徙动时的积累(见彩图)

当距离分辨降为 1500m 时,其相参积累结果如图 6.15 所示,图 6.16 是其在距离维的投影图,其积累峰值与图 6.14 相比,损失很小。

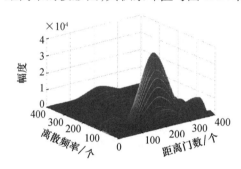

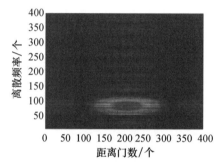

图 6.15 低分辨条件下的积累(见彩图)   图 6.16 低分辨距离投影(见彩图)

在输入信噪比为 -28dB 相同的情况下,图 6.17 示出没有距离徙动时积累效果,图 6.17(a)为其三维图,图 6.17(b)为在频域投影结果,可以明显检测到目标峰;图 6.18 为跨距离门,且没有距离门校准时的结果,图中目标完全被噪声淹没,图 6.18(a)为其三维图,图 6.18(b)为频域投影结果;图 6.19 为低距离分辨时的积累结果,其目标已明显高出噪声,图 6.18(b)为其三维图在频域投影结果,目标可以被检测。

6.4.3 窄带目标信息

多波束凝视雷达利用窄带信号长时积累发现、跟踪目标,多波束凝视雷达不仅能提供传统雷达能获取的目标距离、俯仰、方位、航迹、速度信息,更可以利用其多普勒频率分辨率高的特点,获取目标高精度速度、加速度、微动多普勒、目标的横向分辨信息,长时间跟踪目标时的回波幅度变化也反映了目标 RCS 的变化。

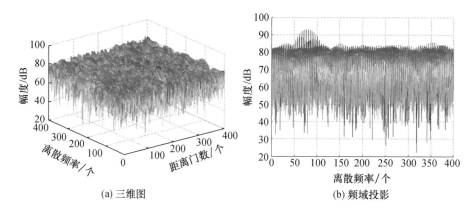

(a) 三维图   (b) 频域投影

图 6.17 信噪比 −28dB 时没有距离徙动时积累(见彩图)

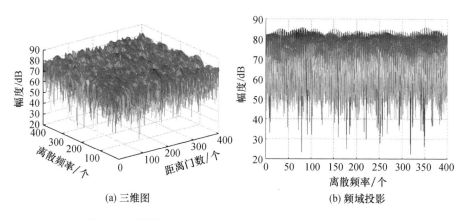

(a) 三维图   (b) 频域投影

图 6.18 信噪比 −28dB 时存在距离徙动时积累(见彩图)

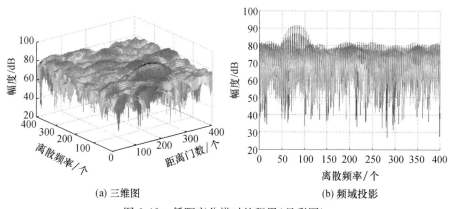

(a) 三维图   (b) 频域投影

图 6.19 低距离分辨时的积累(见彩图)

6.4.3.1 目标回波频率信息

设一理想点目标并忽略其高度(在 Z 方向)变化,设雷达站坐标为 O 点,目标距离 R、速度 v、加速度 q 与雷达站的几何关系如图 6.20 所示,则地面固定站雷达与目标之间距离为

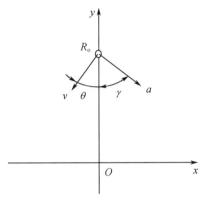

图 6.20

$$R \approx R_o - \cos\theta vt - \frac{\cos\gamma}{2}at^2 + \frac{(vt)^2 + \left(\frac{1}{2}at^2\right)^2 + \cos(\theta + \gamma)vat^3}{2R_o} \quad (6.106)$$

目标回波相位为

$$\phi(t) = 2\pi\frac{2R(t)}{\lambda} \quad (6.107)$$

其可抽象表述为

$$\phi(t) \approx \phi_o + 2\pi(f_d t + f_s t^2 + f_t t^3 + f_f t^4) \quad (6.108)$$

式中:$f_d = -\cos\theta\frac{2v}{\lambda}$ 反映了目标速度在雷达径向投影;$f_s = f_{vs} + f_{as}$,其中 $f_{vs} = \frac{v^2}{\lambda R_o}$ 反映目标速度的切向投影,$f_{as} = -\cos\gamma\frac{a}{\lambda}$ 反映目标加速度在雷达径向投影;$f_f = \frac{a^2}{2\lambda R_o}$ 反映目标加速度的切向投影;$f_t = \cos(\theta + \gamma)\frac{va}{\lambda R_o}$ 为目标速度和加速度的交调项。

若积累时间为 T,则雷达实际获取的参数为

$$k_d = -\cos\theta\frac{2v}{\lambda}T \quad (6.109)$$

$$k_s = \left(\frac{v^2}{R_o} - \cos\gamma a\right)\frac{T^2}{\lambda} \quad (6.110)$$

$$k_t = \cos(\theta + \gamma)\frac{va}{\lambda R_o}T^3 \tag{6.111}$$

$$k_f = \frac{a^2}{2\lambda R_o}T^4 \tag{6.112}$$

雷达获取的目标运动参数 k_d、k_s、k_t、k_f 值的大小与波长成反比,时间 T 越长,其值也越大,而 f_{vs}、f_t、f_f 与目标距离成反比,目标距离越远,其值越小,f_f 仅与目标的加速度有关,f_d 仅与目标速度有关。

由于目标的方位角 θ 通过多波束测量获取,若目标没有机动加速度,则 f_{as} $=f_t=f_f=0$,由匹配傅里叶变换分析可得 k_d、k_s,辛格函数 3dB 的参数分辨为 $k_s \geqslant$ 0.886;分析其极限情况,设目标沿切向飞行,目标速度 $v = 300\text{m/s}$,波长 $\lambda =$ 0.5m,目标距离为 300km,时间 $T \geqslant 1.22\text{s}$ 方能获取 k_s。

若目标沿径向飞行,设目标加速度为 $a = 10\text{m/s}$,那么测量时间 $T \geqslant 0.23\text{s}$,可获取径向加速度分量;时间 $T \geqslant 3.7\text{s}$,方能获取 k_t;时间 $T \geqslant 8.8\text{s}$,可获取 k_f;当雷达发射高波段信号,目标距离比较近时,可以在比较短时间获取这些参数。

6.4.3.2 目标横向分辨

若以地面固定雷达为参考点,如图 6.21 所示,目标回波中有两点目标在同一距离门内,两点目标横向距离为 Δx,不考虑目标的机动加速度,则一点目标与雷达距离为

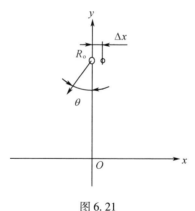

图 6.21

$$R \approx R_o - \cos\theta vt + \frac{(vt)^2}{2R_o} \tag{6.113}$$

该点回波相位近似为

$$\phi_1(t) \approx \phi_o - 2\pi\left(\cos\theta\frac{2v}{\lambda}t - \frac{(vt)^2}{\lambda R_o}\right) \tag{6.114}$$

另一点目标与雷达距离为

$$R_2 \approx R_o - \cos\theta vt - \frac{\Delta x}{R_o}\sin\theta vt + \frac{(vt)^2}{2R_o} \tag{6.115}$$

该点回波相位近似为

$$\phi_2(t) \approx \phi_1(t) - 4\pi\sin\theta\frac{\Delta x}{R_o}\frac{v}{\lambda}t \tag{6.116}$$

若积累时间为 T，则根据辛格函数 3dB 分辨的条件，两点在频域分辨条件为

$$2\sin\theta\frac{\Delta x}{\lambda}\frac{vT}{R_o} \geqslant 0.886 \tag{6.117}$$

式中 $vT\sin\theta$ 为目标的切向运动距离，其越大，则分辨力越好，同时波长越短，目标距离越近分辨力越高。上式还可写为

$$\Delta x \geqslant 0.443\lambda\frac{R_o}{vT\sin\theta} \tag{6.118}$$

若目标横向飞行 $\sin\theta vT = 5\text{km}$，目标距离 $R_o = 200\text{km}$，波长为 $\lambda = 0.5\text{m}$，其分辨单元为 $\Delta x \approx 8.9\text{m}$，在编队飞行的目标间距离为 20m 时，可有效分辨；波长为 $\lambda = 0.1\text{m}$ 时，其分辨单元为 $\Delta x \approx 1.8\text{m}$；若为 X 波段，波长为 $\lambda = 0.03\text{m}$，则分辨单元为 $\Delta x \approx 0.5\text{m}$。由此可知，高波段对横向分辨提高有利。

参考文献

[1] 斯科尔尼克 M I. 雷达手册[M]. 谢卓，译. 北京：国防工业出版社，1978.

[2] 斯科尔尼克 M I. 雷达手册[M].（第二版）. 王军，等译. 北京：电子工业出版社，2003，

[3] 伊优斯·杰里 L. 现代雷达原理[M]. 卓荣邦，等译. 北京：电子工业出版社，1991.

[4] 蔡希尧. 雷达系统概论[M]. 北京：科学出版社，1983.

[5] 陶望平. 雷达[M]. 北京：科学出版社，1978.

[6] 张光义. 相控阵雷达技术[M]. 北京：电子工业出版社，2006.

[7] 张光义. 空间探测相控阵雷达[M]. 北京：科学出版社，1989.

[8] 李蕴滋，等. 雷达工程学[M]. 北京：海洋出版社，1999.

[9] 里海捷克 A W. 雷达分辨理论[M]. 董士嘉，译. 北京：科学出版社，1973.

[10] 丁鹭飞，等. 雷达系统[M]. 西安：西北电讯工程学院出版社，1984.

[11] 丁鹭飞. 雷达原理[M]. 西安：西北电讯工程学院出版社，1984.

[12] 向敬成，等. 雷达系统[M]. 北京：电子工业出版社，2001.

[13] 莱德诺尔 L N. 雷达总体工程[M]. 田宰，雨之，译. 北京：国防工业出版社，1965.

[14] 郭建明. 雷达技术发展综述及第 5 代雷达初探[J]. 现代雷达，2012，2：1 - 3.

第 ❼ 章

短基线分布式多子阵多波束凝视雷达

为了提高雷达探测远距离目标的性能,常需要大型雷达阵面,而大型雷达阵面研制安装存在一定实际困难;提高实际雷达有效面积的另一种途径是将多个小面积的天线合成等效为大口径天线,其问题是如何实现等效为大口径天线的雷达探测性能。

◤ 7.1 探测原理

由于雷达探测目标威力性能与天线面积成正比[1-14],提高威力的一个有效方法是增大天线面积,而增大面积却受各种客观条件限制,例如利用运动平台外形研制的天线,受平台自身尺寸限制,难以制造大型的天线,有效措施是尽可能安装多个天线,即短基线分布式雷达,以此提高雷达探测目标的性能。

7.1.1 多接收子阵雷达搜索方程

式(2.5)中的接收天线增益与接收天线面积关系为 $A_r = \dfrac{G_r \lambda^2}{4\pi}$,故式(6.1)也可表示为

$$\mathrm{SNR} = \frac{\eta_t \eta_r P_t T_s G_t (\Delta\theta, \theta_o, \Delta\beta, \beta_o) A_r \sigma F_t^2 F_r^2}{(4\pi)^3 k T_n R^4 L_a L_\Sigma L_{sp}} \frac{\Delta\Omega}{\Omega} \tag{7.1}$$

式中:$\Delta\Omega = \Delta\theta\Delta\beta$;$\Omega = \theta\beta$;其他参数如式(2.7)和式(2.9)说明。

若天线的每个阵元均有接收机,接收机的噪声系数均相同,每个阵元接收的信号幅度 a 相同,则任一阵元接收到的一理想点目标信号为

$$s_{r,i}(t) = a s(t) e^{j2\pi i \frac{d}{\lambda}\sin\theta_o} + \mathrm{Noi}(t, i) \tag{7.2}$$

式中:a 为信号幅度;$s(t)$ 为归一化的信号波形;$\mathrm{Noi}(t, i)$ 为噪声;设平均噪声功率为 $\bar{p}_n$。

当接收到的信号的加权值为 $w = e^{-j2\pi i \frac{d}{\lambda}\sin\theta_o}$ 时,对所有 N 个通道信号求和,有

$$s_r(t) = \sum_{i=0}^{N-1} \left(as(t) + \text{Noi}(t,i)\,e^{-j2\pi i\frac{d}{\lambda}\sin\theta_o} \right) \tag{7.3}$$

则在归一化负载条件下,目标回波积累的峰值功率可表示为 $P = (Na)^2$,平均噪声功率为 $N\bar{p}_n$,故信噪比改进 N 倍。

若天线分为两个子阵,其中一个子阵由 N_0 个阵元组成,子天线面积为 $A_{r,0}$,另一子阵的阵元数为 N_1,子天线面积为 $A_{r,1}$,即 $A_r = A_{r,0} + A_{r,1}$,则式(7.1)可为

$$\text{SNR} = \frac{\eta_t\eta_r P_t T_s G_t(\Delta\theta,\theta_o,\Delta\beta,\beta_o)A_{r,0}\sigma F_t^2 F_r^2}{(4\pi)^3 kT_n R^4 L_a L_\Sigma L_{sp}}\frac{\Delta\Omega}{\Omega} +$$

$$\frac{\eta_t\eta_r P_t T_s G_t(\Delta\theta,\theta_o,\Delta\beta,\beta_o)A_{r,1}\sigma F_t^2 F_r^2}{(4\pi)^3 kT_n R^4 L_a L_\Sigma L_{sp}}\frac{\Delta\Omega}{\Omega} \tag{7.4}$$

设子天线阵面的法线方向相同,则式(7.3)可表示为

$$s_r(t) = \sum_{i=0}^{N_0-1}\left(as(t) + \text{Noi}(t,i)\,e^{-j2\pi i\frac{d}{\lambda}\sin\theta_o}\right) + \sum_{i=N_0}^{N-1}\left(as(t) + \text{Noi}(t,i)\,e^{-j2\pi i\frac{d}{\lambda}\sin\theta_o}\right)$$

$$\tag{7.5}$$

从上式中可以看出,在天线划分子阵条件下,天线阵元信号积累后的信噪比提高性能不会因子阵的划分不同而改变。

若两天线子阵间相隔 M 个阵元,则式(7.5)为

$$s_r(t) = \sum_{i=0}^{N_0-1}\left(as(t) + \text{Noi}(t,i)\,e^{-j2\pi i\frac{d}{\lambda}\sin\theta_o}\right) + \sum_{i=M+N_0}^{M+N-1}\left(as(t) + \text{Noi}(t,i)\,e^{-j2\pi i\frac{d}{\lambda}\sin\theta_o}\right)$$

$$\tag{7.6}$$

上式中目标回波积累的峰值功率仍为 $P = (Na)^2$,平均噪声功率仍为 $N\bar{p}_n$,故信噪比改进 N 倍没变,雷达接收到信号的信噪比与天线的总面积有关,而与天线子阵间的距离无关。同理可知,若有 K 个接收子阵,第 k 个接收子阵的目标方向有效投影面积为 $A_{r,k}$,则雷达方程可改为

$$\text{SNR} = \frac{\eta_t\eta_r P_t T_s G_t(\Delta\theta,\theta_o,\Delta\beta,\beta_o)\sigma F_t^2 F_r^2}{(4\pi)^3 kT_n R^4 L_a L_\Sigma L_{sp}}\frac{\Delta\Omega}{\Omega}\sum_{k=0}^{K-1}A_{r,k} \tag{7.7}$$

实际中,每个子阵的天线法线方向指向不同,那么其在目标方向的天线面积投影也会随目标的方向不同而变化,会造成信噪比得益的差别。图 7.1 所示的正三角形安装的三个阵面的天线,阵面的面积相同,均为 A_r,每个阵面的探测方位角度范围为其法线方向的 $\pm\dfrac{\pi}{3}$,每个阵面独立工作,而实际目标回波有可能被相邻的两个阵面接收到,以图 7.1 所示的 B、C 两个阵面为例,若目标的方位角为 θ,且 $|\theta| \leqslant \dfrac{\pi}{6}$,则阵面 B 在 θ 角的面积投影为 $A_r\cos\left(\dfrac{\pi}{3}+\theta\right)$,阵面 C 在 θ 角的

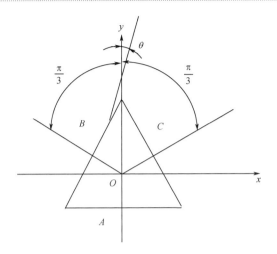

图 7.1 正三角形安装三面阵

面积投影为 $A_r\cos\left(\dfrac{\pi}{3}-\theta\right)$，两个阵面的任一阵面发射波束指向 θ_o 目标方位,则利用两阵面接收信号进行探测的目标回波信噪比为

$$\text{SNR} = \frac{\eta_t\eta_r P_t T_s G_t(\Delta\theta,\theta_o,\Delta\beta,\beta_o)A_r\sigma F_t^2 F_r^2}{(4\pi)^3 k T_n R^4 L_a L_\Sigma L_{sp}}\frac{\Delta\Omega}{\Omega}\cos\theta \tag{7.8}$$

那么,采用相邻阵面协同探测可提高任一阵面在其探测空域所发射功率的利用率。

若有 K 个子阵可同时接收某一空间角内的目标回波信号,以此空间角度中心为原点,任一阵面的法线方向与原点的空间夹角为 (θ_k,β_k),目标所在的空间角度为 (θ,β),此接收子阵天线面积为 $A_{r,k}$,其在目标方向的投影面积为 $A_{r,k}\cos(\theta_k-\theta)\cos(\beta_k-\beta)$,那么利用多个阵面接收目标回波探测的雷达方程为

$$\text{SNR} = \frac{\eta_t\eta_r P_t T_s G_t(\Delta\theta,\theta_o,\Delta\beta,\beta_o)\sigma F_t^2 F_r^2}{(4\pi)^3 k T_n R^4 L_a L_\Sigma L_{sp}}\frac{\Delta\Omega}{\Omega}\times$$

$$\sum_{k=0}^{K-1} A_{r,k}\cos(\theta_k-\theta)\cos(\beta_k-\beta) \tag{7.9}$$

上式表明,利用多个阵面接收探测目标的信噪比明显比一个阵面的目标回波信噪比高,故利用多个阵面的雷达探测性能有一定的提高。

7.1.2 多发射阵面雷达搜索方程

以图 7.1 所示三阵面天线为例,每个阵面担负一定空间角度内目标的探测,每个阵面仅在一定角度内发射信号功率,故在雷达探测空域有发射信号能量分配问题,以满足搜索空域的目标探测。

可以设想有 K 个子阵,其天线面积和辐射功率相同,子阵的法线方向相同,也可以将探测空域划分为 K 个子空间,每个子阵负责其中一子空间的目标探测,若每个子阵仍独自完成探测,由于探测空间 Ω 划分为 K 份,针对每个子阵所探测的空域为 $\dfrac{\Omega}{K}$,在相同搜索间隔时间条件下,每个波位的驻留时间也可延长 K 倍,则式(7.1)雷达方程可修正为

$$\mathrm{SNR} = K \frac{\eta_t \eta_r P_t T_s G_t(\Delta\theta, \theta_o, \Delta\beta, \beta_o) A_r \sigma F_t^2 F_r^2}{(4\pi)^3 k T_n R^4 L_a L_\Sigma L_{\mathrm{sp}}} \frac{\Delta\Omega}{\Omega} \tag{7.10}$$

这表明雷达探测性能改进 K 倍。

多子阵多波束凝视雷达的基本思想是充分利用所有子阵进行相同探测,以提高雷达探测性能,所有子阵可接收每个子阵探测目标的回波信号,接收的总天线面积为 KA_r,则雷达接收目标回波信噪比为

$$\mathrm{SNR} = K^2 \frac{\eta_t \eta_r P_t T_s G_t(\Delta\theta, \theta_o, \Delta\beta, \beta_o) A_r \sigma F_t^2 F_r^2}{(4\pi)^3 k T_n R^4 L_a L_\Sigma L_{\mathrm{sp}}} \frac{\Delta\Omega}{\Omega} \tag{7.11}$$

其与完整天线相比,它们的雷达威力是相同的,这是由于完整天线面积增大 K 倍,则天线发射功率增大 K 倍,而考虑发射波束宽度和天线增益之间的关系,表明雷达探测性能改进 K^2 倍,也就是分布式天线收发可实现大规模雷达同样的作用。

设有两部雷达的天线面积和阵元数不同,即两部雷达规模不同,若其中一部雷达天线面积为另一部雷达天线面积的 K 倍,其发射功率也为 K 倍,那么其波束的空间角宽度为 $1/K$,在两部雷达搜索相同空间角条件下,由式(2.14)可知,其波位数也增大 K 倍,在两部雷达具有相同威力条件下,其探测空域也大 K 倍;故可将探测空域分解成 $(K+1)$ 份,分配给两部雷达,各司其职;对于多部雷达,也可同样分配探测空域。

若每个子阵面的面积 $A_{r,k}$ 不同,每个阵元的辐射能量相同,子阵所辐射功率为 $P_{t,k}$,其所探测空域 Ω_k 的大小可按面积 $A_{r,k}$ 的大小设计,发射时通过阵元加权赋形,使得每个子阵有相同的发射天线增益,每个子阵的俯仰方位立体角为 $\Delta\Omega_k$,当雷达探测的空域有相同的威力和检测信噪比时,雷达方程为

$$\mathrm{SNR} = \frac{\eta_t \eta_r P_{t,k} T_s G_t(\Delta\theta, \theta_o, \Delta\beta, \beta_o) \sigma F_t^2 F_r^2 \sum\limits_{k=0}^{K-1} A_{r,k}}{(4\pi)^3 k T_n R^4 L_a L_\Sigma L_{\mathrm{sp}}} \frac{\Delta\Omega_k}{\Omega_k} \tag{7.12}$$

由于天线增益与 3dB 波束宽度之间的关系为

$$G = \frac{9.84}{\theta_a \theta_e} \tag{7.13}$$

式中:G 为天线增益;θ_a 方位波束宽度;θ_e 为俯仰波束宽度。角度单位为弧度。

另一方面,凝视雷达发射波束的波位宽度与波束宽度有一定关系,若二者均采用 $-3\mathrm{dB}$,则有 $\Delta\Omega = \theta_\mathrm{a}\theta_\mathrm{e}$,而更一般情况为

$$\theta_\mathrm{a}\theta_\mathrm{e} = \eta_\theta\Delta\Omega \tag{7.14}$$

故有

$$G = \frac{9.84}{\eta_\theta\Delta\Omega_k} \tag{7.15}$$

式(7.12)可为

$$\mathrm{SNR} = 9.84 \frac{\eta_\mathrm{t}\eta_\mathrm{r}\sigma F_\mathrm{t}^2 F_\mathrm{r}^2 \sum\limits_{k=0}^{K-1} A_{\mathrm{r},k}}{\eta_\theta(4\pi)^3 k T_\mathrm{n} R^4 L_\mathrm{a} L_\Sigma L_\mathrm{sp}} \frac{P_{\mathrm{t},k} T_\mathrm{s}}{\Omega_k} \tag{7.16}$$

从上式中可以看出,若 $\dfrac{P_{\mathrm{t},k}}{\Omega_k}$ 为定值,即可保证在同样威力条件下有相同的信噪比。综合全探测空域,有

$$\Omega = \sum_{k=0}^{K-1} \Omega_k \tag{7.17}$$

即

$$\Omega = 9.84 \frac{\eta_\mathrm{t}\eta_\mathrm{r}\sigma F_\mathrm{t}^2 F_\mathrm{r}^2 \sum\limits_{k=0}^{K-1} A_{\mathrm{r},k}}{\eta_\theta(4\pi)^3 \mathrm{SNR} k T_\mathrm{n} R^4 L_\mathrm{a} L_\Sigma L_\mathrm{sp}} T_\mathrm{s} \sum_{k=0}^{K-1} P_{\mathrm{t},k} \tag{7.18}$$

也可表示为

$$R^4 = 9.84 \frac{\eta_\mathrm{t}\eta_\mathrm{r}\sigma F_\mathrm{t}^2 F_\mathrm{r}^2 \sum\limits_{k=0}^{K-1} A_{\mathrm{r},k}}{\eta_\theta(4\pi)^3 \mathrm{SNR} k T_\mathrm{n} L_\mathrm{a} L_\Sigma L_\mathrm{sp}} T_\mathrm{s} \frac{\sum\limits_{k=0}^{K-1} P_{\mathrm{t},k}}{\Omega} \tag{7.19}$$

式中: $\dfrac{\sum\limits_{k=0}^{K-1} P_{\mathrm{t},k}}{\Omega}$ 可解释为雷达辐射到探测空域的总功率密度。式(7.19)可理解为在雷达探测空域一定的条件下,雷达辐射到该空域的功率越大,雷达接收总天线面积越大,雷达的威力也越大。

在目标搜索时,多波束凝视雷达注重雷达发射信号能量在空间的分布,若没有重点关注区域,则希望在一定时间内,将雷达发射信号能量均匀辐射到探测目标空域,而在分布式多子阵系统中,根据客观条件的限制,子阵面的法线方向指向可能不一致,但可设计的雷达辐射能量均匀分布于探测空域;若有重点关注空域,可增加该空域的功率密度。

◼ 7.2 短基线阵列发射

短基线定义为目标到达二阵列之间的夹角小于雷达波束宽度时的阵列间距,它是一相对的量,目标越远,短基线时的阵列间距容许越大;也可以目标的闪烁角定义,若二阵列接收到的目标回波信号在同一目标闪烁角之内的基线为短基线。

提高雷达探测性能的有效措施之一是扩大雷达功率口径积,但在许多条件下,仅能将大多功率口径分解为多个小的功率口径,通过多种技术方法,实现大的功率口径积性能,这也是雷达发展的一个重要方向。

7.2.1 同口径多子阵波束形成

设有二线阵,其口径和阵元数相同,二阵列的中心距 D 大于线阵口径 Md,如图 7.2 所示;若二线阵发射相同信号,二阵列中第 i 阵元所加的权值为 $w_0(i) = w_1(i) = \mathrm{e}^{\mathrm{j}2\pi i \frac{d}{\lambda}\sin\theta_0}$,每个阵元发射信号幅度归一化,则天线方向图为

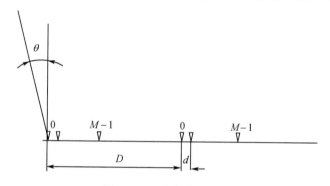

图 7.2　二子阵线阵模型

$$p(\theta) = \sqrt{\cos\theta}\left(\sum_{i=0}^{M-1} w_0(i)\mathrm{e}^{-\mathrm{j}2\pi i \frac{d}{\lambda}\sin\theta} + \mathrm{e}^{-\mathrm{j}2\pi \frac{D}{\lambda}\sin\theta}\sum_{i=0}^{M-1} w_1(i)\mathrm{e}^{-\mathrm{j}2\pi \frac{D+id}{\lambda}\sin\theta} \right) \tag{7.20}$$

即

$$p(\theta) = \left(1 + \mathrm{e}^{-\mathrm{j}2\pi \frac{D}{\lambda}\sin\theta} \right)\sqrt{\cos\theta}\sum_{i=0}^{M-1}\mathrm{e}^{\mathrm{j}2\pi i \frac{d}{\lambda}(\sin\theta_0 - \sin\theta)} \tag{7.21}$$

通过分析,可得

$$p(\theta) = 2\cos\left(\pi \frac{D}{\lambda}\sin\theta \right)p_0(\theta)\mathrm{e}^{-\mathrm{j}\pi \frac{D}{\lambda}\sin\theta} \tag{7.22}$$

式中

$$p_o(\theta) = \sqrt{\cos\theta} \frac{\sin\left(\pi M \frac{d}{\lambda}(\sin\theta_o - \sin\theta)\right)}{\sin\left(\pi \frac{d}{\lambda}(\sin\theta_o - \sin\theta)\right)} e^{j\pi(M-1)\frac{d}{\lambda}(\sin\theta_o - \sin\theta)} \quad (7.23)$$

其为子阵方向图,当 $D = Md$ 时,两个子阵合成一大的线阵。两个子阵联合方向图 $p(\theta)$ 反映了子阵方向图受 $\cos\left(\pi \frac{D}{\lambda}\sin\theta\right)e^{-j\pi\frac{D}{\lambda}\sin\theta}$ 调制,也就是产生了天线波瓣分裂,形成栅瓣。如果取 $M = 16, \theta_o = 0°$,则 $p_o(\theta)$ 如图 7.3 中的虚线所示(图中方向图归一化)。在两个子阵条件下,如果 $D = 32d$,则其方向图如图 7.3 中的实线所示;实线与虚线方向图的最大区别是波瓣产生了分裂,即栅瓣出现;如果 $D = 64d$,则其方向图如图 7.4 中的实线所示,图中的 $p_o(\theta)$ 与图 7.3 中虚线相同,实线表示的方向图出现的栅瓣个数明显增多,式(7.20)也表明:若 $\frac{D}{\lambda}$ 越大,则方向图幅度变化频率越高;若式(7.22)中的 $\theta = \theta_o$,则有

$$p(\theta_o) = 2M\cos\left(\pi \frac{D}{\lambda}\sin\theta_o\right)\sqrt{\cos\theta_o}\, e^{-j\pi\frac{D}{\lambda}\sin\theta_o} \quad (7.24)$$

上式表明,在 $\theta = \theta_o$ 处,合成的天线增益不一定最大,若 $\frac{D}{\lambda}\sin\theta_o = k \pm \frac{1}{2}$,则天线增益为零;当然若 $\frac{D}{\lambda}\sin\theta_o = k$,则天线增益的峰值点就在 θ_o,这说明在 $\frac{D}{\lambda}$ 一定条件下,其峰值点随 θ_o 的变化而不同。

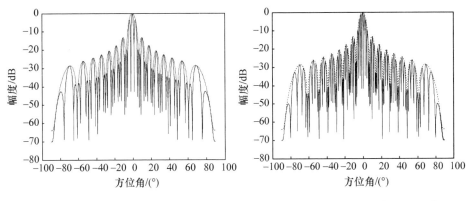

图 7.3　$M = 16$、$\theta_o = 0°$ 时的 $p_o(\theta)$ 与　　　　图 7.4　$M = 16$、$\theta_o = 0°$ 时的 $p_o(\theta)$ 与
　　　　　$D = 32d$ 方向图比较　　　　　　　　　　　　$D = 64d$ 方向图比较

若第二个阵列中第 i 阵元所加的权值为 $w_1(i) = e^{j2\pi\frac{D+id}{\lambda}\sin\theta_o}$,则天线方向图为

$$p(\theta) = 2\cos\left(\pi \frac{D}{\lambda}(\sin\theta_o - \sin\theta)\right)p_o(\theta)e^{j\pi\frac{D}{\lambda}(\sin\theta_o - \sin\theta)} \quad (7.25)$$

可以保证天线方向图的最大值在 θ_o。

若有 N 个子阵,则其合成的天线方向图为

$$p(\theta) = \frac{\sin\left(\pi \dfrac{ND}{\lambda}(\sin\theta_o - \sin\theta)\right)}{\sin\left(\pi \dfrac{D}{\lambda}(\sin\theta_o - \sin\theta)\right)} p_o(\theta) \mathrm{e}^{\mathrm{j}\pi\frac{(N-1)D}{\lambda}(\sin\theta_o - \sin\theta)} \tag{7.26}$$

当每个子阵之间的中心距不同时,设第 $n-1$ 与第 n 个子阵之间间距为 D_n,则合成的天线方向图为

$$p(\theta) = \frac{\sin\left(\pi M \dfrac{d}{\lambda}(\sin\theta_o - \sin\theta)\right)}{\sin\left(\pi \dfrac{d}{\lambda}(\sin\theta_o - \sin\theta)\right)} \mathrm{e}^{\mathrm{j}\pi\frac{(M-1)d}{\lambda}(\sin\theta_o - \sin\theta)} \sum_{n=0}^{N-1} \mathrm{e}^{\mathrm{j}2\pi\frac{\sum\limits_{i=0}^{n} D_i}{\lambda}(\sin\theta_o - \sin\theta)} \tag{7.27}$$

上式中 $\theta = \theta_o$ 时,$p(\theta)$ 最大,即方向图的峰值不会因子阵中心距的变化而改变。

7.2.2 异口径分布多子阵波束形成

异口径是指子阵天线的物理口径不同,法线方向指向相同。若有两个口径不同,法线方向指向相同的线阵,设二线阵的阵元数分别为 M 和 M_1,且 $M \geqslant M_1$,并令 $\Delta M = M - M_1$,第 1 个线阵的第 0 个阵元与第 0 个线阵的第 0 个阵元相距为 D,如图 7.5 所示,第一个阵列中第 i 阵元所加的权值为 $w_0(i) = \mathrm{e}^{\mathrm{j}2\pi\frac{id}{\lambda}\sin\theta_o}$ 第二个阵列中第 i 阵元所加的权值为 $w_1(i) = \mathrm{e}^{\mathrm{j}2\pi\frac{D+id}{\lambda}\sin\theta_o}$,由式(7.20),则合成的天线方向图为

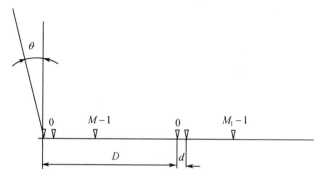

图 7.5 不同口径短基线线阵示意图

$$p_d(\theta) = \sum_{i=0}^{M-1} \mathrm{e}^{\mathrm{j}2\pi i\frac{d}{\lambda}(\sin\theta_o - \sin\theta)} + \mathrm{e}^{-\mathrm{j}2\pi\frac{D}{\lambda}(\sin\theta_o - \sin\theta)} \sum_{i=0}^{M_1-1} \mathrm{e}^{\mathrm{j}2\pi i\frac{d}{\lambda}(\sin\theta_o - \sin\theta)} \tag{7.28}$$

即

$$p_{\mathrm{d}}(\theta) = p(\theta) - \frac{\sin\left(\pi \Delta M \dfrac{d}{\lambda}(\sin\theta_{\mathrm{o}} - \sin\theta)\right)}{\sin\left(\pi \dfrac{d}{\lambda}(\sin\theta_{\mathrm{o}} - \sin\theta)\right)} \mathrm{e}^{\mathrm{j}\pi\frac{2D+(\Delta M-1)d}{\lambda}(\sin\theta_{\mathrm{o}}-\sin\theta)} \quad (7.29)$$

上式中的 $p(\theta)$ 为式 (7.25) 所表示的方向图,式 (7.29) 表明天线方向图为

子阵方向图还受 $\dfrac{\sin\left(\pi \Delta M \dfrac{d}{\lambda}(\sin\theta_{\mathrm{o}} - \sin\theta)\right)}{\sin\left(\pi \dfrac{d}{\lambda}(\sin\theta_{\mathrm{o}} - \sin\theta)\right)} \mathrm{e}^{\mathrm{j}\pi\frac{D+(\Delta M-1)d}{\lambda}(\sin\theta_{\mathrm{o}}-\sin\theta)}$ 影响。

分析式 (7.28) 可知,M_1 越小,$p_{\mathrm{d}}(\theta)$ 越接近于 $p_{\mathrm{o}}(\theta)$,图 7.6 仿真条件与图 7.3 相近,两个子阵的第一个阵元相距 $D = 32d$,$M_1 = 2$ 时的方向图 (图中实线) 与 $p_{\mathrm{o}}(\theta)$ 相似,主瓣中没有栅瓣出现,但主瓣的 $-3\mathrm{dB}$ 宽度明显比 $p_{\mathrm{o}}(\theta)$ 窄,且副瓣电平相对高一些,这是 M_1 影响的结果;M_1 越大,$p_{\mathrm{d}}(\theta)$ 越接近于 $p(\theta)$,图 7.7 是在图 7.6 基础上取 $M_1 = 14$ 时的比较,图中的虚线是 $p(\theta)$,实线是 $p_{\mathrm{d}}(\theta)$,两个方向接近;由此可见,$p_{\mathrm{d}}(\theta)$ 是两种方向图的中间过程。

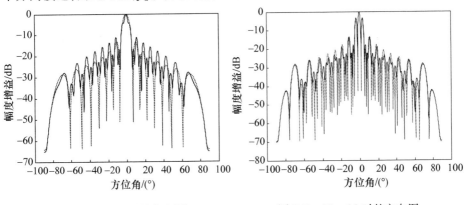

图 7.6　$M_1 = 2$ 时的方向图　　　　　图 7.7　$M_1 = 14$ 时的方向图
　　$p_{\mathrm{d}}(\theta)$ 与 $p_{\mathrm{o}}(\theta)$ 比较　　　　　　　　$p_{\mathrm{d}}(\theta)$ 与 $p(\theta)$ 比较

7.2.3　多子阵法线异向波束形成

雷达搜索目标时,不仅要考虑雷达威力,还必须考虑雷达搜索目标的空间角覆盖范围,此时会设计多个阵面覆盖不同空域;另一方面,由于环境条件限制,采用共形的方式获得最大天线面积,其也会造成各子阵天线的法线方向指向不同,但存在部分子阵天线可有相同的探测目标角度范围,在此范围内也存在波束合成问题。

子阵天线布阵时,常要求探测方向阵面之间没遮挡。以三个阵面等边三角形安装为例,其每个阵面的法线方向指向均不相同,每个阵面在方位向负责其法线方向 ±60° 范围内目标探测,如图 7.8 所示。凝视雷达的基本思想之一是充分

利用天线口径,分析图 7.8 所示的三面阵,设天线法线方向左边的角度为负,右边为正,以阵面 A 和 B 为例,A 阵面的 30°~90°与 B 阵面的 −90°~−30°重叠,在此角度范围内,可利用两个阵面协同探测目标;A 阵面与 C 阵面以及 B 阵面与 C 阵面之间均有同样角度范围,均可利用相邻的两个阵面协同探测。

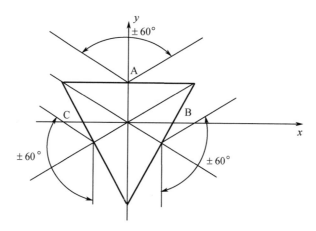

图 7.8　正三角各阵面探测空域示意

以 A 阵面探测为例,研究 A 阵面探测 +30°~ +60°范围内目标时,B 阵面对其影响。探测目标方向与相邻二阵面之间的几何关系如图 7.9 所示,设天线阵面的面积均为 A_r,则阵面 A 在 θ 方向的面积为 $A_r\cos\theta$,阵面 B 在 θ 方向的面积投影为 $A_r\cos\left(\dfrac{2\pi}{3}-\theta\right)$,二阵面面积之和为

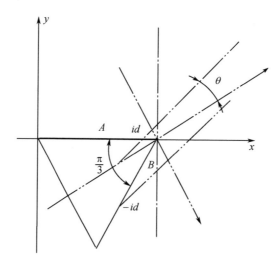

图 7.9　二阵面重叠空域示意

$$A_\Sigma = A_r \cos\left(\theta - \frac{\pi}{3}\right) \tag{7.30}$$

由于 θ 在 $+30° \sim +60°$ 范围内,A_Σ 单调,$\theta = \frac{\pi}{6}$ 时,面积之和 A_Σ 最小,即 $A_\Sigma = 0.886A_r$。二子阵的法线方向不同,其可共同探测空域的天线投影面积不同,它们在某一角度内的功率密度贡献也不同,这里研究线阵情况下波束合成问题。设每个线阵阵元均为 M 个,A 阵面指向 θ_o 时,其天线方向图 $p_{oA}(\theta)$ 如式(7.23)所示,即

$$p_{oA}(\theta) = \sqrt{\cos\theta} \sum_{i=0}^{M-1} e^{j2\pi\frac{id}{\lambda}(\sin\theta_o - \sin\theta)} \tag{7.31}$$

B 阵面指向为 θ_{oB} 时,其天线方向图 $p_{oB}(\theta_B)$ 为

$$p_{oB}(\theta_B) = \sqrt{\cos\theta_B} \sum_{i=0}^{M-1} e^{-j2\pi\frac{id}{\lambda}(\sin\theta_{oB} - \sin\theta_B)} \tag{7.32}$$

二阵面波束可交叠的区域由图 7.9 所示的几何关系可知,以 C 阵面法向为基准,A 阵面坐标正向旋转 $\frac{\pi}{3}$,故式(7.31)坐标旋转后为

$$p_{oA}(\theta) = \sqrt{\cos\left(\frac{\pi}{3} + \theta\right)} \sum_{i=0}^{M-1} e^{j2\pi\frac{id}{\lambda}\left(\sin\left(\frac{\pi}{3} + \theta_o\right) - \sin\left(\frac{\pi}{3} + \theta\right)\right)} \tag{7.33}$$

B 阵面坐标反向旋转 $\frac{\pi}{3}$,在 C 阵面法向条件下,空间角是相同的,故式(7.33)坐标旋转后为

$$p_{oB}(\theta) = \sqrt{\cos\left(\theta - \frac{\pi}{3}\right)} \sum_{i=0}^{M-1} e^{-j2\pi\frac{id}{\lambda}\left(\sin\left(\theta_o - \frac{\pi}{3}\right) - \sin\left(\theta - \frac{\pi}{3}\right)\right)} \tag{7.34}$$

故考虑天线面积投影后的合成天线方向图为

$$p(\theta) = p_{oA}(\theta) + p_{oB}(\theta) \tag{7.35}$$

式(7.25)利用两个阵面发射合成波束探测的角度范围为 $-30° \sim 30°$。如果每个阵面方位向有 50 个阵元,波束指向 $\theta_o = 0°$,作为比较的 $p_{oA}(\theta)$ 如图 7.10 (a)中的点画线所示,虚线为 $p_{oB}(\theta)$,图中绘出方向图 θ 从 $-30° \sim 30°$ 的空间响应;$p(\theta)$ 如图 7.10(b)中的实线所示,图中可以明显发现 $p(\theta)$ 比 $p_{oA}(\theta)$ 波束宽度要窄,这也证明了天线增益得到提高。

波束指向 15° 时的方向图如图 7.10(b)所示,合成的波束宽度仍比 B 阵面的波束窄,这也表明其合成的天线增益也有提高。

在实际安装天线阵面时,阵面之间均存在一定安装间隙,如图 7.11 所示,设阵面顶点到二阵面交点的距离为 Δd,A 阵面阵元加权为 $e^{j2\pi\frac{id + \Delta d}{\lambda}\sin\theta_o}$,则其方向图

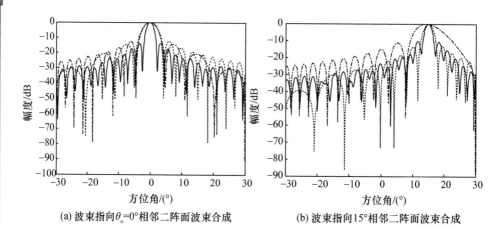

(a) 波束指向θ_o=0°相邻二阵面波束合成　　(b) 波束指向15°相邻二阵面波束合成

图 7.10　相邻二阵面波束合成

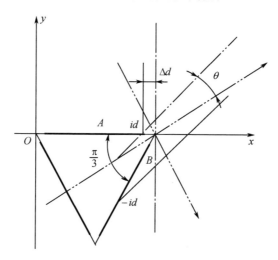

图 7.11　二阵面安装有间隙时重叠空域示意

函数为

$$\hat{p}_{oA}(\theta) = e^{j2\pi\frac{\Delta d}{\lambda}(\sin\theta_o - \sin\theta)} p_{oA}(\theta) \tag{7.36}$$

B 阵面阵元加权为 $e^{-j2\pi\frac{id+\Delta d}{\lambda}\sin\theta_{oB}}$，则其方向图函数为

$$\hat{p}_{oB}(\theta_B) = e^{-j2\pi\frac{\Delta d}{\lambda}(\sin\theta_{oB} - \sin\theta_B)} p_{oB}(\theta_B) \tag{7.37}$$

仍以 C 阵面法向为基准，A 阵面坐标正向旋转$\dfrac{\pi}{3}$，故式（7.36）坐标旋转后为

$$\hat{p}_{oA}(\theta) = \sqrt{\cos\left(\frac{\pi}{3}+\theta\right)} e^{j2\pi\frac{\Delta d}{\lambda}\left(\sin\left(\frac{\pi}{3}+\theta_o\right)-\sin\left(\frac{\pi}{3}+\theta\right)\right)} \sum_{i=0}^{M-1} e^{j2\pi\frac{id}{\lambda}\left(\sin\left(\frac{\pi}{3}+\theta_o\right)-\sin\left(\frac{\pi}{3}+\theta\right)\right)}$$

$$\tag{7.38}$$

B 阵面坐标反向旋转 $\dfrac{\pi}{3}$，在 C 阵面法向条件下，空间角是相同的，故式（7.37）坐标旋转后为

$$\hat{p}_{oB}(\theta) = \sqrt{\cos\left(\theta - \frac{\pi}{3}\right)}\, e^{-j2\pi\frac{\Delta d}{\lambda}\left(\sin\left(\theta_o - \frac{\pi}{3}\right) - \sin\left(\theta - \frac{\pi}{3}\right)\right)} \sum_{i=0}^{M-1} e^{-j2\pi\frac{id}{\lambda}\left(\sin\left(\theta_o - \frac{\pi}{3}\right) - \sin\left(\theta - \frac{\pi}{3}\right)\right)}$$

（7.39）

式（7.38）、式（7.39）与式（7.33）、式（7.34）的差异是考虑 Δd 所产生的相位差别。合成天线方向图为

$$\hat{p}(\theta) = \hat{p}_{oA}(\theta) + \hat{p}_{oB}(\theta)$$

（7.40）

若取 $\Delta d = 5\lambda$，$\theta = 0°$，合成的方向图如图 7.12（a）所示，其与图 7.10（a）相比较，第一副瓣电平明显提升，其方向图包络可以认为是被 A 阵面和 B 阵面阵两个方向图调制；当波束指向 $\theta = 15°$ 时，其方向图如图 7.12（b）所示，其副瓣仍被提升；若取 $\Delta d = 20\lambda$，其合成的方向图如图 7.12（c）所示，由此可见，随着 Δd 增大，栅瓣电平提升，且栅瓣个数增多。

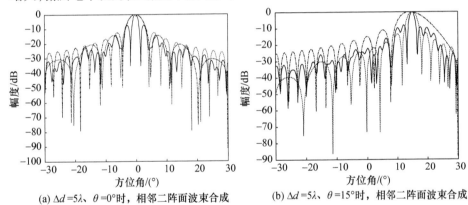

(a) $\Delta d = 5\lambda$、$\theta = 0°$ 时，相邻二阵面波束合成　　　　(b) $\Delta d = 5\lambda$、$\theta = 15°$ 时，相邻二阵面波束合成

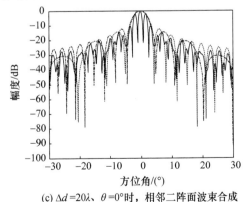

(c) $\Delta d = 20\lambda$、$\theta = 0°$ 时，相邻二阵面波束合成

图 7.12　相邻二阵面波束合成分析

7.2.4 多波束发射覆盖

分析式(7.22),天线的主瓣中产生了栅瓣,如图 7.3 所示,栅瓣的波束宽度受二子阵间距 D 影响,3dB 衰减受子阵波束衰减和子阵间距 D 共同作用,多波束凝视雷达的特点之一是可设计为发射同时多波束,发射采用多波束可弥补栅瓣,在一定时间内,以多波束覆盖一定空域,实现目标探测。

以发射同时二波束为例,设一波束指向 $\theta_{\mathrm{o}}=0$,由式(7.23)得

$$p_{\mathrm{o}}(\theta,0°) = \sqrt{\cos\theta}\frac{\sin\left(\pi M\dfrac{d}{\lambda}\sin\theta\right)}{\sin\left(\pi\dfrac{d}{\lambda}\sin\theta\right)}\mathrm{e}^{-\mathrm{j}\pi(M-1)\frac{d}{\lambda}\sin\theta} \tag{7.41}$$

代入式(7.22)有

$$p_1(\theta) = 2\cos\left(\pi\frac{D}{\lambda}\sin\theta\right)\sqrt{\cos\theta}\frac{\sin\left(\pi M\dfrac{d}{\lambda}\sin\theta\right)}{\sin\left(\pi\dfrac{d}{\lambda}\sin\theta\right)}\mathrm{e}^{-\mathrm{j}\pi\frac{D+(M-1)d}{\lambda}\sin\theta} \tag{7.42}$$

另一波束指向 $\theta_{\mathrm{o}}=\Delta\theta$,则式(7.23)为

$$p_{\mathrm{o}}(\theta,\Delta\theta) = \sqrt{\cos\theta}\frac{\sin\left(\pi M\dfrac{d}{\lambda}(\sin\Delta\theta-\sin\theta)\right)}{\sin\left(\pi\dfrac{d}{\lambda}(\sin\Delta\theta-\sin\theta)\right)}\mathrm{e}^{\mathrm{j}\pi(M-1)\frac{d}{\lambda}(\sin\Delta\theta-\sin\theta)} \tag{7.43}$$

由式(7.22)可得波束为

$$p_2(\theta,\Delta\theta) = 2\cos\left(\pi\frac{D}{\lambda}(\sin\Delta\theta-\sin\theta)\right)\sqrt{\cos\theta}\times$$

$$\frac{\sin\left(\pi M\dfrac{d}{\lambda}(\sin\Delta\theta-\sin\theta)\right)}{\sin\left(\pi\dfrac{d}{\lambda}(\sin\Delta\theta-\sin\theta)\right)}\mathrm{e}^{\mathrm{j}\pi\frac{D+(M-1)d}{\lambda}(\sin\Delta\theta-\sin\theta)} \tag{7.44}$$

分析式(7.42)可知,设第一个零点的角为 $\theta=\Delta\vartheta$,一般 $\Delta\vartheta$ 比较小,则第一零点满足

$$|\Delta\vartheta| = \frac{\lambda}{2D} \tag{7.45}$$

在波瓣凹口的雷达信号的功率密度比较低,若目标在凹口,则目标就可能不被发现,解决方法是再设计一雷达波束指向 $\Delta\vartheta$,两个波束合成可以避免凹口探测目标的盲区,这两种波束指向合成可以是时分发射覆盖,也可以是同时双波束发射覆盖。

则合成的天线方向图为

$$p(\theta,\Delta\theta)=p_1(\theta)+p_2(\theta,\Delta\theta) \tag{7.46}$$

即:

$$p(\theta,\Delta\theta)=2\mathrm{e}^{-\mathrm{j}\pi\frac{D+(M-1)d}{\lambda}\sin\theta}\sqrt{\cos\theta}\left\{\cos\left(\pi\frac{D}{\lambda}\sin\theta\right)\frac{\sin\left(\pi M\frac{d}{\lambda}\sin\theta\right)}{\sin\left(\pi\frac{d}{\lambda}\sin\theta\right)}+\right.$$

$$\left.\cos\left(\pi\frac{D}{\lambda}(\sin\Delta\theta-\sin\theta)\right)\frac{\sin\left(\pi M\frac{d}{\lambda}(\sin\Delta\theta-\sin\theta)\right)}{\sin\left(\pi\frac{d}{\lambda}(\sin\Delta\theta-\sin\theta)\right)}\mathrm{e}^{\mathrm{j}\pi\frac{D+(M-1)d}{\lambda}\sin\Delta\theta}\right\}$$

$$\tag{7.47}$$

由于 $p_1(\theta)$ 和 $p_2(\theta,\Delta\theta)$ 均为矢量,在不同的 $\Delta\theta$ 条件下合成的天线方向图是不同的。如果两个短基线线阵均为 32 单元,两个线阵的首个阵元相距 64 阵元,在 $p_2(\theta,\Delta\theta)$ 波束指向角 $\Delta\theta$ 变化($-1°,1°$)范围内,合成的天线方向图 $p(\theta,\Delta\theta)$ 如图 7.13(a)所示, $\Delta\theta=-0.7°$ 时的合成天线方向图 $p(\theta,-0.7°)$ 如图 7.13(b)所示,主瓣中的栅瓣已消除。如果两个线阵的首个阵元相距 128 阵元,在 $p_2(\theta,\Delta\theta)$ 波束指向角 $\Delta\theta$ 变化($-0.5°,0.5°$)范围内,合成的天线方向图 $p(\theta,\Delta\theta)$ 如图 7.14(a)所示, $\Delta\theta=-0.375°$ 时的合成天线方向图 $p(\theta,-0.375°)$ 如图 7.14(b)所示,从图也可以明显看出主瓣中的栅瓣已消除。故采用发射多波束可以消除短基线阵列的栅瓣问题。

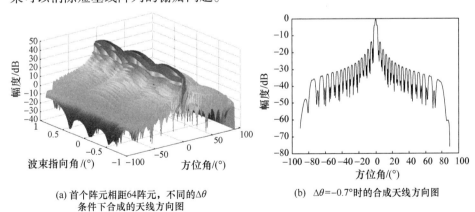

(a) 首个阵元相距64阵元,不同的$\Delta\theta$
　　条件下合成的天线方向图

(b) $\Delta\theta=-0.7°$时的合成天线方向图

图 7.13　首个阵元相距 64 阵元的天线方向图(见彩图)

在一般情况下,设其中一个波束的式由式(7.23)推得

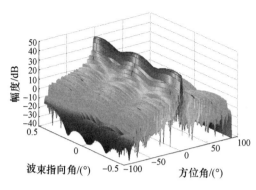
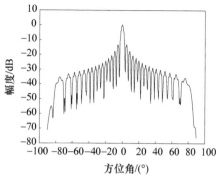

(a) 首个阵元相距128阵元，不同的 $\Delta\theta$
条件下合成的天线方向图

(b) $\Delta\theta = -0.375°$时的合成天线方向图

图 7.14　首个阵元相距 128 阵元的天线方向图(见彩图)

$$p_{\mathrm{o}}(\theta,\theta_{\mathrm{o}}) = \sqrt{\cos\theta}\,\frac{\sin\left(\pi M \dfrac{d}{\lambda}(\sin\theta_{\mathrm{o}} - \sin\theta)\right)}{\sin\left(\pi \dfrac{d}{\lambda}(\sin\theta_{\mathrm{o}} - \sin\theta)\right)}\mathrm{e}^{\mathrm{j}\pi(M-1)\frac{d}{\lambda}(\sin\theta_{\mathrm{o}} - \sin\theta)} \tag{7.48}$$

则波束可为

$$p_{1}(\theta,\theta_{\mathrm{o}}) = 2\cos\left(\pi \frac{D}{\lambda}(\sin\theta_{\mathrm{o}} - \sin\theta)\right)\sqrt{\cos\theta}\,\times$$

$$\frac{\sin\left(\pi M \dfrac{d}{\lambda}(\sin\theta_{\mathrm{o}} - \sin\theta)\right)}{\sin\left(\pi \dfrac{d}{\lambda}(\sin\theta_{\mathrm{o}} - \sin\theta)\right)}\mathrm{e}^{\mathrm{j}\pi\frac{D+(M-1)d}{\lambda}(\sin\theta_{\mathrm{o}} - \sin\theta)} \tag{7.49}$$

那么距离波束指向最近的零点角为 $2\dfrac{D}{\lambda}\cos\left(\dfrac{\theta_{\mathrm{o}}+\theta}{2}\right)|\theta_{\mathrm{o}}-\theta| = 1$，若 $|\theta_{\mathrm{o}}-\theta|$ 比较小,近似为

$$|\theta_{\mathrm{o}}-\theta| \approx \frac{\lambda}{2D\cos\theta_{\mathrm{o}}} \tag{7.50}$$

对应的另一波束指向偏离 $\Delta\theta$,式(7.48)可修正为

$$p_{\mathrm{o}}(\theta,\theta_{\mathrm{o}}+\Delta\theta) = \sqrt{\cos\theta}\,\frac{\sin\left(\pi M \dfrac{d}{\lambda}(\sin(\theta_{\mathrm{o}}+\Delta\theta) - \sin\theta)\right)}{\sin\left(\pi \dfrac{d}{\lambda}(\sin(\theta_{\mathrm{o}}+\Delta\theta) - \sin\theta)\right)}$$

$$\mathrm{e}^{\mathrm{j}\pi(M-1)\frac{d}{\lambda}(\sin(\theta_{\mathrm{o}}+\Delta\theta) - \sin\theta)} \tag{7.51}$$

偏离 $\Delta\theta$ 的波束为

$$p_2(\theta, \theta_\text{o} + \Delta\theta) = 2\cos\left(\pi\frac{D}{\lambda}(\sin(\theta_\text{o} + \Delta\theta) - \sin\theta)\right)\sqrt{\cos\theta}\times$$

$$\frac{\sin\left(\pi M\frac{d}{\lambda}(\sin(\theta_\text{o} + \Delta\theta) - \sin\theta)\right)}{\sin\left(\pi\frac{d}{\lambda}(\sin(\theta_\text{o} + \Delta\theta) - \sin\theta)\right)}e^{j\pi\frac{D+(M-1)d}{\lambda}(\sin(\theta_\text{o}+\Delta\theta)-\sin\theta)}$$

$$(7.52)$$

则合成的天线方向图为

$$p(\theta, \theta_\text{o} + \Delta\theta) = p_1(\theta, \theta_\text{o}) + p_2(\theta, \theta_\text{o} + \Delta\theta) \tag{7.53}$$

通过调整 $\Delta\theta$,同样可消除栅瓣。

7.3　短基线多子阵接收波束形成

天线发射与接收信号的差别:发射时,天线是将雷达信号功率定向辐射到限定的空域,每个阵元辐射电磁信号在不同空间角是自然物理叠加;而接收时,天线是将物体辐射的电磁信号聚集,天线面积越大,接收的物体辐射的信号功率越大,天线阵面探测任一方向的目标回波信号都会被雷达天线接收到,每个天线单元接收到信号可通过对每个阵元进行不同加权实现不同叠加,可同时形成多个波束覆盖探测空域,这也就造成了短基线多子阵收发波束形成的差异。

7.3.1　短基线多子阵波束合成

设有一目标的到达角为 θ_t,有两个完全相同的子阵,阵元数均为 M,两子阵的第一个阵元间距为 D,若有 K 个波束指向不同方向,且波束指向角度间隔相同,为 $\Delta\alpha = \dfrac{\pi}{K}$,则第 k 个波束对 θ_t 响应为

$$p(k) = \sqrt{\cos\theta_\text{t}}\left(\sum_{i=0}^{M-1}e^{-j2\pi i\frac{d}{\lambda}\left(\sin\theta_\text{t} - \sin\left(\pi\frac{k}{K}\right)\right)} + \sum_{i=0}^{M-1}e^{-j2\pi\frac{D+id}{\lambda}\left(\sin\theta_\text{t} - \sin\left(\pi\frac{k}{K}\right)\right)}\right) \tag{7.54}$$

即:

$$p(k) = \sqrt{\cos\theta_\text{t}}\frac{\sin\left(\pi\frac{Md}{\lambda}\left(\sin\theta_\text{t} - \sin\left(\pi\frac{k}{K}\right)\right)\right)}{\sin\left(\pi\frac{d}{\lambda}\left(\sin\theta_\text{t} - \sin\left(\pi\frac{k}{K}\right)\right)\right)}e^{-j\pi\frac{(M-1)d}{\lambda}\left(\sin\theta_\text{t} - \sin\left(\pi\frac{k}{K}\right)\right)}\times$$

$$\left(1 + e^{-j2\pi\frac{D}{\lambda}\left(\sin\theta_\text{t} - \sin\left(\pi\frac{k}{K}\right)\right)}\right) \tag{7.55}$$

上式表明天线波束的响应与发射波束形成相近,仍以接收波束形成称之,其实为多个指向不一的接收波束响应,其受二子阵的中心距调制,响应幅度也会在

与发射波束相似的主瓣内出现栅瓣。

7.3.2　多子阵波束合成响应

分析式(7.55)中出现近似主瓣中栅瓣现象是由于子阵间距过大而造成的,解决栅瓣现象可以采用与发射多波束相同的方法,但第二个子阵阵元加权中,若没有 $e^{j2\pi\frac{D}{\lambda}\sin\left(\pi\frac{k}{K}\right)}$ 项,则式(7.54)可表示为

$$p(k) = \sqrt{\cos\theta_t}\sum_{i=0}^{M-1}e^{-j2\pi i\frac{d}{\lambda}\left(\sin\theta_t-\sin\left(\pi\frac{k}{K}\right)\right)}(1+e^{-j2\pi\frac{D}{\lambda}\sin\theta_t}) \tag{7.56}$$

即

$$p(k) =2\cos\left(\pi\frac{D}{\lambda}\sin\theta_t\right)\sqrt{\cos\theta_t}\frac{\sin\left(\pi\frac{Md}{\lambda}\left(\sin\theta_t-\sin\left(\pi\frac{k}{K}\right)\right)\right)}{\sin\left(\pi\frac{d}{\lambda}\left(\sin\theta_t-\sin\left(\pi\frac{k}{K}\right)\right)\right)}e^{-j\pi\frac{D}{\lambda}\sin\theta_t}\times$$

$$e^{-j\pi\frac{(M-1)d}{\lambda}\left(\sin\theta_t-\sin\left(\pi\frac{k}{K}\right)\right)} \tag{7.57}$$

若 $\frac{D}{\lambda}\sin\theta_t = \pm n$,$n$ 为 0 或整数,则当 $\pi\frac{k}{K}\approx\theta_t$ 时,其为合成天线方向图最大值点,分析式(7.57)可知,目标的空间分辨取决于子阵的天线口径;同一目标在不同波束 k 中的响应是不同的。

实际目标角信息是未知的,由于 $\cos\left(\pi\frac{D}{\lambda}\sin\theta_t\right)$ 存在,当 $\pi\frac{D}{\lambda}\sin\theta_t$ 的模越接近 $\frac{\pi}{2}$ 时,目标信号会越小;但式(7.56)中两个子阵响应中,某一角度的目标存在固定相位差,为了获取目标在合成接收波束有最大响应,需要补偿这一相位差。

由于相位以 2π 为周期,而目标的到达角未知,故在以可忍受的损失条件下,以一定的相位间隔搜索补偿,即可得到接近最大值的响应,特别是在多目标条件下,不同到达角的目标相位是不同的,不可能一个补偿值获取所有目标的最大响应,且大目标影响还会影响小目标影响,有必要采用其他处理方法获取小目标。

设最小补偿量化相位为 $\Delta\varphi=\frac{2\pi}{K}$,补偿相位为 $m\Delta\varphi$,m 有 K 个补偿值,遍历 m 对 D 产生的相位进行补偿,合成接收响应方向图为

$$p(k,m) = \sqrt{\cos\theta_t}\sum_{i=0}^{M-1}e^{-j2\pi i\frac{d}{\lambda}\left(\sin\theta_t-\sin\left(\pi\frac{k}{K}\right)\right)}(1+e^{-j\left(2\pi\frac{D}{\lambda}\sin\theta_t-m\Delta\varphi\right)}) \tag{7.58}$$

即

$$p(k,m) = 2\cos\left(\pi\frac{D}{\lambda}\sin\theta_t - m\frac{\Delta\varphi}{2}\right)\sqrt{\cos\theta_t}\times$$

$$\frac{\sin\left(\pi\frac{Md}{\lambda}\left(\sin\theta_t - \sin\left(\pi\frac{k}{K}\right)\right)\right)}{\sin\left(\pi\frac{d}{\lambda}\left(\sin\theta_t - \sin\left(\pi\frac{k}{K}\right)\right)\right)}\times$$

$$e^{-j\left(\pi\frac{D}{\lambda}\sin\theta_t - m\frac{\Delta\varphi}{2}\right)}e^{-j\pi\frac{(M-1)d}{\lambda}\left(\sin\theta_t - \sin\left(\pi\frac{k}{K}\right)\right)} \qquad (7.59)$$

上式中总存在一个 m 使 $\left|\cos\left(\pi\frac{D}{\lambda}\sin\theta_t - m\frac{\Delta\varphi}{2}\right)\right| \Rightarrow 1$，合成的波束损失最小，使得

$$p(k,m) \approx 2\sqrt{\cos\theta_t}\frac{\sin\left(\pi\frac{Md}{\lambda}\left(\sin\theta_t - \sin\left(\pi\frac{k}{K}\right)\right)\right)}{\sin\left(\pi\frac{d}{\lambda}\left(\sin\theta_t - \sin\left(\pi\frac{k}{K}\right)\right)\right)}e^{-j\pi\frac{(M-1)d}{\lambda}\left(\sin\theta_t - \sin\left(\pi\frac{k}{K}\right)\right)}$$

$$(7.60)$$

成立，但接收到目标回波信号功率为二子阵之和，空间角分辨取决于子阵的分辨力。故第二个子阵阵元的加权为

$$w_1(k,i) = e^{j2\pi\frac{id}{\lambda}\sin\left(\pi\frac{k}{K}\right)} \qquad (7.61)$$

设子阵有 32 个阵元，两个子阵的第一阵元相距 128 个阵元间距，目标相位角为 $\theta_t = -0.5°$，在不同补偿相位角 $\Delta\varphi$ 条件下，获取空间波束滤波器响应如图 7.15 所示，图中响应幅度归一化。分析图 7.15 可明显发现，与理论分析相同，总存在一补偿角可保证天线响应输出最大，同时也存在一补偿角使天线响应输出最小。

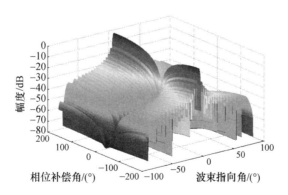

图 7.15　短基线二子阵响应（见彩图）

在此仿真中，合成的波束数比较多，以此了解在不同波束指向的接收波束响应，这里可以明确二子阵采用传统的相同加权方法可以避免接收栅瓣的出现，但

必须对相位补偿,以保证目标响应最大,再结合点迹凝聚方法确定目标。接收波束数可以按可允许的交叠分贝数衰减设计波束,对目标到达角的测量可按多波束测角方式完成。

若有多个子阵,且子阵阵元数不相同的情况下,可应用相同的方法处理。

实际目标的方位角不可能正确预知,在存在两个以上目标,且两个目标有一定的角度差时,难以以一个相位补偿函数对消掉所有目标基线所带来的相位差。雷达接收波束接收到的是天线阵面所对的所有方向可能目标回波,具体到方位向时,则方位向 ±90° 目标均可在任一指向波束有响应,式(7.59)中的 $m\Delta\varphi$ 仅能对某一方向的空间相位进行补偿,而其他方向不一定能对消,这样,不同方位角在波束中影响差异比较大。

若取 $k=0,m=0$,则不同方向目标空间的天线方向图响应为

$$p(0) = \sqrt{\cos\theta_t} \sum_{i=0}^{M-1} e^{-j2\pi i \frac{d}{\lambda}\sin\theta_t} (1 + e^{-j2\pi \frac{D}{\lambda}\sin\theta_t}) \qquad (7.62)$$

分析上式可知,不同方位角的目标在 $k=0$ 波束中的响应是不同的,以图 7.15 阵列的仿真条件为例,不同方位角在 $k=0$ 波束中的响应如图 7.16 所示,图中表明主瓣中某些角度的响应幅度很小,其响应与发射信号所产生的空间响应相似。

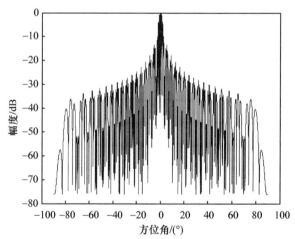

图 7.16　$k=0$ 波束的不同方向响应

发射时,可以发射两个指向波束消除栅瓣,以此类推,若以两个不同指向波束合成一个波束响应,也可保证主瓣内的所有角度内的目标均有响应,其与发射波束响应类似,若设

$$p_o(k,m) = \sqrt{\cos\theta_t} \sum_{i=0}^{M-1} e^{-j2\pi i \frac{d}{\lambda}\left(\sin\theta_t - \sin\left(\frac{\pi k}{K}\right)\right)} (1 + e^{-j\left(2\pi \frac{D}{\lambda}\sin\theta_t - m\Delta\varphi\right)}) \qquad (7.63)$$

另一指向波束为

$$p_1(k+\Delta k,m) = \sqrt{\cos\theta_t}\sum_{i=0}^{M-1}e^{-j2\pi i\frac{d}{\lambda}\left(\sin\theta_t-\sin\left(\pi\frac{k+\Delta k}{K}\right)\right)}\left(1+e^{-j\left(2\pi\frac{D}{\lambda}\sin\theta_t-m\Delta\varphi\right)}\right)$$

$$(7.64)$$

两个接收合成波束为

$$p(k,m)=p_o(k,m)+p_1(k+\Delta k,m) \tag{7.65}$$

即

$$p(k,m) = \sqrt{\cos\theta_t}\left(1+e^{-j\left(2\pi\frac{D}{\lambda}\sin\theta_t-m\Delta\varphi\right)}\right)\times$$

$$\sum_{i=0}^{M-1}e^{-j2\pi i\frac{d}{\lambda}\sin\theta_t}\left(e^{j2\pi i\frac{d}{\lambda}\sin\left(\pi\frac{k}{K}\right)}+e^{j2\pi i\frac{d}{\lambda}\sin\left(\pi\frac{k+\Delta k}{K}\right)}\right) \tag{7.66}$$

也可以等效为第一个子阵的阵元加权为

$$w_0(i)=e^{j2\pi i\frac{d}{\lambda}\sin\left(\pi\frac{k}{K}\right)}+e^{j2\pi i\frac{d}{\lambda}\sin\left(\pi\frac{k+\Delta k}{K}\right)} \tag{7.67}$$

第二个阵元加权为

$$w_1(i)=e^{jm\Delta\varphi}\left(e^{j2\pi i\frac{d}{\lambda}\sin\left(\pi\frac{k}{K}\right)}+e^{j2\pi i\frac{d}{\lambda}\sin\left(\pi\frac{k+\Delta k}{K}\right)}\right) \tag{7.68}$$

式(7.65)所得到的任一指向接收波束的不同方向的响应与发射不同指向空间响应方向图相同。

7.3.3　等效大阵面分辨合成

雷达的空间角分辨取决于天线口径,天线的口径越大,波束宽度越窄,分辨力越高,则在多个子阵条件下,可否将各子阵口径拼接为一大口径的天线? 若二子阵连续相接,则其合成波束响应为

$$p_h(k) = \sqrt{\cos\theta_t}\left(1+e^{-j2\pi\frac{Md}{\lambda}\left(\sin\theta_t-\sin\left(\pi\frac{k}{K}\right)\right)}\right)\sum_{i=0}^{M-1}e^{-j2\pi i\frac{d}{\lambda}\left(\sin\theta_t-\sin\left(\pi\frac{k}{K}\right)\right)} \quad (7.69)$$

即

$$p_h(k) = \sqrt{\cos\theta_t}\frac{\sin\left(2\pi M\frac{d}{\lambda}\left(\sin\theta_t-\sin\left(\pi\frac{k}{K}\right)\right)\right)}{\sin\left(2\pi\frac{d}{\lambda}\left(\sin\theta_t-\sin\left(\pi\frac{k}{K}\right)\right)\right)}e^{-j\pi(2M-1)\frac{d}{\lambda}\left(\sin\theta_t-\sin\left(\pi\frac{k}{K}\right)\right)}$$

$$(7.70)$$

若二子阵间隔 D,则式(7.69)所示的天线波束响应为

$$p(k) = \sqrt{\cos\theta_t}\sum_{i=0}^{M-1}e^{-j2\pi i\frac{d}{\lambda}\left(\sin\theta_t-\sin\left(\pi\frac{k}{K}\right)\right)}+$$

$$e^{-j2\pi\frac{D-Md}{\lambda}\sin\theta_t}e^{-j2\pi\frac{Md}{\lambda}\left(\sin\theta_t-\sin\left(\pi\frac{k}{K}\right)\right)}\sqrt{\cos\theta_t}\sum_{i=0}^{M-1}e^{-j2\pi\frac{id}{\lambda}\left(\sin\theta_t-\sin\left(\pi\frac{k}{K}\right)\right)} \quad (7.71)$$

即

$$p(k) = p_{\mathrm{h}}(k) - e^{-j2\pi\frac{Md}{\lambda}\left(\sin\theta_{\mathrm{t}} - \sin\left(\pi\frac{k}{K}\right)\right)}\sqrt{\cos\theta_{\mathrm{t}}}\sum_{i=0}^{M-1}e^{-j2\pi\frac{id}{\lambda}\left(\sin\theta_{\mathrm{t}} - \sin\left(\pi\frac{k}{K}\right)\right)}\times$$

$$\left(1 - e^{-j2\pi\frac{D-Md}{\lambda}\sin\theta_{\mathrm{t}}}\right) \tag{7.72}$$

也可以表示为

$$p(k) = p_{\mathrm{h}}(k) - 2\mathrm{j}\frac{\sin\left(\pi M\frac{d}{\lambda}\left(\sin\theta_{\mathrm{t}} - \sin\left(\pi\frac{k}{K}\right)\right)\right)}{\sin\left(\pi\frac{d}{\lambda}\left(\sin\theta_{\mathrm{t}} - \sin\left(\pi\frac{k}{K}\right)\right)\right)}\sin\left(\pi\frac{D-Md}{\lambda}\sin\theta_{\mathrm{t}}\right)\times$$

$$\sqrt{\cos\theta_{\mathrm{t}}}e^{-\mathrm{j}\pi(3M-1)\frac{d}{\lambda}\left(\sin\theta_{\mathrm{t}} - \sin\left(\pi\frac{k}{K}\right)\right)}e^{-\mathrm{j}\pi\frac{D-Md}{\lambda}\sin\theta_{\mathrm{t}}} \tag{7.73}$$

上式中的第二项会产生合成波束响应的损失,但当$\frac{D-Md}{\lambda}\sin\theta_{\mathrm{t}} = \pm n, n$ 为 0 或

整数时,可抑制合成波束响应损失,例如,当 $\theta_{\mathrm{t}} = 0$ 时,也就没有损失;同样对此

相位进行补偿,也可有效降低合成波束响应的损失,以式(7.58)相同方法,对

式(7.69)中的第二子阵的相位进行补偿,有

$$p(k) = \sqrt{\cos\theta_{\mathrm{t}}}\sum_{i=0}^{M-1}e^{-\mathrm{j}2\pi i\frac{d}{\lambda}\left(\sin\theta_{\mathrm{t}} - \sin\left(\pi\frac{k}{K}\right)\right)}\left(1 + e^{-\mathrm{j}\left(2\pi\frac{D-Md}{\lambda}\sin\theta_{\mathrm{t}} - m\Delta\varphi\right)}e^{\mathrm{j}2\pi\frac{Md}{\lambda}\left(\sin\theta_{\mathrm{t}} - \sin\left(\pi\frac{k}{K}\right)\right)}\right)$$

$$\tag{7.74}$$

即

$$p(k,i) = p_{\mathrm{h}}(k) - 2\mathrm{j}\sqrt{\cos\theta_{\mathrm{t}}}\frac{\sin\left(\pi M\frac{d}{\lambda}\left(\sin\theta_{\mathrm{t}} - \sin\left(\pi\frac{k}{K}\right)\right)\right)}{\sin\left(\pi\frac{d}{\lambda}\left(\sin\theta_{\mathrm{t}} - \sin\left(\pi\frac{k}{K}\right)\right)\right)}\times$$

$$\sin\left(\pi\frac{D-Md}{\lambda}\sin\theta_{\mathrm{t}} - m\frac{\Delta\varphi}{2}\right)e^{-\mathrm{j}\pi(3M-1)\frac{d}{\lambda}\left(\sin\theta_{\mathrm{t}} - \sin\left(\pi\frac{k}{K}\right)\right)}\times$$

$$e^{-\mathrm{j}\left(\pi\frac{D-Md}{\lambda}\sin\theta_{\mathrm{t}} - m\frac{\Delta\varphi}{2}\right)} \tag{7.75}$$

上式中总存在一个 m 使 $\left|\sin\left(\pi\frac{D}{\lambda}\sin\theta_{\mathrm{t}} - m\frac{\Delta\varphi}{2}\right)\right| \Rightarrow 0$,合成的波束损失最小,此

时有

$$p(k,i) \approx \sqrt{\cos\theta_{\mathrm{t}}}\frac{\sin\left(2\pi M\frac{d}{\lambda}\left(\sin\theta_{\mathrm{t}} - \sin\left(\pi\frac{k}{K}\right)\right)\right)}{\sin\left(\pi\frac{d}{\lambda}\left(\sin\theta_{\mathrm{t}} - \sin\left(\pi\frac{k}{K}\right)\right)\right)}e^{-\mathrm{j}\pi(2M-1)\frac{d}{\lambda}\left(\sin\theta_{\mathrm{t}} - \sin\left(\pi\frac{k}{K}\right)\right)}$$

$$\tag{7.76}$$

其与式(7.70)相比较,二式相同,此说明通过多次相位补偿,总存在获取等效连续大阵面天线接收波束响应,这也就意味着利用短基线天线可以提高目标的空间分辨力。

由此分析,可知,第二个子阵阵元加权为

$$w_1(k,i) = \mathrm{e}^{\mathrm{j}2\pi\frac{M+i}{\lambda}d\sin\left(\pi\frac{k}{K}\right)} \tag{7.77}$$

仍沿用图7.15的仿真条件,在不同的 $m\dfrac{\Delta\varphi}{2}$ 条件下,可获取不同的天线波束响应,图7.17(a)为等效大阵面合成波束空间滤波器的响应曲线,图7.17(b)为其投影,在图中总存在一 i,使得响应峰值最大,响应曲线最接近辛格形。在仿真的条件中,可计算得 $\dfrac{D-Md}{\lambda}\sin\theta_\mathrm{t} \approx -0.419$,故可取 $m\dfrac{\Delta\varphi}{2} = -0.419\pi$,或者 $m\dfrac{\Delta\varphi}{2} = 0.581\pi$ 可实现式(7.75)的天线波束响应,如图7.17(c)所示。

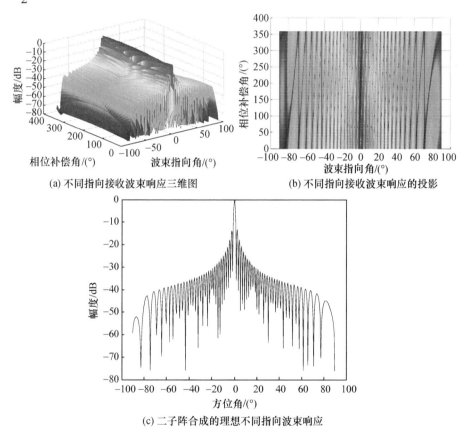

(a) 不同指向接收波束响应三维图　　　　(b) 不同指向接收波束响应的投影

(c) 二子阵合成的理想不同指向波束响应

图7.17　不同补偿 $m\dfrac{\Delta\varphi}{2}$ 条件下不同指向接收波束响应(见彩图)

针对某一指向的接收波束,不同方向目标在此波束中的响应是不同的,仍以 $k=0,m=0$ 为例,其响应仍为式(7.62),但总存在一 $m\dfrac{\Delta\varphi}{2}$,可使波束输出响应最大。

若有 N 个子阵,第 n 个子阵的阵元数为 M_n,其第一个阵元距离第一子阵的第一阵元距离为 D_n,如图 7.17 所示,依据式(7.24)原理外推,可得 N 个子阵合成波束的表达式为

$$p(k) = \sqrt{\cos\theta_t} \sum_{n=0}^{N-1} \sum_{i=0}^{M_n-1} e^{-j2\pi i \frac{d}{\lambda} \left(\sin\theta_t - \sin\left(\frac{\pi k}{K} \right) \right)} \times$$

$$e^{-j \left(2\pi \frac{D_n - M_{\Sigma,n} d}{\lambda} \sin\theta_t - m_n \Delta\varphi \right)} e^{-j2\pi \frac{M_{\Sigma,n} d}{\lambda} \left(\sin\theta_t - \sin\left(\frac{\pi k}{K} \right) \right)} \tag{7.78}$$

式中:$M_{\Sigma,n} = \sum_{p=1}^{n} M_p$。其合成的天线口径为

$$D = M_{\Sigma,N} d \tag{7.79}$$

此式表明,通过子阵合成可扩大天线口径,提高雷达的空间滤波能力和目标分辨能力。

7.4 短基线信号波形影响

宽带信号是一相对概念,若信号的距离分辨力小于目标尺寸,即可认为是宽带信号;这里的宽带信号是指天线阵元加固定权值条件下,由于信号带宽所产生的信号波长变化而引起的天线方向图的变化已不可忽略,其原因是雷达信号波形在所有阵元间有一定的延时所造成的频差变化产生的相位误差已不可忽略[15]。

对于短基线雷达来说,在窄带条件下,当子阵间距比较大时,各子阵同一时刻发射信号到达目标的延时不同,造成到达目标各子阵信号间同一时刻存在频差,也产生了由此带来的相差;而接收时,目标回波信号到达各子阵的延时也不同,同样在同一时刻各子阵间接收到的信号也存在频差所产生的相差,严重时,脉冲压缩后的目标回波不在同一距离门,不能实现有效积累。

7.4.1 信号带宽影响分析

雷达利用天线将雷达信号功率辐射到指定空域,而实现这一目的的思路是天线各阵元发射信号在此空域同相叠加,由于不同阵元与不同方向路径差别产生了距离延时差异,这种距离延时差异造成了信号相位的差别,这种相位差别造成了不同相位角的空间响应不同,即方向图。

当雷达发射具有一定带宽的调频信号时,信号的波长是变化的,在窄带条件下,若天线口径不大,信号波长可以近似认为恒定,那么对于固定的波束指向可以用固定权值;而在短基线条件下,在雷达探测某些方向时,信号波长已不能近似认为恒定,距离延时的差异会造成子阵间信号相位的差别已不能近似为固定

值,这种变化会造成波束指向和波束宽度随信号波长而变化。

仍以图 7.2 所示二个子阵为例,若需波束指向 θ_o,第一个子阵第 i 个阵元加权为

$$w_0(i) = \mathrm{e}^{\mathrm{j}2\pi \frac{id}{\lambda}\sin\theta_o} \tag{7.80}$$

该子阵信号辐射到不同方向的延时为

$$\Delta T_0(i) = -\frac{id}{c}\sin\theta \tag{7.81}$$

设每个阵元发射相同信号 $s(t)$,即

$$s(t) = \mathrm{e}^{\mathrm{j}2\pi f_o t}\mathrm{e}^{\mathrm{j}\pi k t^2}g_\tau\left(t - \frac{\tau}{2}\right) \tag{7.82}$$

其辐射到不同空域的信号可为

$$s_{eo}(t,i,\theta) = s(t)\sqrt{\cos\theta}\,\mathrm{e}^{\mathrm{j}2\pi i\frac{d}{\lambda}(\sin\theta_o - \sin\theta)}\,\mathrm{e}^{\mathrm{j}\pi k\left(-2i\frac{d}{c}t\sin\theta + \left(i\frac{d}{c}\right)^2\sin^2\theta\right)} \tag{7.83}$$

第二个子阵第 i 个阵元加权为

$$w_1(i) = \mathrm{e}^{\mathrm{j}2\pi \frac{D+id}{\lambda}\sin\theta_o} \tag{7.84}$$

则其信号辐射到不同方向的延时为

$$\Delta T_1(i) = -\frac{D+id}{c}\sin\theta \tag{7.85}$$

其辐射到不同空域的信号可为

$$s_{e1}(t,i,\theta) = s_{e0}(t,i,\theta)\sqrt{\cos\theta}\,\mathrm{e}^{\mathrm{j}2\pi \frac{D}{\lambda}(\sin\theta_o - \sin\theta)}\,\mathrm{e}^{\mathrm{j}\pi k\left(-2\frac{D}{c}t\sin\theta + \frac{D^2 + 2Did}{c^2}\sin^2\theta\right)} \tag{7.86}$$

则合成的空间信号为

$$\begin{aligned}
s_{e\Sigma}(t,\theta) &= \sum_{i=0}^{M-1} s_{e0}(t,i,\theta) + \sum_{i=0}^{M-1} s_{e1}(t,i,\theta) \\
&= \sqrt{\cos\theta}\sum_{i=0}^{M-1} s_o(t,i,\theta)\left(1 + \mathrm{e}^{\mathrm{j}2\pi \frac{D}{\lambda}(\sin\theta_o - \sin\theta)}\mathrm{e}^{\mathrm{j}\pi k\left(-2\frac{D}{c}t\sin\theta + \frac{D^2 + 2Did}{c^2}\sin^2\theta\right)}\right)
\end{aligned} \tag{7.87}$$

由于子阵尺寸有限,可认为子阵内延时为高阶小项,可忽略,故

$$s_{e\Sigma}(t,\theta) \approx \sqrt{\cos\theta}\sum_{i=0}^{M-1} s(t)\mathrm{e}^{\mathrm{j}2\pi i\frac{d}{\lambda}(\sin\theta_o - \sin\theta)}\left(1 + \mathrm{e}^{\mathrm{j}2\pi \frac{D}{\lambda}\left(\sin\theta_o - \left(1 + \frac{B}{f_o}\frac{t}{\tau}\right)\sin\theta\right)}\right) \tag{7.88}$$

则发射信号的空间方向图为

$$p_e(t,\theta) \approx \sqrt{\cos\theta}\sum_{i=0}^{M-1} \mathrm{e}^{\mathrm{j}2\pi i\frac{d}{\lambda}(\sin\theta_o - \sin\theta)}\left(1 + \mathrm{e}^{\mathrm{j}2\pi \frac{D}{\lambda}\left(\sin\theta_o - \left(1 + \frac{B}{f_o}\frac{t}{\tau}\right)\sin\theta\right)}\right) \tag{7.89}$$

若雷达发射信号波长 $\lambda = 0.4\mathrm{m}$,有二子阵,每个阵元数均为64,二子阵第一阵元相距2km,设波束指向 $\theta_o = 45°$,信号的相对带宽为2%,则仿真幅度归一化的随带宽变化的天线方向图如图7.18(a)所示,图7.18(b)为其 $-3\mathrm{dB}$ 波束宽度局部投影,可以明显看出波束指向随信号带宽的变化而改变,图7.18(c)为没有带宽变化时方向图,图7.18(d)为最大变化带宽时的方向图,带宽二端的方向图指向变化很大。

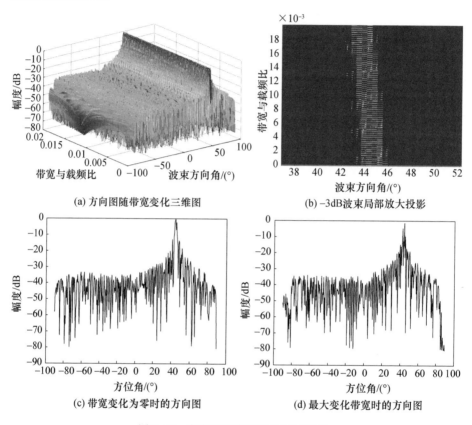

(a) 方向图随带宽变化三维图　　　　(b) -3dB波束局部放大投影

(c) 带宽变化为零时的方向图　　　　(d) 最大变化带宽时的方向图

图7.18　方向图随带宽变化(见彩图)

图7.18中的方向明显存在方向图波瓣分裂(栅瓣),而解决短基线发射方向图栅瓣的方法之一是发射多波束,若为两个指向的波束,另一波束的指向为 $\theta_o + \Delta\theta$,则合成波束方向图为

$$p_{e\Sigma}(t,\theta) \approx \sqrt{\cos\theta} \sum_{i=o}^{M-1} \left(\mathrm{e}^{\mathrm{j}2\pi i \frac{d}{\lambda}(\sin\theta_o - \sin\theta)} \left(1 + \mathrm{e}^{\mathrm{j}2\pi\frac{D}{\lambda}\left(\sin\theta_o - \left(1+\frac{B}{f_o}\frac{t}{\tau}\right)\sin\theta\right)} \right) + \right.$$
$$\left. \mathrm{e}^{\mathrm{j}2\pi i \frac{d}{\lambda}(\sin(\theta_o + \Delta\theta) - \sin\theta)} \left(1 + \mathrm{e}^{\mathrm{j}2\pi\frac{D}{\lambda}\left(\sin(\theta_o + \Delta\theta) - \left(1+\frac{B}{f_o}\frac{t}{\tau}\right)\sin\theta\right)} \right) \right) \quad (7.90)$$

设波束指向为 $\theta_o + \Delta\theta = 45.008°$,则仿真的幅度归一化的随带宽变化的天

线合成方向图如图 7.19(a)所示,图 7.19(b)为其 −3dB 波束宽度局部投影,分析方向图可知,多波束可避免波瓣分裂,但不能改变因基线所带来的波束指向变化问题,这种变化随信号的带宽的增加会变得更严重,在目标回波信号的时域表现为信号幅度在脉冲宽度内随时间变化。

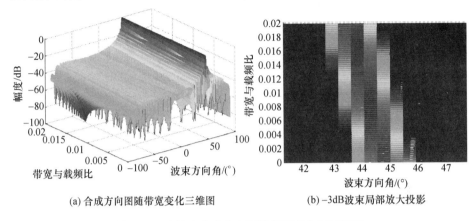

(a) 合成方向图随带宽变化三维图　　　　(b) −3dB 波束局部放大投影

图 7.19　多波束合成方向图随带宽变化(见彩图)

7.4.2　子阵延时发射

在图 7.19 中的二子阵合成天线方向表明了波束指向随着信号的带宽而变化,分析式(7.89),究其原因是二子阵间距离所引起的,二子阵辐射到空间不同角度的延时差异,导致二子阵达到空间某一点的同一时刻的频率差异而产生了相位不同,不同的相位合成体现了信号功率的变化,若保证波束指向处的延时变化在一定范围内,则可避免波束指向改变。

若第二个子阵增加延时

$$\Delta t = \frac{D}{\lambda}\sin\theta_\text{o} \tag{7.91}$$

则第二个子阵辐射到不同方向的延时的式(7.85)修正为

$$\Delta T_1(i) = \frac{D}{c}(\sin\theta_\text{o} - \sin\theta) - \frac{id}{c}\sin\theta \tag{7.92}$$

则合成的空间信号为

$$s_{\text{e}\Sigma}(t,\theta) = \sqrt{\cos\theta}\sum_{i=0}^{M-1} s_{\text{e}0}(t,i,\theta)\left(1 + \text{e}^{\text{j}2\pi\frac{D}{\lambda}\left(1+\frac{Bt}{f_\text{o}\tau}\right)(\sin\theta_\text{o} - \sin\theta)}\right) \tag{7.93}$$

发射信号的空间方向图为

$$p_\text{e}(t,\theta) \approx \sqrt{\cos\theta}\sum_{i=0}^{M-1} \text{e}^{\text{j}2\pi\frac{d}{\lambda}(\sin\theta_\text{o} - \sin\theta)}\left(1 + \text{e}^{\text{j}2\pi\frac{D}{\lambda}\left(1+\frac{Bt}{f_\text{o}\tau}\right)(\sin\theta_\text{o} - \sin\theta)}\right) \tag{7.94}$$

在图 7.18 的仿真条件下,对第二子阵发射信号延时 Δt 后,随信号带宽变化的天线方向图如图 7.20(a)所示,图 7.20(a)为 -3dB 波束附近的投影图,可以明显看到波束指向不变了,但栅瓣仍然存在,且栅瓣随信号带宽变化。

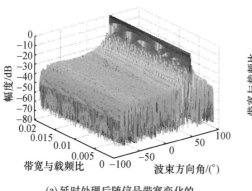

(a) 延时处理后随信号带宽变化的
子阵合成三维方向图

(b) 子阵合成方向图-3dB波束投影

图 7.20　延时处理后随信号带宽变化的子阵合成方向图(见彩图)

在发射两个指向波束条件下,可以避免栅瓣问题的出现,若第二波束指向 $\theta_o + \Delta\theta$,则第二个子阵采用延时,合成的天线方向图为

$$p_{e\Sigma}(t,\theta) \approx \sqrt{\cos\theta} \sum_{i=o}^{M-1} \left(e^{j2\pi i \frac{d}{\lambda}(\sin\theta_o - \sin\theta)} \left(1 + e^{j2\pi \frac{D}{\lambda}\left(1 + \frac{Bt}{f_o\tau}\right)(\sin\theta_o - \sin\theta)} \right) \times \right.$$

$$\left. e^{j2\pi i \frac{d}{\lambda}(\sin(\theta_o + \Delta\theta) - \sin\theta)} \left(1 + e^{j2\pi \frac{D}{\lambda}\left(1 + \frac{Bt}{f_o\tau}\right)(\sin(\theta_o + \Delta\theta) - \sin\theta)} \right) \right) \quad (7.95)$$

取 $\theta_o + \Delta\theta = 45.008°$,以式(7.95)获取的随信号带宽变化的仿真天线方向图如图 7.21(a)所示,图 7.21(b)为其投影图,这里已解决了波束指向偏移和栅瓣这两个问题,由于延时仅对发射主瓣方向,故方向图的副瓣仍受信号带宽的影响。

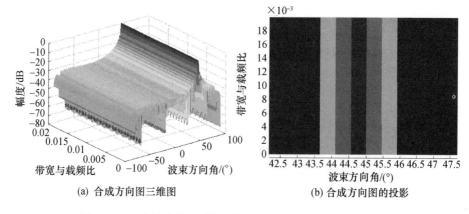

(a) 合成方向图三维图

(b) 合成方向图的投影

图 7.21　二个波束指向随信号带宽变化合成方向图(见彩图)

7.4.3　多子阵接收多波束响应

多子阵接收多波束研究的是瞬时宽带条件下多子阵波束合成响应问题。设 θ_o 方向有一点目标,第一个子阵第 i 个阵元,波束指向 $k\Delta\varphi = \dfrac{k\pi}{K}$ 加权值为

$$w_0(k) = \mathrm{e}^{\mathrm{j}2\pi\frac{id}{\lambda}\sin k\Delta\varphi} \tag{7.96}$$

相对于第一个阵元的延时为

$$T_0(i) = \frac{id}{c}\sin\theta_\mathrm{t} \tag{7.97}$$

则第一个子阵的阵元接收到信号经加权指向不同方向时,可近似表示为

$$s_{\mathrm{r}0}(t,k,i) = s(t)\sqrt{\cos\theta_\mathrm{t}}\,\mathrm{e}^{\mathrm{j}2\pi i\frac{d}{\lambda}(\sin k\Delta\alpha - \sin\theta_\mathrm{t})}\,\mathrm{e}^{\mathrm{j}\pi k\left(-2i\frac{d}{c}t\sin\theta_\mathrm{t} + \left(i\frac{d}{c}\right)^2\sin^2\theta_\mathrm{t}\right)} \tag{7.98}$$

第二个子阵的加权可表示为

$$w_1(k) = \mathrm{e}^{\mathrm{j}2\pi\left(\frac{id}{\lambda}\sin k\Delta\beta + m\Delta\varphi\right)} \tag{7.99}$$

相对于第一个阵元的延时为

$$T_1(i) = \frac{D+id}{c}\sin\theta_\mathrm{t} \tag{7.100}$$

第二个子阵的阵元接收到信号经加权指向不同方向时,可近似表示为

$$s_{\mathrm{r}1}(t,k,i) = s_{\mathrm{r}0}(t,k,i)\sqrt{\cos\theta_\mathrm{t}}\,\mathrm{e}^{-\mathrm{j}\left(2\pi\frac{D}{\lambda}\sin\theta_\mathrm{t} - m\Delta\varphi\right)}\,\mathrm{e}^{\mathrm{j}\pi k\left(-2\frac{D}{c}t\sin\theta_\mathrm{t} + \frac{D2+2Did}{c2}\sin^2\theta_\mathrm{t}\right)}$$

$$\tag{7.101}$$

忽略子阵内延时的高阶小项,合成的接收信号为

$$s_{\mathrm{r}\Sigma}(t,k) \approx \sqrt{\cos\theta_\mathrm{t}}\sum_{i=0}^{M-1} s(t)\,\mathrm{e}^{\mathrm{j}2\pi i\frac{d}{\lambda}(\sin k\Delta\alpha - \sin\theta_\mathrm{t})}\left(1 + \mathrm{e}^{-\mathrm{j}\left(2\pi\frac{D}{\lambda}\left(1+\frac{B}{f_o}\frac{t}{\tau}\right)\sin\theta_\mathrm{t} - m\Delta\varphi\right)}\right)$$

$$\tag{7.102}$$

则接收信号的空间方向图为

$$p_\mathrm{r}(t,k) \approx \left(1 + \mathrm{e}^{-\mathrm{j}\left(2\pi\frac{D}{\lambda}\left(1+\frac{B}{f_o}\frac{t}{\tau}\right)\sin\theta_\mathrm{t} - m\Delta\varphi\right)}\right)\sqrt{\cos\theta_\mathrm{t}}\sum_{i=o}^{M-1}\mathrm{e}^{\mathrm{j}2\pi i\frac{d}{\lambda}(\sin k\Delta\alpha - \sin\theta_\mathrm{t})}$$

$$\tag{7.103}$$

式中: $\left(1 + \mathrm{e}^{-\mathrm{j}\left(2\pi\frac{D}{\lambda}\left(1+\frac{B}{f_o}\frac{t}{\tau}\right)\sin\theta_\mathrm{t} - m\Delta\varphi\right)}\right)$ 与发射信号波形调制有关,当 $B=0$,在 m 一定的条件条件下,其为复数幅度,其响应可避免栅瓣,但发射信号通常是有一定带宽的,则会造成不同波束指向的接收波束响应幅度会随带宽的变化而变化。设 $m\Delta\varphi = 2\pi\dfrac{D}{\lambda}\sin\theta_\mathrm{t}$,则式(7.103)可简化为

$$p_{\mathrm{r}}(t,k) \approx 2\cos\left(\pi \frac{D}{\lambda} \frac{B}{f_{\mathrm{o}}} \frac{t}{\tau}\sin\theta_{\mathrm{t}}\right)\sqrt{\cos\theta_{\mathrm{t}}}\mathrm{e}^{-\mathrm{j}\pi\frac{D}{\lambda}\frac{B}{f_{\mathrm{o}}}\frac{t}{\tau}\sin\theta_{\mathrm{t}}}\sum_{i=0}^{M-1}\mathrm{e}^{\mathrm{j}2\pi i\frac{d}{\lambda}(\sin k\Delta\alpha - \sin\theta_{\mathrm{t}})}$$

$$(7.104)$$

分析上式可知,波束的响应的周期起伏与波束指向无关,其与子阵的间距、目标的方向、波长有关,仍以图 7.20 的天线条件,不同波束指向的天线响应随信号带宽变化如图 7.22(a)所示,其 $-3\mathrm{dB}$ 响应附近投影如图 7.22(b)所示,其与图 7.21(b)相比,可以明显发现天线响应的起伏过程。

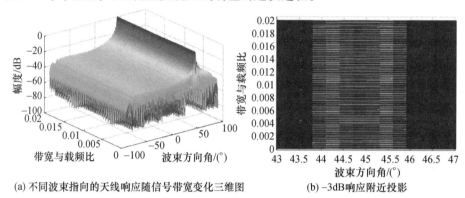

(a) 不同波束指向的天线响应随信号带宽变化三维图   (b) $-3\mathrm{dB}$ 响应附近投影

图 7.22   不同波束指向的天线响应随信号带宽的变化(见彩图)

若对第二个子阵每个波束指向均进行延时,即延时为

$$T(k) = \frac{D}{c}\sin k\Delta\alpha \qquad (7.105)$$

则第二个子阵获取的信号为

$$s_{\mathrm{r1}}(t,k,i) = s_{\mathrm{r0}}(t,k,i)\mathrm{e}^{\mathrm{j}\left(m\Delta\varphi - 2\pi\frac{D}{\lambda}\sin\theta_{\mathrm{t}} + 2\pi\frac{D}{\lambda}\frac{Bt}{f_{\mathrm{o}}\tau}(\sin k\Delta\alpha - \sin\theta_{\mathrm{t}})\right)}$$

$$\sqrt{\cos\theta_{\mathrm{t}}}\sum_{i=0}^{M-1}\mathrm{e}^{\mathrm{j}2\pi i\frac{d}{\lambda}(\sin k\Delta\alpha - \sin\theta_{\mathrm{t}})}$$

$$(7.106)$$

则两个子阵的合成不同波束指向天线响应为

$$p_{\mathrm{r}}(t,k) \approx \left(1 + \mathrm{e}^{\mathrm{j}\left(m\Delta\varphi - 2\pi\frac{D}{\lambda}\sin\theta_{\mathrm{t}} + 2\pi\frac{D}{\lambda}\frac{Bt}{f_{\mathrm{o}}\tau}(\sin k\Delta\alpha - \sin\theta_{\mathrm{t}})\right)}\right)\sqrt{\cos\theta_{\mathrm{t}}}\sum_{i=0}^{M-1}\mathrm{e}^{\mathrm{j}2\pi i\frac{d}{\lambda}(\sin k\Delta\alpha - \sin\theta_{\mathrm{t}})}$$

$$(7.107)$$

以图 7.21 相同的仿真条件,对第二个子阵延时处理,则可得式(7.106)不同波束指向的天线响应随信号带宽变化响应如图 7.23(a)所示,其 $-3\mathrm{dB}$ 响应附近投影如图 7.23(b)所示,其与图 7.21(b)相比,波束宽度没有变化,但在某些带宽处变窄,与图 7.22(b)相比,目标回波方向的起伏被抑制,某些非目标方向则响应随带宽变化,这就造成传统的角敏函数测角存在问题,有必要根据此情况计算获取角敏函数,以保证必要的测角精度。

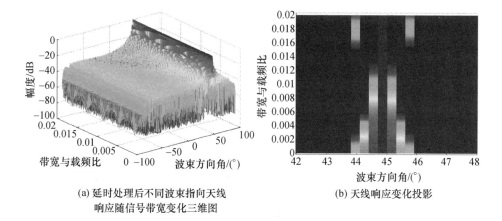

(a) 延时处理后不同波束指向天线　　　　(b) 天线响应变化投影
响应随信号带宽变化三维图

图 7.23　延时处理后不同波束指向天线响应随信号带宽变化(见彩图)

若进行天线等效大面积高分辨处理,则第二个子阵获取的信号也可表示为

$$s_{r1}(t,k,i) = s_{r0}(t,k,i) e^{j\left(m\Delta\varphi - 2\pi\frac{D-Md}{\lambda}\sin\theta_t + 2\pi\frac{D}{\lambda}\frac{Bt}{f_0\tau}(\sin k\Delta\alpha - \sin\theta_t)\right)} \times$$

$$\sqrt{\cos\theta_t} \sum_{i=0}^{M-1} e^{j2\pi\frac{M+i}{\lambda}d(\sin k\Delta\alpha - \sin\theta_t)} \qquad (7.108)$$

两个子阵的合成不同波束指向天线响应为

$$p_r(t,k) \approx \sqrt{\cos\theta_t} \sum_{i=0}^{M-1} e^{j2\pi i\frac{d}{\lambda}(\sin k\Delta\alpha - \sin\theta_t)} +$$

$$e^{j\left(m\Delta\varphi - 2\pi\frac{D-Md}{\lambda}\sin\theta_t + 2\pi\frac{D}{\lambda}\frac{Bt}{f_0\tau}(\sin k\Delta\alpha - \sin\theta_t)\right)} \times$$

$$\sqrt{\cos\theta_t} \sum_{i=0}^{M-1} e^{j2\pi(M+i)\frac{d}{\lambda}(\sin k\Delta\alpha - \sin\theta_t)} \qquad (7.109)$$

若 $m\Delta\varphi = 2\pi\dfrac{D-Md}{\lambda}$,则有

$$p_r(t,k) \approx \left(1 + e^{j2\pi\left(M\frac{d}{\lambda} + \frac{D}{\lambda}\frac{Bt}{f_0\tau}\right)(\sin k\Delta\alpha - \sin\theta_t)}\right) \sum_{i=0}^{M-1} e^{j2\pi i\frac{d}{\lambda}(\sin k\Delta\alpha - \sin\theta_t)} \qquad (7.110)$$

以图 7.21 相同的仿真条件,以式(7.109)处理方法,可得不同波束指向的合成高分辨天线响应随信号带宽变化响应如图 7.24(a)所示,其 −3dB 响应附近投影如图 7.24(b)所示,从图中可以看到,在带宽比较小时,与图 7.23(b)相比,波束宽度比较窄,而当带宽频率增加到一定条件下,会出现栅瓣,当然,可以采用两个指向的接收波束合成一个波束,其原理与发射两个指向波束合成消除栅瓣的原理相同。

总之,考虑雷达发射信号带宽时,需要综合考虑基线长度与信号带宽影响,接收多波束交叠的波束宽度,保证探测空域无遗漏,目标回波信号能被有效接收。

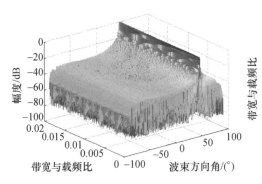
(a) 合成高分辨天线响应随信号带宽变化响应三维图

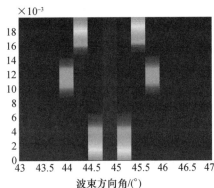
(b) -3dB附近响应局部投影

图7.24　合成高分辨天线响应随信号带宽变化的响应(见彩图)

参考文献

[1] 斯科尔尼克 M I. 雷达手册[M]. 谢卓,译. 北京:国防工业出版社,1978.

[2] 斯科尔尼克 M I. 雷达手册(第二版)[M]. 王军,等,译. 北京:电子工业出版社,2003,

[3] 伊优斯·杰里 L. 等,编. 现代雷达原理[M]. 卓荣邦,等,译. 北京:电子工业出版社,1991.

[4] 蔡希尧. 雷达系统概论[M]. 北京:科学出版社,1983.

[5] 张光义. 相控阵雷达技术[M]. 北京:电子工业出版社,2006.

[6] 张光义. 空间探测相控阵雷达[M]. 北京:科学出版社,1989.

[7] 李蕴滋,等. 雷达工程学[M]. 北京:海洋出版社,1999.

[8] 杨振起,等. 双(多)基地雷达系统[M]. 北京:国防工业出版社,1998.

[9] Victor S C. 双(多)基地雷达系统[M]. 周万幸,等,译. 北京:电子工业出版社,2011.

[10] 里海捷克 A W. 雷达分辨理论[M]. 董士嘉,译. 北京:科学出版社,1973.

[11] 丁鹭飞,等. 雷达系统[M]. 西安:西北电讯工程学院出版社,1984.

[12] 丁鹭飞. 雷达原理[M]. 西安:西北电讯工程学院出版社,1984.

[13] 向敬成,等. 雷达系统[M]. 北京:电子工业出版社,2001.

[14] 莱德诺尔 L N. 雷达总体工程[M]. 北京:国防工业出版社,1965.

[15] 章华銮,王盛利. 宽带雷达信号接收波束形成的方法[C]. 通信理论与信号处理学术年会,2009.

第**8**章

长基线分布式多站凝视雷达

长基线是一相对概念,可以定义为:若两部雷达具有相同波束宽度,当探测目标与二雷达站之间夹角大于波束宽度时,即可认为长基线。

长基线分布式多站凝视同样也可提高雷达辐射功率的利用率,更可以合理地利用长基线布站提高雷达发射功率的探测效率,同时可依据目标与多站之间几何关系,获取更多的目标探测信息。

8.1 分布式多站探测原理

分布式多站凝视探测的基本思路是利用每一部雷达收发功率,合成更高目标回波信噪比信号,获取比雷达各自独立探测的更高探测威力。分布式雷达一个研究关键问题是将多部雷达采集到的目标回波信号进行处理,以提高多部雷达总体探测性能。

分布式雷达[1-15]分别接收到的目标回波信号易于处理的方式是非相参积累处理,而处理性能更诱人的是相参积累处理。分布式相参积累处理的设想是若有一个发射(SO),有多个不同雷达接收站(MI)接收目标回波,即:MISO 雷达,信号处理则对不同雷达站点接收到的目标回波进行相参积累,理想情况下,若有 N 个接收站,则积累得益为 N;当有多个发射站(MO),单接收站(SI),即:MOSI 雷达,在理想情况下,若有 M 个发射站,积累得益为 M;当有多个发射站(MO),多接收站(MI),即:MIMO 雷达,在理想情况下,若有 M 个发射站,N 个接收站,则积累得益为 MN。

8.1.1 分布式双站雷达综合增益

雷达探测目标时,需要在一定时间内,将雷达功率发射到一定空域内,雷达接收系统接收这一指定空域的目标回波信号,通过雷达信号处理检测出目标信号,再通过数据处理分系统得到目标航迹,分布式雷达也有相同的工作过程。

双站雷达探测目标的几何模型如图 8.1 所示,设雷达站 1 与目标之间距离

为 R_1，雷达站 2 与目标之间距离为 R_2，若雷达站 1 发射，雷达站 2 接收目标回波信号，则天线接收到的目标回波信号功率为

$$P_{2,1} = \frac{P_{\mathrm{av1}} G_{1\mathrm{t}} G_{2\mathrm{r}} \lambda^2 \sigma_{2,1}}{(4\pi)^3 R_1^2 R_2^2} \tag{8.1}$$

式中：P_{av1} 为雷达发射平均功率；$G_{1\mathrm{t}}$ 为雷达站 1 发射天线增益；$G_{2\mathrm{r}}$ 为雷达站 2 接收天线增益；$\sigma_{2,1}$ 为目标的双站散射面积。

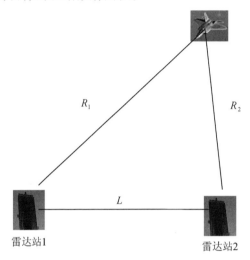

图 8.1　双站雷达探测目标模型

雷达站 2 接收到的信号的信噪比为

$$\mathrm{SNR}_{2,1} = \frac{P_{\mathrm{av1}} T_{2,1} G_{1\mathrm{t}} G_{2\mathrm{r}} \lambda^2 \sigma_{2,1} F_{2,1}}{(4\pi)^3 R_2^2 R_1^2 k T_{2\mathrm{n}} L_{2,1}} \tag{8.2}$$

式中：$T_{2,1}$ 为雷达站 2 接收到雷达站 1 照射目标的时间；$T_{2\mathrm{n}}$ 为雷达站 2 接收机噪声温度；k 为玻耳兹曼常数；$F_{2,1}$ 为雷达站 1 发射天线方向图损耗与雷达站 2 接收天线方向图损耗之积。如果是雷达站 1 接收，则仅需将式（8.1）和式（8.2）中的下标 2 改为 1 就可获取收发一体雷达所接收到目标信号的能量和信噪比。

　　式（8.2）是双基地雷达方程，它可表达不同布站位置的接收站，可获取不同的雷达威力；而这里研究的是通过分布式雷达信号的综合处理，获取更好的雷达探测威力；其最基本的思路是将各站接收到的目标回波同相叠加，改进雷达探测性能。

　　如果两部雷达性能完全相同，接收匹配电阻归一化，那么雷达站 1 接收到信号幅度可为：$\sqrt{P_{1,1}}$，雷达站 2 接收到信号幅度可为 $\sqrt{P_{2,1}}$，由于二站接收到目标信号相位差异，不同相位合成的响应信号功率不同，通过调整二站接收到的信号，可得二站信号合成的最大响应信号功率 P 为

$$P = \frac{P_{\text{av1}} G_{\text{t}} G_{\text{r}} \lambda^2 \sigma}{(4\pi)^3 R_1^2} \left(\frac{1}{R_1} + \frac{1}{R_2} \right)^2 \tag{8.3}$$

设二站积累时间也相同,而噪声积累的平均功率增加一倍,设目标散射各向同性,故单站发射,双站接收雷达方程为

$$\text{SNR} = \frac{P_{\text{av1}} T G_{\text{t}} G_{\text{r}} \lambda^2 \sigma F}{2(4\pi)^3 R_1^2 k T_{\text{n}} L} \left(\frac{1}{R_1} + \frac{1}{R_2} \right)^2 \tag{8.4}$$

如果 $R_1 \geqslant R_2$,则雷达站 2 回波信噪比更高,比较式(8.2)和式(8.4),可得二站回波信号处理综合增益为

$$G_{1\text{e}} = \frac{1}{2} \left(\frac{R_2}{R_1} + 1 \right)^2 \tag{8.5}$$

上式中,若要保证综合增益大于1,则必须保证

$$R_2 \geqslant (\sqrt{2} - 1) R_1 \tag{8.6}$$

同理,如果 $R_1 \leqslant R_2$,则雷达站 1 回波信噪比更高,二站回波信号处理综合增益为

$$G_{1\text{e}} = \frac{1}{2} \left(\frac{R_1}{R_2} + 1 \right)^2 \tag{8.7}$$

综合增益大于1的条件为

$$R_1 \geqslant (\sqrt{2} - 1) R_2 \tag{8.8}$$

分析双发单收时,设二雷达发射信号功率直接在目标处合成,雷达站 1 接收到目标回波信号功率为

$$P_1 = \frac{P_{\text{av1}} G_{\text{t}} G_{\text{r}} \lambda^2 \sigma}{(4\pi)^3 R_1^2} \left(\frac{1}{R_1^2} + \frac{1}{R_2^2} \right) \tag{8.9}$$

雷达站 2 接收时的双发单收的雷达方程为

$$\text{SNR} = \frac{P_{\text{av1}} T G_{\text{t}} G_{\text{r}} \lambda^2 \sigma F}{(4\pi)^3 R_2^2 k T_{\text{n}} L} \left(\frac{1}{R_1^2} + \frac{1}{R_2^2} \right) \tag{8.10}$$

则利用二站接收信号进行积累处理,可的雷达方程为

$$\text{SNR}_2 = \frac{P_{\text{av1}} T G_{\text{t}} G_{\text{r}} \lambda^2 \sigma F}{2(4\pi)^3 k T_{\text{n}} L} \left(\frac{1}{R_1^2} + \frac{1}{R_2^2} \right) \left(\frac{1}{R_1} + \frac{1}{R_2} \right)^2 \tag{8.11}$$

如果 $R_1 \geqslant R_2$,则二站回波信号处理综合增益为

$$G_{2\text{e}} = \frac{1}{2} \left(\frac{R_2}{R_1} + 1 \right)^2 \left(\left(\frac{R_2}{R_1} \right)^2 + 1 \right) \tag{8.12}$$

如果 $R_1 \leqslant R_2$,则二站回波信号处理综合增益为

$$G_{2\text{e}} = \frac{1}{2} \left(\frac{R_1}{R_2} + 1 \right)^2 \left(\left(\frac{R_1}{R_2} \right)^2 + 1 \right) \tag{8.13}$$

如果雷达站 1 接收到的二个站发射信号的回波,通过相位补偿实现相参积

累,则积累后的信噪比与式(8.4)表达式相同,于是再用两个接收站信号积累有

$$\mathrm{SNR}_2 = \frac{P_{\mathrm{av1}} T G_{\mathrm{t}} G_{\mathrm{r}} \lambda^2 \sigma F}{4 (4\pi)^3 k T_{\mathrm{n}} L} \left(\frac{1}{R_1} + \frac{1}{R_2} \right)^4 \tag{8.14}$$

如果 $R_1 \geqslant R_2$,则二站综合增益为

$$\tilde{G}_{2\mathrm{e}} = \frac{1}{4} \left(\frac{R_2}{R_1} + 1 \right)^4 \tag{8.15}$$

如果 $R_1 \leqslant R_2$,则二站综合增益为

$$\tilde{G}_{2\mathrm{e}} = \frac{1}{4} \left(\frac{R_1}{R_2} + 1 \right)^4 \tag{8.16}$$

式(8.15)与式(8.12)或者式(8.16)与式(8.13)相比较,有

$$\eta = \frac{\tilde{G}_{2\mathrm{e}}}{G_{2\mathrm{e}}} = \frac{1}{2} + \frac{R_1 R_2}{R_1^2 + R_2^2} \tag{8.17}$$

分析式(8.17),可以得到雷达探测性能更优的方法,当 $R_1 = R_2$ 时,两者探测性能相同。

8.1.2 分布式多站雷达综合增益

在长基线条件下,若有 N 部雷达,不考虑各种损耗,第 i 雷达站与飞机目标的距离为 R_i,则第 i 雷达站接收到目标散射第 m 雷达站发射信号的信号

$$S_{i,m} = \frac{P_{\mathrm{av}m} T_{i,m} G_{\mathrm{mt}} G_{i\mathrm{r}} \lambda_m^2 \sigma_{i,m}}{(4\pi)^3 R_i^2 R_m^2} \tag{8.18}$$

式中: $P_{\mathrm{av}m}$ 为第 m 雷达信号发射的平均功率; $T_{i,m}$ 为第 i 接收站接收到第 m 雷达信号发射站的信号可积累时间长度; G_{mt} 为第 m 雷达信号发射站的天线增益; $G_{i\mathrm{r}}$ 为第 i 雷达接收站的天线增益; λ_m 为第 m 雷达信号发射站发射信号波长; R_i 为第 i 接收站与目标之间的距离; R_m 为第 m 雷达发射站与目标之间的距离; $\sigma_{i,m}$ 为目标双站散射 RCS。

设接收机负载归一化,则接收到的目标回波信号可表示为

$$s_{i,m}(t) = A_{i,m} B_m(t) \mathrm{e}^{\mathrm{j}\omega_m t + \alpha_{i,m}} + n_i(t) \tag{8.19}$$

式中: $A_{i,m} = \sqrt{S_{i,m}}$; $B_m(t)$ 为第 m 雷达幅度归一化信号调制; ω_m 为第 m 雷达回波信号角载频; $n_i(t)$ 为第 i 雷达站接收机噪声。

设计的分布式信号级处理的设想是实现站间接收的信号进行相参处理。相参处理包括两个方面:一是实现某一雷达站接收到的目标散射不同发射站信号相参积累;二是部分雷达站接收的所有信号相参积累。

设第 i 雷达站接收到目标散射第 m 雷达站发射信号的信噪比为

$$\mathrm{SNR}_{i,m} = \frac{s_{i,m}}{N_i} = \frac{P_{\mathrm{av}m} T_{i,m} G_{\mathrm{mt}} G_{i\mathrm{r}} \lambda_m^2 \sigma_{i,m} F_{i,m}}{(4\pi)^3 R_i^2 R_m^2 k T_{i\mathrm{n}} L_{i,m}} \tag{8.20}$$

式中：$F_{i,m}$ 为第 m 雷达信号发射站和第 i 接收站的天线损耗；K 为玻耳兹曼常数；T_{in} 为第 i 接收站等效噪声温度；$L_{i,m}$ 为第 m 雷达信号发射站和第 i 接收站之间的综合损耗。

由于多站雷达发射信号空间功率合成难度比较大，这里研究信号分别接收后的积累。若每一雷达接收到的所有噪声性质相同，设理想目标 RCS 各向均匀散射雷达的性能相同，每个发射站信号可积时间相同，若选 M 发射站的信号可进行相参积累，也就是各站信号同相叠加，即

$$S_i = \frac{P_{av}TG_tG_r\lambda^2\sigma}{(4\pi)^3R_i^2}\Big(\sum_{m=1}^{M}\frac{1}{R_m}\Big)^2 \tag{8.21}$$

而积累时噪声平均功率增益为 M，则有

$$(\mathrm{SNR}_i)_M = \Big(\frac{S_i}{N_i}\Big)_M = \frac{P_{av}TG_tG_r\lambda^2\sigma F}{(4\pi)^3R_i^2kT_nLM}\Big(\sum_{m=1}^{M}\frac{1}{R_m}\Big)^2 \tag{8.22}$$

若目标与最近雷达发射站的距离为 r，定义分布式雷达单站接收的综合增益函数 G_M 为

$$G_M = \frac{1}{M}\Big(\sum_{m=1}^{M}\frac{r}{R_m}\Big)^2 \tag{8.23}$$

若选 I 个接收站，则分布式雷达的综合信噪比为

$$\mathrm{SNR}_{I,M} = \frac{P_{av}TG_tG_r\lambda^2\sigma F}{(4\pi)^3kT_nLMI}\Big(\sum_{i=1}^{I}\sum_{m=1}^{M}\frac{1}{R_iR_m}\Big)^2 \tag{8.24}$$

同样设目标与最近分布式雷达中雷达站的距离为 r，定义分布式雷达综合增益函数 $G_{I,M}$ 为

$$G_{I,M} = \frac{1}{MI}\Big(\sum_{i=1}^{I}\sum_{m=1}^{M}\frac{r^2}{R_mR_i}\Big)^2 \tag{8.25}$$

存在分布式雷达综合增益函数原因是雷达的发射功率密度和目标散射信号功率密度均与距离的平方成反比，在收发一体的条件下，这种变化关系是确定的，距离越远功率密度越小，而分布式雷达则改变了这种功率密度变化关系，在同样雷达功率口径积条件下，提高了雷达威力覆盖。

8.1.3　分布式雷达站间间距

研究分布式雷达的一个重要出发点是在同样威力覆盖的条件下，利用多个小规模雷达代替大规模的雷达，并希望两者在同样雷达规模条件下，分布式雷达有更大的威力覆盖。

威力比较的条件是两者有相同的搜索立体角、相同的搜索时间间隔、相同的天线口径功率积。若天线面积减至 1/2（天线增益减至 1/2），则天线波束立体角增大一倍，雷达发射功率也减至 1/2；则可积累时间延长一倍；若天线面积减

至 $1/M$(天线增益减至 $1/M$),则可积累时间延长 M 倍,雷达发射功率减至 $1/M$。也就是说,M 个分布式单雷达,其等效的大规模雷达方程可表示为

$$\text{SNR} = M^2 \frac{P_{av}TG_tG_r\lambda^2\sigma F}{(4\pi)^3 R_o^4 kT_n L} \tag{8.26}$$

令 $R_M = \dfrac{R_o}{\sqrt{M}}$,有

$$\text{SNR} = \frac{P_{av}TG_tG_r\lambda^2\sigma F}{(4\pi)^3 R_M^4 kT_n L} \tag{8.27}$$

由于分布式雷达的综合信噪比如式(8.24)所示,当目标距离每个雷达站的距离近似相同,即 $R_i \approx R_m \approx r$,则式(8.24)转化为

$$\text{SNR}_{I,M} = \frac{P_{av}TG_tG_r\lambda^2\sigma F}{(4\pi)^3 r^4 kT_n L} MI \tag{8.28}$$

若上式与式(8.27)的信噪比相同,故

$$r = R_M \sqrt[4]{\frac{I}{M}} \tag{8.29}$$

由此可以看出,可利用的接收站越多,站与站之间的距离可以越远,短基线布站方式可以近似满足此条件;若接收站多到一定条件下,可能转化为长基线问题,但在长基线布站的条件下,目标不可能在所有位置与每个站的距离都相同,故式(8.29)在部分条件下成立。

若收发站相同,目标距最近雷达站距离为 r,则分布式雷达的综合雷达方程式(8.28)为

$$\text{SNR}_{M,M} = \frac{P_{av}TG_tG_r\lambda^2\sigma F}{(4\pi)^3 kT_n L r^4 M^2}\left(\sum_{m=1}^{M}\frac{r}{R_m}\right)^4 \tag{8.30}$$

若上式与式(8.27)的信噪比相同,则有

$$r = \frac{R_M}{\sqrt{M}}\left(\sum_{m=1}^{M}\frac{r}{R_m}\right) \tag{8.31}$$

由于目标距不同雷达站距离不同,选用不同雷达站及雷达站数 M 的不同,则有不同的等效单站雷达威力覆盖。

◣8.2 分布式布站基本架构

这里主要讨论分布式雷达如何布站获取分布式综合增益。双站问题已讨论,再讨论三站和四站问题,以此推广到一般情况,当然五站、六站或更多站也有优化布站问题。

8.2.1 三站布站分析

研究三站发射对单站探测信噪比影响可用图 8.2(a)所示的结构进行分析，设单站雷达威力半径为 r；在图 8.2(a)中，设飞机目标在站 1 的威力半径上，目标在此位置所受照射功率最小，各站与目标之间距离为 $R_1 = r$ ，$R_2 = r\sqrt{5 + 2\cos\beta + 2\sqrt{3}\sin\beta}$，$R_3 = r\sqrt{5 - 2\cos\beta + 2\sqrt{3}\sin\beta}$，代入式(8.31)有

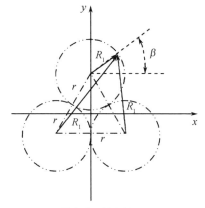

(a) 分布式三站布站   (b) 目标相对于分布式三站距离几何关系

图 8.2 分布式三站雷达与目标探测

$$r = R_M \frac{1}{\sqrt{3}}\left(1 + \frac{1}{\sqrt{5 + 2\cos\beta + 2\sqrt{3}\sin\beta}} + \frac{1}{\sqrt{5 - 2\cos\beta + 2\sqrt{3}\sin\beta}}\right) \quad (8.32)$$

通过分析表明，三站威力半径交叠处，信噪比最低，此时 $\beta = 240°$ 或者 $\beta = 300°$，$r = 1.4879R_M$；$\beta = -90°$ 时，$r = R_M \frac{1}{\sqrt{3}}\left(1 + \frac{2}{\sqrt{5 - 2\sqrt{3}}}\right) = 1.6137R_M$。

研究三站综合信噪比时，主要是了解在功率照射最小处雷达能否检测到目标，如图 8.2(b)所示为目标的坐标位置，可得以布站中心到目标之间距离 R 表示的雷达站与目标之间距离 R_i，若取 $R = kr$，则

$$R_1 = r\sqrt{k^2 - \frac{4\sqrt{3}}{3}k\sin\alpha + \frac{4}{3}} \quad (8.33a)$$

$$R_2 = r\sqrt{k^2 + 2k\left(\frac{\sqrt{3}}{3}\sin\alpha + \cos\alpha\right) + \frac{4}{3}} \quad (8.33b)$$

$$R_3 = r\sqrt{k^2 + 2k\left(\frac{\sqrt{3}}{3}\sin\alpha - \cos\alpha\right) + \frac{4}{3}} \quad (8.33c)$$

分析表明,三站分布式雷达的作用距离在 30° ~ 150° 与 150° ~ 270° 和 270° ~ 30° 是相同的,而 30° ~ 90° 与 90° ~ 150° 是对称的,故研究 30° ~ 90° 就可获取全站情况。

在三站情况,研究 30° ~ 90° 就可获取全站情况,故最大分布式雷达综合增益函数并不需要研究全部组合,分析表明,在所设条件下,某些组合的结果是相同的。例如:1 发 2 收与 2 发 1 收的处理结果是相同,此种结果选其一即可,则组合结果大为减少,其结果为:

$$(G_{I,M})_{\max} = \max\left[\left(\frac{r}{R_1}\right)^4, \frac{1}{2}\left(\frac{r}{R_1}\right)^2\left(\frac{r}{R_1}+\frac{r}{R_3}\right)^2,\right.$$

$$\frac{1}{3}\left(\frac{r}{R_1}\right)^2\left(\frac{r}{R_1}+\frac{r}{R_2}+\frac{r}{R_3}\right)^2, \frac{1}{4}\left(\frac{r}{R_1}+\frac{r}{R_3}\right)^2\left(\frac{r}{R_1}+\frac{r}{R_3}\right)^2,$$

$$\left.\frac{1}{6}\left(\frac{r}{R_1}+\frac{r}{R_3}\right)^2\left(\frac{r}{R_1}+\frac{r}{R_2}+\frac{r}{R_3}\right)^2, \frac{1}{9}\left(\frac{r}{R_1}+\frac{r}{R_2}+\frac{r}{R_3}\right)^4\right] \tag{8.34}$$

设 $r = 1.4879R_M$,将式(8.34)中的 $R_1 \sim R_3$ 代入即可得到分布式雷达综合增益函数随 k 和 α 变化情况,选取其值为处于雷达威力覆盖,其仿真结果如图 8.3 所示,图中的坐标值为 k 在 x 轴、y 轴的投影,图中的圆为相同雷达规模的集中式雷达威力归一化覆盖,仿真结果表明三站综合威力覆盖要大于集中式雷达威力覆盖。

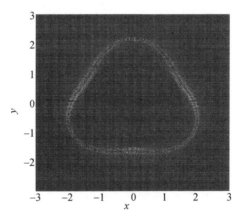

图 8.3　分布式三站雷达威力覆盖(见彩图)

8.2.2　四站布站分析

分布式四站布站形式如图 8.4(a)所示,设单站雷达威力半径为 r;在直角坐标系中,设飞机目标在站 2 的威力半径上,其在 X、Y 轴上的投影相等,目标与四个雷达站距离为

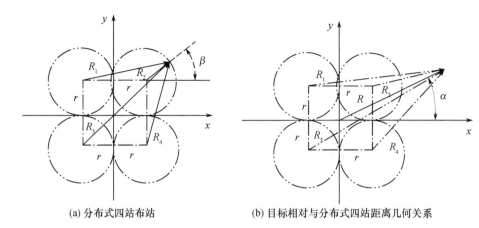

(a) 分布式四站布站　　　　　　(b) 目标相对与分布式四站距离几何关系

图 8.4　分布式四站雷达与目标探测

$R_2 = r$；$R_1 = r\sqrt{5 + 4\cos\beta}$；$R_3 = r\sqrt{5 + 4\sin\beta}$；$R_4 = r\sqrt{9 + 4(\cos\beta + \sin\beta)}$；代入式(8.31)有

$$r = \frac{R_M}{2}\left(1 + \frac{1}{\sqrt{5 + 4\cos\beta}} + \frac{1}{\sqrt{5 + 4\sin\beta}} + \frac{1}{\sqrt{9 + 4(\cos\beta + \sin\beta)}}\right) \quad (8.35)$$

当 $\beta = 225°$ 时，$r = 1.452R_M$；$\beta = 270°$ 时，有 $r = 1.447R_M$；$\beta = 45°$ 时，有 $r = 0.988R_M$。从这数值计算结果表明，在某些位置，多站联合处理不一定比同等规模雷达有更好的威力覆盖，但仍可实现以小规模雷达合成大规模雷达覆盖。

在图 8.4(b) 直角坐标系中，目标到每个站距离以目标到坐标原点距离 R 表示，若取 $R = kr$，则目标与每个雷达站距离为

$$R_1 = R\sqrt{1 + 2k^2 + 2k(\cos\alpha - \sin\alpha)} \quad (8.36a)$$

$$R_2 = R\sqrt{1 + 2k^2 - 2k(\cos\alpha + \sin\alpha)} \quad (8.36b)$$

$$R_3 = R\sqrt{1 + 2k^2 + 2k(\cos\alpha + \sin\alpha)} \quad (8.36c)$$

$$R_4 = R\sqrt{1 + 2k^2 - 2k(\cos\alpha - \sin\alpha)} \quad (8.36d)$$

分析表明，四站分布式雷达的作用距离在 $0° \sim 90°$ 与 $90° \sim 180°$、$180° \sim 270°$ 和 $270° \sim 360°$ 是相同的，而 $0° \sim 45°$ 与 $45° \sim 90°$ 是对称的，故研究 $0° \sim 45°$ 就可获取全站情况。

在四站情况，研究 $0° \sim 45°$ 就可获取全站情况，同样最大分布式雷达综合增益函数并不需要研究全部所有组合，分析表明

$$(G_{I,M})_{\max} = \max\left\{\left(\frac{r}{R_2}\right)^4, \frac{1}{2}\left(\frac{r}{R_2}\right)^2\left(\frac{r}{R_2} + \frac{r}{R_4}\right)^2, \frac{1}{4}\left(\frac{r}{R_2}\right)^2\left(\frac{r}{R_1} + \frac{r}{R_2} + \frac{r}{R_3} + \frac{r}{R_4}\right)^2, \right.$$

$$\left. \frac{1}{6}\left(\frac{r}{R_2} + \frac{r}{R_4}\right)^2\left(\frac{r}{R_1} + \frac{r}{R_2} + \frac{r}{R_4}\right)^2, \frac{1}{8}\left(\frac{r}{R_2} + \frac{r}{R_4}\right)^2\left(\frac{r}{R_1} + \frac{r}{R_2} + \frac{r}{R_3} + \frac{r}{R_4}\right)^2, \right.$$

$$\frac{1}{9}\left(\frac{r}{R_1}+\frac{r}{R_2}+\frac{r}{R_4}\right)^4, \frac{1}{12}\left(\frac{r}{R_1}+\frac{r}{R_2}+\frac{r}{R_4}\right)^2\left(\frac{r}{R_1}+\frac{r}{R_2}+\frac{r}{R_3}+\frac{r}{R_4}\right)^2,$$

$$\frac{1}{16}\left(\frac{r}{R_1}+\frac{r}{R_2}+\frac{r}{R_3}+\frac{r}{R_4}\right)^4\Bigg\} \tag{8.37}$$

设 $r = 1.447R_M$，将式(8.37)中的 $R_1 \sim R_4$ 代入即可得到分布式雷达综合增益函数随 k 和 α 变化情况，选取其值为 1 处为雷达威力覆盖，其仿真结果如图 8.5 所示，图中的圆为相同雷达规模的集中式雷达威力覆盖，仿真结果表明四站综合威力覆盖要大于集中式雷达威力覆盖。

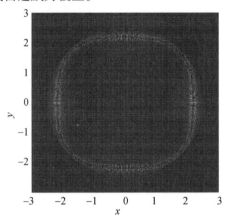

图 8.5　分布式四站雷达威力覆盖(见彩图)

8.2.3　一般矩形布站架构

设分布式雷达矩形布站一般情况如图 8.6 所示，综合所有雷达收发能量，有雷达方程为

$$\text{SNR} = \frac{P_{\text{av}}TG_{\text{t}}G_{\text{r}}\lambda^2\sigma F}{(4\pi)^3kT_{\text{n}}L(2P+1)^4}\left(\sum_{i=-Pm=-P}^{P}\sum_{R_{i,m}}^{P}\frac{1}{R_{i,m}}\right)^4 \tag{8.38}$$

则式(8.31)可修正为

$$r = \frac{R_M}{2P+1}\left(\sum_{i=-Pm=-P}^{P}\sum_{R_{i,m}}^{P}\frac{r}{R_{i,m}}\right) \tag{8.39}$$

分析图 8.6，可得第 (i,m) 站到中心雷达站威力半径距离为

$$R_{i,m} = r\sqrt{(2m-\cos\beta)^2 + (2i-\sin\beta)^2} \tag{8.40}$$

故有

$$r = \frac{R_M}{2P+1}\left(\sum_{i=-Pm=-P}^{P}\sum_{}^{P}\frac{1}{\sqrt{(2m-\cos\beta)^2 + (2i-\sin\beta)^2}}\right) \tag{8.41}$$

当 $2P \gg 1$ 时，最大雷达站间距满足

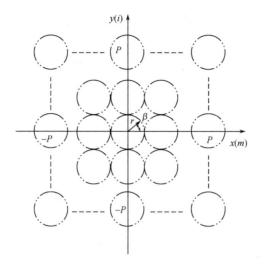

图 8.6　分布式雷达矩形布站一般情况

$$r \leqslant \frac{R_M}{2P+1} 4P \tag{8.42}$$

这就是分布式雷达矩形布站间距的边界,它也表明分布式雷达综合增益是有限的。

8.2.4　直线布站威力覆盖

若分布式雷达共有 N 个站,选取其中合适的 M 发射站和 I 个接收站进行处理,则分布式雷达综合增益函数 $G_{I,M}$ 为

$$G_{I,M} = \frac{1}{MI} \Big(\sum_{i=1}^{I} \sum_{m=1}^{M} \frac{r^2}{R_i R_m} \Big)^2 \tag{8.43}$$

从上式中可以看出,选取不同的站处理,所处理得到的信号信噪比是不同的,若将所有的收发站信号都进行处理,并不能保证目标在所有位置的信噪比都改进。以四站为例,当 $\beta = 45°$ 时;有 $G_{4,4} = 0.9529 \leqslant 1$;在此角度,分布式雷达综合增益函数 $G_{4,4}$ 有损失,故分布式雷达探测某一位置目标时要综合考虑选取哪些站的信号进行处理,以获取最大信噪比,故探测某一位置目标时有

$$\mathrm{SNR}_{\max} = \max\{\mathrm{SNR}_{1,1}, \cdots, \mathrm{SNR}_{1,N}, \mathrm{SNR}_{2,1}, \cdots, \mathrm{SNR}_{2,N}, \cdots, \mathrm{SNR}_{N,1}, \cdots, \mathrm{SNR}_{N,N}\}$$

$$\tag{8.44}$$

上式的含义是对分布式雷达每个站接收到的所有信号进行组合积累处理,可以得到不同位置目标的最大信噪比。

组合积累处理是指将不同雷达站进行数学组合,对每一种组合的雷达信号

都进行积累处理,例如:设最简单的二站情况,每个雷达站均发射探测信号,每个站都接收二站回波信号,每个站对接收二站回波信号分别进行积累,积累后的二信号再积累处理,每个站可得到 3 种结果,两个站可得到 6 种结果;每个站得到的每个结果再分别与另一站处理得到的 3 个结果再进行积累,可获得 9 种结果,总计可得到 15 种处理结果,对 15 种处理结果都进行目标检测,在不同位置目标信号可得到多种处理结果,可选取最大信噪比为检测结果。

这里研究分布式雷达威力覆盖是与集中式雷达比较,为了获取式(8.44)的最大信噪比,只要研究分布式雷达综合增益函数 $G_{I,M}$,在所有组合中,当 $G_{I,M}=1$ 时,R 最大值即为雷达威力半径,所有点组合即为威力覆盖。

8.2.5 目标闪烁的影响

在双站条件下,收发路径的差异会造成目标回波的 RCS 差异,由于不同接收站接收到不同发射站目标散射面积 $\sigma_{i,m}$ 不同而产生信号幅相的差异,故式(8.24)应修正为

$$\text{SNR}_{I,M} = \frac{P_{av}TG_tG_r\lambda^2 F}{(4\pi)^3 kT_n L}\left(\frac{1}{MI}\left(\sum_{i=1}^{I}\sum_{m=1}^{M}\frac{\sigma_{i,m}}{R_i R_m}\right)^2\right) \tag{8.45}$$

分布式雷达站间相参处理的信噪比得益不仅与目标和收发之间距离有关,还与目标的双站 RCS 有关,由于在长基线条件下,RCS 差异很大,站间的积累处理不一定能获取得益,故式(8.45)为分布式雷达处理关键技术,此式可以保证分布式雷达站间积累获取最大得益。

■ 8.3 分布式多站协同网格凝视探测

雷达探测空间轨道目标或者弹道目标时,常采用设置目标搜索屏方式解决雷达规模与雷达探测威力覆盖问题,而分布式多站雷达也可扩展此方法,构造协同网格凝视探测系统实现对气动目标或临近空间目标的探测,其基本思路是利用多部雷达发射波束组成电磁波探测网格,保证所需探测目标一定能被电磁波探测网格探测到,而不必将电磁波能量发射到探测目标的全空域。

8.3.1 网格凝视探测原理

分析式(2.18)雷达方程

$$\text{SNR} = \frac{\eta_t\eta_r P_t T_s G_t G_r\lambda\sigma F_t^2 F_r^2}{(4\pi)^3 kT_n R^4 L_a L_\Sigma L_{sp}}\frac{\Delta\theta}{\theta}\frac{\Delta\beta}{\beta} \tag{8.46}$$

式中:$\frac{\theta}{\Delta\theta}$ 是方位向的波位数,设其为 N;$\frac{\beta}{\Delta\beta}$ 为俯仰向波位数,设其为 M,则有

$$\text{SNR} = \frac{\eta_t \eta_r P_t T_s G_t G_r \lambda \sigma F_t^2 F_r^2}{(4\pi)^3 k T_n R^4 L_a L_{\Sigma} L_{sp}} \frac{1}{NM} \tag{8.47}$$

在雷达波束宽度一定的条件下,雷达探测空域越小,回波信噪比越高,也就是雷达的作用距离越远,也可等效为在相同作用距离的条件下,探测目标 RCS 越小。

若设有 5 部雷达组成凝视探测网,每部仅在方位 $\pm\dfrac{\pi}{6}$ 波位进行凝视探测,俯仰仍保持原搜索探测方式,其探测目标波束电磁波形成网格形的探测网,如图 8.7 所示,组成探测搜索屏,一旦有目标穿过任一雷达波束,均可被网格中所有雷达接收到其回波,在此网格模型条件下,只有波束相交处可能被两部雷达波束同时照射到。

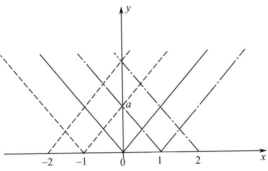

图 8.7　网格形的凝视探测网

设原方位搜索有 240 个波位,采用多站网格凝视探测,选取两个波位搜索,则由式(8.47)可知单站接收到的目标回波信噪比可提高 20dB 以上。由于地球有一定曲率,在图 8.7 所示的示意图中,“0”号雷达站到“a”有部分区域没有电磁波照射,若存在目标从低空出现在此区域,则可能造成目标漏探,这是不允许的,解决的方案可以是布防近程雷达,可以是传统探测雷达,也可以是近程多站网格凝视探测系统,形成网格中的网格。

解决低空目标探测问题的方法也可以是增加每部雷达探测目标的波位,但是以损失信噪比为代价,若选取四个波位搜索,如图 8.8 所示,“−1”站和“1”站所增加的波束会在“b”交会,形成近程探测搜索屏,从图中可以知道,每部雷达增加的波位可以形成多道探测搜索屏,保证对目标的有效探测。由式(8.47)计算可知信噪比比两个波位探测性能下降 3dB 以上,但总体上多站网格凝视探测可大幅度提高探测网的整体探测性能。

8.3.2　网格凝视探测威力

协同网格凝视探测的基本原理是利用所有雷达接收到目标回波信号实现站

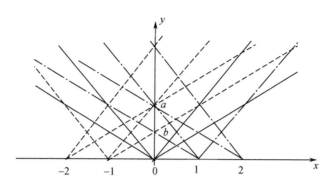

图 8.8　低空补盲网格凝视探测网

间信号的积累,提高凝视探测系统的探测性能。

设各雷达相隔距离为 r,如图 8.9 所示,雷达采用二波位搜索,即 $N=2$,有一理想点目标,目标在站"1"和站"2"之间,其 RCS 各向同性,二维坐标系的坐标为 (x_o, y_o),目标被"0"雷达站波束照射,可以"0"雷达站为坐标原点,则目标到各雷达站间距离为

$$R(i) = \sqrt{(ir - x_o)^2 + y_o^2} \tag{8.48}$$

式中: $i = 0, \pm 1, \pm 2, \cdots$

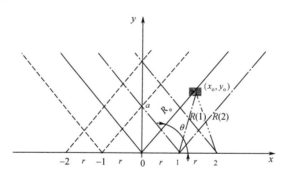

图 8.9　二波位搜索凝视探测网布站

而此时目标反射的是"0"站的发射信号,设目标与其距离为 R_o,且有

$$\sin\theta = \frac{x_o}{\sqrt{x_o^2 + y_o^2}} = \frac{x_o}{R_o} \tag{8.49}$$

设 $x_o = r + \Delta x, \Delta x < r$,目标到站"0"之间距离范围为 $\left(\dfrac{r}{\sin\theta}, \dfrac{2r}{\sin\theta}\right)$,目标到"1"站距离为

$$R(1) = \sqrt{\Delta x^2 + y_o^2} \tag{8.50}$$

目标到"2"站距离为

$$R(2) = \sqrt{(r - \Delta x)^2 + y_o^2} \tag{8.51}$$

分析式(8.50)和式(8.51)与 R_o 之间大小,或由图8.9可知: $R_o \geqslant R(1)$, $R_o \geqslant R(2)$,若目标 RCS 散射同性,则站"1"和"2"接收到的回波信噪比比站"0"接收到的目标回波信噪比要高,设站"0"的信噪比为 SNR_0,设站"1"的信噪比为 SNR_1,设站"2"的信噪比为 SNR_2,有 $SNR_1 > SNR_0$, $SNR_2 > SNR_0$;若此三站接收到的目标信号能相参积累,有

$$SNR = \frac{\eta_t \eta_r P_t T_s G_t G_r \lambda \sigma F_t^2 F_r^2}{6M(4\pi)^3 k T_n R_o^4 L_a L_\Sigma L_{sp}} \left(1 + \frac{R_o}{R(1)} + \frac{R_o}{R(2)}\right)^2 \tag{8.52}$$

即

$$SNR = \frac{SNR_0}{3} \left(1 + \frac{R_o}{R(1)} + \frac{R_o}{R(2)}\right)^2 \tag{8.53}$$

由于 $R_o \geqslant R(1)$, $R_o \geqslant R(2)$,故

$$SNR \geqslant 3SNR_0 \tag{8.54}$$

也就是信噪比比站"0"的信号提高 4.8dB 以上。若选用更多接收信号进行相参积累,则雷达系统的探测性能改进会更多。式(8.48)所示的目标与各雷达站间距离还可表示为

$$R(i) = R_o \sqrt{\left(\frac{ir}{R_o} - 1\right)^2 + 2\frac{ir}{R_o}(1 - \sin\theta)} \tag{8.55}$$

分析式(8.55)可知,当 i 接近 $\frac{R_o}{r}\sin\theta$,即 $i \rightarrow \frac{R_o}{r}\sin\theta$ 时, $R(i)$ 变小,式中的 i 指的是雷达站序号,为整数,存在目标到不同雷达站距离相近的可能性。则第 i 站接收到目标回波信噪比为

$$SNR_i = \frac{\eta_t \eta_r P_t T_s G_t G_r \lambda \sigma F_t^2 F_r^2}{2M(4\pi)^3 k T_n R_o^2 R^2(i) L_a L_\Sigma L_{sp}} \tag{8.56}$$

若每个站的接收机噪声电平相同,站间接收信号能实现相参积累,雷达站点号为 $(-I_L, I_H)$,总站数为 $I = I_L + I_H + 1$,则积累后的信噪比为

$$SNR = I \frac{\eta_t \eta_r P_t T_s G_t G_r \lambda \sigma F_t^2 F_r^2}{2M(4\pi)^3 k T_n R_o^2 L_a L_\Sigma L_{sp}} \left(\frac{1}{I} \sum_{i=-I_L}^{I_H} \frac{1}{R(i)}\right)^2 \tag{8.57}$$

将式(8.55)代入,并令 $\rho = \frac{r}{R_o}$(ρ 变化范围为$(0.5\sin\theta, \sin\theta)$),有

$$SNR = I \frac{\eta_t \eta_r P_t T_s G_t G_r \lambda \sigma F_t^2 F_r^2}{2M(4\pi)^3 k T_n R_o^4 L_a L_\Sigma L_{sp}} \left(\frac{1}{I} \sum_{i=-I_L}^{I_H} \frac{1}{\sqrt{(i\rho - 1)^2 + 2i\rho(1 - \sin\theta)}}\right)^2 \tag{8.58}$$

与式(8.23)相似的定义,可有分布式多站协同网格凝视探测综合增益函数

G_I为

$$G_I = \frac{1}{I}\left(\sum_{i=-I_L}^{I_H} \frac{1}{\sqrt{(i\rho)^2 - 2i\rho\sin\theta + 1}}\right)^2 \quad (8.59)$$

式(8.59)仅表达了相对于雷达站"0"的信噪比增益,若关心的是相对于最高信噪比雷达站的增益,则有必要对式(8.58)重新整理,设目标距离雷达站"1"最近,其信噪比也最高,由于 $R(1) = R_o\sqrt{(\rho-1)^2 + 2\rho(1-\sin\theta)}$,则有

$$\mathrm{SNR} = I\frac{\eta_t\eta_r P_t T_s G_t G_r \lambda\sigma F_t^2 F_r^2}{2M(4\pi)^3 kT_n R_o^2 R^2(1)L_a L_\Sigma L_{sp}}\left(\frac{1}{I}\sum_{i=-I_L}^{I_H}\frac{\sqrt{(\rho-1)^2 + 2\rho(1-\sin\theta)}}{\sqrt{(i\rho-1)^2 + 2i\rho(1-\sin\theta)}}\right)^2$$

$$(8.60)$$

分布式多站协同网格凝视探测综合增益函数 G_I为

$$G_I = \frac{1}{I}\left(\sum_{i=-I_L}^{I_H}\frac{\sqrt{\rho^2 - 2\rho\sin\theta + 1}}{\sqrt{(i\rho)^2 - 2i\rho\sin\theta + 1}}\right)^2 \quad (8.61)$$

设有偶数部雷达,目标在站"1"和站"2"之间,靠近站"1"一侧,仿真结果如图 8.10 所示,图中的距离比是指目标距离与雷达站距离之比,即 $\frac{R_o}{r} = \frac{1}{\rho}$,分析可知,目标越接近站"1"和站"2"中间点时,探测性能越好;在雷达站数在一定数目时,利用探测目标的雷达站数越多,探测性能改进越多,但雷达数达到一定数目后,探测性能改进的程度反而降低,故综合增益的提高是有限的,只有能利用目标附近的雷达才能有效改进整体的探测性能。

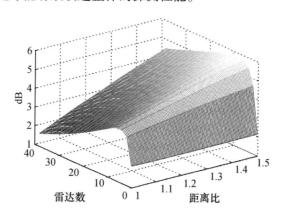

图 8.10 综合增益函数仿真

由于实际目标 RCS 的不同散射角,其响应的幅相不相同,故每个站接收到同一目标信号功率可能不同,它与目标相对于每个接收站所对应的目标散射面积 σ_i有关,则式(8.58)考虑到目标散射面积变化时站间积累信噪比为

$$SNR = I\frac{\eta_t\eta_r P_t T_s G_t G_r \lambda F_t^2 F_r^2}{2M(4\pi)^3 kT_n R_o^4 L_a L_\Sigma L_{sp}}\left(\frac{1}{I}\sum_{i=-I_L}^{I_H}\frac{\sqrt{\sigma_i}}{\sqrt{(i\rho-1)^2+2i\rho(1-\sin\theta)}}\right)^2$$

$$(8.62)$$

在不同站间接收到的目标回波信号的信噪比相差比较大时,其积累后的信噪比不一定增大。若选用信噪比相近信号积累可获取比较满意的结果,而实际回波信号在能有效检测之前是不知道信号信噪比的,故采用站间信号搜索方式积累也许是可靠的,例如,可选取其中任意二站信号积累,任意三站间信号积累,直到所有站间信号积累,总存在一个积累的信噪比得益最大。

由于网格凝视探测的发射波束交叠很少,故分布式多站协同网格探测时信噪比发射取决于单站发射的功率口径积和波位数,若网格中某一雷达的方位向发射波位数为 N,则式(8.62)可修正为

$$SNR = I\frac{\eta_t\eta_r P_t T_s G_t G_r \lambda F_t^2 F_r^2}{NM(4\pi)^3 kT_n R_o^4 L_a L_\Sigma L_{sp}}\left(\frac{1}{I}\sum_{i=-I_L}^{I_H}\frac{\sqrt{\sigma_i}}{\sqrt{(i\rho-1)^2+2i\rho(1-\sin\theta)}}\right)^2$$

$$(8.63)$$

8.3.3　探测范围对比

探测范围比较是指在相同雷达规模条件,分布式多站网格凝视探测威力面积与单站雷达的威力覆盖面积的比较。

设有一相控阵雷达的作用距离为 R,方位相扫 $120°$,有 240 个波位,若雷达规模增大 4 倍,即相当于 4 部相同雷达合为一部雷达,则雷达波束宽度空间角减小至 $1/4$,这导致雷达搜索目标的波位数增加 4 倍,故雷达威力增加一倍,若原雷达作用距离为 R_o,则合成后的雷达威力增大为 $R_c=2R_o$。传统雷达方位覆盖可由图 8.11 所示,图中的 φ 表示一侧最大相扫角,R_φ 表示在最大相扫角时可发现目标距离在天线法向投影距离,L_φ 表示在最大相扫角方位可发现目标的距离宽度。从图中可以发现在不同相扫角,同样威力条件下,R_φ 是不同的,若 $\varphi=60°$,则 $R_\varphi=R_o$,$L_\varphi=2\sqrt{3}R_o$;于是雷达探测的威力覆盖面积为

$$S=\frac{4\pi}{3}R_c^2 \qquad (8.64)$$

若要提高 R_φ,则必须减小相扫角。

依据分布式网格凝视探测原理,同样有 4 部组成,中间两部雷达有 3 个波位(共冗余半部雷达探测能力),两侧雷达有 2 个波位(雷达探测能力冗余一半,可等效为一部雷达规模),形成两道探测线,如图 8.12 所示,若以每部雷达方位向在 3 个波位搜索目标计算,则雷达 3 个波位的作用距离为 $R=2.99R_o$,即 $R\approx1.5R_c$,设 4 部雷达间距为 r。"0"和"1"二部雷达均有指向 ϑ 波束,"2"和"3"二

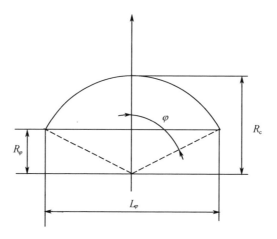

图 8.11　传统相控阵雷达方位覆盖示意

部雷达均有指向 $-\vartheta$ 波束,"0"号雷达设有指向 ϑ 波束与"2"号雷达指向 $-\vartheta$ 波束相交于"1"号雷达的顶端,如图 8.12 中的"b"点,二雷达距交点距离为 $\dfrac{r}{\sin\vartheta}$;"1"号雷达设有指向 ϑ 波束与"3"号雷达指向 $-\vartheta$ 波束相交于"2"号雷达的顶端,如图 8.12 中的"d"点;"0"、"1"、"2"号雷达指向 θ 的波束与"1"、"2"、"3"号雷达指向 $-\theta$ 的波束相交于雷达站之间的"a"、"c"、"e"点,如图 8.12 所示,它们到最近的雷达站距离为 $\dfrac{r}{\sin\vartheta}$,从图中可以发现,波束相交成锯齿状,在锯齿的凹口之外,目标不能发现,图中的 R_L 为最小垂直发现目标距离,R_H 为最远可能垂直发现目标距离。

　　由图 8.12 中的几何关系,可得

$$R_L = \frac{r}{\tan\theta + \tan\vartheta} \tag{8.65}$$

$$R_H = r\cot\vartheta \tag{8.66}$$

$$L_L = 3r \tag{8.67}$$

$$L_H = \left(3 - 2\frac{\cos\vartheta}{\sin(\theta + \vartheta)}\right)r \tag{8.68}$$

图中"a"、"c"、"e"应满足单站探测要求,即波束相交处为雷达威力 R,故有

$$r = 2\sin\theta R \tag{8.69}$$

　　图中"b"、"d"可应用双站探测目标,故有

$$r = \frac{\sin\vartheta}{\sqrt{\cos\vartheta}}R \tag{8.70}$$

由式(8.69)和式(8.70)可得

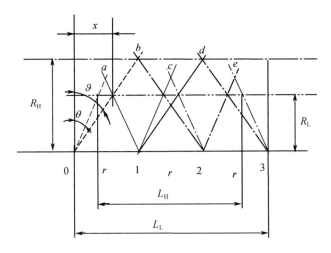

图 8.12　网格凝视探测威力设计

$$\theta = \arcsin\left(\frac{\sin\vartheta}{2\sqrt{\cos\vartheta}}\right) \tag{8.71}$$

选择 $\vartheta = \dfrac{\pi}{4}$ 和 $\vartheta = \dfrac{\pi}{3}$，可计算得表 8.1 所示与 R 比较数据，若与 4 部雷达合成一部大型雷达比较，可有表 8.2 所示与 R_c 比较数据，可知 $R_L > R_\varphi$，$L_H > L_\varphi$；当 ϑ 小于一定值之后，$R_H > R_c$，很明显，$\vartheta = \dfrac{\pi}{4}$ 时满足此条件，由此可知采用网格凝视探测可获取一定得益。

表 8.1　两种 ϑ 条件下的参数计算

ϑ	θ	r	R_L	R_H	L_L	L_H
45°	24.86°	0.84R	0.57R	0.84R	2.52R	1.25R
60°	37.76°	1.22R	0.49R	0.58R	3.66R	2.43R

表 8.2　参数比较

ϑ	θ	r	R_L	R_H	L_L	L_H
45°	24.86°	1.26R_c	0.85R_c	1.26R_c	3.78R_c	1.88R_c
60°	37.76°	1.83R_c	0.74R_c	0.87R_c	5.49R_c	3.65R_c

协同网格凝视探测是利用多个站的接收信号进行探测，若目标在"b"点，雷达站"0"发射信号，利用"0"、"1"和"3"站接收信号探测，且与单站"0"有相同检测信噪比条件，则

$$r = \frac{1}{\sqrt[4]{3}}R\sqrt{2 + \frac{1}{\cos\vartheta}\sin\vartheta} \tag{8.72}$$

当 $\vartheta = \dfrac{\pi}{4}$ 时,有 $r \approx R$,与表 8.1 中的 r 比较,站与站之间的距离可以更远,威力范围更大,这是协同所产生的得益。

这里仅以 4 站条件说明分布式多站协同凝视探测所获取得益的问题,而对于不同站的情况,需要具体问题具体分析。

■ 8.4 多站信号积累

分布式多站协同凝视探测不仅以单站雷达自身接收到的目标回波信号进行探测,还需要研究利用尽可能多个雷达站接收信号进行联合处理,改进整个雷达系统的探测性能,而联合处理首要问题是区分出各发射站及回波信号,区分的方法可以是时域、频域等。

在长基线条件下,目标与各雷达站之间的距离一般均有一定差异,造成目标回波在不同雷达站的距离门不同;目标速度在各雷达站的径向投影也不同,导致同一目标在不同雷达站的多普勒频率差异;而目标的 RCS 闪烁和到不同雷达站距离的不同,也造成不同雷达站接收到同一目标回波信号幅度的不同,这也就形成了多站接收到信号不能简单积累,若各站之间回波信号信噪比差别比较大,则可能没有积累得益。

8.4.1 多站回波信号模型

以 4 站组成的网格凝视探测系统为例,设有一运动目标"a"被"2"号雷达发射波束照射到,目标坐标为 (x, y),速度为 v,其在 Y 轴的速度投影为 v_y,在 X 轴的速度投影为 v_x,如图 8.13 所示,若目标速度与 Y 轴夹角为 γ,则 $v_y = v\cos\gamma$, $v_x = v\sin\gamma$,由图 8.13 分析,目标到各雷达站的距离为

$$R_{a0}(t) \approx \mathscr{R}_0 + \frac{x\sin\gamma - y\cos\gamma}{\mathscr{R}_0} vt = \mathscr{R}_0 - \cos(\theta_0 + \gamma)vt \tag{8.73}$$

式中

$$\mathscr{R}_0 = \sqrt{x^2 + y^2} \tag{8.74}$$

$$R_{a1}(t) \approx \mathscr{R}_1 - \cos(\theta_1 + \gamma)vt \tag{8.75}$$

式中

$$\mathscr{R}_1 = \sqrt{(x-r)^2 + y^2} \tag{8.76}$$

$$R_{a2}(t) = \mathscr{R}_2 - \cos(\theta_2 - \gamma)vt \tag{8.77}$$

式中

$$\mathscr{R}_2 = \sqrt{(2r-x)^2 + y^2} \tag{8.78}$$

$$R_{a3}(t) = \mathscr{R}_3 - \cos(\theta_3 - \gamma)vt \tag{8.79}$$

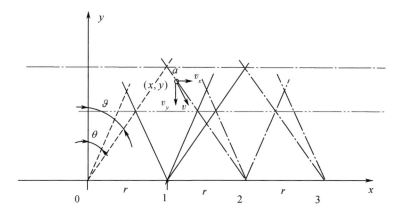

图 8.13　多站探测目标回波几何模型(见彩图)

式中

$$\mathscr{R}_3 = \sqrt{(3r-x)^2 + y^2} \tag{8.80}$$

若以发射站"2"为参考点,以接收站"1"接收为例,则其接收到相对于发射信号的延时为

$$T_{2,1}(t) = \frac{1}{c}(R_{a2}(t) + R_{a1}(t)) \tag{8.81}$$

$$T_{2,1}(t) = \frac{1}{c}(\mathscr{R}_2 - \cos(\theta_2 - r)vt + \mathscr{R}_1 - \cos(\theta_1 + r)vt) \tag{8.82}$$

式中:$\cos(\theta_2 - \gamma)v$ 反映了目标速度在雷达站"2"的径向投影,$\cos(\theta_1 - \gamma)v$ 反映了目标速度在雷达站"1"的径向投影。设接收到的信号幅度为 $a_{2,1}$,相位时间函数为 $\mathcal{S}(t)$ 则目标回波的零中频信号可近似为

$$s_{2,1}(t) = a_{2,1}\mathrm{e}^{\mathrm{j}\varphi_{o(2,1)}}\mathrm{e}^{\mathrm{j}\mathcal{S}(t-t_{2,1})}\mathrm{e}^{\mathrm{j}2\pi f_{d(2,1)}t}\mathrm{e}^{\mathrm{j}\varphi_{(2,1)}} \tag{8.83}$$

式中

$$t_{2,1} = \frac{\mathscr{R}_2 + \mathscr{R}_1}{c} \tag{8.84}$$

$$f_{d(2,1)} = \frac{1}{\lambda}\cos(\theta_2 - \gamma)v + \frac{1}{\lambda}\cos(\theta_1 - \gamma)v \tag{8.85}$$

$$\varphi_{(2,1)} = -2\pi f_o t_{2,1} \tag{8.86}$$

式中:$\varphi_{o(2,1)}$ 是由目标 RCS 相位角闪烁、雷达通道所引起的初始相位;$\varphi_{(2,1)}$ 是由目标延时所产生的初始相位,其在发射载频一定的条件下,取决于目标与收发站之间距离和。

以此同理,第 i 站的接收信号可表示为

$$s_{2,i}(t) = a_{2,i}\mathrm{e}^{\mathrm{j}\varphi_{o(2,i)}}\mathrm{e}^{\mathrm{j}\mathcal{S}(t-t_{2,i})}\mathrm{e}^{\mathrm{j}2\pi f_{d(2,i)}t}\mathrm{e}^{\mathrm{j}\varphi_{(2,i)}} \tag{8.87}$$

式中 $a_{2,i}$ 为信号幅度。

$$t_{2,i} = \frac{\mathscr{R}_2 + \mathscr{R}_i}{c} \qquad (8.88)$$

$$f_{d(2,i)} = \frac{1}{\lambda}\cos(\theta_2 - \gamma)v + \frac{1}{\lambda}\cos(\theta_i - \gamma)v \qquad (8.89)$$

$$\varphi_{(2,i)} = -2\pi f_o t_{2,i} \qquad (8.90)$$

分析式(8.87)可知,每个接收站接收到的目标回波延时取决于目标与发射站和接收站之间距离和,分析式(8.89)可知,每个接收站接收到的目标回波多普勒频率取决于目标速度在发射站和接收站的径向投影。

分布式多站网格凝视探测系统的每部雷达都要发射信号组成探测网格,不同雷达站发射信号时,各接收站接收到的信号与式(8.87)相似表达式,设第 k 雷达站发射信号,相位时间函数为 $\varsigma_k(t)$,则回波信号可表示为

$$s_{k,i}(t) = a_{k,i}e^{j\varphi_o(k,i)}e^{j\varsigma_k(t-t_{k,i})}e^{j2\pi f_{d(k,i)}t}e^{j\varphi(k,i)} \qquad (8.91)$$

式中 $a_{k,i}$ 为信号幅度。

$$t_{k,i} = \frac{\mathscr{R}_k + \mathscr{R}_i}{c} \qquad (8.92)$$

$$f_{d(k,i)} = \frac{1}{\lambda}\cos(\theta_k - \gamma)v + \frac{1}{\lambda}\cos(\theta_i - \gamma)v \qquad (8.93)$$

$$\varphi_{(k,i)} = -2\pi f_o t_{k,i} \qquad (8.94)$$

在网格凝视探测系统中,不同雷达站发射波束在很少区域交叠,故在同一时刻,$t_{k,i}$ 和 $f_{d(k,i)}$ 相同的概率低,这也给利用不同接收站回波实现积累造成了一定困难,若采用非相参积累,可以计算复杂度,但没有相参积累得益大。

8.4.2 目标距离分析

由于目标与网格凝视探测系统中每部雷达探测目标的距离不同,其延时也不同,无论是数据处理,还是信号处理都需要考虑的问题,而在信号处理中,为了实现不同站间信号积累,各站目标回波距离门必须对齐。

处理雷达的距离信息时,必须选择参考基准。收发一体的雷达常以发射信号时刻为参考基准进行处理,多站之间可采用最简单,且有效的方法。若网格凝视探测系统中,目标没有被两部以上雷达波束照射到,则由式(8.92)分析可知,任一部雷达接收到的目标回波均含有发射站到目标的距离延时,且发射波束的指向已知,则可选发射站为基准,研究目标到其他站相对于发射站的相对延时。

以 4 站网格凝视探测系统为例,仍以"2"为发射,如图 8.13 中目标点"a",其与站"2"的距离为 $\mathscr{R}_2$,接收波束的波位角为 ϑ,目标点"a"恰好在 ϑ,由于雷

达各站之间的距离可以事先精确测定,所以由图中的几何关系可知目标距雷达站"1"的距离为

$$\mathscr{R}_1 = \sqrt{\mathscr{R}_2^2 + r^2 - 2r\mathscr{R}_2\sin\vartheta} \tag{8.95}$$

在上式中,雷达站之间距离 r 和波束指向 ϑ 是确定的, $\mathscr{R}_2$ 对应着检测目标的距离门,在目标搜索时,每个距离门均进行目标检测,可由式(8.95)计算出目标在站"1"接收到的相对目标延时。

目标"a"与雷达站"1"之间的夹角为

$$\theta_{a,1} = \arcsin\left(\frac{r - \mathscr{R}_2\sin\vartheta}{\sqrt{\mathscr{R}_2^2 + r^2 - 2r\mathscr{R}_2\sin\vartheta}}\right) \tag{8.96}$$

据此式可以获取雷达站"1"探测目标"a"的波束指向。

多波束凝视雷达的一个重要思想是接收采用多波束覆盖发射的波束,在网格凝视探测系统中的雷达也采用此方法时,则每个波束均可能接收到目标回波,但不同指向波束所接收到的目标回波功率不同,取决于目标在不同指向波束中的响应,波束指向 θ_i 最邻近 $\theta_{a,1}$ 波束的响应信号最大,可以此波束信号作为站间积累信号。

雷达接收波束是有一定波束宽度的,网格凝视探测系统中的某一部雷达在某距离门的目标在不同雷达径向距离的投影是不同的,也就是说如果某一雷达同一距离门内存在两个目标,但空间角不同,两个目标在另一部雷达中的会处于不同距离门。

由于目标偏离波束指向的概率远远大于目标处于波束指向的概率,故以式(8.95)计算雷达站"1"与雷达站"2"相对应的距离门是不准确的,若目标偏离波束指向角为 $\Delta\vartheta$,则其在雷达站"1"所产生的距离误差为

$$\Delta\mathscr{R}_1 \approx -\frac{r\mathscr{R}_2\cos\vartheta}{\sqrt{\mathscr{R}_2^2 + r^2 - 2r\mathscr{R}_2\sin\vartheta}}\Delta\vartheta \tag{8.97}$$

于是雷达站"1"与目标之间夹角偏差为

$$\Delta\theta_{a,1} = \frac{(r\sin\vartheta - \mathscr{R}_2)\mathscr{R}_2\cot\vartheta}{\mathscr{R}_2^2 + r^2 - 2r\mathscr{R}_2\sin\vartheta}\Delta\vartheta \tag{8.98}$$

多波束凝视雷达采用接收多波束覆盖发射波束,以相邻波位的角宽度考虑一个接收波束宽度内相对应的距离范围,设一个波位角宽度为 $\Delta\theta$,则在一个波位内目标角满足

$$|\Delta\vartheta| \leqslant \frac{1}{2}\Delta\theta \tag{8.99}$$

于是站"2"一个波位波束宽度目标距离在雷达站"1"的投影距离范围为

$$\Delta \mathscr{R}_1 \subseteq \mp \frac{r \mathscr{R}_2 \cos\vartheta}{2\sqrt{\mathscr{R}_2^2 + r^2 - 2r\mathscr{R}_2\sin\vartheta}} \Delta\theta \tag{8.100}$$

若 $\vartheta = \dfrac{\pi}{4}$，取 $r = 300\,\mathrm{km}$，$\mathscr{R}_2 = 200\,\mathrm{km}$，$\Delta\theta = 1°$，则可得 $\Delta\mathscr{R}_1 \subseteq \mp 1577\mathrm{m}$，故雷达站"2"同一距离门内的目标在雷达站"1"中的距离门中跨度很大，若距离门设置为 $100\mathrm{m}$，在雷达站"2"的一个波位波束内的同距离门目标在雷达"1"中可能出现在 316 个距离门中，这是造成站间回波积累计算复杂度高的原因之一。分析式(8.100)可知，r 越大，$\Delta\mathscr{R}_1$ 越大，则计算复杂度越高。

将式(8.99)代入式(8.98)有

$$\Delta\theta_{a,1} \leqslant \pm \frac{(r\sin\vartheta - \mathscr{R}_2)\mathscr{R}_2\cot\vartheta}{2(\mathscr{R}_2^2 + r^2 - 2r\mathscr{R}_2\sin\vartheta)} \Delta\theta \tag{8.101}$$

雷达站"2"同一波位的不同距离在雷达站"1"需要多波束覆盖，而同一目标在不同雷达站所处的距离门和空间角不同，在设计雷达站"1"接收波束指向时，尽量避免雷达站"2"同一距离门内的目标在站"1"处于不同的波束，减少不同雷达站间信号处理时数据操作复杂程度。

网格凝视探测系统中，均可以发射站为参考基准，在进行站间信号处理时，可以式(8.96)和式(8.101)进行波位设计，以式(8.95)和式(8.100)进行距离处理，根据实际的站间距离、波束指向调整处理的距离门。

8.4.3 多普勒频率分析

网格凝视探测系统中的每一部雷达与目标的几何角度均不同，目标速度在各雷达站的径向投影也相异，则每部雷达接收到目标回波多普勒频率也不同。以雷达站"2"发射为例，任一雷达站接收到的目标回波多普勒频率如式(8.89)所示，其还可以表示为

$$f_{\mathrm{d}(2,i)} = \frac{2}{\lambda} v \cos\left(\frac{\theta_2 - \theta_i}{2}\right) \cos\left(\frac{\theta_2 + \theta_i}{2} - \gamma\right) \tag{8.102}$$

目标回波多普勒频率不仅与发射站与目标之间角度和接收站到目标之间角度之差有关，还取决于目标在此二角度的平均角平分线上径向速度矢量投影，在目标速度矢量不变的条件下，随着目标几何位置的变化，其多普勒频率也是变化的。

以雷达站"2"为参考，其多普勒频率为

$$f_{\mathrm{d}(2,2)} = \frac{2}{\lambda} \cos(\theta_2 - \gamma) v \tag{8.103}$$

雷达站"i"接收到的目标回波多普勒频率为

$$f_{\mathrm{d}(2,i)} = \frac{f_{\mathrm{d}(2,2)}}{2}\left(1 + \frac{\cos(\theta_i - \gamma)}{\cos(\theta_2 - \gamma)}\right) \tag{8.104}$$

多普勒频率差为

$$\Delta f_{d(2,i)} = f_{d(2,i)} - f_{d(2,2)} \tag{8.105}$$

即

$$\Delta f_{d(2,i)} = \frac{2}{\lambda} v \sin\left(\frac{\theta_i + \theta_2}{2} - \gamma\right) \sin\left(\frac{\theta_2 - \theta_i}{2}\right) \tag{8.106}$$

分析式(8.104)和式(8.106)可知,多普勒频率差与目标速度矢量在二角的平均角平分线上切向速度矢量投影有关,由于速度矢量是未知参数,这也就造成速度矢量在不同方向的投影不同,导致站间相参积累的计算复杂度提高。在多目标条件下,信号的积累将变得复杂,关键是如何实现不同雷达站接收到的目标信号对准。

利用不同雷达站获取的目标多普勒频率可解算目标的速度方向。若通过二站联合信号处理,检测出目标信号,可根据二站目标回波多普勒频率获取目标速度方向,如任一接收站与雷达站"2"的多普勒频率比可为

$$\eta = \frac{f_{d(2,i)}}{f_{d(2,i)}} \tag{8.107}$$

即

$$\eta = \frac{\cos(\theta_2 - \gamma) + \cos(\theta_i - \gamma)}{2\cos(\theta_2 - \gamma)} \tag{8.108}$$

式中:θ_2和θ_i可由雷达多波束测角,以及检测到目标时二站目标距离信息进行解算获取,则式(8.108)中仅有一个未知参数γ,故可得到目标速度方向,即

$$\gamma = \arctan\left(2 \frac{(\eta - 1)\cos\theta_2 - \cos\theta_i}{\sin\theta_i - 2(\eta - 1)\sin\theta_2}\right) \tag{8.109}$$

分析式(8.109)可知,处理得到的速度方向的精度与η、θ_2和θ_i有关,$\sin\theta_i - 2(\eta - 1)\sin\theta_2$越接近0,其解算得到的速度方向精度越低。

8.4.4　目标空间角分辨

雷达目标分辨主要有多普勒频率分辨、距离分辨、空间角分辨;多普勒频率分辨主要取决于相参积累时间长度,距离分辨取决于雷达发射信号的带宽,角分辨取决于天线波束宽度。在角分辨一定的条件下,能分辨的二目标的横向距离与目标距雷达距离成正比,距离越远,目标分辨能力越低。

在网格凝视探测系统中,被探测的目标在不同雷达站的距离径向投影不同,可以利用不同雷达站的距离分辨力改进远距离目标空间分辨力。

以雷达站"2"发射为例,在雷达站"2"同一接收波束内,某一距离门内有两个目标,设其中一点目标"a"的角度为θ_a,另一点目标"b"相对于其角相差$\Delta\theta_b$,即:$\theta_b = \theta_a + \Delta\theta_b$,它们相对于雷达站"2"的距离均为$\mathcal{R}_2$;点目标"$a$"相对于雷达

站"1"的距离为 $\mathscr{R}_{1,a}$，点目标"b"相对于雷达站"1"的距离为 $\mathscr{R}_{1,b} = \mathscr{R}_{1,a} + \Delta\mathscr{R}$，$\Delta\mathscr{R}$ 可由式(8.97)获取，即令 $\vartheta = \theta_a$，$\Delta\theta_b = \Delta\vartheta$，有

$$\Delta\mathscr{R} \approx -\frac{r\mathscr{R}_2\cos\theta_a}{\sqrt{\mathscr{R}_2^2 + r^2 - 2r\mathscr{R}_2\sin\theta_a}}\Delta\theta_b \tag{8.110}$$

式中：$\mathscr{R}_{1,a} = \sqrt{\mathscr{R}_2^2 + r^2 - 2r\mathscr{R}_2\sin\theta_a}$ 为雷达站"1"对点目标"a"的测量距离，r 为站间距，由上式可得空间角与其他参数的关系为

$$|\Delta\theta_b| \approx \frac{\Delta\mathscr{R}\mathscr{R}_{1,a}}{r\mathscr{R}_2\cos\theta_a} \tag{8.111}$$

式中：若 $\Delta\mathscr{R}$ 等效为雷达距离分辨力，则可等效为有非常高的角分辨力。若 $\theta_a = \frac{\pi}{4}$，取 $r = 300\text{km}$，$\mathscr{R}_2 = 200\text{km}$，$\mathscr{R}_{1,a} = 239\text{km}$，取距离分辨力为 100m，则有 $|\Delta\theta_b| \approx 0.03°$，此分辨力不取决于天线波束宽度。式(8.111)表明角分辨力不是固定值，它与目标与雷达站之间的几何关系和雷达距离分辨力有关。

这多站分辨力也受到多目标空间几何位置关系的约束，如图 8.14 所示的三个点目标，图中的椭圆示意了同一距离门波束所覆盖区域，雷达站"2"接收到目标"a"和"b"在同一距离门，目标"c"在另一距离门；雷达站"1"接收到目标"a"和"c"在同一距离门，目标"b"在另一距离门；这样可以确定有多个目标，而不能有效地分辨具体的目标数，如图中出现不确定目标"d"；当目标"a"不存在时，也会有同样结果，故虽然分辨力提高了，但可能出现伴随真目标的虚假目标，其与真实目标有相同的多普勒频率，在目标跟踪过程中，会产生伴随假目标航迹。

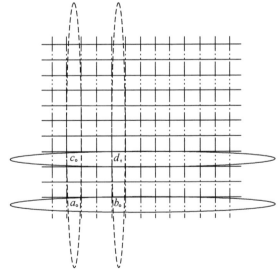

图 8.14　目标分辨示意图

如果利用多个雷达站进行处理可以部分剔除伴随虚假目标,如图 8.15 所示,以两站探测获取 4 个目标,图中"。"表示目标,"✦"表示伴随虚假目标,4 个目标可能在二站不同距离产生 12 个可能的目标,在这种情况下,可利用更多的雷达站,剔除伴随的虚假目标,图 8.16 给出三站目标获取的示意图,三站对应距离门均检测到的信号为疑似目标,从图可以分析出假目标减少了,假目标减少为二个,如图中的"✿✦"所示,由此可见,网格凝视探测系统采用多站探测可以改进多目标角分辨力,还可以减少伴随假目标出现。

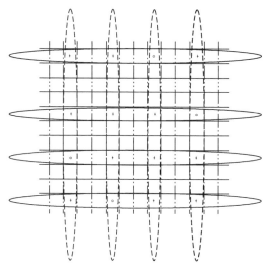

图 8.15 二站可能目标

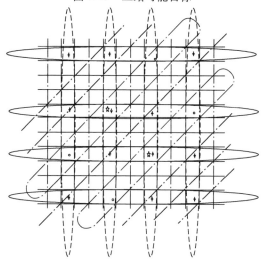

图 8.16 利用多站减少疑似目标

参考文献

［1］斯科尔尼克 M I. 雷达手册［M］. 谢卓,译. 北京:国防工业出版社,1978.

［2］斯科尔尼克 M I. 雷达手册［M］.2 版. 王军,等译. 北京:电子工业出版社,2003.

［3］伊优斯·杰里 L. 现代雷达原理［M］. 卓荣邦,等译. 北京:电子工业出版社,1991.

［4］蔡希尧. 雷达系统概论［M］. 北京:科学出版社,1983.

［5］张光义. 相控阵雷达技术［M］. 北京:电子工业出版社,2006.

［6］张光义. 空间探测相控阵雷达［M］. 北京:科学出版社,1989.

［7］李蕴滋,等. 雷达工程学［M］. 北京:海洋出版社,1999.

［8］杨振起,等. 双(多)基地雷达系统［M］. 北京:国防工业出版社,1998.

［9］Victor S C. 双(多)基地雷达系统［M］. 周万幸,等,译. 北京:电子工业出版社,2011.

［10］里海捷克 A W. 雷达分辨理论［M］. 董士嘉,译. 北京:科学出版社,1973.

［11］丁鹭飞,等. 雷达系统［M］. 西安:西北电讯工程学院出版社,1984.

［12］丁鹭飞. 雷达原理［M］. 西安:西北电讯工程学院出版社, 1984.

［13］向敬成,等. 雷达系统［M］. 北京:电子工业出版社,2001.

［14］莱德诺尔 L N. 雷达总体工程［M］. 田宰,雨之,译. 北京:国防工业出版社,1965.

［15］王盛利. 分布式 MIMO 雷达威力覆盖研究［J］. 中国电子科学研究院学报,2010,6:
551 –555.

第**9**章

多波束凝视雷达成像技术

    SAR 成像雷达为了获取方位向的分辨,应用雷达平台运动的特点,通过长时照射探测区域,获取等效大口径天线的空间角分辨,与雷达发射宽带信号获取的距离向分辨相结合得到探测目标的二维分辨形成雷达图像。

    多波束凝视 SAR 雷达根据雷达成像的基本原理,设置多波束接收覆盖发射波束,每一个接收波束所覆盖的区域相对较小,可有效减小每个区域的多普勒谱宽,降低多普勒频率的模糊,故可降低发射信号的重频,同时低重频可实现宽幅成像;每个接收波束固定接收成像区域的回波,保证每个成像区域有足够的成像积累时间,达到设定的合成天线口径,实现方位向的高分辨;由于接收波束充分利用雷达天线全口径,可以获得高天线增益,实现高效利用雷达功率口径积。

◣ 9.1　多波束凝视 SAR

    多波束凝视 SAR 仍遵循雷达成像的基本原理[1-3],其改进是将发射波束照射区域分解成多个小区域,利用接收阵元加权形成多个接收波束,每个波束完成其中一小区域的聚束成像。

9.1.1　雷达成像原理

    若雷达平台以速度 v_{o} 沿 X 轴方向飞行,在 t_{o} 时刻,地面有一点 (x,y) 与雷达平台之间的几何关系如图 9.1 所示,其之间的距离变化关系为

$$R(t) = \sqrt{(x-vt)^2 + y^2 + h_{\mathrm{o}}^2} \tag{9.1}$$

令 $R_{\mathrm{o}} = \sqrt{x^2 + y^2 + h_{\mathrm{o}}^2}$,则有

$$R(t) \approx R_{\mathrm{o}} - \sin\theta v_{\mathrm{o}}t + \frac{1}{2}\cos^2\theta \frac{(v_{\mathrm{o}}t)^2}{R_{\mathrm{o}}} \tag{9.2}$$

设 $T_{\mathrm{o}} = 2\dfrac{R_{\mathrm{o}}}{c}$,则由此可知该点相对于雷达发射信号延时为

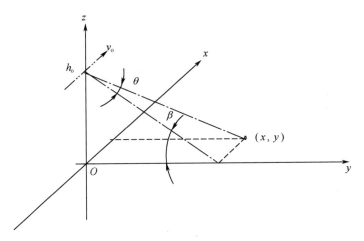

图9.1　地面点目标几何模型

$$T(t) = 2\frac{R(t)}{c} \tag{9.3}$$

即

$$T(t) \approx T_o - 2\sin\theta \frac{v_o}{c}t + \frac{1}{c}\cos^2\theta \frac{(v_o t)^2}{R_o} \tag{9.4}$$

以雷达发射线性调频信号为例,幅度归一化发射信号为

$$s_e(t) = e^{j2\pi f_o t}e^{j\pi k(t-nT_r)^2}g_\tau\left(t - \frac{\tau}{2} - nT_r\right) \tag{9.5}$$

式中:T_r 为发射信号重复周期;τ 为脉冲宽度。则雷达接收到归一化点目标的零中频信号可近似为

$$s_r(t) = s_e(t - T(t)) \tag{9.6}$$

SAR 雷达发射信号一般为脉冲信号,则可以 $nT_r + t$ 替换时间 t,有

$$s_r(n,t) \approx e^{j\varphi_o}e^{-j2\pi(f_d\sin\theta T_r n - f_s\cos^2\theta T_r^2 n^2)}e^{j\pi k(t-T(n))^2}g_\tau\left(t - \frac{\tau}{2} - T(n)\right) \tag{9.7}$$

式中:$T(n) \approx T_o - 2\sin\theta \frac{v_o}{c}T_r n + \frac{1}{c}\cos^2\theta \frac{(v_o T_r n)^2}{R_o}$,且 $f_d \approx 2\frac{v_o}{\lambda}$,$f_s = \frac{v_o^2}{\lambda R_o}$,$\varphi_o = -2\pi f_o T_o$。

目标回波的多普勒频率为

$$f_d(n) \approx f_d\sin\theta - 2f_s\cos^2\theta T_r n \tag{9.8}$$

分析归一化点目标回波模型,延时为脉冲数的平方,表明延时不是线性变化的,通常称为距离徙动;而多普勒频率出现了线性调频项,即可能存在多普勒频率跨速度门现象。若距离徙动和多普勒线性调频项被有效补偿,可以忽略其影响时,则式(9.7)可表示为

$$S_r(n,t) \approx e^{j\varphi_o} e^{-j2\pi f_d \sin\theta T_r n} e^{j\pi k(t-T_o)^2} g_\tau\left(t - \frac{\tau}{2} - T_o\right) \tag{9.9}$$

式中距离向分辨[1-4]取决于信号带宽 B，由式(3.227)可知 $-3\mathrm{dB}$ 主瓣宽度，相应有距离分辨力可表示为

$$\delta_r = c\frac{0.885}{B} \tag{9.10}$$

考虑擦地角 β 因素，其地面距离分辨力为

$$\delta_g = c\frac{0.885}{B\cos\beta} \tag{9.11}$$

若积累的脉冲数为 N，其傅里叶变换谱可为

$$S_r(l,t) = \sum_{n=0}^{N-1} s_r(n,t) e^{-j2\pi l T_r n} \tag{9.12}$$

即

$$S_r(l,t) \approx N\widetilde{\mathrm{Sa}}(\pi T_r N(\sin\theta f_d + l)) \times$$
$$e^{j\varphi_o} e^{-j\pi T_r(N-1)(\sin\theta f_d + l)} e^{j\pi k(t-T_o)^2} g_\tau\left(t - \frac{\tau}{2} - T_o\right) \tag{9.13}$$

若 $\theta = \theta_o$，则有 $k = -\sin\theta_o f_d$；其半功率点对应角度为 $\theta = \theta_o \pm \dfrac{\Delta\theta_{3\mathrm{dB}}}{2}$，式(9.13)的半功率点响应为

$$S_r(-\sin\theta_o f_d, t) \approx N\widetilde{\mathrm{Sa}}\left(\pi f_d T_r N\left(\sin\left(\theta_o \pm \frac{\Delta\theta_{3\mathrm{dB}}}{2}\right) - \sin\theta_o\right)\right) \times$$
$$e^{j\varphi_o} e^{-j\pi T_r f_d(N-1)\left(\sin\left(\theta_o \pm \frac{\Delta\theta_{3\mathrm{dB}}}{2}\right) - \sin\theta_o\right)} e^{j\pi k(t-T_o)^2} g_\tau\left(t - \frac{\tau}{2} - T_o\right)$$
$$\tag{9.14}$$

当 $\theta_o = 0$ 时，其角分辨为

$$\Delta\theta_{3\mathrm{dB}} = \frac{0.885}{f_d T_r N} \tag{9.15}$$

转换为横向距离分辨为

$$\delta_a = \Delta\theta_{3\mathrm{dB}} R_o \tag{9.16}$$

即

$$\delta_a = \frac{0.885}{f_d T_r N} R_o \tag{9.17}$$

若以平台飞行距离表示，即取 $L = v_o T_r N, f_d T_r N = \dfrac{2v_o}{\lambda} T_r N = \dfrac{2L}{\lambda}$，则式(9.17)也可表示为

$$\delta_a = 0.442 \frac{R_o}{L}\lambda \tag{9.18}$$

若 $\theta_o \neq 0$，由于 θ_{3dB} 比较小，则

$$\sin\left(\theta_o \pm \frac{\Delta\theta_{3dB}}{2}\right) \approx \sin\theta_o \pm \frac{\Delta\theta_{3dB}}{2}\cos\theta_o \tag{9.19}$$

式(9.14)可为

$$S_r(-\sin\theta_o f_d, t) \approx N\tilde{S}a\left(\pi f_d T_r N \frac{\Delta\theta_{3dB}}{2}\cos\theta_o\right)$$

$$e^{j\varphi_o} e^{-jT_r f_d(N-1)\frac{\Delta\theta_{3dB}}{2}\cos\theta_o} e^{j\pi k(t-T_o)^2} g_\tau\left(t - \frac{\tau}{2} - T_o\right) \tag{9.20}$$

同理可分析得其横向分辨力为

$$\delta_a = 0.442\frac{R_o}{L\cos\theta_o}\lambda \tag{9.21}$$

上式表明，在相同条件下，$\theta_o = 0$ 时分辨力最高，随着 θ_o 变大，分辨力降低。

雷达成像同样是在一定信噪比条件下的成像，式(2.11)雷达方程[5,6]以信噪比表示有

$$SNR = \frac{\eta_t\eta_r P_t\tau G_t G_r\lambda^2\sigma F_t^2 F_r^2}{(4\pi)^3 kT_n R_o^4 L_a L_\Sigma L_{sp}} \tag{9.22}$$

在成像雷达中，单接收波束覆盖单发射波束时，收发天线增益相同，即 $G_r = G_t = G_a$，积累的脉冲数为 N，则

$$SNR = \frac{\eta_t\eta_r P_t N\tau G_a^2\lambda^2\sigma F_t^2 F_r^2}{(4\pi)^3 kT_n R_o^4 L_a L_\Sigma L_{sp}} \tag{9.23}$$

式中：σ 为地面成像点的散射面积，它与区域面积(方位分辨单元 δ_a 和距离分辨单元 δ_g 之积)、散射系数 γ 和擦地角 β 有关，为

$$\sigma = \delta_a\delta_g\gamma\sin\beta \tag{9.24}$$

$$SNR = \frac{\eta_t\eta_r P_t N\tau G_a^2\lambda^2\delta_a\delta_g F_t^2 F_r^2}{(4\pi)^3 kT_n R_o^4 L_a L_\Sigma L_{sp}}\gamma\sin\beta \tag{9.25}$$

从此式可知，在相同条件下，低分辨 SAR 回波信号的信噪比要比高分辨 SAR 回波信号信噪比高。将式(9.11)和式(9.21)代入式(9.24)，有

$$\sigma = \left(\frac{1.39}{\pi}\right)^2\frac{\gamma c\lambda R_o}{2BL\cos\theta_o}\tan\beta \tag{9.26}$$

则式(9.23)可表示为

$$SNR = 8\frac{1.39^2}{(4\pi)^5}\frac{P_t G_a^2 N\tau\lambda^3\eta_t\eta_r F_t^2 F_r^2}{kT_n R_o^3 L_a L_\Sigma L_{sp}}\frac{\gamma c}{BL\cos\theta_o}\tan\beta \tag{9.27}$$

设发射信号的占空比为 $\zeta = \dfrac{\tau}{T_r}$，由于 $L = v_o N T_r$，$f_d = 2\dfrac{v_o}{\lambda}$，故有成像雷达方

程为

$$\mathrm{SNR} = \frac{5.56^2}{(4\pi)^5} \frac{P_t G_a^2 \lambda^2 \zeta c \gamma t g \beta \eta_t \eta_r F_t^2 F_r^2}{k T_n R_o^3 B f_d \cos\theta_o L_a L_\Sigma L_{sp}} \tag{9.28}$$

9.1.2　多波束凝视成像雷达[7-9]

　　雷达成像的基本条件是成像区域在合成口径时间内被雷达发射信号照射到,且雷达接收波束接收到目标回波。在条带式成像条件下,多波束凝视成像原理是采用高增益接收多波束覆盖发射波束;在合成口径时,若接收波束的指向不变,则随着平台的运动,每个接收波束会扫过成像点,使得成像点回波信号在合成口径时间内出现在不同接收波束中,而多波束凝视成像可设计成每个波束固定指向一个小成像区域,即凝视一个小成像区域,保证小成像区域的回波在一个波束内。多波束凝视成像雷达的收发波束工作过程如图 9.2 所示,雷达平台在空中 A 点处发射波束照射区域如图中的实线椭圆所示,椭圆中的小圆表示为高增益的接收波束;当平台运动到 B 点时,发射波束照射的区域如图中虚线椭圆所示,由于波束有一定宽度,雷达平台在 B 点时,波束不能覆盖 a 区域;而雷达平台在 A 点时,波束不能覆盖 b 区域,故覆盖发射波束的接收波束总数是确定的,可以认为覆盖 a 区域的波束移动到了 b 区域,而其他接收波束指向区域保持不变。

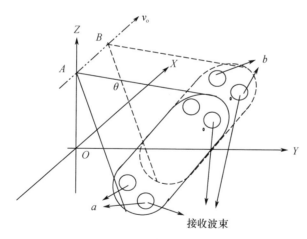

图 9.2　多波束凝视成像收发波束工作过程示意

　　采用多波束凝视成像的得益是由于接收波束覆盖区域小,可有比较高接收波束增益,故当其他条件相同时,可以获取更高的信噪比,或者对更远的距离区域成像,或者更小的雷达发射功率,特别是在条带式高分辨雷达中,为了合成满足方位分辨条件下的口径,需要宽的收发波束,造成雷达天线增益小,而多波束凝视成像雷达优势此时则可体现。

若多波束凝视成像雷达方程中,发射波束与接收波束的增益是不相同的,设发射波束增益为 $G_{t,s}$,接收波束增益为 G_r,则由式(9.28)成像雷达方程可得多波束凝视成像雷达方程为

$$\text{SNR}_s = \frac{5.56^2}{(4\pi)^5} \frac{P_{t,s}G_{t,s}G_r\lambda^2\zeta c\gamma tg\beta\eta_t\eta_r F_t^2 F_r^2}{kT_n R_o^3 Bf_d\cos\theta_o L_a L_\Sigma L_{sp}} \quad (9.29)$$

由于接收天线增益为 $G_r = 4\pi\dfrac{A_r}{\lambda^2}$,则多波束凝视成像雷达方程也可为

$$\text{SNR}_s = \frac{5.56^2}{(4\pi)^4} \frac{P_{t,s}G_{t,s}A_r\zeta c\gamma tg\beta\eta_t\eta_r F_t^2 F_r^2}{kT_n R_o^3 Bf_d\cos\theta_o L_a L_\Sigma L_{sp}} \quad (9.30)$$

上式中,由于发射波束需要同时覆盖成像区域,故发射波束的增益 $G_{t,s}$ 由方位向成像分辨所决定,分辨力越高,合成口径需要时间越长,则波束越宽,发射波束增益也越低;而多波束凝视成像雷达采用同时多波束覆盖发射波束,可以通过增大接收天线面积提高接收波束增益,从而弥补发射天线增益的降低。

比较多波束凝视成像雷达方程式(9.30)与一般成像雷达方程(9.28),若雷达发射功率、发射波束增益和成像距离相同,则成像信噪比的改进为

$$\eta_s = \frac{\text{SNR}_s}{\text{SNR}} = \frac{G_r}{G_a} \quad (9.31)$$

如果多波束凝视成像雷达的接收波束增益增大 10dB,则成像信号的信噪比也增大 10dB;或者在同样信噪比条件下,雷达发射功率可降低 10dB。若应用于雷达威力的改进,擦地角变化影响可以忽略的条件下,则多波束凝视成像雷达的作用距离为

$$R_{o,s} = \sqrt[3]{\eta_s}R_o \quad (9.32)$$

在接收波束增益增大 10dB 条件下,雷达的成像距离可增加 1 倍以上。

由前分析可知,SAR 回波信号的多普勒谱宽与收发波束宽度有很大关系,若发射波束宽度小于接收波束宽度,发射波束照射区域的回波接收波束可以全覆盖接收,则多普勒谱宽度决定于发射波束;若接收波束宽度小于发射波束宽度,接收波束会在空域滤除部分地面回波信号,多普勒谱宽决定于接收波束宽。由于多波束凝视 SAR 雷达的接收波束宽度小于发射波束宽度,故每个波束的多普勒谱宽也相对较小。

分析式(9.8),由于波束照射区域的不同方位角的多普勒频率不同,故在发射脉冲信号重复周期为 T_r 时,正侧式条带成像雷达的多普勒带宽为

$$B_d \approx f_d\sin\Delta\theta_{3dB} - 2f_s\cos^2\Delta\theta_{3dB}T_r n \quad (9.33)$$

由于式(9.33)中随时间变化项与波束宽度有关,由于接收波束宽度比较

窄,可以认为 $\cos^2\Delta\theta_{3dB}\approx1$,故随时间变化项可以对消,回波信号带宽可简化为

$$B_d \approx f_d\sin\Delta\theta_{3dB} \tag{9.34}$$

由此可见,波束宽度越宽,回波多普勒谱也越宽。多波束凝视成像雷达采用接收多波束覆盖发射波束,每个接收波束宽度可设计得比较窄,通过空间滤波,波束之外的地面回波响应比较小,若多波束凝视 SAR 波束宽度是条带 SAR 方位向波束宽度的 $1/K$,则每个波束回波信号带宽为

$$B_d \approx f_d\sin\frac{\Delta\theta_{3dB}}{K} \tag{9.35}$$

如果接收波束增益提高 10dB,且是方位向波束变窄,则 $K=10$,于是多波束凝视 SAR 的每个波束多普勒带宽也减小至 $1/10$,这为发射信号重频设计带来冗余。

在斜视条带 SAR 工作方式条件下,设波束指向为 θ_o,以 $\theta=\theta_o\pm\dfrac{\Delta\theta_{3dB}}{2}$ 代入式(9.8),可得地面回波带宽为

$$B_d \approx 2f_d\cos\theta_o\sin\frac{\Delta\theta_{3dB}}{2} + 4f_s\sin\theta_o\cos\frac{\Delta\theta_{3dB}}{2}T_r n \tag{9.36}$$

考虑到波束指向 θ_o 时,波束宽度也展宽 $\dfrac{1}{\cos\theta_o}$,忽略线性调频项的影响,多普勒谱宽可近似保持不变,则在相同条件下,波束指向的变化对多普勒谱宽的影响可以忽略。

9.1.3　多波束方向图影响分析

9.1.3.1　波束增益影响

多波束凝视 SAR 雷达的信号收发特点是:发射信号与传统条带 SAR 相同,而每一接收波束固定指向某一区域,具有聚束 SAR 的特点,它可以描述为条带内的聚束工作方式,每个波束完成一小区域的成像。

由于接收波束指向某一固定区域,故在成像积累时间内,接收波束不是扫过成像点,成像点在接收波束中角度是固定的,接收波束的增益和空间角相位对固定点目标回波产生随时间变化的调制可以忽略,而发射波束的信号仍是扫过成像的每个点,发射波束的增益和空间角相位会对成像点形成调制。

例如,设正侧视发射波束方向图为

$$p_e(\theta) = N\sqrt{\cos\theta}\,\tilde{S}a\left(\pi\frac{Nd}{\lambda}\sin\theta\right)e^{-j\pi\frac{(N-1)d}{\lambda}\sin\theta} \tag{9.37}$$

接收波束变窄为 $1/K$,则其方向图为

$$p_r(\theta) = KN\sqrt{\cos\theta}\,\widetilde{S}a\left(\pi\frac{KNd}{\lambda}\sin\theta\right)e^{-j\pi\frac{(KN-1)d}{\lambda}\sin\theta} \tag{9.38}$$

这里研究波束对成像的影响,可不考虑其他因素,若有一理想点目标,在成像积累时间内,发射波束会扫过这一点目标,考虑收发波束双程影响,设点目标进入波束照射角为 $\dfrac{\Delta\theta_{1.5dB}}{2}$,出波束照射角为 $-\dfrac{\Delta\theta_{1.5dB}}{2}$,目标的初始距离为 R_o,目标的横向距离为 $X_o = \dfrac{L}{2} = R_o\sin\dfrac{\Delta\theta_{1.5dB}}{2}$,纵向距离为 $Y_o = R_o\cos\dfrac{\Delta\theta_{1.5dB}}{2}$,雷达发射每个脉冲时横向距离变化 $\Delta x = v_oT_rn$,n 的变化范围 $\left[-\dfrac{N}{2},\dfrac{N}{2}-1\right]$,则点目标在发射波束中的角度变化为

$$\theta(n) = -\arcsin\left(\frac{v_oT_rn}{R_o}\right) \tag{9.39}$$

该点每个脉冲的发射波束响应为

$$p_e(n\Delta\theta) = N\sqrt{\cos\theta(n)}\,\widetilde{S}a\left(\pi\frac{Nd}{\lambda}\sin(\theta(n))\right)e^{-j\pi\frac{(N-1)d}{\lambda}\sin(\theta(n))} \tag{9.40}$$

此式表明任一点目标受波束调制的状况,若收发波束方向图相同,该点随脉冲序列而产生的距离变化为

$$\Delta R(n) = R_o - \sqrt{\left(R_o\cos\frac{\Delta\theta_{1.5dB}}{2}\right)^2 + \left(R_o\sin\frac{\Delta\theta_{1.5dB}}{2} - v_oT_rn\right)^2} \tag{9.41}$$

即

$$\Delta R(n) = \sin\frac{\Delta\theta_{1.5dB}}{2}v_oT_rn - \frac{1}{2R_o}\left(v_oT_rn\cos\frac{\Delta\theta_{1.5dB}}{2}\right)^2 \tag{9.42}$$

则接收到该理想点脉压后,且距离徙动和二次项变化相位补偿后的目标回波为

$$s_r(n) = N^2\cos\theta(n)\,\widetilde{S}a^2\left(\pi\frac{Nd}{\lambda}\sin(\theta(n))\right)e^{-j2\pi\frac{(N-1)d}{\lambda}\sin(\theta(n))}e^{j2\pi\sin\frac{\Delta\theta_{1.5dB}}{2}f_dT_rn} \tag{9.43}$$

上式表明,由于天线波束双程增益的影响,为了保证成像分辨所需要的合成孔径,必须要展宽天线波束,这以牺牲天线增益为代价。

多波束凝视体制 SAR 雷达的接收波束可采用 $-1dB$ 交叠,甚至更小。若接收波束采用 $-1dB$ 交叠,那么根据 $-3dB$ 衰减原则,发射波束可以 $-2dB$ 的波束宽度为成像方位向覆盖,接收采用多波束凝视时,设理想点目标初始被第 k 个凝视指向方位 $\theta_k(n)$ 接收波束所探测,理想点目标与 $\theta_k(n)$ 的夹角为 $\Delta\theta$,若接收波束的 $-1dB$ 波束宽度为 $\Delta\theta_{1dB,r}$,有

$$\left| \Delta\theta \right| \leqslant \frac{\Delta\theta_{1\mathrm{dB,r}}}{2} \tag{9.44}$$

设该点目标与第 k 个凝视波束初始方位角为 $\theta_k(n) + \Delta\theta$，$\theta_k(n)$ 可以由式(9.39)得到

$$\theta_k(n) = -\arcsin\left(\frac{v_\mathrm{o} T_\mathrm{r} n}{R_\mathrm{o}}\right) \tag{9.45}$$

由于凝视波束的探测成像区域不变，当雷达平台运动时，探测该区域的接收波束的指向必须变，但此点与第 k 个凝视波束的夹角不变，则该点在此波束中的响应为

$$p_{\mathrm{r,k}}(\theta_k(n)) = KN\sqrt{\cos\theta_k(n)}\,\tilde{\mathrm{S}}\mathrm{a}\left(\pi\frac{KNd}{\lambda}(\sin(\theta_k(n) + \Delta\theta) - \sin\theta_k(n))\right)$$

$$\mathrm{e}^{\mathrm{j}\pi\frac{(KN-1)d}{\lambda}((\sin(\theta_k(n) + \Delta\theta) - \sin\theta_k(n)))} \tag{9.46}$$

在理想条件下，多波束凝视接收波束响应的幅相是一定值，其不随雷达平台运动而变化。多波束凝视 SAR 接收到该理想点脉压后，距离徙动补偿后的目标回波为

$$s_\mathrm{r}(n) \approx KN^2\cos\theta(n)\,\tilde{\mathrm{S}}\mathrm{a}\left(\pi\frac{Nd}{\lambda}\sin(\theta(n))\right) \times$$

$$\tilde{\mathrm{S}}\mathrm{a}\left(\pi\frac{KNd}{\lambda}(\sin(\theta_k(n) + \Delta\theta) - \sin(\theta(n)))\right) \times$$

$$\mathrm{e}^{\mathrm{j}\pi\frac{(KN-1)d}{\lambda}(\sin(\theta_k(n) + \Delta\theta) - \sin\theta(n))}\,\mathrm{e}^{-\mathrm{j}\pi\frac{(N-1)d}{\lambda}\sin\theta(n)}\,\mathrm{e}^{\mathrm{j}2\pi\sin(\theta_k + \Delta\theta)f_\mathrm{d}T_\mathrm{r}n} \tag{9.47}$$

上式表明，采用多波束凝视 SAR 在满足成像分辨要求条件下，充分利用接收波束增益；成像处理时，接收波束的幅相响应不影响积累得益，但发射波束的影响仍然存在。

在多波束凝视成像时，由于设计的接收波束指向某一区域不变，那么成像中的任一点目标的波束响应也保持不变，而接收多波束采用 $-1\mathrm{dB}$ 交叠，则波束内不同角度内的目标也存在 $1\mathrm{dB}$ 的波动，由于此波动是确知的，故可以补偿。

9.1.3.2　波束指向影响

传统成像雷达平台运动时，波束指向为多普勒谱中心，也由于平台运动的关系，不同时刻，虽然波束指向没变，但波束中心所照射的区域随平台运动而改变。设有两个点目标，在某一时刻，其中一点目标位于横向距离坐标 x_o，另一点目标其横向距离相差 Δx，如图 9.3 所示，那么雷达与该二点目标距离为

$$r_0(n) = \sqrt{(x_\mathrm{o} - v_\mathrm{o} T_\mathrm{r} n)^2 + y^2 + h_\mathrm{o}^2} \tag{9.48a}$$

$$r_1(n) = \sqrt{(x_\mathrm{o} + \Delta x - v_\mathrm{o} T_\mathrm{r} n)^2 + y^2 + h_\mathrm{o}^2} \tag{9.48b}$$

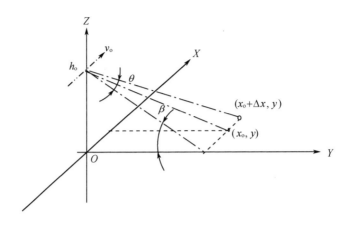

图 9.3　地面二点目标几何模型

雷达接收到该二点回波信号可简化为

$$s_{\mathrm{r}}(n,0) = a_0 \mathrm{e}^{\mathrm{j}2\pi\left(\frac{x_{\mathrm{o}}}{R_{\mathrm{o}}}\frac{2v_{\mathrm{o}}T_{\mathrm{r}}N}{\lambda}\frac{n}{N} - \left(1 - \left(\frac{x_{\mathrm{o}}}{R_{\mathrm{o}}}\right)^2\right)\left(\frac{v_{\mathrm{o}}T_{\mathrm{r}}N}{R_{\mathrm{o}}}\right)^2\frac{2R_{\mathrm{o}}}{\lambda}\left(\frac{n}{N}\right)^2\right)} +$$
$$a_1 \mathrm{e}^{\mathrm{j}2\pi\left(\frac{x_{\mathrm{o}}+\Delta x}{R_{\mathrm{o}}}\frac{2v_{\mathrm{o}}T_{\mathrm{r}}N}{\lambda}\frac{n}{N} - \left(1 - \left(\frac{x_{\mathrm{o}}+\Delta x}{R_{\mathrm{o}}}\right)^2\right)\left(\frac{v_{\mathrm{o}}T_{\mathrm{r}}N}{R_{\mathrm{o}}}\right)^2\frac{2R_{\mathrm{o}}}{\lambda}\left(\frac{n}{N}\right)^2\right)} \qquad (9.49)$$

式中：a_0，a_1 为信号幅；$R_{\mathrm{o}} = \sqrt{x_{\mathrm{o}}^2 + y^2 + h_{\mathrm{o}}^2}$。

在下脉冲时刻，雷达与该二点目标距离为

$$r_0(n+1) = \sqrt{(x_{\mathrm{o}} - v_{\mathrm{o}}T_{\mathrm{r}}(n+1))^2 + y^2 + h_{\mathrm{o}}^2} \qquad (9.50a)$$

$$r_1(n+1) = \sqrt{(x_{\mathrm{o}} + \Delta x - v_{\mathrm{o}}T_{\mathrm{r}} - v_{\mathrm{o}}T_{\mathrm{r}}n)^2 + y^2 + h_{\mathrm{o}}^2} \qquad (9.50b)$$

雷达接收到该二点回波信号可简化为

$$s_{\mathrm{r}}(n,1) = a_0 \mathrm{e}^{\mathrm{j}2\pi\left(\frac{x_{\mathrm{o}} - T_{\mathrm{s}}v_{\mathrm{o}}}{R_{\mathrm{o}}}\frac{2v_{\mathrm{o}}T_{\mathrm{r}}N}{\lambda}\frac{n}{N} - \left(1 - \left(\frac{x_{\mathrm{o}} - T_{\mathrm{r}}v_{\mathrm{o}}}{R_{\mathrm{o}}}\right)^2\right)\left(\frac{v_{\mathrm{o}}T_{\mathrm{r}}N}{R_{\mathrm{o}}}\right)^2\frac{2R_{\mathrm{o}}}{\lambda}\left(\frac{n}{N}\right)^2\right)} +$$
$$a_1 \mathrm{e}^{\mathrm{j}2\pi\left(\frac{x_{\mathrm{o}} + \Delta x - T_{\mathrm{r}}v_{\mathrm{o}}}{R_{\mathrm{o}}}\frac{2v_{\mathrm{o}}T_{\mathrm{r}}N}{\lambda}\frac{n}{N} - \left(1 - \left(\frac{x_{\mathrm{o}} + \Delta x - T_{\mathrm{r}}v_{\mathrm{o}}}{R_{\mathrm{o}}}\right)^2\right)\left(\frac{v_{\mathrm{o}}T_{\mathrm{r}}N}{R_{\mathrm{o}}}\right)^2\frac{2R_{\mathrm{o}}}{\lambda}\left(\frac{n}{N}\right)^2\right)} \qquad (9.51)$$

当 $T_{\mathrm{r}}v_{\mathrm{o}} = \Delta x$ 时，式(9.51)可表示为

$$s_{\mathrm{r}}(n,1) = a_0 \mathrm{e}^{\mathrm{j}2\pi\left(\frac{x_{\mathrm{o}} - \Delta x}{R_{\mathrm{o}}}\frac{2v_{\mathrm{o}}T_{\mathrm{r}}N}{\lambda}\frac{n}{N} - \left(1 - \left(\frac{x_{\mathrm{o}} - \Delta x}{R_{\mathrm{o}}}\right)^2\right)\left(\frac{v_{\mathrm{o}}T_{\mathrm{r}}N}{R_{\mathrm{o}}}\right)^2\frac{2R_{\mathrm{o}}}{\lambda}\left(\frac{n}{N}\right)^2\right)} +$$
$$a_1 \mathrm{e}^{\mathrm{j}2\pi\left(\frac{x_{\mathrm{o}}}{R_{\mathrm{o}}}\frac{2v_{\mathrm{o}}T_{\mathrm{r}}N}{\lambda}\frac{n}{N} - \left(1 - \left(\frac{x_{\mathrm{o}}}{R_{\mathrm{o}}}\right)^2\right)\left(\frac{v_{\mathrm{o}}T_{\mathrm{r}}N}{R_{\mathrm{o}}}\right)^2\frac{2R_{\mathrm{o}}}{\lambda}\left(\frac{n}{N}\right)^2\right)} \qquad (9.52)$$

分析式(9.48)和式(9.51)，可见式(9.51)中的 a_1 与式(9.48)中的 a_0 多普勒频率相同，对它们分别进行相参积累就可获取不同点的图像，若脉冲发射间隔时间内，平台运动距离内包含多个分辨点单元，则可对多个点成像。

多波束凝视 SAR 成像时，地面成像区域也有同样过程，仍设有两个点目标，第 0 号波束接收 a_0 点目标回波，a_1 点目标的回波在该波束中的响应可以忽略；

第 p 号波束接收 a_1 点目标的回波，a_0 点目标的回波在该波束中的响应可以忽略。则第 0 个脉冲时，第 0 号波束接收的回波信号可简化为

$$s_{r,0}(n,0) = a_0 \mathrm{e}^{\mathrm{j}2\pi\left(\frac{x_o}{R_o}\frac{2v_oT_rN}{\lambda}\frac{n}{N} - \left(1-\left(\frac{x_o}{R_o}\right)^2\right)\left(\frac{v_oT_rN}{R_o}\right)^2\frac{2R_o}{\lambda}\left(\frac{n}{N}\right)^2\right)} \tag{9.53}$$

第 M 个脉冲时，第 p 号波束接收的回波信号可简化为

$$s_{r,p}(n,M) = a_1 \mathrm{e}^{\mathrm{j}2\pi\left(\frac{x_o+\Delta x-MT_rv_o}{R_o}\frac{2v_oT_rN}{\lambda}\frac{n}{N} - \left(1-\left(\frac{x_o+\Delta x-MT_rv_o}{R_o}\right)^2\right)\left(\frac{v_oT_rN}{R_o}\right)^2\frac{2R_o}{\lambda}\left(\frac{n}{N}\right)^2\right)} \tag{9.54}$$

当 $MT_rv_o = \Delta x$ 时，有

$$s_{r,p}(n,M) = a_1 \mathrm{e}^{\mathrm{j}2\pi\left(\frac{x_o}{R_o}\frac{2v_oT_rN}{\lambda}\frac{n}{N} - \left(1-\left(\frac{x_o}{R_o}\right)^2\right)\left(\frac{v_oT_rN}{R_o}\right)^2\frac{2R_o}{\lambda}\left(\frac{n}{N}\right)^2\right)} \tag{9.55}$$

由此可见，每个波束通过一定延时可得到不同区域的相同多普勒范围，故对不同波束信号采用数据滑窗，应用相同的成像算法实现成像。

若 Δx 为接收波束的波位宽度距离，设第 0 号波位的波束指向为 θ_o，其对应的横向距离坐标为 x_o，则第 k 号波位的初始横向距离坐标为 $x_o + k\Delta x = x_o + kMT_rv_o$，注意 k 可正，也可为负。随着雷达平台的运动，地面点目标相对雷达天线坐标位置变化，波束指向也相应变化，则第 k 号波位的初始横向距离坐标为 $x(n) = x_o + (kM-n)T_rv_o$，该波束的指向为

$$\theta_k(n) = \arcsin\left(\frac{x_o+(pM-n)T_rv_o}{R_o}\right) \tag{9.56}$$

9.1.4　多波束成像运动补偿

雷达成像运动补偿分为两种，其一是平台匀速运动时所产生的距离徙动，另一种是平台非规则运动所造成的成像点距离和多普勒变化的非规则性，对其补偿精度与成像分辨要求有关，也与每一帧信号成像区域大小有关。

9.1.4.1　目标回波分析

若发射波束指向为纵坐标，垂直于发射波束指向方向为横坐标，第 k 个接收波束指向为 θ_k，其在 X 轴的投影为 $\frac{L}{2}$，设有一点目标，被第 k 个波束开始接收时的横向坐标为 $\frac{L}{2}+x$，其对应的脉冲时间序列为 $n = -\frac{N}{2}$；在 $n=0$ 时，该点目标与雷达天线法线方向垂直距离为 x，其与雷达距离为 R_o，如图 9.4 所示，由于每个接收波束横向距离一般满足 $x \ll R_o$，在某些分辨率要求的条件下，该点距离随脉冲序列而产生的变化关系可为

$$R(n,x) = \sqrt{(x-v_oT_rn)^2 + y^2 + h_o^2} \tag{9.57a}$$

目标延时可为

$$T(n,x) = \frac{2}{c}\sqrt{(x - v_o T_r n)^2 + y^2 + h_o^2} \tag{9.57b}$$

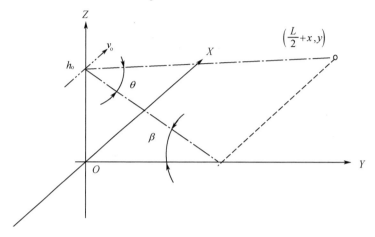

图9.4 地面点目标在合成口径过程中距离变化过程示意

在 x 比较小时,可取 $R_o = \sqrt{y^2 + h_o^2}$, $\sin\theta \approx \dfrac{x}{R_o}$,则式(8.57a)可表示为

$$R(n,\theta) \approx R_o - \sin\theta v_o T_r n + \frac{1}{2}\frac{(v_o T_r n)^2}{R_o}\cos^2\theta \tag{9.58}$$

式(9.57)中的未知参数为 x,在式(9.58)中转换为未知参数为 θ,两者之间的转换关系是明确的。由式(9.57b)可得该点目标的延时函数为

$$T(n,x) \approx \frac{2}{c}\left(R_o - \frac{x}{R_o}v_o T_r n + \frac{1}{2}\frac{(v_o T_r n)^2}{R_o}\left(1 - \left(\frac{x}{R_o}\right)^2\right)\right) \tag{9.59}$$

式中: x 是未知量,在不同 x 条件下,其延时是不同的, $x = 0$ 代入式(9.59),有

$$T(n,0) \approx \frac{2}{c}\left(R_o + \frac{1}{2}\frac{(v_o T_r n)^2}{R_o}\right) \tag{9.60}$$

以此 $T(n,0)$ 作为补偿延时函数,对式(9.59)已知量所造成距离延时徙动量进行补偿,补偿后的延时为

$$\Delta T(n,x) = T(n,x) - T(n,0) \tag{9.61}$$

即

$$\Delta T(n,x) \approx -\frac{2}{c}\left(\frac{x}{R_o}v_o T_r n + \frac{1}{2}\left(\frac{v_o T_r n}{R_o}\right)^2\frac{x^2}{R_o}\right) \tag{9.62}$$

由式(9.10)脉冲压缩距离主瓣宽度 $\delta_r = c\dfrac{0.885}{B}$,式(9.18)横向距离主瓣宽

度 $\delta_a = 0.442\dfrac{R_o}{L}\lambda$，若要求积累时间内，距离徙动范围小于 1/8 延时分辨单元，则在正侧视条件下，横向不考虑距离徙动影响的距离范围满足为

$$\left|\Delta T\left(\frac{N}{2},x\right)\right|\leqslant\frac{\delta_r}{4c} \tag{9.63}$$

可解得

$$|x|\leqslant\frac{\delta_r\delta_a}{1.768\lambda} \tag{9.64}$$

取 $\delta_a = \delta_r$，有

$$|x|\leqslant\frac{\delta_a^2}{1.768\lambda} \tag{9.65}$$

设成像分辨为 0.5m，波长为 0.03m，有 $|x|\leqslant 7.1\text{m}$，故 $|x|$ 范围很小，处理的方法是降低距离徙动的约束要求，如距离徙动范围小于 1/4 延时分辨单元，则有 $|x|\leqslant 14.2\text{m}$，横向区域范围扩大一倍；或者应用更好距离徙动处理方法。

因平台运动所产生的目标多普勒变化相位为

$$\phi(n,x)=2\pi f_o(-T(n,x)) \tag{9.66}$$

分析上式，可知由于存在相位随时间变化的高次项，其积累后的频谱可能被扩展，造成散焦，故必须对高次项补偿，若补偿函数为 $\varphi(n,0)$，则补偿后的相位函数为

$$\Delta\varphi(n,x)=\phi(n,x)-\phi(n,0) \tag{9.67}$$

即

$$\Delta\varphi(n,x)\approx\frac{2\pi}{\lambda}\left(2\frac{x}{R_o}v_oT_r n+\left(\frac{v_oT_r n}{R_o}\right)^2\frac{x^2}{R_o}\right) \tag{9.68}$$

其还可表示为

$$\Delta\varphi(n,x)\approx\frac{2\pi}{\lambda}\left(2\sin\theta v_oT_r n+\frac{(v_oT_r n)^2}{R_o}\sin^2\theta\right) \tag{9.69}$$

由于仅有参数 θ 或者 x 为未知的，式（9.18）代入式（9.68）有

$$\Delta\varphi(n,x)\approx 2\pi\left(0.884\frac{x}{\delta_a}\frac{n}{N}+\frac{x^2}{\lambda R_o}\left(\frac{0.442\lambda}{\delta_a}\right)^2\left(\frac{n}{N}\right)^2\right) \tag{9.70}$$

式（9.70）中，则根据相位波动小于 $\dfrac{\pi}{8}$ 准则，二次方项在积累时间内满足

$$\frac{x^2}{\lambda R_o}\left(\frac{0.442\lambda}{\delta_a}\right)^2\left(\frac{n}{N}\right)^2\leqslant\frac{1}{16} \tag{9.71}$$

当 $n=-\dfrac{N}{2}$ 时，则成像横向距离范围为

$$|x|\leqslant\frac{\delta_a}{0.884}\sqrt{\frac{R_o}{\lambda}} \tag{9.72}$$

分析上式,在雷达波长一定的条件下,分辨力越高,能实现横向有效聚焦的范围越小;在分辨力一定条件下,波长越长,同样横向能有效聚焦的范围也越小,同样成像距离越远,有效聚焦范围也越大。

9.1.4.2 SAR 运动补偿

成像雷达平台运动所造成的地面任意一点目标的距离变化会反映在目标回波的距离和多普勒变化上,而这种距离变化不受波束的附加调制,故运动补偿必须考虑目标延时和多普勒频率影响。

若发射信号形式为

$$s_t(t,n) = A e^{j2\pi f_o(t+nT_s)} e^{j\pi k t^2} g_\tau\left(t - \frac{\tau}{2}\right) \tag{9.73}$$

考虑到成像雷达的不同距离门均存在目标回波,故设某一点目标延时为 $T(n,x,R_o)$,接收到的归一化零中频信号为

$$s_r(t,n) = e^{-j2\pi f_o T(n,x,R_o)} e^{j\pi k(t - T(n,x,R_o))^2} g_\tau\left(t - \frac{\tau}{2} - T(n,x,R_o)\right) \tag{9.74}$$

如果 $x(t) = e^{j\pi k t^2} g_\tau\left(t - \frac{\tau}{2}\right)$ 的傅里叶变换谱为 $X(f)$,则式(9.74)的傅里叶变换谱为

$$S_r(f,n) = e^{-j2\pi(f_o + f)T(n,x,R_o)} X(f) \tag{9.75}$$

针对不同距离 R_o 构造不同补偿函数

$$h(f,n) = e^{j2\pi(f_o + f)T(n,0,R_o)} \tag{9.76}$$

对式(9.75)的接收信号进行相位补偿有

$$\tilde{S}_r(f,n) = S_r(f,n) h(f,n) \tag{9.77}$$

即

$$\tilde{S}_r(f,n) = e^{-j2\pi f_o\left(1 + \frac{f}{f_o}\right)(T(n,x,R_o) - T(n,0,R_o))} X(f) \tag{9.78}$$

也可表达为

$$\tilde{S}_r(f,n) = e^{-j2\pi f_o\left(1 + \frac{f}{f_o}\right)\Delta T(n,x,R_o)} X(f) \tag{9.79}$$

式中:$\Delta T(n,x,R_o)$ 可由式(9.62)修改表述,即

$$\Delta T(n,x,R_o) \approx -\frac{2}{c}\left(\frac{x}{R_o} v_o T_r n + \frac{1}{2}\left(\frac{v_o T_r n}{R_o}\right)^2 \frac{x^2}{R_o}\right) \tag{9.80}$$

将式(9.80)代入,则补偿后式(9.78)所示的平台运动所造成时域相位变化为

$$\Delta\varphi(n,x,R_o) \approx 4\pi \frac{x}{\lambda}\left(\frac{v_o T_r n}{R_o} + \left(\frac{v_o T_r n}{R_o}\right)^2 \frac{x}{2R_o}\right) \tag{9.81}$$

若以时域方式表达式(9.79),则表明第 k 波束,距离为 $R_o,\theta=0$ 处的距离徙动并由此带来的相位问题获得补偿,可进行成像。

分析式(9.80)和式(9.81)可知,在高分辨条件下,这种相位补偿成像有效范围是有限的,一帧信号的成像区域的一次补偿可能聚焦不满足所有横向区域,直接可采用的方法是进行多次补偿,每次补偿仅对小部分区域成像。设成像所在方位向为 Δx,针对第 i 区域补偿函数

$$h_s(f,n,i) = e^{j2\pi(f_o+f)\Delta T(n,i\Delta x,R_o)} \tag{9.82}$$

式中

$$\Delta T(n,i\Delta x,R_o) \approx -\frac{2}{c}\left(i\Delta x+\frac{\Delta x}{2}\right)\left(\frac{v_o T_r n}{R_o}+\left(\frac{v_o T_r n}{R_o}\right)^2\frac{2i\Delta x+\Delta x}{4R_o}\right) \tag{9.83}$$

式(9.77)可修改为

$$\widetilde{S}_r(f,n,i) = \widetilde{S}_r(f,n)h_s(f,n,i) \tag{9.84}$$

即

$$\widetilde{S}_r(f,n,i) = e^{-j2\pi f_o\left(1+\frac{f}{f_o}\right)\Delta T(n,i,R_o)}X(f) \tag{9.85}$$

式中

$$\Delta T(n,i,R_o) = \Delta T(n,x,R_o) - \Delta T(n,i\Delta x,R_o) \tag{9.86}$$

经整理后有

$$\Delta T(n,i,R_o) \approx -\frac{2}{c}\left(x-i\Delta x-\frac{\Delta x}{2}\right)\left(\frac{v_o T_r n}{R_o}+\left(\frac{v_o T_r n}{R_o}\right)^2\frac{2x+2i\Delta x+\Delta x}{4R_o}\right) \tag{9.87}$$

平台运动所造成时域相位变化经不同补偿后为

$$\Delta\varphi(n,i,R_o) \approx \frac{2}{\lambda}\left(x-i\Delta x-\frac{\Delta x}{2}\right)\left(\frac{v_o T_r n}{R_o}+\left(\frac{v_o T_r n}{R_o}\right)^2\frac{2x+2i\Delta x+\Delta x}{4R_o}\right) \tag{9.88}$$

将式(9.18)代入式(9.87)和式(9.88),有

$$\Delta T(n,i,R_o) \approx -\frac{2}{c}\left(x-i\Delta x-\frac{\Delta x}{2}\right)\left(0.442\frac{\lambda n}{\delta_a N}+\right.$$
$$\left.\left(0.442\frac{\lambda n}{\delta_a N}\right)^2\frac{2x+2i\Delta x+\Delta x}{4R_o}\right) \tag{9.89}$$

$$\Delta\varphi(n,i,R_o) \approx 4\pi\frac{1}{\lambda}\left(x-i\Delta x-\frac{\Delta x}{2}\right)\left(0.442\frac{\lambda n}{\delta_a N}+\right.$$
$$\left.\left(0.442\frac{\lambda n}{\delta_a N}\right)^2\frac{2x+2i\Delta x+\Delta x}{4R_o}\right) \tag{9.90}$$

多波束凝视 SAR 雷达正侧视条件下, $n=-\frac{N}{2}$ 时,不同横向区域的最大成像横向距离范围为

$$|x| \leqslant \sqrt{\frac{R_o}{\lambda}\left(\frac{\delta_a}{0.884}\right)^2 + \left(i\Delta x + \frac{\Delta x}{2}\right)^2} \qquad (9.91)$$

如果取 $\Delta x \leqslant \dfrac{\delta_a}{0.442}\sqrt{\dfrac{R_o}{\lambda}}$，则式(9.91)为

$$|x| \leqslant \sqrt{2 + 4i^2 + 4i}\,\frac{\delta_a}{0.884}\sqrt{\frac{R_o}{\lambda}} \qquad (9.92)$$

由此可见，通过对不同成像区域的不同补偿函数，可以减小不同成像区域的非线性频率的调制；但在要求不高的条件下，在损失和失真允许时，可以增大一次成像区域。在传统条带式成像模式条件下，也可应用此方法。

9.1.4.3 频域距离徙动校正

应用式(9.77)进行补偿，在高分辨的条件下，仅能对小范围区域的距离弯曲和距离的线性徙动实现有效补偿。方位向聚焦可以在时域完成，也可以在频域完成。将式(9.80)代入式(9.79)的频域表达式，有

$$\widetilde{S}_r(f,n) = e^{j2\pi\left(1+\frac{f}{f_o}\right)\left(2\frac{xv_oT_rn}{\lambda R_o} + \left(\frac{v_oT_rn}{R_o}\right)^2\frac{x^2}{\lambda R_o}\right)}X(f) \qquad (9.93)$$

如果令

$$f_{do} = 2\frac{v_oT_rN}{\lambda} \qquad (9.94)$$

则目标回波的多普勒频率 $f_d(x)$ 为

$$f_d(x) = f_{do}\frac{x}{R_o} \qquad (9.95)$$

则频率线性变化的特征值为

$$\frac{\lambda}{4R_o}\left(2\frac{xv_oT_rN}{\lambda R_o}\right)^2 = \frac{\lambda}{4R_o}f_d^2(x) \qquad (9.96)$$

故式(9.93)可表示为

$$\widetilde{S}_r(f,n) = e^{j2\pi\left(1+\frac{f}{f_o}\right)\left(f_d(x)\frac{n}{N} + \frac{\lambda}{4R_o}f_d^2(x)\left(\frac{n}{N}\right)^2\right)}X(f) \qquad (9.97)$$

依据匹配傅里叶变换原理[10-13]，其频域的离散匹配傅里叶变换为

$$\widetilde{S}_r(f,k_d) = \sum_{n=1}^{N}\zeta(n)\,\widetilde{S}_r(f,n)\,e^{-j2\pi\left(1+\frac{f}{f_o}\right)\left(k_d\frac{n}{N} + \frac{\lambda}{4R_o}k_d^2\left(\frac{n}{N}\right)^2\right)} \qquad (9.98)$$

$$\widetilde{S}_r(f,k_d) = X(f)H_r(f,k_d) \qquad (9.99)$$

式中：$H_r(f,k_d)$ 为匹配频域响应函数。

$$H_r(f,k_d) = \sum_{n=1}^{N}\zeta(n)e^{j2\pi\left(1+\frac{f}{f_o}\right)(f_d(x)-k_d)\left(\frac{n}{N}+\frac{\lambda}{4R_o}(f_d(x)+k_d)\left(\frac{n}{N}\right)^2\right)} \qquad (9.100)$$

令系数函数 $\xi(x) = f_d(x) - k_d$，$\xi(x)$ 为未知参数。则式(9.100)可为

$$H_r(f,k_d) = \sum_{n=1}^{N} \zeta(n) e^{j2\pi\left(1+\frac{f}{f_o}\right)\xi(x)\left(\frac{n}{N}+\frac{\lambda}{4R_o}(2f_d(x)-\xi(x))\left(\frac{n}{N}\right)^2\right)} \tag{9.101}$$

式(9.101)完成了成像的方位向聚焦,以消除目标信号的距离徙动。如果成像分辨率达 $\delta_a = 0.1\mathrm{m}$,信号波长为 $\lambda = 0.03\mathrm{m}$,相邻波位为 $\Delta\theta = 1°$,频率随时间变化要考虑时间的三次方项,则式(9.97)表示的点目标频域信号为

$$\tilde{S}_r(f,n) = e^{j2\pi\left(1+\frac{f}{f_o}\right)f_d(x)\left(\frac{n}{N}+\frac{\lambda}{4R_o}f_d(x)\left(\frac{n}{N}\right)^2-\frac{1}{2}\left[\left(\frac{L}{R_o}\right)^2-\left(\frac{\lambda}{2R_o}\right)^2f_d^2(x)\right]\left(\frac{n}{N}\right)^3\right)}X(f) \tag{9.102}$$

式(9.100)可修正为

$$H_r(f,k_d) = \sum_{n=1}^{N} \zeta(n) e^{j2\pi\left(1+\frac{f}{f_o}\right)\left\{(f_d(x)-k_d)\frac{n}{N}+\frac{\lambda}{4R_o}(f_d^2(x)-k_d^2)\left(\frac{n}{N}\right)^2-\frac{1}{2}\left[\left(\frac{L}{R_o}\right)^2(f_d(x)-k_d)-\left(\frac{\lambda}{2R_o}\right)^2(f_d^3(x)-k_d^3)\right]\left(\frac{n}{N}\right)^3\right\}} \tag{9.103}$$

仍以一点目标为例,雷达信号波长为 $\lambda = 0.03\mathrm{m}$,$f_d(x) = 1600\mathrm{Hz·s}$,成像分辨力取 $\delta_a = 0.1\mathrm{m}$,成像距离为 $R_o = 20\mathrm{km}$,取 $N = 16376$,取 $\zeta(n) = 1$ 时,其幅度归一化的仿真如图9.5所示。仿真时,$(f_d(x) - k_d)$ 的取值范围为 $(-5,5)$,当 $f = 0$ 时,聚焦的结果如图中实线所示;$\frac{f}{f_o} = 0.1$ 时,聚焦的结果如图中点画线所示;从图中可以看到,主瓣宽度随 f 增大而变窄,不加窗时的信号副瓣为 $-13.2\mathrm{dB}$,但聚焦后的信号峰值位置保持不变;若取 $\zeta(n) = 1 + \frac{\lambda}{2R_o}k_d\frac{n}{N} - \frac{3}{2}\left[\left(\frac{L}{R_o}\right)^2 - \left(\frac{\lambda}{2R_o}\right)^2\right]k_d^2\left(\frac{n}{N}\right)^2$,有相同的结果,这说明距离徙动影响已克服。

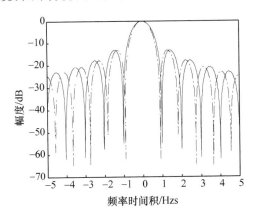

图9.5　理想点目标信号聚焦

9.1.4.4　斜视成像距离徙动校正

正侧视是雷达成像时,波束指向的一个特例,在一般情况下,波束指向与平

台运动方向的垂直面有一夹角,设此夹角为 θ_p,定义波束指向为 Y 轴,如图 9.6 所示,设地面有一点目标坐标为 (x,y),则平台到此点目标距离为

$$R(n,x) = \sqrt{(x - \cos\theta_p v_o T_r n)^2 + (y - \sin\theta_p v_o T_r n)^2 + h_o^2} \qquad (9.104)$$

仍设 $R_o = \sqrt{y^2 + h_o^2}$,$\sin\theta \approx \dfrac{x}{R_o}$,则目标延时为

$$
\begin{aligned}
T(n,\theta) = 2\frac{R_o}{c}\Bigg(& 1 - \sin(\theta_p + \theta)\frac{v_o T_r n}{R_o} + \frac{1}{2}\cos^2(\theta_p + \theta)\left(\frac{v_o T_r n}{R_o}\right)^2 + \\
& \frac{1}{2}\sin(\theta_p + \theta)\left(\frac{v_o T_r n}{R_o}\right)^3 - \frac{1}{2}\sin^3(\theta_p + \theta)\left(\frac{v_o T_r n}{R_o}\right)^3 + \\
& \frac{3}{4}\sin^2(\theta_p + \theta)\left(\frac{v_o T_r n}{R_o}\right)^4 - \frac{1}{8}\left(\frac{v_o T_r n}{R_o}\right)^4 - \frac{5}{8}\sin^4(\theta_p + \theta)\left(\frac{v_o T_r n}{R_o}\right)^4\Bigg)
\end{aligned}
$$

$$(9.105)$$

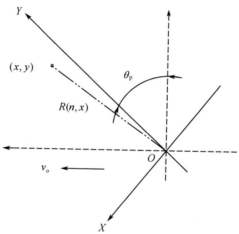

图 9.6 斜视点目标坐标转换

应用式(9.77)进行延时补偿,可得延时差为

$$
\begin{aligned}
\Delta T(n,\theta) = 4\frac{R_o}{c}\cos\left(\theta_p + \frac{\theta}{2}\right)\sin\frac{\theta}{2}\Bigg(& -\frac{v_o T_r n}{R_o} - \frac{1}{2}\big(\sin(\theta_p + \theta) + \\
& \sin\theta_p\big)\left(\frac{v_o T_r n}{R_o}\right)^2 + \frac{1}{2}\big[1 - (\sin^2(\theta_p + \theta) + \sin(\theta_p + \theta)\sin\theta_p + \\
& \sin^2\theta_p)\big]\left(\frac{v_o T_r n}{R_o}\right)^3 + \Big[\frac{3}{4}(\sin(\theta_p + \theta) + \sin\theta_p) - \\
& \frac{5}{8}(\sin(\theta_p + \theta) + \sin\theta_p)(\sin^2(\theta_p + \theta) + \sin^2\theta_p)\Big]\left(\frac{v_o T_r n}{R_o}\right)^4\Bigg)
\end{aligned}
$$

$$(9.106)$$

当 $\theta_p = 0$ 可获取正侧视条件下的目标延时。在大斜视角条件下，$\theta_p \gg \theta$ 时，有

$$\Delta T(n,\theta) = 2\frac{x}{c}\cos\theta_p\left(-\frac{v_o T_r n}{R_o} - \sin\theta_p\left(\frac{v_o T_r n}{R_o}\right)^2 + \right.$$
$$\left. \frac{1}{2}(1 - 3\sin^2\theta_p)\left(\frac{v_o T_r n}{R_o}\right)^3 + \frac{1}{2}(3\sin\theta_p - 5\sin^3\theta_p)\left(\frac{v_o T_r n}{R_o}\right)^4\right)$$

$$(9.107)$$

由于 $L = v_o T_r N$，则补偿后的相位差为

$$\Delta\varphi(n,\theta) = 2\pi\frac{x}{\lambda}\cos\theta_p\frac{L}{R_o}\left(2\frac{n}{N} + 2\sin\theta_p\frac{L}{R_o}\left(\frac{n}{N}\right)^2 - \right.$$
$$\left. [1 - 3\sin^2\theta_p]\left(\frac{L}{R_o}\right)^2\left(\frac{n}{N}\right)^3 - [3 - 5\sin^2\theta_p]\sin\theta_p\left(\frac{L}{R_o}\right)^3\left(\frac{n}{N}\right)^4\right)$$

$$(9.108)$$

若目标距离 $R_o = 20\text{km}$，$\theta_p = 45°$，$\delta_a = 0.1\text{m}$，$\lambda = 0.03\text{m}$，随时间变化的 4 次方项不可以忽略。

式(9.108)的坐标横向分辨与式(9.21)相同，可表示为

$$\delta_a = 0.442\frac{R_o}{L\cos\theta_p}\lambda \qquad (9.109)$$

此分辨是指垂直于波束指向的分辨。

如果令

$$f_d(x) = 2\frac{x}{\lambda}\cos\theta_p\frac{L}{R_o} \qquad (9.110)$$

$$\Delta\varphi(n,x) = 2\pi f_d(x)\left(\frac{n}{N} + C_2\left(\frac{n}{N}\right)^2 + C_3\left(\frac{n}{N}\right)^3 + C_4\left(\frac{n}{N}\right)^4\right) \qquad (9.111)$$

式中：$C_2 = \sin\theta_p\dfrac{L}{R_o}$；$C_3 = \dfrac{3\sin^2\theta_p - 1}{2}\left(\dfrac{L}{R_o}\right)^2$；$C_4 = \dfrac{5\sin^2\theta_p - 3}{2}\sin\theta_p\left(\dfrac{L}{R_o}\right)^3$。

式(9.97)所表示的频域回波信号模型，在斜视条件下，可为

$$\widetilde{S}_r(f,n) = e^{j2\pi\left(1 + \frac{f}{f_0}\right)f_d(x)\left(\frac{n}{N} + C_2\left(\frac{n}{N}\right)^2 + C_3\left(\frac{n}{N}\right)^3 + C_4\left(\frac{n}{N}\right)^4\right)}X(f) \qquad (9.112)$$

其频域的离散匹配傅里叶变换为

$$\widetilde{S}_r(f,k_d) = \sum_{n=1}^{N}\zeta(n)\widetilde{S}_r(f,n)e^{-j2\pi\left(1 + \frac{f}{f_0}\right)k_d\left(\frac{n}{N} + C_2\left(\frac{n}{N}\right)^2 + C_3\left(\frac{n}{N}\right)^3 + C_4\left(\frac{n}{N}\right)^4\right)}$$

$$(9.113)$$

上式同样可表述为

$$\widetilde{S}_r(f,k_d) = X(f)H_r(f,k_d) \qquad (9.114)$$

故有

$$H_r(f, k_d) = \sum_{n=1}^{N} \zeta(n) e^{j2\pi\left(1+\frac{f}{f_o}\right)\left(f_d(x)-k_d\right)\left(\frac{n}{N}+C_2\left(\frac{n}{N}\right)^2+C_3\left(\frac{n}{N}\right)^3+C_4\left(\frac{n}{N}\right)^4\right)} \quad (9.115)$$

式中：$C_2 = 0.442\tan\theta_p \dfrac{\lambda}{\delta_a}$；$C_3 = \dfrac{3\sin^2\theta_p - 1}{2}\left(0.442\dfrac{\lambda}{\delta_a\cos\theta_p}\right)^2$；$C_4 = \dfrac{5\sin^2\theta_p - 3}{2}$ $\sin\theta_p\left(\dfrac{L}{R_o}\right)^3$。

令 $\xi(x) = f_d(x) - k_d$，则式(9.115)可为

$$H_r(f, k_d) = \sum_{n=1}^{N} \zeta(n) e^{j2\pi\left(1+\frac{f}{f_o}\right)\xi(x)\left(\frac{n}{N}+C_2\left(\frac{n}{N}\right)^2+C_3\left(\frac{n}{N}\right)^3+C_4\left(\frac{n}{N}\right)^4\right)} \quad (9.116)$$

取 $\lambda = 0.03\text{m}$，$\delta_a = 0.1\text{m}$，$\theta_p = 45°$，$\dfrac{L}{R_o} = 0.188$，$f_d(x) = 1600\text{Hz}\cdot\text{s}$，成像距离为 $R_o = 20\text{km}$，取 $N = 16376$，取 $\zeta(n) = 1$ 时，其幅度归一化的仿真如图9.7所示。仿真时，$\xi(x)$ 的取值范围为 $(-5, 5)$，当 $f = 0$ 时，聚焦的结果如图中实线所示；$\dfrac{f}{f_o} = 0.1$ 时，聚焦的结果如图中点画线所示；从图中可以看到，主瓣宽度随 f 增加而变窄，不加窗时的信号第一副瓣为 -13dB，但聚焦后的信号峰值位置保持不变；可以消除距离徙动。

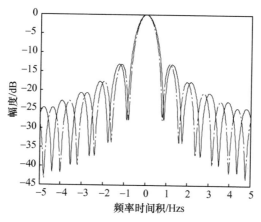

图9.7 斜视点目标回波信号聚焦

9.2 多子带凝视成像

多波束凝视 SAR 的一个重要应用是发射多个频率带宽相对较窄的信号，对接收信号通过信号处理方法合成宽带信号，实现高分辨，在一定程度上缓解宽带信号所带来的雷达系统实现和波束形成瓶颈。多子带可分为时分多子带和同时

多子带。

9.2.1　时分发射多子带信号

9.2.1.1　子带合成宽带脉冲压缩

采用多波束凝视 SAR 可降低每个接收波束回波多普勒瞬时带宽,可以在发射信号重复频率比较低的条件下实现成像区域没有多普勒谱重叠而影响成像。若多波束凝视 SAR 雷达的接收波束相对于传统 SAR 雷达波束宽度降至 $1/M$ 倍,则多普勒瞬时带宽也降至 $1/M$,设计的发射信号重频也就可降至 $1/M$,如果宽带信号分解成 P 个子带信号,且 $P \leqslant M$,也可实现子带条件下多普勒成像区域的多普勒谱不重叠。

设发射信号带宽 B 分为 P 个子带脉冲信号,子脉冲信号的带宽为 ΔB,子脉冲信号的重复周期为 ΔT_r,则有

$$B = P\Delta B \tag{9.117}$$

$$T_r = P\Delta T_r \tag{9.118}$$

第 p 组子带脉冲波形信号为

$$s(t,p) = e^{j2\pi p\Delta Bt} e^{j\pi k(t - p\Delta T_r)^2} g_\tau\left(t - \frac{\tau}{2} - p\Delta T_r\right) \tag{9.119}$$

取脉冲压缩的参考函数为 $h(t,p) = \overset{*}{s}(t,p) *$ 表示共轭,式(9.119)信号脉冲压缩后的信号可表示为

$$s(t) = \sum_{p=0}^{P} \int_{-\infty}^{\infty} s(\tau,p) h(\tau - t,p) \, d\tau \tag{9.120a}$$

子脉冲压缩后,可解得

$$s(t) \approx \sum_{p=0}^{P} e^{j2\pi p\Delta Bt} \tau \mathrm{Sa}(\pi\Delta Bt) e^{j\pi\Delta Bt} g_{2\tau}(t) \tag{9.120b}$$

子带积累后有

$$s(t) \approx P\tau\mathrm{Sa}(\pi Bt) e^{j\pi Bt} g_{2\tau}(t) \tag{9.120c}$$

脉冲压缩后的分辨力取决于信号的总带宽 B,压缩处理的信号得益决定于有限处理时间长度 $P\tau$,也就是目标被雷达照射的总时间。

若发射信号可抽象为

$$s_e(t,p,n) = e^{j2\pi f_0 t} s(t,p) g_{T_r}(t - nT_r) \tag{9.121}$$

在正侧视条件下,以式(9.78)所示的补偿函数进行补偿,可得距离向为 R_0 点目标的子带时分回波延时差:

$$\Delta T(p,n,\theta,R_{\mathrm{o}}) \approx -\frac{2}{c}\sin\theta\left(1+\frac{v_{\mathrm{o}}T_{\mathrm{r}}\dfrac{p}{P}}{R_{\mathrm{o}}^2}\Big(x_{\mathrm{o}}+\frac{x}{2}\Big)\right)v_{\mathrm{o}}T_{\mathrm{r}}\frac{p}{P}-$$

$$\frac{2}{c}\sin\theta\left(1+\frac{v_{\mathrm{o}}T_{\mathrm{r}}n}{R_{\mathrm{o}}^2}\Big(x_{\mathrm{o}}+\frac{x}{2}\Big)\right)v_{\mathrm{o}}T_{\mathrm{r}}n-$$

$$\frac{2}{c}\sin\theta\frac{2v_{\mathrm{o}}T_{\mathrm{r}}\dfrac{p}{P}}{R_{\mathrm{o}}^2}\Big(x_{\mathrm{o}}+\frac{x}{2}\Big)v_{\mathrm{o}}T_{\mathrm{r}}n \qquad (9.122)$$

从式(9.122)可以看出延时差分为三部分,第一部分延时差决定于子脉冲时序 p,第二部分决定于子脉冲串的时序 n,第三部分是二者的耦合,若 p 对耦合的影响不可忽略,会造成处理复杂。如果子带持续时间内,所产生延时高阶小项可以忽略,则有

$$\Delta T(p,n,\theta,R_{\mathrm{o}}) \approx -\frac{2}{c}\sin\theta v_{\mathrm{o}}T_{\mathrm{r}}\frac{p}{P}-\frac{2}{c}\sin\theta\left(1+\frac{v_{\mathrm{o}}T_{\mathrm{r}}n}{R_{\mathrm{o}}^2}\Big(x_{\mathrm{o}}+\frac{x}{2}\Big)\right)v_{\mathrm{o}}T_{\mathrm{r}}n$$

$$(9.123)$$

即

$$\Delta T(p,n,\theta,R_{\mathrm{o}}) \approx \Delta T(p,1,\theta,R_{\mathrm{o}})+\Delta T(n,\theta,R_{\mathrm{o}}) \qquad (9.124)$$

相位误差为

$$\Delta\varphi(p,n,\theta,R_{\mathrm{o}}) \approx 2\pi\sin\theta f_{\mathrm{d}}T_{\mathrm{r}}\frac{p}{P}+\Delta\varphi(n,\theta,R_{\mathrm{o}}) \qquad (9.125)$$

从式(9.123)和式(9.125)可以看到 p 和 n 相互独立,可分别处理;则补偿后的零中频归一化接收信号可简化为

$$s_{\mathrm{r}}(t,p,n) \approx \mathrm{e}^{\mathrm{j}2\pi\sin\theta f_{\mathrm{d}}T_{\mathrm{r}}\frac{p}{P}}\mathrm{e}^{\mathrm{j}\Delta\varphi(n,\theta,R_{\mathrm{o}})}\mathrm{e}^{\mathrm{j}2\pi p\Delta B(t-\Delta T(p,n,\theta,R_{\mathrm{o}}))}\times$$

$$\mathrm{e}^{\mathrm{j}\pi k(t-\Delta T(p,n,\theta,R_{\mathrm{o}}))^2}g_{\tau}\left(t-\frac{\tau}{2}-\Delta T(p,n,\theta,R_{\mathrm{o}})\right) \quad (9.126)$$

则子脉冲压缩后的信号为

$$s_{\mathrm{rp}}(t,p,n) \approx \tau\mathrm{Sa}(\pi\Delta B(t-\Delta T(p,n,\theta,R_{\mathrm{o}})))\mathrm{e}^{\mathrm{j}2\pi\sin\theta f_{\mathrm{d}}T_{\mathrm{r}}\frac{p}{P}}\mathrm{e}^{\mathrm{j}\Delta\varphi(n,\theta,R_{\mathrm{o}})}\times$$

$$\mathrm{e}^{\mathrm{j}\pi(2p+1)\Delta B(t-\Delta T(p,n,\theta,R_{\mathrm{o}}))}g_{2\tau}(t-\Delta T(p,n,\theta,R_{\mathrm{o}})) \qquad (9.127)$$

子带积累后的信号为

$$s_{\mathrm{r}}(t,n) = \sum_{p=0}^{P-1}s_{\mathrm{rp}}(t,p,n) \qquad (9.128)$$

如果 $\Delta T(p,1,\theta,R_{\mathrm{o}})$ 产生的延时小于 $1/4$ 分辨单元,可近似认为

$$\Delta T(p,n,\theta,R_{\mathrm{o}}) \approx \Delta T(n,\theta,R_{\mathrm{o}}) \qquad (9.129)$$

则式(9.128)为

$$s_r(t,n) \approx P\tau \mathrm{Sa}(\pi\Delta B(t-\Delta T(n,\theta,R_o)))\mathrm{e}^{\mathrm{j}(\pi f_d T_r \sin\theta\frac{(P-1)}{P}+\Delta\varphi(n,\theta,R_o))} \times$$

$$\widetilde{\mathrm{Sa}}\left(\pi B\left(t-\Delta T(n,\theta,R_o)+\sin\theta\frac{f_d}{B}T_r\right)\right) \times$$

$$\mathrm{e}^{\mathrm{j}\pi B(t-\Delta T(p,n,\theta,R_o))}g_{2\tau}(t-\Delta T(n,\theta,R_o)) \tag{9.130}$$

积累后的目标峰值时间 t 出现在 $\Delta T(p,n,\theta,R_o)+\sin\theta\frac{f_d}{B}T_r$，而不是 $\Delta T(p,n,\theta,R_o)$，这表明目标多普勒频率对信号峰值时间存在时频耦合现象。在多波束凝视成像雷达中，θ 范围很小，且在高分辨条件下，多普勒频率也比信号总带宽 B 小得多，如果 $\sin\theta\frac{f_d}{B}T_r$ 小于 1/4 分辨单元，则式(9.130)可简化为

$$s_r(t,n) \approx P\tau\widetilde{\mathrm{Sa}}(\pi B(t-\Delta T(n,\theta,R_o)))\mathrm{e}^{\mathrm{j}(\pi f_d T_r \sin\theta\frac{(P-1)}{P}+\Delta\varphi(n,\theta,R_o))}\times$$

$$\mathrm{e}^{\mathrm{j}\pi B(t-\Delta T(p,n,\theta,R_o))}g_{2\tau}(t-\Delta T(n,\theta,R_o)) \tag{9.131}$$

故距离分辨力仍取决于信号的总带宽。

9.2.1.2　零中频处理

在实际雷达系统中，可采用零中频方法降低系统的复杂度，则式(9.119)中步进频率

$$f_p = p\Delta B \tag{9.132}$$

将 $p\Delta Bt$ 作为载频的一部分，被混频处理，则式(9.126)可表示为

$$s_r(t,p,n) \approx \mathrm{e}^{\mathrm{j}\Delta\varphi(n,\theta,R_o)}\mathrm{e}^{-\mathrm{j}2\pi p\left(\Delta B\Delta T(p,n,\theta,R_o)-\sin\theta\frac{f_d T_r}{P}\right)}\times$$

$$\mathrm{e}^{\mathrm{j}\pi k(t-\Delta T(p,n,\theta,R_o))^2}g_\tau\left(t-\frac{\tau}{2}-\Delta T(p,n,\theta,R_o)\right) \tag{9.133}$$

分析此式可知，接收信号有相同的带宽，该信号可以较低的采样率采样，并有较低的数据量。此信号脉冲压缩后的表达式为

$$s_{rp}(t,p,n) \approx \mathrm{e}^{\mathrm{j}\Delta\varphi(n,\theta,R_o)}\mathrm{e}^{-\mathrm{j}2\pi p\left(\Delta B\Delta T(p,n,\theta,R_o)-\sin\theta\frac{f_d T_r}{P}\right)}\tau\mathrm{Sa}(\pi\Delta B(t-\Delta T(p,n,\theta,R_o)))\times$$

$$\mathrm{e}^{\mathrm{j}\pi\Delta B(t-\Delta T(p,n,\theta,R_o))}g_{2\tau}(t-\Delta T(p,n,\theta,R_o)) \tag{9.134}$$

如果式(9.129)成立，则子带积累后的信号可简化为

$$s_r(t,n) \approx P\tau\widetilde{\mathrm{S}}\,\mathrm{a}(\pi B(t-\Delta T(n,\theta,R_o)))\mathrm{e}^{\mathrm{j}\pi\Delta Bt}\times$$

$$\mathrm{e}^{-\mathrm{j}\pi\left(B\Delta T(n,\theta,R_o)-\frac{P-1}{P}\sin\theta\frac{f_d T_r}{P}\right)}g_{2\tau}(t-\Delta T(n,\theta,R_o)) \tag{9.135}$$

比较式(9.131)和式(9.135)，可见两种处理效果是等价的，但第二种方式

可以比较低的数据采样率实现,故其实现代价相对比较低。

9.2.2 同时发射多子带信号

多子带合成宽带的另一种方式是同时发射不同载频的信号,在探测区域形成宽谱覆盖信号,实现高分辨。

若每个子带发射信号具有相同的波形,第 p 个子带发射信号抽象为

$$s_e(t,p) = e^{j2\pi(f_o + p\Delta B)t} e^{j\pi kt^2} g_\tau\left(t - \frac{\tau}{2}\right) \tag{9.136}$$

当 P 个子带指向同一区域时,若有一点目标,则其所照射信号为

$$s_e(t) = \sum_{p=0}^{P-1} s_e(t,p) \tag{9.137}$$

即

$$s_e(t) = P e^{j2\pi f_o t} \widetilde{Sa}(\pi Bt) e^{j\pi \frac{P-1}{P} Bt} e^{j\pi kt^2} g_\tau\left(t - \frac{\tau}{2}\right) \tag{9.138}$$

分析上式可知,信号的幅度已合成辛格形,信号的脉冲宽度取决于信号带宽,虽然信号的时域波形发生变化,但信号谱宽度及其功率谱分布保持不变。

9.2.2.1 子带信号直接处理

若保证发射信号总功率归一化,则信号波形抽象为

$$s(t) = \frac{1}{\sqrt{P}} \sum_{p=0}^{P-1} e^{j2\pi p\Delta Bt} e^{j\pi kt^2} g_\tau\left(t - \frac{\tau}{2}\right) \tag{9.139}$$

取脉冲压缩的参考函数为

$$h(t) = \frac{1}{\sqrt{P}} \sum_{i=0}^{P-1} e^{-j2\pi i\Delta Bt} e^{-j\pi kt^2} g_\tau\left(t - \frac{\tau}{2}\right) \tag{9.140}$$

则其脉冲压缩后的信号可表示为

$$s(t) = \frac{\tau}{P}\left(1 - \frac{|t|}{\tau}\right) \sum_{i=0}^{P-1} e^{j\pi(2i+1)\Delta Bt} \sum_{p=0}^{P-1} Sa\left(\pi\Delta B\tau\left((p-i) + \frac{t}{\tau}\right)\left(1 - \frac{|t|}{\tau}\right)\right) \times$$
$$e^{j\pi\Delta B(p-i)(t+\tau)} g_{2\tau}(t) \tag{9.141}$$

忽略 $\frac{|t|}{\tau}$ 对脉压信号的影响,有

$$s(t) = \frac{\tau}{P} \sum_{i=0}^{P-1} e^{j\pi(2i+1)\Delta Bt} \sum_{p=0}^{P-1} Sa(\pi\Delta B((p-i)\tau + t)) e^{j\pi\Delta B(p-i)(t+\tau)} g_{2\tau}(t) \tag{9.142}$$

式中,$p = i$ 部分的脉冲信号为

$$s_{p=i}(t) = P\tau Sa(\pi\Delta Bt) e^{j\pi Bt} \widetilde{Sa}(\pi Bt) g_{2\tau}(t) \tag{9.143}$$

其与式(9.120c)的差别是信号的包络被子带 $\mathrm{Sa}(\pi\Delta Bt)$ 调制,而其他一致。如果 $p-i=1$,则

$$s_{p-i=1}(t) = P\tau\mathrm{Sa}(\pi\Delta Bt)\,\mathrm{e}^{\mathrm{j}\pi(Bt+\Delta B\tau)}\widetilde{\mathrm{Sa}}(\pi B(t+\tau))g_{2\tau}(t) \qquad (9.144)$$

式(9.144)表明,在脉冲信号持续时间内,当 $t=-\tau$ 时也会出现信号峰值,信号强度与式(9.142)相同,这将严重影响雷达成像。

另一方面,在式(9.142)所示信号中,更多的是接收信号与参考信号之间存在频差,若 $p-i=m$,在脉冲信号持续时间内,则为

$$s(t) = s_{p=i}(t) + \frac{\tau}{P}\sum_{i=0}^{P-1}\mathrm{e}^{\mathrm{j}\pi(2i+1)\Delta Bt}\left(\sum_{m=1}^{P-i-1}\mathrm{Sa}(\pi\Delta B(m\tau+t))\mathrm{e}^{\mathrm{j}\pi\Delta Bm(t+\tau)} + \right.$$

$$\left.\sum_{m=-1}^{-i}\mathrm{Sa}(\pi\Delta B(m\tau+t))\mathrm{e}^{\mathrm{j}\pi\Delta Bm(t+\tau)}\right)g_{2\tau}(t) \qquad (9.145)$$

分析式(9.145)可知,各子带信号的频差会影响脉冲压缩,时域不同点的信号幅度是各子带信号共同叠加的结果,当 $t=-m\tau$ 时,式中的辛格函数出现峰值,由于门函数 $g_{2\tau}(t)$ 的作用,式中的求和项仅在 $m=\pm1$ 可出现峰值,但各信号副瓣将会相互影响,降低成像质量,对于副瓣的影响可以采用加窗技术降低副瓣功率,而 $t=-m\tau$ 出现峰值必须采取其他措施。

若同时发射的相邻二子带的中心频率差 Δf 大于子带带宽 ΔB,发射信号总功率归一化的信号波形抽象为

$$s(t) = \frac{1}{\sqrt{P}}\sum_{p=0}^{P-1}\mathrm{e}^{\mathrm{j}2\pi p\Delta ft}\mathrm{e}^{\mathrm{j}\pi kt^2}g_{\tau}\left(t-\frac{\tau}{2}\right) \qquad (9.146)$$

脉冲压缩的参考函数为

$$h(t) = \frac{1}{\sqrt{P}}\sum_{i=0}^{P-1}\mathrm{e}^{-\mathrm{j}2\pi i\Delta ft}\mathrm{e}^{-\mathrm{j}\pi kt^2}g_{\tau}\left(t-\frac{\tau}{2}\right) \qquad (9.147)$$

则其脉冲压缩后的信号可表示为

$$s(t) = \frac{\tau}{P}\left(1-\frac{|t|}{\tau}\right)\sum_{i=0}^{P-1}\mathrm{e}^{\mathrm{j}\pi(2i\Delta f+\Delta B)t}\sum_{p=0}^{P-1}\mathrm{Sa}\left(\pi((p-i)\Delta f\tau+\Delta Bt)\left(1-\frac{|t|}{\tau}\right)\right)\times$$

$$\mathrm{e}^{\mathrm{j}\pi\Delta f(p-i)(t+\tau)}g_{2\tau}(t) \qquad (9.148)$$

忽略 $\dfrac{|t|}{\tau}$ 对脉压信号的影响,有

$$s(t) = \frac{\tau}{P}\sum_{i=0}^{P-1}\mathrm{e}^{\mathrm{j}\pi(2i\Delta f+\Delta B)t}\sum_{p=0}^{P-1}\mathrm{Sa}(\pi((p-i)\Delta f\tau+\Delta Bt))\mathrm{e}^{\mathrm{j}\pi\Delta f(p-i)(t+\tau)}g_{2\tau}(t) \qquad (9.149)$$

则信号峰值出现于

$$t = (i-p)\frac{\Delta f}{\Delta B}\tau \qquad (9.150)$$

由于 $\Delta f > \Delta B$，则 $|i-p|=1$ 的信号主峰最大值出现在 $g_{2\tau}(t)$ 之外，但部分主瓣和副瓣仍可出现在信号持续时间内，由于副瓣可采用加窗技术抑制，而主瓣不能被抑制，分析式(9.150)，则其主瓣不出现在门函数持续时间之内，如果 $\Delta f = \Delta B + \Delta F$，$\Delta F$ 表达了两子带间隔频带，取脉冲宽度为 $\dfrac{1}{\Delta B}$，满足

$$\Delta F > \frac{1}{\tau} \tag{9.151}$$

则 $i \neq p$ 时的子脉冲信号的主峰在门信号持续时间之外。

9.2.2.2 子带级处理

若雷达接收到的信号通过一组滤波器，将各子带信号滤出，则理想第 p 子带信号表示为

$$s(t,p) = \frac{1}{\sqrt{P}} e^{j2\pi p \Delta f t} e^{j\pi k t^2} g_\tau \left(t - \frac{\tau}{2}\right) \tag{9.152}$$

由于各子带信号已分离，故各子带的脉冲压缩的参考信号可为

$$h(t,p) = s(t,p) \tag{9.153}$$

在脉冲持续时间内，第 p 子带的脉冲压缩信号为

$$s(t,p) = \frac{1}{P} \tau \mathrm{Sa}(\pi \Delta B t) e^{j\pi(2p\Delta f + \Delta B)} g_{2\tau}(t) \tag{9.154}$$

将各子带信号叠加，有

$$s(t) = \sum_{p=0}^{P-1} s(t,p) \tag{9.155}$$

即

$$s(t) = \tau \mathrm{Sa}(\pi \Delta B t) \widetilde{\mathrm{Sa}}(\pi P \Delta f t) e^{j\pi(P\Delta f + \Delta B)t} g_{2\tau}(t) \tag{9.156}$$

若考虑雷达一点目标回波延时 T_o，则接收到该点目标理想抽象第 p 子带信号波形表示为

$$s_r(t,p) = \frac{1}{\sqrt{P}} e^{j2\pi p \Delta f(t-T_o)} e^{j\pi k(t-T_o)^2} g_\tau \left(t - \frac{\tau}{2} - T_o\right) \tag{9.157}$$

如果每个子带均采用零中频处理，则接收信号又可表示为

$$\bar{s}_r(t,p) = \frac{1}{\sqrt{P}} e^{-j2\pi p \Delta f T_o} e^{j\pi k(t-T_o)^2} g_\tau \left(t - \frac{\tau}{2} - T_o\right) \tag{9.158}$$

取脉冲压缩参考信号为

$$h(t) = \frac{1}{\sqrt{P}} e^{j\pi k t^2} g_\tau(t) \tag{9.159}$$

则脉冲压缩后的脉冲信号可表示为

$$\bar{s}_r(t,p) = \frac{1}{P}\tau e^{-j2\pi p\Delta/T_o} \mathrm{Sa}(\pi\Delta B(t - T_o)) e^{j\pi\Delta B(t - T_o)} g_{2\tau}(t) \quad (9.160)$$

由于雷达方位向积累是针对每个距离门进行的,设点目标的延时可以表示为

$$T_o = [T_o] + \Delta T \quad (9.161)$$

式中:$[T_o]$ 为整数单元延时;ΔT 为小于一个延时单元的延时,则式(9.160)又可表示为

$$\bar{s}_r(t,p) = \frac{1}{P}\tau e^{-j2\pi p\Delta/([T_o] + \Delta T)} \mathrm{Sa}(\pi\Delta B(t - [T_o] - \Delta T)) e^{j\pi\Delta B(t - [T_o] - \Delta T)} g_{2\tau}(t)$$

$$(9.162)$$

式(9.162)中可通过以 p 变量进行离散傅里叶实现积累和分辨,但由于 $\Delta f[T_o]$ 值比较大,离散傅里叶会产生模糊,不同 $[T_o]$ 的模糊不同,故有必要对其修正,由于 $\Delta f[T_o]$ 是已知的,可直接对其进行相位补偿,补偿函数为

$$h_p = e^{j2\pi p\Delta f[T_o]} \quad (9.163)$$

对式(9.162)进行补偿,有

$$\hat{s}_r(t,p) = \bar{s}_r(t,p)h_p \quad (9.164)$$

即

$$\hat{s}_r(t,p) = \frac{1}{P}\tau e^{-j2\pi p\Delta f\Delta T} \mathrm{Sa}(\pi\Delta B(t - [T_o] - \Delta T)) e^{j\pi\Delta B(t - [T_o] - \Delta T)} g_{2\tau}(t)$$

$$(9.165)$$

对式(9.165)中的 p 变量进行傅里叶变换,有

$$\hat{S}_r(t,\nu) = \sum_{p=0}^{P-1} s(t,p) e^{-j2\pi\nu\frac{p}{P}} \quad (9.166)$$

即

$$\hat{s}_r(t,p) = \tau \mathrm{Sa}(\pi(P\Delta f\Delta T + \nu)) \mathrm{Sa}(\pi\Delta B(t - [T_o] - \Delta T)) \times$$

$$e^{-j\pi(P\Delta f\Delta T + \nu)\frac{P-1}{P}} e^{j\pi\Delta B(t - [T_o] - \Delta T)} g_{2\tau}(t) \quad (9.167)$$

从上式可知,当 $P\Delta f\Delta T + \nu = 0$ 时,可获取峰值点,不同的 ν 反映了不同点目标的回波,故零中频的同时多子带可实现高分辨。

◪ 9.3　动目标检测

多波束凝视 SAR 雷达可以应用于探测地面运动目标,此时地面固定目标回波会对运动目标产生干扰,探测运动目标的方法是利用运动目标与固定目标速

度差异所产生的各种物理现象实现运动目标探测。

9.3.1 主瓣杂波

为了探测地面运动目标,地面固定目标回波为干扰运动目标检测的杂波。多波束凝视 SAR 雷达的一个重要特征是多个接收窄波束覆盖发射宽波束,客观上每个接收波束覆盖区域减小,导致地面固定目标回波主瓣多普勒频谱宽度变窄,则可检测运动目标的多普勒清晰区范围增大。若运动目标的多普勒频率在主瓣杂波之外,即在清晰区,则有利于检测运动目标。

设有雷达波束正侧视指向,如图 9.4 所示,某一距离单元内,一点目标的横向距离为 $x = x_i$,方位向角度为 θ_i,则 $\sin\theta_i = \dfrac{x_i}{R_o}, f_{do} = \dfrac{2v_o}{\lambda}$,式(9.68)中时间二次项可以忽略,则相位函数可近似为

$$\Delta\varphi(n, \theta_i) \approx 2\pi\sin\theta_i f_{do} n T_r \tag{9.168}$$

地面固定目标回波可近似为

$$s_{r,g}(n) = \sum_i a_i e^{j2\pi\sin\theta_i f_{do} T_r n} \tag{9.169}$$

考虑天线方向图对不同方向杂波的衰减作用,设接收天线波束指向 $\pm\Delta\theta$ 之外的杂波对运动目标检测影响可忽略,则对应的杂波多普勒带宽 B_j 为

$$B_j = 2\sin\frac{\Delta\theta}{2}f_{do} \tag{9.170}$$

杂波的径向速度范围为

$$v_j = \pm\sin\Delta\theta v_o \tag{9.171}$$

若运动目标在天线目标径向速度投影 v_t 满足

$$|v_t| \geqslant \sin\Delta\theta v_o \tag{9.172}$$

则有可能有效检测出运动目标。从式(9.172)中可知,SAR 雷达平台速度比较慢时,有利于运动目标检测。若 SAR 平台的运动速度为 $v_o = 200\text{m/s}, \Delta\theta = 1.5°$,则雷达可检测运动目标速度 $v_j \geqslant 5.3\text{m/s}$ 当然为了有效检测还必须考虑积累时间和速度模糊问题。

若雷达发射信号的重频为 f_c,那么可检测运动目标的多普勒区域为

$$\Delta B_d = f_c - B_j \tag{9.173}$$

其可检测运动目标的多普勒频域比为

$$\zeta = \frac{\Delta B_d}{f_c} = 1 - \frac{B_j}{f_c} \tag{9.174}$$

由此可见,杂波带宽越窄,发射信号的重频越高,可检测运动目标频域比越大,但设计的发射信号重频必须考虑检测运动目标运动速度范围,其在检测运动目标范围内如此。如前参数假设,若雷达波长为 $\lambda = 0.03\text{m}$,则 $B_j = 698\text{Hz}$,当

发射信号重频为 $f_c = 2\mathrm{kHz}$ 时，可检测运动目标的范围 $\zeta = 65.1\%$；发射信号重频为 $f_c = 4\mathrm{kHz}$ 时，可检测运动目标的范围 $\zeta = 82.5\%$。

多波束凝视 SAR 是采用接收多波束覆盖发射波束，指向 θ_k 波束目标回波信号，由于徙动补偿后的相位函数中的时间二次项可以忽略，则相位函数可近似为

$$\Delta\varphi(n,\theta_i) = 2\pi\cos\theta_o\sin\theta_i f_{do}nT_r \tag{9.175}$$

地面固定目标回波可近似为

$$s_{r,g}(t) = \sum_i a_i \mathrm{e}^{\mathrm{j}2\pi\cos\theta_o\sin\theta_i f_{do}nT_r} \tag{9.176}$$

由于天线方向图主瓣宽度随着波束指向的变化而展宽，波束展宽的宽度为 $\dfrac{1}{\cos\theta_o}$，对应于式（9.170）的杂波多普勒带宽可为

$$B_j = 2\cos\theta_o\sin\frac{\Delta\theta}{2\cos\theta_o}f_d \tag{9.177}$$

在 $\dfrac{\Delta\theta}{\cos\theta_o}$ 不大的条件下，$\sin\dfrac{\Delta\theta}{2\cos\theta_o} \approx \dfrac{\Delta\theta}{2\cos\theta_o}$，故有

$$B_j \approx \Delta\theta f_d \tag{9.178}$$

与式（9.176）比较，两者有相近的杂波谱宽，故在一定波束指向范围内，不同波束之间有相近的检测运动目标性能。

9.3.2　基于匹配傅里叶变换的动目标检测[14]

地面运动目标的速度不仅存在径向速度投影，也存在切向速度投影。切向速度会在运动目标回波中产生线性调频分量，在某些条件下，还要考虑时间的三次，甚至更高次项。以正侧视接收波束为例，设有一点运动目标的地面坐标为 (x_t,y_t)，运动的速度为 v_t，如图 9.8 所示，其在 SAR 平台速度方向的投影为 $v_t\cos\vartheta$，垂直于平台速度方向的投影为 $v_t\sin\vartheta$，对于远区运动目标，平台高度对信号模型的影响比较小，若忽略，则由此可获取该运动点目标的回波模型的距离为

$$R(t) \approx R_t - (\sin\theta_t v_o - v_t\sin(\theta_t+\vartheta))t + \frac{(v_o\cos\theta_t - v_t\cos(\theta_t+\vartheta))^2}{2R_t}t^2 \tag{9.179}$$

式中：$R_t = \sqrt{x_t^2 + y_t^2 + h_o^2}$。

则运动目标的回波相位为

$$\varphi_t(t) = \varphi_o + 2\pi\left(\sin\theta_t f_{do}t + \sin(\theta_t+\vartheta)f_{dt}t - \right.$$
$$\left. f_{so}\frac{R_o}{R_t}\left(\cos\theta_t - \frac{v_t}{v_o}\cos(\theta_t+\vartheta)\right)^2 t^2\right) \tag{9.180}$$

式中：$f_{dt} = \dfrac{2v_t}{\lambda}$，$f_{so} = \dfrac{v_o^2}{\lambda R_o}$。

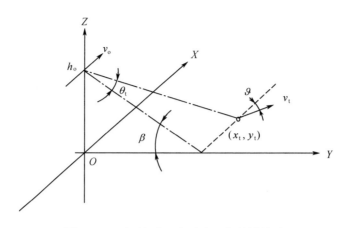

图9.8 运动目标位置与速度几何投影关系

设运动目标所在的距离门为 R_o ,其所在第 k 个波束,有 $R_t \approx R_o$,在正侧视条件下, R_o 距离门的徙动补偿相位函数为

$$\varphi_o(t) = \varphi_o - 2\pi f_{so} t^2 \qquad (9.181)$$

进行补偿后的相位函数为

$$\Delta\varphi_t(t) = \varphi_t(t) - \varphi_o(t) \qquad (9.182)$$

即

$$\begin{aligned}\Delta\varphi_t(t) = 2\pi\Big(&\sin\theta_t f_{do} t + \sin(\theta_t + \vartheta) f_{dt} t + \\ &(f_{so}\sin^2\theta_t + 2f_{st}\cos\theta_t\cos(\theta_t + \vartheta) - \\ &f_{st}\frac{v_t}{v_o}\cos^2(\theta_t + \vartheta)) t^2 \Big)\end{aligned} \qquad (9.183)$$

式中, $f_{st} = f_{so}\dfrac{v_t}{v_o}$,它是由运动目标所造成的谱扩展,其多普勒扩展带宽为

$$B_{st} = 2\Big(2f_{st}\cos\theta_t\cos(\theta_t + \vartheta) - f_{st}\frac{v_t}{v_o}\cos^2(\theta_t + \vartheta)\Big) T \qquad (9.184)$$

式中: T 为积累时间长度。

在极限情况下,目标沿切线方向飞行,即 $\vartheta = 0$,则

$$B_{st} = 2f_{st}\cos^2\theta_t\Big(2 - \frac{v_t}{v_o}\Big) T \qquad (9.185)$$

一般地面运动目标的速度小于雷达平台速度,地面运动目标的速度越大则多普勒谱扩展越严重,若平台速度为 $v_o = 150\text{m/s}$,雷达发射波长为 $\lambda = 0.03\text{m}$,运动目标距离为 $R_t = 10\text{km}$,则 $f_{so} = 75\text{Hz/s}$;若目标速度为 $v = 10\text{m/s}$,则积累时

间为 $T=1\mathrm{s}$;如果目标位于天线法线方向,即 $\theta_t=0$,则运动目标多普勒谱扩展 $B_{st}=19.3\mathrm{Hz}$;如果直接应用傅里叶变换进行积累,则积累损失将达 12.9dB;若目标速度为 $v=20\mathrm{m/s}$,多普勒谱扩展 $B_{st}=37.3\mathrm{Hz}$,则积累损失可达 15.7dB,这种损失会造成运动目标回波不能被检测到。另一方面,在傅里叶变换谱域,其与地面杂波谱难以分别,不能判定其为地面强散射点还是运动目标。

匹配傅里叶变换可实现复杂频率调制信号的有效积累,最大限度地利用目标回波能量,匹配傅里叶变换谱与傅里叶变换谱相比,易检测出运动目标。

任一距离徙动补偿后,含有运动目标的距离门信号可表示为

$$x_r(t) = A_t\mathrm{e}^{\mathrm{j}\Delta\varphi_t(t)} + \sum_i a_i\mathrm{e}^{\mathrm{j}2\pi f_{di}t} \tag{9.186}$$

其二步匹配傅里叶变换可为

$$X(f_1,f_2) = \int_0^T tx_r(t)\mathrm{e}^{-\mathrm{j}2\pi(f_1 t+f_2 t^2)}\mathrm{d}t \tag{9.187}$$

当 $f_2=f_{so}\sin^2\theta_t+f_{st}\cos(\theta_t+\vartheta)\left(2\cos\theta_t-\dfrac{v_t}{v_o}\cos(\theta_t+\vartheta)\right)$、$f_1=\sin\theta_t f_{do}+\sin(\theta_t+\vartheta)f_{dt}$ 时,运动目标的谱峰达到最大,信号能量此时完全聚焦,设天线主瓣宽度为 2°,则主瓣杂波范围为 $\pm175\mathrm{Hz}$,脉冲重复周期为 $T_r=0.5\mathrm{ms}$,设运动目标能量比杂波平均能量高 20dB,运动目标频率参数为 $f_d=-10\mathrm{Hz}$,$B_{st}=19.3\mathrm{Hz}$,图 9.9(a)为直接傅里叶变换谱,运动目标谱在杂波谱中不能确定被发现,图 9.9(b)为二步匹配傅里叶变换谱,图 9.9(c)为二步匹配傅里叶变换谱投影图,从图中可以明显发现运动目标谱峰。

9.3.3　多波束运动目标检测

设多波束凝视 SAR 雷达共有 P 个接收波束覆盖发射波束,为了充分利用天线口径,每个波位宽度小于 3dB 波束宽度,则运动目标的回波可能被多个波束接收到,若第 k 个波位波束接收到的运动目标回波信号最强,说明该运动目标与此波束指向间夹角最小,此时设第 k 个波位波束指向为 $\theta_k,R_t\approx R_o$,R_o 距离门的徙动补偿函数为

$$\varphi_k(t) = \varphi_o + 2\pi(\sin\theta_k f_{do}t - f_{so}\cos^2\theta_k t^2) \tag{9.188}$$

进行补偿后的相位函数为

$$\Delta\varphi_{t,k}(t) = \varphi_t(t) - \varphi_k(t) \tag{9.189}$$

即

$$\Delta\varphi_{t,k}(t) = 2\pi\Big((\sin\theta_t f_{do} - \sin\theta_k f_{do} + \sin(\theta_t+\vartheta)f_{dt})t +$$

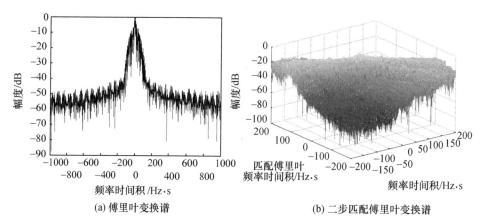

(a) 傅里叶变换谱   (b) 二步匹配傅里叶变换谱

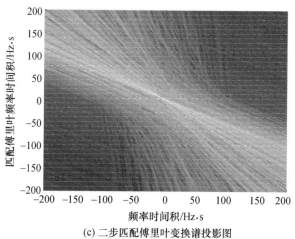

(c) 二步匹配傅里叶变换谱投影图

图9.9 杂波谱内的运动目标检测

$$\Big(f_{so} \left(\cos^2\theta_k - \cos^2\theta_t \right) + 2f_{st}\cos\theta_t\cos\left(\theta_t + \vartheta \right) -$$

$$f_{st}\frac{v_t}{v_o}\cos^2\left(\theta_t + \vartheta \right) \Big) t^2 \Big) \tag{9.190}$$

多波束相位补偿后的运动目标扩展谱带宽为

$$B_{st,k} = 2f_{st}\cos\left(\theta_t + \vartheta \right)\left(2\cos\theta_t - \frac{v_t}{v_o}\cos\left(\theta_t + \vartheta \right) \right)T \tag{9.191}$$

式(9.191)说明,在目标速度方向一定的条件下,目标运动时产生的多普勒谱扩展还和目标位置与平台速度方向的夹角有关,$\vartheta = 0$,则有

$$B_{st,k} = 2f_{st}\cos^2\theta_t\left(2 - \frac{v_t}{v_o} \right)T \tag{9.192}$$

式(9.192)说明目标位置越接近于垂直平台速度方向,多普勒谱扩展越宽。当 $\vartheta = -\theta_t$ 时,有

$$B_{st,k} = 2f_{st}\left(2\cos\theta_t - \frac{v_t}{v_o}\right)T \tag{9.193}$$

同样也说明目标位置越接近于垂直平台速度方向,多普勒谱扩展越宽。

由式(9.190)求导可得运动目标变化的多普勒频率为

$$f_{t,k}(t) = (\sin\theta_t - \sin\theta_k)f_{do} + \sin(\theta_t + \vartheta)f_{dt} + $$
$$2(f_{so}(\cos^2\theta_k - \cos^2\theta_t) + 2f_{st}\cos\theta_t\cos(\theta_t + \vartheta) - $$
$$f_{st}\frac{v_t}{v_o}\cos^2(\theta_t + \vartheta))t \tag{9.194}$$

其中多普勒频移为

$$f_{d,k} = (\sin\theta_t - \sin\theta_k)f_{do} + \sin(\theta_t + \vartheta)f_{dt} \tag{9.195}$$

指向 θ_k 时的波束宽度为 $\Delta\theta_k = \dfrac{\Delta\theta}{\cos\theta_k}$,$\Delta\theta$ 为指向法线方向波束宽度,则杂波谱的宽度为

$$B_{j,k} \approx 2\cos\left(\theta_k + \frac{\Delta\theta_k}{2}\right)\sin\left(\frac{\Delta\theta_k}{2}\right)f_{do} \tag{9.196}$$

如果接收波束比较窄,满足 $\sin\dfrac{\Delta\theta_k}{2} \approx \dfrac{\Delta\theta_k}{2}$,则

$$B_{j,k} \approx \frac{\cos\left(\theta_k + \frac{\Delta\theta_k}{2}\right)}{\cos\theta_k}\Delta\theta f_{do} \tag{9.197}$$

如果 $\dfrac{\cos\left(\theta_k + \frac{\Delta\theta_k}{2}\right)}{\cos\theta_k} \approx 1$,那么杂波谱的宽度与波束指向无关,即

$$B_{j,k} \approx \Delta\theta f_{do} \tag{9.198}$$

若任一接收波束接收到的运动目标信号多普勒频移处于杂波谱之外的清晰区,即可利用清晰区检测运动目标方法检测目标,故清晰区检测运动目标的必要条件是

$$|f_{d,k}| > \frac{B_j}{2} \tag{9.199}$$

将式(9.195)和式(9.198)代入式(9.199),有

$$\left|\sin\theta_t - \sin\theta_k + \sin(\theta_t + \vartheta)\frac{v_t}{v_o}\right| > \frac{\Delta\theta}{2} \tag{9.200}$$

在不同接收波束中,由于波束指向的差异,而造成运动目标的多普勒频率的不同,运动目标的响应幅度也不同,采用合适的多波束交叠,可以有效地在清晰

区检测到运动目标。例如设 $\Delta\theta = 2°\left(\dfrac{\Delta\theta}{2} \approx 0.0175\right)$，$\sin(\theta_t + \vartheta)\dfrac{v_t}{v_o} = 0.01$，$\theta_t = 0°$，波位角为 $\Delta\theta_w = 0.25°$，当 $\theta_k = -0.5°$ 时已满足清晰区检测的条件。在图9.9仿真参数条件下，设运动目标能量比杂波平均能量高3dB，其中运动目标在某一波束的多普勒频率为 $f_d = 90\mathrm{Hz}$，直接傅里叶变换谱如图9.10(a)所示，不能确定是否有运动目标，而应用二步匹配傅里叶变换谱，如图9.10(b)，可以在清晰区发现一运动目标。从仿真结果中可以知道，杂波强度和杂波谱范围对运动目标探测有不利的影响，而降低地杂波的有效方法是第5章介绍的相位中心凝视DPCA技术，其与多波束凝视相结合，可更有效检测地面运动目标。

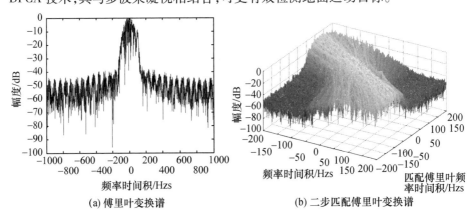

图9.10　杂波谱外的运动目标检测

参考文献

[1] 刘永坦,等. 雷达成像技术[M]. 哈尔滨:哈尔滨工业大学出版社,1999.

[2] 张澄波. 综合口径雷达——原理、系统分析与应用[M]. 北京:科学出版社,1989.

[3] 保铮,等. 雷达成像技术[M]. 北京:电子工业出版社,2005.

[4] 里海捷克 A W. 雷达分辨理论[M]. 董士嘉,译. 北京:科学出版社,1973.

[5] 斯科尔尼克 M I. 雷达手册[M]. 谢卓,译. 北京:国防工业出版社,1978.

[6] 斯科尔尼克 M I. 雷达手册[M]. 2版. 王军,等,译. 北京:电子工业出版社,2003,

[7] 江涛,陈翼,王盛利. 凝视数字多波束合成口径雷达性能分析[J]. 系统工程与电子技术,2013, 35(4):745 – 752.

[8] 江涛,陈翼,王盛利. 凝视数字多波束合成口径雷原理[J]. 现代雷达,2012, 34(11):11 – 17.

[9] 王盛利,等. 高分辨 SAR 的距离—多普勒—距离成像方法[J]. 系统工程与电子技术,2003, 8:1012 – 1014.

[10] 王盛利,等. 一种新的变换——匹配傅里叶变换[J]. 电子学报,2001, 29(3):

403 – 405.

[11] 王盛利,张光义. 匹配傅里叶变换的噪声抑制与滤波[J]. 电子学报,2001, 12:
1683 – 1684.

[12] 王盛利,等. 匹配傅里叶变换的分辨力[J]. 系统工程与电子技术,2002, 4:29 – 32.

[13] 王盛利,张光义. 离散匹配傅里叶变换[J]. 电子学报,2001, 12:1717 – 1718.

[14] 王盛利,于立,张光义. 匹配傅里叶变换检测 SAR 中的运动目标[J]. 电子与信息学报,
2004,6:959 – 965.

第❿章

多波束凝视外辐射源雷达

外辐射源雷达是指雷达自身不辐射电磁信号,而依靠目标反射其他辐射源辐射的电磁信号进行目标探测[1]。其辐射源包括:其他雷达发射的电磁信号、电视、调频广播、无线通信(如手机基站)、卫星通信、GPS 等信号;探测原理是依据双(多)基地雷达原理[2,3]实现目标的探测、定位,它也是长基线分布式多站凝视探测雷达的一种。

调频广播资源丰富,存在许多大功率的调频广播,故以调频广播为外辐射源讨论该体制雷达,调频广播照射的方式是方位向同时覆盖,而雷达接收为多波束凝视探测。

10.1 外辐射源雷达探测原理

10.1.1 调频广播信号分析

通常调频广播信号可表示为

$$s(t) = A\mathrm{Re}\{\exp[\mathrm{j}(2\pi f_\mathrm{o}t + \varphi(t))]\} \tag{10.1}$$

式中:A 为发射信号幅度;f_o 为调频信号载频;$\varphi(t) = \int_0^t \omega(\tau)\mathrm{d}\tau$,为调制信号所产生的相位。

调频广播是利用频率调制传输信息,故广播发射机可以工作在饱和放大状态,以最大的功率和效率发射信号。

在调制信号为单一频率信号,即 $\omega(\tau) = \Delta\omega\cos\Omega\tau$ 时,调制信号所产生的相位为

$$\varphi(t) = \frac{\Delta\omega}{\Omega}\sin\Omega t + \varphi_\mathrm{o} \tag{10.2}$$

若令 $m_\mathrm{f} = \dfrac{\Delta\omega}{\Omega}$,其定义为调制指数,则调频广播信号可表示为

$$s(t) = A\mathrm{Re}\{\exp[\mathrm{j}(2\pi f_\mathrm{o}t + m_f\sin\Omega t + \varphi_\mathrm{o})]\} \tag{10.3}$$

实际的音频信号是很复杂的,通常可以等效为多个频率调制信号组合而成,则一般调制信号所产生的相位为

$$\varphi_{\Sigma}(t) = \sum_i m_{fi}\sin\Omega_i t + \varphi_o \tag{10.4}$$

则调频广播信号可表示为

$$s(t) = A\mathrm{Re}\{\exp[\mathrm{j}(2\pi f_o t + \sum_i m_{fi}\sin\Omega_i t + \varphi_o)]\} \tag{10.5}$$

一般音频频率在 20Hz ~ 20kHz,国际调频广播信号载频通常在 87 ~ 108MHz,每个频道之间间隔 200kHz,为了保证信号有效传输,音频频率取 $20\mathrm{Hz} \leqslant \dfrac{\Omega}{2\pi} \leqslant 15\mathrm{kHz}$,而调频广播中规定的最大频偏为 ±75kHz,则调制指数满足:$m_{fi} \leqslant 5$,其有效频带宽度为 ±(5 + 1) × 15kHz = ±90kHz,即调频广播有效信号带宽为 180kHz。

每个调频台的覆盖范围与发射机的功率和发射天线的高度有关,同时与行政管理区域也有关,同时为了保证各调频台有效工作,在无线电频率管理上有严格规定,同一区域一般没有相同发射频率调频广播。

单一调制频率信号鉴频后信号幅度为

$$u_{\Omega}(t) = m_f\Omega\cos\Omega t \tag{10.6}$$

上式表示在角频率 Ω 处的音频信号的强度 $m_f\Omega$。一个复杂组合调频信号的鉴频后的信号幅度为

$$U_{\Omega}(t) = \sum_i m_{fi}\Omega_i\cos\Omega_i t \tag{10.7}$$

也可获得不同角频率 Ω_i 音频信号的强度 $m_{fi}\Omega_i$。式(10.7)信号幅度 $U_{\Omega}(t)$ 的傅里叶变换为

$$U(\Omega) = \int_{-\infty}^{+\infty} U_{\Omega}(t)\mathrm{e}^{-\mathrm{j}\Omega t}\mathrm{d}t$$

$$= \frac{1}{2}\sum_i m_{fi}\Omega_i(\delta(\Omega - \Omega_i) + \delta(\Omega + \Omega_i)) \tag{10.8}$$

式中:$\delta(\cdot)$ 为冲击函数信号。

故傅里叶谱中,频率在 $\Omega = \pm\Omega_i$ 处的幅度之和反映了音频信号在频率 Ω_i 处的信号强度。

10.1.2　直达波与目标回波功率之比

若设调频广播台的发射功率为 P_t,天线增益为 G_t,调频广播台距离雷达接收站的距离为 R_{tr},调频广播台到目标距离为 R_{tt},目标到雷达接收站的距离为 r,目标的 RCS 为 σ,则调频广播直接辐射到雷达接收站的直达波功率密度为

$$p_{zm} = \frac{P_t G_t}{4\pi R_{tr}^2}\eta_0 \tag{10.9}$$

式中:η_0 为调频广播信号由发射台到雷达接收站的直达波传输损耗。

目标反射的调频广播信号的功率密度为

$$p_{tm} = \frac{P_t G_t \sigma}{(4\pi)^2 R_{tt}^2 r^2}\eta_1 \tag{10.10}$$

式中:η_1 为调频广播信号由发射台到目标,再由目标到雷达接收站的传输损耗。

则直达波与目标回波之比为

$$\varsigma = 4\pi \frac{R_{tt}^2 r^2 \eta_0}{\sigma R_{tr}^2 \eta_1} \tag{10.11}$$

若不考虑传输损耗,设调频广播发射台与雷达站之间距离为 40~200km,目标距离雷达站 300km,调频广播发射台距离目标 340~500km,目标 RCS 为 $\sigma = 2m^2$,则直达波信号的功率比目标回波信号的功率强 125~135dB,目标回波信号完全淹没在直达波信号中,为了能有效检测目标就必须对消强直达波。

10.1.3 探测目标方法[2-14]

外辐射源雷达的特点是自身不发射探测信号,而是利用其他辐射源实现目标的探测,调频发射站的位置是固定的,而雷达的布站位置是由雷达任务性质决定的,常常雷达站远离调频广播发射站,故外辐射源雷达也是一种长基线的双(多)基地雷达,双(多)基地雷达方程同样也适用于外辐射源雷达。

由自由空间双(多)基地雷达方程

$$R_t R_r = 239.3^2 \sqrt{\frac{P_t(kW)\tau(\mu s)G_t G_r \sigma(m)}{F^2(MHz)T_n D_s L_x L_r L_p L_a}}(km)^2 \tag{10.12}$$

式中:P_t 为调频台发射功率;τ 为相参积累时间;G_t 为调频广播台发射天线增益;G_r 为雷达站接收天线增益;σ 为目标有效散射面积;F 为调频信号的频率;T_n 为接收机输入端等效噪声温度;D_s 为检测因子;L_x 为接收信号处理损失;L_r 为接收支路馈线损失;L_p 为天线方向图损失;L_a 为大气吸收损失;R_t 为发射台到目标的距离;R_r 为接收站到目标的距离。

分析上式,外辐射源的发射功率 P_t、频率 F 和天线增益 G_t 由调频广播台应用决定,通常雷达设计者不能对其进行调整,但对于雷达使用者来说,可以有选择权,可选择合适的调频台。目标有效散射面积 σ 由其频响和双站散射角决定。大气吸收损失 L_a 由选择的探测频率和探测信号路径决定,不能人为决定其大小。接收机输入端等效噪声温度 T_n、接收支路馈线损失 L_r 取决于制造技术。于是改进雷达探测威力的工作就集中在增大雷达接收站天线增益 G_r,延长有效的相参积累时间 τ,降低检测因子 D_s,尽量减小接收信号处理损失 L_x、接收支路

馈线损失 L_{r}、天线方向图损失 L_{p}。

调频广播的波束特点是方位向 360°覆盖,俯仰波束宽度 25°~50°,向下覆盖,故调频广播信号可以覆盖大空域,这为实现同时大空域目标探测和跟踪提供可能;故外辐射源雷达适于应用同时多波束覆盖比较大的空域。

若设计的天线在方位向有 N 个单元,当选择的调频广播波长为 λ 时,指向 θ_i 的天线的方向图可表示为

$$p(\theta) = \sqrt{\cos\theta} \, \tilde{\mathrm{Sa}}\left(\pi \frac{Nd}{\lambda}(\sin\theta_i - \sin\theta)\right) \mathrm{e}^{\mathrm{j}\pi \frac{(N-1)d}{\lambda}(\sin\theta_i - \sin\theta)} \tag{10.13}$$

–3dB 波束宽度为

$$\theta_{w3\mathrm{dB}} = \frac{1}{\cos\theta_i} \frac{0.88\lambda}{Nd} \tag{10.14}$$

式(10.13)和式(10.14)表明,随着天线波束指向偏离天线阵面法向,天线增益将下降,波束宽度展宽,当 $\theta_i = \pm 60°$ 时,与 $\theta_i = 0$ 相比,波束展宽 1 倍,天线增益下降 1/2。

若设天线方位向有 16 个单元,$d = \dfrac{\lambda}{2}$,由式(10.14)可计算得在波束指向天线法线时的波束宽度为 $\theta_{w3\mathrm{dB}} = 6.3°$,若以 –3dB 交叠,则需 17 个波位的波束覆盖 ±60°。采用 –3dB 波束交叠的优点是以较少的波束覆盖大空域,但波束指向和波束交叠的损失会造成目标回波信噪比的下降,例如,最边一波束的波位指向 55°,其损失为 2.41dB,考虑 –3dB 交叠,其最大损失为 5.41dB,这对目标检测影响是很大的,虽然可通过延长积累时间方法改进目标回波信噪比,但充分利用雷达天线增益也是有效的方法。

雷达波束不同指向所造成天线增益的差别是由天线在不同指向的投影大小决定的,不能人为改变,故所能利用的是波束交叠方式,传统是 –3dB 交叠,若改为 –1dB 交叠,则可获得 2dB 的增益,这样带来的问题是处理复杂度增加,但随着微电子技术的进步,这已不会成为雷达探测的瓶颈。表 10.1 列出部分波束指向、波束宽度与天线增益损耗的关系。

表 10.1 波束指向、波束宽度与天线增益损耗关系

波束指向/(°)	0.0	6.0	12.0	18.2	24.6	31.3	38.5	46.0	55.0
波束宽度/(°)	6.3	6.3	6,4	6.6	6.9	7.3	8.0	9.0	10.9
增益损失/dB	0	–0.02	–0.10	–0.22	–0.41	–0.68	.1.06	1.58	.2.41

若取 –1dB 交叠,则 $x = 0.822$

$$\Delta\theta_{1\mathrm{dB}} = 0.822 \frac{\lambda}{Nd} \frac{1}{\pi\cos\theta_i} \tag{10.15}$$

于是可定义 –1dB 波束宽度为 $\theta_{w1\mathrm{dB}} = 2\Delta\theta_{1\mathrm{dB}}$,故

$$\theta_{w1dB} = \frac{1}{\cos\theta_i} \frac{0.26\lambda}{Nd} \tag{10.16}$$

由式(10.16)可计算得在波束指向天线法线时的波束宽度为 $\theta_{w1dB} = 1.86°$，若以 –1dB 交叠，则需 55 个波位的波束覆盖 ±60°；其最边一个波位指向 58.65°，指向损失 2.84dB，考虑 –1dB 交叠，则损失为 3.84dB，其与 –3dB 交叠相比，有 1.57dB 的得益。

由于外辐射源雷达自身不辐射电磁信号，故不存在发射效率问题，而调频广播信号是大空域覆盖，故设计的外辐射源雷达可以考虑充分利用雷达天线，探测的方位向空域 > ±60°，由于天线增益的损失，可造成这一区域威力降低，但可通过延长积累时间提高探测威力。

由于外辐射源雷达探测时，采用的是同时多波束覆盖空域，当天线法向确定之后，每个波束是凝视某一方向，故每一波束信号积累时间也就是数据更新时间，也就是说积累时间等于数据率，这是与其他雷达的不同点之一。

在一般情况下，辐射源的瞬时频率和信号波形未知，故雷达站不能产生与其相参信号，必须接收辐射源的信号作为参考信号，而辐射源信号对目标探测产生极大干扰，这就形成一对矛盾，故在设计外辐射源雷达时必须考虑解决这一对矛盾。

10.1.4　发射、接收、目标几何模型

10.1.4.1　辐射源与目标在探测目标天线阵面异侧

辐射源与目标在主天线异侧是指辐射源在天线探测目标方向的背面，如图 10.1 所示。此种情况下，由于直达波从主天线背面进入接收通道，故可通过优化设计天线，降低天线背瓣和背面副瓣，减小直达波对探测目标影响。

陆基外辐射源雷达探测目标主天线架高应比较低，以降低主天线接收到的直达波和地杂波，同时，在直达波信号比较弱时，其信噪比也比较低，可设计直达波天线，尽量架高，以获取高质量的参考信号。对于陆基外辐射源雷达还必须考虑强多径和地杂波信号对目标的探测形成强大的干扰，在设计中考虑对消技术。

在很多区域，能接收到的调频广播信号非仅一个，且随着接收天线的升高，能接收的调频台数量也可能增多；而空中运动目标高度越高，被其反射的电磁信号种类也就越多，故可利用多个调频广播台探测目标。

由于调频广播台地理位置一般是确定的，不会随着时间的改变而变化；而外辐射源雷达站的位置可以通过自定位系统确定，若设雷达站为坐标站中心原点 O，设调频广播台的坐标为 (x_o, y_o)，与阵面夹角为 α_o，二者之间距离为 r，目标的坐标为 (x_t, y_t)，目标与雷达阵面法线方向夹角为 α，目标与雷达站之间距离为

R,调频广播台与目标之间距离为 L,如图 10.1 所示,由此几何关系可得

$$L^2 = r^2 + R^2 - 2rR\cos\left(\frac{\pi}{2} + \alpha_o + \alpha\right) \tag{10.17}$$

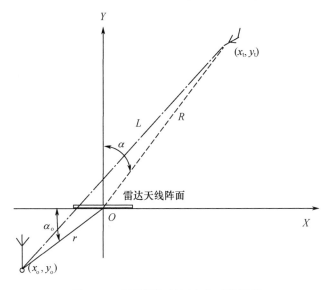

图 10.1　辐射源与目标在主天线异侧

设目标回波比直达波多走的距离为 x,则有

$$x = L + R - r \tag{10.18}$$

$$R = \frac{x^2 + 2xr}{2(x + r + r\sin(\alpha_o + \alpha))} \tag{10.19}$$

式中:x 可以通过测量目标回波与直达波之间时差获取;α 可以通过天线波束测量目标到达角获取;而通过测量计算调频广播台与外辐射源雷达站之间位置差异可获取 r 和 α_o,从而计算获取目标距离。

10.1.4.2　辐射源与目标在探测目标主天线阵面同侧

辐射源与目标在主天线同侧是指辐射源也在天线探测目标同侧,如图 10.2 所示。在此条件下,可利用天线波束的空间分辨能力和多个不同方向调频台实现探测区域的方位向同时覆盖目标探测。

如果设天线第 p 个波位指向某个调频台的方向,为了检测目标,必须对消地直达波,对消直达波是利用不同指向波束与第 p 个波位信号之间的差异实现的,即以某个波束信号为参考信号实现对消,故这第 p 个波位不可能用本波束信号对消直达波,也就可能失去了目标;若天线第 q 个波位指向另一频率调频台的方向,则可以此调频台实现对第 p 波位方向的目标探测,故外辐射源雷达可以利用

调频台的空间和频率的差异实现空域同时覆盖探测。

由图 10.2 所示几何关系,有

$$L^2 = r^2 + R^2 - 2rR\cos\left(\frac{\pi}{2} - \alpha_o + \alpha\right) \tag{10.20a}$$

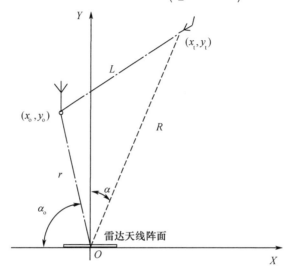

图 10.2　辐射源与目标在主天线同侧

$$x = L + R - r \tag{10.20b}$$

若外辐射源雷达站为陆基系统,则目标与雷达站的距离为

$$R = \frac{x^2 + 2xr}{2(x + r + r\sin(\alpha - \alpha_o))} \tag{10.21}$$

若外辐射源雷达站为天基系统,平台高速运动,则可以解算目标与辐射源之间距离,即

$$L = \frac{r^2 + (x + r)^2 + 2r(x + r)\sin(\alpha - \alpha_o)}{2(x + r + r\sin(\alpha - \alpha_o))} \tag{10.22}$$

◤ 10.2　目标回波模型

10.2.1　运动点目标回波模型

设调频广播台、外辐射源雷达站和目标之间的几何关系如图 10.3 所示,调频广播台到雷达站之间距离为

$$r = \sqrt{x_o^2 + y_o^2} \tag{10.23}$$

目标以速度 v 飞行;速度 v 在 X 轴的速度分量为 v_x,在 Y 轴的速度分量为

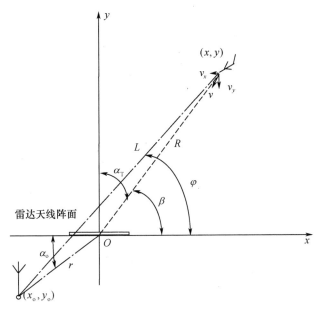

图 10.3　调频广播台、外辐射源雷达站和目标之间的几何关系

v_y,目标到调频广播台的距离为

$$L(t) = \sqrt{(x - x_o - v_x t)^2 + (y - y_o - v_y t)^2} \tag{10.24}$$

式中:$v_x = v\cos\gamma$;$v_y = v\sin\gamma$。

若忽略时间高次项的影响,则有

$$L(t) \approx L - \cos(\varphi - \gamma)vt + \frac{1}{2L}\sin^2(\varphi - \gamma)v^2 t^2 \tag{10.25}$$

上式表明了目标到调频广播台之间的距离变化取决于目标速度在目标与调频广播台之间的距离线上的投影。

目标到雷达站之间距离为

$$R(t) = \sqrt{(x - v_x t)^2 + (y - v_y t)^2} \tag{10.26}$$

若忽略时间高次项的影响,则同样有

$$R(t) \approx R - \cos(\beta - \gamma)vt + \frac{1}{2R}\sin(\beta - \gamma)v^2 t^2 \tag{10.27}$$

上式表明目标到外辐射源雷达站之间的距离变化取决于目标速度在目标与外辐射源雷达站之间的距离线上的投影。

那么调频广播信号由发射台到目标,由目标再到外辐射源雷达的时间历程为

$$T(t) = \frac{L(t) + R(t)}{c} \qquad (10.28)$$

即

$$T(t) = \frac{L+R}{c} - 2\cos\left(\frac{\varphi+\beta}{2} - \gamma\right)\cos\left(\frac{\varphi-\beta}{2}\right)\frac{v}{c}t +$$

$$\frac{1}{2}\left[\frac{\sin^2(\varphi-\gamma)}{L} + \frac{\sin^2(\beta-\gamma)}{R}\right]\frac{v^2}{c^2}t^2 \qquad (10.29)$$

式中：c 为光速。为了分析方便，设调频广播台发射信号为

$$s(t) = A\exp[j(2\pi f_o t + \varphi(t))] \qquad (10.30)$$

则目标回波信号可表示为

$$s_T(t) = A\exp\{j[2\pi f_o(t - T(t)) + \varphi(t - T(t))]\} \qquad (10.31)$$

即

$$s_T(t) \approx A\exp\{j[2\pi f_o t + \varphi_g(t) + \varphi(t - T_o + \Delta T(t)) + \theta_T]\} \qquad (10.32)$$

式中：

$$\theta_T = 2\pi \frac{L+R}{\lambda} \qquad (10.33)$$

$$\varphi_g(t) = 2\pi\left(f_d + \frac{1}{2}f_s t^2\right) \qquad (10.34)$$

$$f_d = 2\cos\left(\frac{\varphi+\beta}{2} - \gamma\right)\cos\left(\frac{\varphi-\beta}{2}\right)\frac{v}{\lambda} \qquad (10.35)$$

$$f_s = -\left(\frac{\sin^2(\varphi-\gamma)}{L} + \frac{\sin^2(\beta-\gamma)}{R}\right)\frac{v^2}{\lambda} \qquad (10.36)$$

$$T_o = \frac{L+R}{c} \qquad (10.37)$$

$$\Delta T(t) \approx 2\cos\left(\frac{\varphi+\beta}{2} - \gamma\right)\cos\left(\frac{\varphi-\beta}{2}\right)\frac{v}{c}t \qquad (10.38)$$

由于目标的运动，造成目标回波附加了多普勒频率f_d，目标回波包络与发射信号相比产生延时 $T_o - \Delta T(t)$。

一旦选择了调频广播台坐标和频率，那么运动目标回波多普勒频率取决于目标速度在目标和调频台之间连线上的投影与目标速度在目标与雷达接收站之间连线投影之和；也可以说运动目标回波多普勒频率取决于调频台和目标之间连线与目标与雷达接收站之间连线的角平分线上的投影；若目标的速度方向垂直于此，则多普勒频率为零，即：若$\left|\frac{\varphi+\beta}{2} - \gamma\right| = \frac{\pi}{2}$，则$f_d = 0$。在一般情况下，在速度矢量越接近角平分线，且$\beta$越接近$\varphi$，则多普勒频率也相对大一些，这与单站雷达的多普勒频率是不同的。

10.2.2 机动目标回波模型

目标的机动飞行通常是指目标作转弯飞行动作,当然目标的加速度飞行也可以认为是一种机动,而目标作转弯飞行可以作为比较一般的情况进行讨论。

目标作机动飞行的几何关系如图 10.4 所示,设目标的坐标为 (x,y),目标以 (x_a,y_a) 为圆心,以 R_a 为转弯半径作圆周飞行,此时目标的切向速度为 v,则目标的向心加速度为

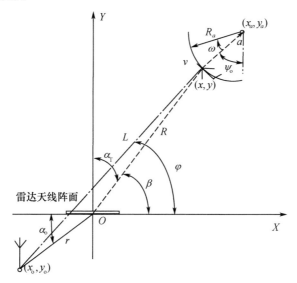

图 10.4 目标作机动飞行的几何关系

$$a = \frac{v^2}{R_a} \tag{10.39}$$

$$\omega = \frac{v}{R_a} = \frac{a}{v} \tag{10.40}$$

由于 $\cos\gamma = \dfrac{v_x}{v}$,可以证明 $\psi_o = \gamma$,故

$$\Delta x(t) = 2R_a \cos\left(\gamma + \frac{\omega t}{2}\right)\sin\frac{\omega t}{2} \tag{10.41}$$

$$\Delta y(t) = -2R_a \sin\left(\gamma + \frac{\omega t}{2}\right)\sin\frac{\omega t}{2} \tag{10.42}$$

$$L(t) \approx L - vt\cos(\gamma - \varphi) + \sin(\gamma - \varphi)\frac{at^2}{2} + \frac{1}{2L}\sin^2(\gamma - \varphi)v^2 t^2 +$$

$$\frac{1}{8}\cos(\gamma-\varphi)\frac{a^2t^3}{v}+\frac{1}{2L}\sin(\gamma-\varphi)\cos(\gamma-\varphi)avt^3+$$

$$\frac{1}{8L}\cos^2(\gamma-\varphi)a^2t^4 \tag{10.43}$$

$$R(t)\approx R-vt\cos(\gamma-\beta)+\sin(\gamma-\beta)\frac{at^2}{2}+\frac{1}{2R}\sin^2(\gamma-\beta)v^2t^2+$$

$$\frac{1}{8}\cos(\gamma-\beta)\frac{a^2t^3}{v}+\frac{1}{2R}\sin(\gamma-\beta)\cos(\gamma-\varphi)avt^3+$$

$$\frac{1}{8R}\cos^2(\gamma-\beta)a^2t^4 \tag{10.44}$$

于是调频广播信号由发射台到目标,再由目标到外辐射源雷达的时间历程为

$$T(t)=\frac{L(t)+R(t)}{c} \tag{10.45}$$

即

$$T(t)=\frac{1}{c}\Big\{L+R-\big[\cos(\gamma-\varphi)+\cos(\gamma-\beta)\big]vt+$$

$$\big[\sin(\gamma-\varphi)+\sin(\gamma-\beta)\big]\frac{at^2}{2}+\frac{1}{2}\Big[\frac{\sin^2(\gamma-\varphi)}{L}+$$

$$\frac{\sin(\gamma-\beta)}{R}\Big]v^2t^2+\frac{1}{8}\big[\cos(\gamma-\varphi)+\cos(\gamma-\beta)\big]\frac{a^2t^3}{v}+$$

$$\frac{1}{2}\Big[\frac{\sin(\gamma-\varphi)\cos(\gamma-\varphi)}{L}+\frac{\sin(\gamma-\beta)\cos(\gamma-\beta)}{R}\Big]avt^3+$$

$$\frac{1}{8}\Big[\frac{\cos^2(\gamma-\varphi)}{L}+\frac{\cos^2(\gamma-\beta)}{R}\Big]a^2t^4\Big\} \tag{10.46}$$

则机动目标回波信号可表示为

$$s_T(t)=A\exp\big\{j\big[2\pi f_o t+\varphi_{ga}(t)+\theta_T+\varphi(t-T_o-\Delta T(t))\big]\big\} \tag{10.47}$$

式中:$\theta_T=\dfrac{L+R}{\lambda}$;$T_o=\dfrac{L+R}{c}$;

$$\varphi_{ga}(t)=2\pi\Big(f_d t+\frac{1}{2}f_s t^2+\frac{1}{3}f_t t^3+\frac{1}{4}f_f t^4\Big) \tag{10.48}$$

$$f_d=\big[\cos(\gamma-\varphi)+\cos(\gamma-\beta)\big]\frac{v}{\lambda}t \tag{10.49}$$

$$f_s=-\frac{1}{\lambda}\Big\{\big[\sin(\gamma-\varphi)+\sin(\gamma-\beta)\big]a+\Big[\frac{\sin^2(\gamma-\varphi)}{L}+\frac{\sin^2(\gamma-\beta)}{R}\Big]v^2\Big\}$$

$$\tag{10.50}$$

$$f_t = -\frac{3}{8\lambda}\left\{\left[\cos(\gamma-\varphi)+\cos(\gamma-\beta)\right]\frac{a^2}{v}+\right.$$

$$\left.4\left[\frac{\sin(\gamma-\varphi)\cos(\gamma-\varphi)}{L}+\frac{\sin(\gamma-\beta)\cos(\gamma-\beta)}{R}\right]av\right\} \quad (10.51)$$

$$f_f = -\frac{1}{2\lambda}\left[\frac{\cos^2(\gamma-\varphi)}{L}+\frac{\cos^2(\gamma-\beta)}{R}\right]a^2 \quad (10.52)$$

$$\Delta T(t) \approx \frac{1}{c}\left\{-\left[\cos(\gamma-\varphi)+\cos(\gamma-\beta)\right]vt+\left[\sin(\gamma-\varphi)+\sin(\gamma-\beta)\right]\frac{at^2}{2}\right\}$$

$$(10.53)$$

从这里研究的机动飞行运动目标回波信号模型可以了解到,其回波模型要比直线飞行目标回波模型复杂得多,回波信号相位是高次多项式,这就造成回波信号相参积累变得复杂得多,在一定条件下,应用傅里叶变换实现积累已不能达到理想结果。

10.2.3 目标回波信号分析

分析机动飞行目标的回波信号模型,当目标的向心加速度为零,即 $a=0$ 时,其信号模型就退化为一般直线运动目标回波模型。

10.2.3.1 积累时间

雷达目标回波能相参积累的边界条件之一是回波信号在相同距离门,否则必须进行跨距离门处理。由前分析知道,调频广播信号带宽 $B=180\mathrm{kHz}$,故对于直线运动目标,积累时间内目标延时一般要满足 $\Delta T(t) \leqslant \frac{1}{B}$,即

$$2\cos\left(\frac{\varphi+\beta}{2}-\gamma\right)\cos\left(\frac{\varphi-\beta}{2}\right)\frac{v}{c}t+\frac{1}{2}\left[\frac{\sin^2(\varphi-\gamma)}{L}+\frac{\sin^2(\beta-\gamma)}{R}\right]\frac{v^2}{c}t^2 \leqslant \frac{1}{B}$$

$$(10.54)$$

在极限情况下,可设 $\gamma=\frac{\varphi+\beta}{2}$,$\varphi=\beta$,则外辐射源雷达不跨距离门的积累时间为

$$T_j \leqslant \frac{c}{2vB} \quad (10.55)$$

对于气动目标,一般民航机目标速度满足 $v\leqslant300\mathrm{m/s}$,则可计算得 $T_j \leqslant 2.7\mathrm{s}$,故可选择积累时间为 $T_j=2.5\mathrm{s}$;对于某些飞机飞行速度有可能满足 $v\geqslant600\mathrm{m/s}$,此时有 $T_j\leqslant1.38\mathrm{s}$,此积累时间是不能满足雷达探测威力要求的,若延长积累时间,则会造成跨距离门积累。

10.2.3.2 多普勒谱扩展

对于直线飞行的目标,其积累时间内线性调频项多普勒扩展带宽可表示为

$$B_{ds} = |f_s T_j| \tag{10.56a}$$

即

$$B_{ds} = \left[\frac{\sin^2(\varphi - \gamma)}{L} + \frac{\sin^2(\beta - \gamma)}{R} \right] \frac{v^2}{\lambda} T_j \tag{10.56b}$$

若设 $L \approx R$,目标作切向飞行,波长为 $\lambda = 3\text{m}$,有

$$B_{ds} = \frac{2v^2}{3R} T_j \tag{10.57}$$

由此可知,在积累时间一定条件下,目标速度越高,多普勒谱扩展越宽,且在目标速度一定时,近区目标多普勒扩展比远区目标扩展要宽。

若设目标速度 $v \geqslant 300\text{m/s}$,积累时间取 $T_j = 2\text{s}$,则有:$B_{ds} = \dfrac{120000}{R}\text{Hz}$;由于积累时间 $T_j = 2\text{s}$,则多普勒频率门宽度为 $\Delta B = 0.5\text{Hz}$,由此可知,当目标距离满足 $R \geqslant 240\text{km}$ 时,多普勒谱不会扩展到其他多普勒门。若外辐射源雷达威力设计为 300km,目标回波功率增长也超过多普勒谱扩展损失,仍可有效检测目标,但会造成多普勒频率估计误差增加。也可根据不同距离段检测目标信噪比的要求,合理选择积累时间,避免目标回波谱跨多普勒门。

若设目标速度 $v \geqslant 600\text{m/s}$,积累时间仍取 $T_j = 2\text{s}$,则有 $B_{ds} = \dfrac{480000}{R}\text{Hz}$;在雷达威力为 300km 处,目标已出现多普勒扩展,造成目标回波信噪比降低,故对于比较高速的运动目标,在长时积累条件下,有必要考虑非线性问题。

对于机动飞行的气动目标,可以设其速度 $v \geqslant 600\text{m/s}$,机动加速度 $a = 20\text{m/s}^2$,设一极限状况,考虑 $\varphi = \beta, L \approx R$,目标相对于雷达站初始作切向飞行,则有 $f_t = 0, f_f = 0, f_s = -\dfrac{2}{\lambda}\left(a + \dfrac{v^2}{R}\right)$,由线性调频项扩展的多普勒带宽为

$$B_{ds} = \frac{2}{\lambda}\left(a + \frac{v^2}{R}\right) T_j \tag{10.58}$$

在此条件下,多普勒带宽扩展到约 28.3Hz,跨 57 个多普勒速度门。若目标相对于雷达站初始作 45°飞行,则线性调频项影响为

$$f_s = -\frac{1}{\lambda}\left(\sqrt{2}a + \frac{v^2}{R}\right) \tag{10.59}$$

其扩展的多普勒带宽为 $B_{ds} = \dfrac{1}{\lambda}\left(\sqrt{2}a + \dfrac{v^2}{R}\right) T_j = 19.7\text{Hz}$;其造成跨多普勒速度门 40 个。

时间三次方项的影响为

$$f_t = -\frac{3}{8\lambda}\left(\sqrt{2}\frac{a^2}{v} + 2\frac{av}{R}\right) \tag{10.60}$$

其扩展的多普勒带宽为 $B_{dt} = |f_t T_j^2| = \frac{3}{8\lambda}\left(\sqrt{2}\frac{a^2}{v} + 2\frac{av}{R}\right)T_j^2 \approx 0.51\,\text{Hz}$；其造成跨多普勒速度门 1 个，其影响不可忽略。

时间四次方项的影响为

$$f_f = -\frac{a^2}{2\lambda R} \tag{10.61}$$

其扩展的多普勒带宽为 $B_{df} = |f_f T_j^3| = \frac{a^2}{2\lambda R}T_j^3 \approx 0.007\,\text{Hz}$；即使取其最大值，其影响也可以忽略。故机动目标回波模型可表示为

$$s_T(t) = A\exp\left\{j\left[2\pi f_o t + \varphi_{ga}(t) + \theta_T + \varphi(t - T_o - \Delta T(t))\right]\right\} \tag{10.62}$$

$$\varphi_{ga}(t) = 2\pi\left(f_d t + \frac{1}{2}f_s t^2 + \frac{1}{3}f_t t^3\right) \tag{10.63}$$

◣ 10.3　直达波、地杂波对消

10.3.1　直达波、地杂波回波模型

直达波是指调频广播台发射信号通过空间耦合直接进入雷达通道调频广播信号。地杂波是指地面折射调频广播台信号而进入雷达通道调频广播信号。直达波、地杂波路径的几何模型如图 10.5 所示，图中示意有 N 个地面点目标，第 i 个点坐标为 (x_i, y_i)。

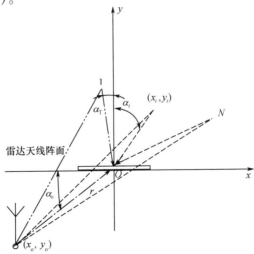

图 10.5　直达波、地杂波路径的几何模型

调频广播台到雷达站的直达波路径设为 r；若延时为 T，到达雷达天线阵面的信号幅度为 A_d，设第 m 个波束幅度增益函数为 $g_m(\alpha)$，则天线功率增益可设为

$$G_m(\alpha) = g_m^2(\alpha) \tag{10.64}$$

于是第 m 个波束的指向为 $\alpha = \alpha_m$ 时接收到的直达波基带信号度为

$$s_{md}(t) = A_\mathrm{d} g_m\left(\alpha_m - \left(\frac{\pi}{2} + \alpha_\mathrm{o}\right)\right)\exp(\mathrm{j}2\pi f_\mathrm{o} t)\exp\{\mathrm{j}[\varphi(t-T) + \varphi_{mo}]\} \tag{10.65}$$

调频广播台到地面第 i 点，第 i 点再到雷达站的调频广播信号的延时为 $T_i = T + \Delta T_i$；地面第 i 点到雷达站方位角为 α_i，该点杂波信号到达雷达阵面的信号幅度为 A_i，由于外辐射源雷达采用多波束实现一定方位角的覆盖，设第 m 个波束接收到该点信号幅度为 $A_i g_m(\alpha_m - \alpha_i)$，地面第 i 点的回波信号形式可表示为

$$s_{mg,i}(t) = A_i g_m(\alpha_m - \alpha_i)\exp\{\mathrm{j}[2\pi f_\mathrm{o} t + \varphi(t-T-\Delta T_i) + \varphi_{mi}]\} \tag{10.66}$$

而地面有无穷多点组成，故雷达第 m 个波束接收到的地杂波可表示为

$$s_{mg}(t) = \sum_i s_{mg,i}(t) \tag{10.67a}$$

即

$$s_{mg}(t) = \exp(\mathrm{j}2\pi f_\mathrm{o} t)\sum_i A_i g_m(\alpha_m - \alpha_i)\exp[j(\varphi(t-T-\Delta T_i) + \varphi_{mi})] \tag{10.67b}$$

设运动目标与雷达天线法线的夹角为 α_T，如图 10.5 所示，雷达接收到运动目标回波可表示为

$$s_{m\mathrm{T}}(t) = A g_m(\alpha_m - \alpha_\mathrm{T})\exp(\mathrm{j}2\pi f_\mathrm{o} t) \times$$
$$\exp\{j[\varphi_\mathrm{d}(t) + \theta_{m\mathrm{T}} + \varphi(t - T_\mathrm{o} - \Delta T(t))]\} \tag{10.68}$$

故外辐射源雷达第 m 个波束接收到某一调频广播台发射信号的总信号为

$$s_m(t) = s_{m\mathrm{T}}(t) + s_{md}(t) + s_{mg}(t) \tag{10.69}$$

即

$$s_m(t) = \exp(\mathrm{j}2\pi f_\mathrm{o} t)\{A g_m(\alpha_m - \alpha_\mathrm{T}) \times$$
$$\exp\{j[\varphi_\mathrm{d}(t) + \theta_{m\mathrm{T}} + \varphi(t - T_\mathrm{o} - \Delta T(t))]\} +$$
$$A_\mathrm{d} g_m\left(\alpha_m - \left(\frac{\pi}{2} + \alpha_\mathrm{o}\right)\right)\exp\{j[\varphi(t-T) + \varphi_{mo}]\} +$$
$$\sum_i A_i g_m(\alpha_m - \alpha_i)\exp[j(\varphi(t-T-\Delta T_i) + \varphi_{mi})]\} \tag{10.70}$$

10.3.2　理想直达波处理

理想直达波是指直达波信号幅度是一恒定值。由前分析可知,探测目标波束中的直达波信号功率比 20km 的近区目标回波信号强 93dB 以上,比 300km 的目标回波信号功率强 120dB 以上,为了有效检测运动目标,必须抑制直达波信号功率。若地杂波功率很小,相参积累后小于接收机噪声平均功率,则可忽略波束中接收到的地杂波影响,则式(10.70)表示的地面固定站第 m 个波束接收到的信号可简化为

$$
\begin{aligned}
s_m(t) = \exp(\mathrm{j}2\pi f_\mathrm{o}t) \big\{ & Ag_m(\alpha_m - \alpha_\mathrm{T}) \times \\
& \exp\{\mathrm{j}[\varphi_\mathrm{d}(t) + \theta_{m\mathrm{T}} + \varphi(t - T_\mathrm{o} - \Delta T(t))]\} + \\
& A_\mathrm{d}g_m\left(\alpha_m - \left(\frac{\pi}{2} + \alpha_\mathrm{o}\right)\right)\exp\{\mathrm{j}[\varphi(t - T) + \varphi_{m\mathrm{o}}]\}\big\}
\end{aligned} \tag{10.71}
$$

外辐射源雷达还必须获取外辐射源信号作为参考源,以此参考源对消探测目标波束中的直达波。设接收直达波波束指向 $\alpha = \dfrac{\pi}{2} + \alpha_\mathrm{o} + \Delta\alpha$,直达波通道,不仅接收直达波,还可接收到运动目标回波和地杂波,由于在直达波方向有天线增益,且直达波比地杂波强几十分贝,故忽略地杂波的影响,则直达波波束接收到的信号为

$$
\begin{aligned}
s_\mathrm{d}(t) = \exp(\mathrm{j}2\pi f_\mathrm{o}t) \big\{ & A_\mathrm{d}g_\mathrm{d}(\Delta\alpha)\exp\{\mathrm{j}[\varphi(t - T) + \varphi_{m\mathrm{o}}]\} + \\
& Ag_\mathrm{d}\left(\frac{\pi}{2} + \alpha_\mathrm{o} + \Delta\alpha - \alpha_\mathrm{T}\right) \times \\
& \exp\{\mathrm{j}[\varphi_\mathrm{d}(t) + \theta_{m\mathrm{T}} + \varphi(t - T_\mathrm{o} - \Delta T(t))]\}\big\}
\end{aligned} \tag{10.72}
$$

在探测目标方向,考虑到不同波束通道对信号影响不一样,第 m 个波束接收到的信号模型又可抽象为

$$
\begin{aligned}
s_m(t) = \hat{A}_{m\mathrm{d}}\exp(\mathrm{j}2\pi f_\mathrm{o}t) \big\{ & \exp\{\mathrm{j}[\varphi(t - T) + \varphi_{m\mathrm{o}}]\} + \\
& \hat{\xi}_m\exp\{\mathrm{j}[\varphi_\mathrm{d}(t) + \theta_{m\mathrm{T}} + \varphi(t - T_\mathrm{o} - \Delta T(t))]\}\big\}
\end{aligned} \tag{10.73}
$$

式中: $\hat{A}_{m\mathrm{d}} = A_\mathrm{d}g_m\left(\alpha_m - \left(\dfrac{\pi}{2} + \alpha_\mathrm{o}\right)\right)$; $\hat{\xi}_m = \dfrac{A}{A_\mathrm{d}}\dfrac{g_m(\alpha_m - \alpha_\mathrm{T})}{g_m\left(\alpha_m - \left(\dfrac{\pi}{2} + \alpha_\mathrm{o}\right)\right)}$ 。

直达波波束接收到的信号也可表示为

$$
\begin{aligned}
s_\mathrm{d}(t) = \hat{A}_\mathrm{d}\exp(\mathrm{j}2\pi f_\mathrm{o}t) \big\{ & \exp\{\mathrm{j}[\varphi(t - T) + \varphi_{\mathrm{d}\mathrm{o}}]\} + \\
& \hat{\xi}_\mathrm{d}\exp\{\mathrm{j}[\varphi_\mathrm{d}(t) + \theta_{\mathrm{d}\mathrm{T}} + \varphi(t - T_\mathrm{o} - \Delta T(t))]\}\big\}
\end{aligned} \tag{10.74}
$$

式中: $\hat{A}_\mathrm{d} = A_\mathrm{d}g_\mathrm{d}(\Delta\alpha)$; $\hat{\xi}_\mathrm{d} = \dfrac{A}{A_\mathrm{d}}\dfrac{g_\mathrm{d}\left(\dfrac{\pi}{2} + \alpha_\mathrm{o} + \Delta\alpha - \alpha_\mathrm{T}\right)}{g_\mathrm{d}(\Delta\alpha)}$ 。

若设计的探测目标主天线波束的主副瓣比达 20dB,接收直达波波束的主副瓣比达 10dB,则探测目标波束中的运动目标回波功率与直达波波束中的运动目标回波功率相对差 30dB,可在对消直达波后,提高信杂比。

10.3.2.1 直流滤波处理

若直达波为理想调频信号,即信号幅度没有波动,则探测目标波束通道信号与直达波通道共轭相乘,则有

$$s_{md}(t) = s_m(t) \times \overset{*}{s}_d(t) \tag{10.75}$$

式中: $\overset{*}{s}_d(t)$ 为 $s_d(t)$ 的共轭。

即

$$
\begin{aligned}
s_{md}(t) = \hat{A}_{md}\hat{A}_d \big\{ & \exp[\mathrm{j}(\varphi_{mo} - \varphi_{do})] + \hat{\xi}_m\xi_d \exp[\mathrm{j}(\theta_{mT} - \hat{\theta}_{dT})] + \\
& \hat{\xi}_m \exp\{-\mathrm{j}[\varphi(t-T) - \varphi(t-T_o - \Delta T(t)) - \varphi_d(t) + \varphi_{do} - \theta_{mT}]\} + \\
& \hat{\xi}_d \exp\{\mathrm{j}[\varphi(t-T) - \varphi(t-T_o - \Delta T(t)) - \varphi_d(t) + \varphi_{mo} - \theta_{dT}]\}\big\}
\end{aligned}
\tag{10.76}
$$

从式(10.76)可知 $\exp(\mathrm{j}(\varphi_{mo} - \varphi_{do})) + \hat{\xi}_m\hat{\xi}_d\exp(\mathrm{j}(\theta_{mT} - \theta_{dT}))$ 是直流项,而与目标有关分量所占直流分量功率比较小,故可以近似认为虑除直流分量和与目标有关分量保持不变;由于调频广播信号为循环平稳信号,当目标回波延时与直达波延时相差比较大时,则可认为式(10.76)中的 $\hat{\xi}_m\exp\{-\mathrm{j}[\varphi(t-T) - \varphi_d(t) - \varphi(t-T_o - \Delta T(t)) + \varphi_{do} - \theta_{mT}]\}$ 项的信号能量近似分布于调频信号带宽,设直流滤波器带宽为 ΔB,则目标回波信号功率损失为 $(\hat{A}_{md}\hat{A}_d\hat{\xi}_m)^2\frac{\Delta B}{B} = (AA_d g_m(\alpha_m - \alpha_T)G_d(\Delta\alpha))^2\frac{\Delta B}{B}$,可令其幅度损失因子为

$$\Delta\xi_m = \hat{\xi}_m\sqrt{\frac{\Delta B}{B}} \tag{10.77}$$

同理,式(10.76)中 $\hat{\xi}_d\exp\{-\mathrm{j}[\varphi_d(t) + \varphi(t-T_o - \Delta T(t)) - \varphi(t-T) + \theta_{dT} - \varphi_{mo}]\}$ 的功率损失为 $(\hat{A}_{md}\hat{A}_d\hat{\xi}_d)^2\frac{\Delta B}{B} = (AA_d g_m(\alpha_m - (\frac{\pi}{2} + \alpha_o))G_d(\frac{\pi}{2} + \alpha_o + \Delta\alpha - \alpha_T))^2\frac{\Delta B}{B}$,可令其幅度损失因子为

$$\Delta\xi_d = \hat{\xi}_d\sqrt{\frac{\Delta B}{B}} \tag{10.78}$$

综合二者,其总损因子为 $\Delta\xi\exp(\mathrm{j}\varphi_s)$,则直流滤波后信号可近似为

$$s_{md}(t) = \hat{A}_{md}\hat{A}_d\big\{\hat{\xi}_m\exp\{-\mathrm{j}[\varphi(t-T) - \varphi(t-T_o - \Delta T(t)) - $$

$$\varphi_{\mathrm{d}}(t) + \varphi_{\mathrm{do}} - \theta_{m\mathrm{T}}]\} + \hat{\xi}_{\mathrm{d}}\exp\{\mathrm{j}[\varphi(t-T) - \varphi(t - T_{\mathrm{o}} - \Delta T(t)) -$$

$$\varphi_{\mathrm{d}}(t) + \varphi_{mo} - \theta_{\mathrm{dT}}]\} - \Delta\xi\exp(\mathrm{j}\varphi_{\mathrm{s}})\} \tag{10.79}$$

以信号与直达波通道信号相乘就可重构探测目标波束通道信号,即

$$\hat{s}_{m}(t) = \hat{s}_{m\mathrm{d}}(t) \times s_{\mathrm{d}}(t) \tag{10.80}$$

$$\hat{s}_{m}(t) = \hat{A}_{m\mathrm{d}}\hat{A}_{\mathrm{d}}^2\exp(\mathrm{j}2\pi f_{\mathrm{o}}t)\{\exp[\mathrm{j}\varphi(t-T)]\{\hat{\xi}_{\mathrm{d}}\hat{\xi}_{\mathrm{d}}\exp(\mathrm{j}\varphi_{mo}) -$$

$$\Delta\xi\exp[\mathrm{j}(\varphi_{\mathrm{do}} + \varphi_{\mathrm{s}})]\} + \exp\{\mathrm{j}[\varphi(t - T_{\mathrm{o}} - \Delta T(t)) + \varphi_{\mathrm{d}}(t)]\} \times$$

$$\{\hat{\xi}_{m}\exp(\mathrm{j}\theta_{m\mathrm{T}}) - \hat{\xi}_{\mathrm{d}}\Delta\xi\exp[\mathrm{j}(\theta_{\mathrm{dT}} + \varphi_{\mathrm{s}})]\} +$$

$$\hat{\xi}_{\mathrm{d}}\hat{\xi}_{m}\exp\{\mathrm{j}[2\varphi_{\mathrm{d}}(t) + 2\varphi(t - T_{\mathrm{o}} - \Delta T(t)) - \varphi(t-T) - \varphi_{\mathrm{do}} + \theta_{m\mathrm{T}} + \theta_{\mathrm{dT}}]\} +$$

$$\hat{\xi}_{\mathrm{d}}\exp\{\mathrm{j}[2\varphi(t-T) - \varphi(t - T_{\mathrm{o}} - \Delta T(t)) - \varphi_{\mathrm{d}}(t) + \varphi_{mo} + \varphi_{\mathrm{do}} - \theta_{\mathrm{dT}}]\}\} \tag{10.81}$$

如此处理虽然能滤除探测目标波束回波中直达波,在实际雷达系统设计中,$\hat{\xi}_{\mathrm{d}}^2$在 $-93\mathrm{dB}$ 以下,故直流滤波后的直达波可以忽略;常常有 $\hat{\xi}_{m}^2$ 大于 $\hat{\xi}_{\mathrm{d}}^2 30\mathrm{dB}$ 以上,而该处理方法是非线性处理,产生虚假目标回波,但真实目标的回波信号功率存在比较大的差异,若在多目标条件下,当目标之间的 RCS 差异比较大时,则需要进行真假目标信号处理。

10.3.2.2　对消处理

在直达波波束通道中,由于直达波的信号强度比运动目标回波强度大 90dB 以上,为便于处理探测目标波束直达波信号,对直达波波束通道信号进行归一化处理,即

$$s_{\mathrm{dw}}(t) = \exp(\mathrm{j}2\pi f_{\mathrm{o}}t)\{\exp\{\mathrm{j}[\varphi(t-T) + \varphi_{\mathrm{do}}]\} +$$

$$\hat{\xi}_{\mathrm{d}}\exp\{\mathrm{j}[\varphi_{\mathrm{d}}(t) + \theta_{\mathrm{dT}} + \varphi(t - T_{\mathrm{o}} - \Delta T(t))]\}\} \tag{10.82}$$

若探测目标波束通道信号与归一化直达波通道共轭相乘,则有

$$s_{m\mathrm{d}}(t) = s_{m}(t) \times \overset{*}{s}_{\mathrm{dw}}(t) \tag{10.83}$$

式中:$\overset{*}{s}_{\mathrm{dw}}(t)$ 为 $s_{\mathrm{dw}}(t)$ 共轭。

即

$$s_{m\mathrm{d}}(t) = \hat{A}_{m\mathrm{d}}\{\exp[\mathrm{j}(\varphi_{mo} - \varphi_{\mathrm{do}})] + \hat{\xi}_{m}\xi_{\mathrm{d}}\exp[\mathrm{j}(\theta_{m\mathrm{T}} - \hat{\theta}_{\mathrm{dT}})] +$$

$$\hat{\xi}_{m}\exp\{-\mathrm{j}[\varphi(t-T) - \varphi(t - T_{\mathrm{o}} - \Delta T(t)) - \varphi_{\mathrm{d}}(t) + \varphi_{\mathrm{do}} - \theta_{m\mathrm{T}}]\} +$$

$$\hat{\xi}_{\mathrm{d}}\exp\{\mathrm{j}[\varphi(t-T) - \varphi(t - T_{\mathrm{o}} - \Delta T(t)) - \varphi_{\mathrm{d}}(t) + \varphi_{mo} - \theta_{\mathrm{dT}}]\}\} \tag{10.84}$$

若在积累时间长度 T_{a} 内对此信号求平均,则

$$\overline{S}_m = \frac{1}{T_a}\int_0^{T_a} s_{md}(t)\,\mathrm{d}t \tag{10.85}$$

考虑式(10.84)后二项信号中信号功率均匀分布在信号带宽内,其直流分量很小,其均值可以表示为 $\Delta\xi\exp(\mathrm{j}\varphi_s)$,则有

$$\overline{S}_m \approx \hat{A}_{md}\big[\exp(\mathrm{j}(\varphi_{mo}-\varphi_{do})) + \hat{\xi}_m\hat{\xi}_d\exp(\mathrm{j}(\theta_{mT}-\theta_{dT})) + \Delta\xi\exp(\mathrm{j}\varphi_s)\big] \tag{10.86}$$

以此参数为加权系数,对直达波通道信号进行加权,并以探测目标波束通道信号减去加权后直达波通道信号,构造新信号

$$\overline{s}_{md}(t) = s_m(t) - \overline{S}_m s_{dw}(t) \tag{10.87}$$

即

$$\begin{aligned}
\overline{s}_{md}(t) = \hat{A}_{md}\exp(\mathrm{j}2\pi f_o t)\big\{&\hat{\xi}_m\exp\{\mathrm{j}[\varphi_d(t)+\theta_{mT}+\varphi(t-T_o-\Delta T(t))]\}-\\
&\hat{\xi}_m\hat{\xi}_d\exp\{\mathrm{j}[\varphi(t-T)+\varphi_{do}+\theta_{mT}-\theta_{dT}]\}-\\
&\Delta\xi\exp\{\mathrm{j}[\varphi(t-T)+\varphi_{do}+\varphi_s]\}-\\
&\hat{\xi}_d\exp\{\mathrm{j}[\varphi_d(t)+\theta_{dT}+\varphi(t-T_o-\Delta T(t))+\varphi_{mo}-\varphi_{do}]\}-\\
&\hat{\xi}_m\hat{\xi}_d^2\exp\{\mathrm{j}[\varphi_d(t)+\theta_{mT}+\varphi(t-T_o-\Delta T(t))]\}-\\
&\Delta\xi\hat{\xi}_d\exp\{\mathrm{j}[\varphi_d(t)+\theta_{dT}+\varphi(t-T_o-\Delta T(t))+\varphi_s]\}\big\}
\end{aligned} \tag{10.88}$$

由于 $\hat{\xi}_d \leqslant -93\mathrm{dB}$,故直达波的影响可以忽略,运动目标回波信号功率损失也可以忽略,而波形保持不变,实现了比较理想的直达波对消。

10.3.2.3　有噪直达波对消

实际雷达接收系统均存在噪声,可以考虑平均噪声电平为 $-120\mathrm{dBmW}$,设调频广播台发射信号功率为 $10\mathrm{kW}$,探测目标波束中的直达波功率为 $-50\mathrm{dBmW}$,直达波通道的直达波功率电平为 $-20\mathrm{dBmW}$,则信号模型可表示为

$$s_{m,n}(t) = s_m(t) + n_m(t) \tag{10.89}$$

$$\begin{aligned}
s_{d,n}(t) = \hat{A}_d\exp(\mathrm{j}2\pi f_o t)\big\{&\exp\{\mathrm{j}[\varphi(t-T)+\varphi_{do}]\}+\\
&\hat{\xi}_d\exp\{\mathrm{j}[\varphi_d(t)+\theta_{dT}+\varphi(t-T_o-\Delta T(t))]\}\big\} + n_d(t)
\end{aligned} \tag{10.90}$$

直达波通道信号归一化后有

$$s_{dw,n}(t) = s_{dw}(t) + \frac{n_d(t)}{\hat{A}_d} \tag{10.91}$$

若探测目标波束通道信号与归一化直达波通道共轭相乘,则有

$$s_{md,n}(t) = s_{m,n}(t) \times \overset{*}{s}_{dw,n}(t) \tag{10.92}$$

式中: $\overset{*}{s}_{dw,n}(t)$ 为 $s_{dw,n}(t)$ 的共轭。

即

$$s_{md,n}(t) = s_{md}(t) + n_m(t)\exp(-j2\pi f_o t)\{\exp\{-j[\varphi(t-T) + \varphi_{do}]\} +$$

$$\hat{A}\exp\{-j[\varphi_d(t) + \theta_{dT} + \varphi(t - T_o - \Delta T(t))]\}\} +$$

$$\hat{A}_{md}\exp(j2\pi f_o t)\{\exp\{j[\varphi(t-T) + \varphi_{mo}]\} +$$

$$\hat{A}_m\exp\{j[\varphi_d(t) + \theta_{mT} + \varphi(t - T_o - \Delta T(t))]\}\}\frac{\overset{*}{n}_d(t)}{\hat{A}_d} +$$

$$\frac{n_m(t)\overset{*}{n}_d(t)}{\hat{A}_d} \tag{10.93}$$

式中 $\hat{A}_m = \dfrac{A}{A_d}\dfrac{g_m(\alpha_m - \alpha_T)}{g_m\left(\alpha_m - \left(\dfrac{\pi}{2} + \alpha_o\right)\right)}$；$\hat{A}_{md}/\hat{A}_d = g_m\left(\alpha_{m_o} - \left(\dfrac{\pi}{2} + \alpha_o\right)\right)\Big/ g_d(\Delta\alpha)$。

若在时间长度 T_a 内对此信号求平均，则平均值为

$$\overline{S}_m = \frac{1}{T_a}\int_0^{T_a} s_{md,n}(t)\,dt \tag{10.94}$$

即

$$\overline{S}_m = \frac{1}{T_a}\left\{\int_0^{T_a} s_{md}(t)\,dt + \int_0^{T_a} n_m(t)\overset{*}{s}_{dw}(t) +\right.$$

$$\left.\frac{1}{\hat{A}_d}\int_0^{T_a} s_m(t)\overset{*}{n}_d(t)\,dt + \frac{1}{\hat{A}_d}\int_0^{T_a} n_m(t)\overset{*}{n}_d(t)\,dt\right\} \tag{10.95}$$

由于 $s_{dw}(t)$ 和 $s_m(t)$ 的信号功率可以近似在信号带宽内均匀分布，故 $s_{dw}(t)$ 中的直流分量功率近似为 $\dfrac{\Delta B}{B}$，$s_m(t)$ 中的直流分量功率近似为 $(\hat{A}_{md})^2\dfrac{\Delta B}{B}$，而 $(\hat{A}_{md})^2$ 比 $(\hat{A}_d)^2$ 小 30dB 以上，而式(10.93)中的第 4 项更小，故其可近似为

$$\overline{S}_m = \frac{1}{T_a}\left\{\int_0^{T_a} s_{md}(t)\,dt + \sqrt{\frac{\Delta B}{B}}\int_0^{T_a} n_m(t)\,dt\right\} \tag{10.96}$$

由于设计时，低噪放的平均噪声功率电平为 -120dBmW，故噪声因数的影响可以忽略，对消权值近似为

$$\overline{S}_m \approx \hat{A}_{md}[\exp(j(\varphi_{mo} - \varphi_{do})) +$$

$$\hat{\xi}_m\hat{\xi}_d\exp(j(\theta_{mT} - \theta_{dT})) + \Delta\xi\exp(j\varphi_s)] \tag{10.97}$$

构造新信号

$$\overline{s}_{md}(t) = s_m(t) + n_m(t) - \overline{S}_m\left(\overline{s}_{dw}(t) + \frac{n_d(t)}{\hat{A}_d}\right) \tag{10.98}$$

同样原因，$\dfrac{n_{\rm d}(t)}{\hat{A}_{\rm d}}$ 的影响可以忽略，故有

$$\bar{s}_{md}(t) = s_m(t) + n_m(t) - \bar{S}_m \bar{s}_{\rm dw}(t) \tag{10.99}$$

即

$$
\begin{aligned}
\bar{s}_{md}(t) = {}& \hat{A}_{md}\exp(\mathrm{j}2\pi f_o t)\{\hat{\xi}_m\exp\{\mathrm{j}[\varphi_{\rm d}(t) + \theta_{mT} + \varphi(t - T_o - \Delta T(t))]\} - \\
& \hat{\xi}_m\hat{\xi}_{\rm d}\exp\{\mathrm{j}[\varphi(t - T) + \varphi_{\rm do} + \theta_{mT} - \theta_{\rm dT}]\} - \\
& \Delta\xi\exp\{\mathrm{j}[\varphi(t - T) + \varphi_{\rm do} + \varphi_{\rm s}]\} - \\
& \hat{\xi}_{\rm d}\exp\{\mathrm{j}[\varphi_{\rm d}(t) + \theta_{\rm dT} + \varphi(t - T_o - \Delta T(t)) + \varphi_{\rm mo} - \varphi_{\rm do}]\} - \\
& \hat{\xi}_m\hat{\xi}_{\rm d}^2\exp\{\mathrm{j}[\varphi_{\rm d}(t) + \theta_{mT} + \varphi(t - T_o - \Delta T(t))]\} - \\
& \Delta\xi\hat{\xi}_{\rm d}\exp\{\mathrm{j}[\varphi_{\rm d}(t) + \theta_{\rm dT} + \varphi(t - T_o - \Delta T(t)) + \varphi_{\rm s}]\}\} + n_m(t)
\end{aligned}
\tag{10.100}
$$

其参数已在前面分析，可近似为

$$
\begin{aligned}
\bar{s}_{md}(t) = {}& \hat{A}_{md}\exp(\mathrm{j}2\pi f_o t)\{\hat{\xi}_m\exp\{\mathrm{j}[\varphi_{\rm d}(t) + \theta_{mT} + \varphi(t - T_o - \Delta T(t))]\} - \\
& \hat{\xi}_m\hat{\xi}_{\rm d}\exp\{\mathrm{j}[\varphi(t - T) + \varphi_{\rm do} + \theta_{mT} - \theta_{\rm dT}]\}\} + n_m(t)
\end{aligned}
\tag{10.101}
$$

10.3.3　基于 CLEAN 技术的对消

实际调频广播发射时，由于发射通道频响一致性、空间传输的影响，直达波的幅度不是一恒定值，用前面介绍的方法有时并不能达到预设的效果，例如，设通道的频响波动达 1%，则直达波处理效果不会超过 40dB。在地杂波比较强时，直达波对消效果受到直达波信号幅度的变化和地杂波影响，若直达波与地杂波之比达 40dB，由于地杂波的影响，则应用前面的方法所得到的处理结果是直达波对消效果不会超过 40dB。

对外辐射源雷达探测目标影响比较大的因素除了直达波，就是雷达站附近的近程地杂波，地杂波可以看作是无穷多个不同延时和不同幅度直达波的集合，设调频广播存在一定幅度调制，调制函数为 $1 + b(t)$，不考虑运动平台的情况，在不考虑噪声条件下，探测目标波束的信号形式可修正为

$$
\begin{aligned}
s_m(t) = {}& \hat{A}_{md}\exp(\mathrm{j}2\pi f_o t)\{(1 + b(t - T))\exp\{\mathrm{j}[\varphi(t - T) + \varphi_{\rm mo}]\} + \\
& \sum_i \hat{\xi}_{mgi}(1 + b(t - T - \Delta T_i))\exp[\mathrm{j}(\varphi(t - T - \Delta T_i) + \varphi_{mi})] + \\
& \hat{\xi}_m(1 + b(t - T_o - \Delta T(t)))\exp\{\mathrm{j}[\varphi_{\rm d}(t) + \\
& \varphi(t - T_o - \Delta T(t)) + \theta_{mT}]\}\}
\end{aligned}
\tag{10.102}
$$

式中：$\hat{\xi}_{mgi} = \dfrac{A_i}{A_{\rm d}}\dfrac{g_m(\alpha_m - \alpha_i)}{g_m\left(\alpha_m - \left(\dfrac{\pi}{2} + \alpha_o\right)\right)}$。

直达波信号修正为

$$s_d(t) = \hat{A}_d \exp(j2\pi f_o t) \{(1 + b(t - T)) \exp\{j[\varphi(t - T) + \varphi_{do}]\} +$$
$$\sum_i \hat{\xi}_{dgi}(1 + b(t - T - \Delta T_i)) \exp[j(\varphi(t - T - \Delta T_i) + \varphi_{di})] +$$
$$\hat{\xi}_d(1 + b(t - T_o - \Delta T(t))) \exp\{j[\varphi_d(t) +$$
$$\varphi(t - T_o - \Delta T(t)) + \theta_{dT}]\}\} \tag{10.103}$$

式中：$\hat{\xi}_{dgi} = \dfrac{A_i}{A_d} \dfrac{g_d\left(\dfrac{\pi}{2} + \alpha_o + \Delta\alpha - \alpha_i\right)}{g_d(\Delta\alpha)}$。

若接收到信号经下混频处理，设混频频率为 $f = f_o - \Delta f$，并对信号离散化，设采样频率为 $f_s = \dfrac{1}{T_s}$，令 $K_s = \Delta f T_s$，设 $\Delta N(n) = \dfrac{\Delta T(nT_s)}{T_s}$，$b_q(n) = b(nT_s)$，$\varphi_q(n) = \varphi(nT_s)$，$\varphi_{dq}(n) = \varphi_d(nT_s)$，$N \approx \dfrac{T}{T_s}$，$N_o = \dfrac{T_o}{T_s}$，$i + \delta_i = \dfrac{\Delta T_i}{T_s}$，则探测目标波束通道信号模型可近似抽象为

$$s_m(n) = \hat{A}_{md} \exp(j2\pi K_s n) \{(1 + b_q(n - N)) \exp\{j[\varphi_q(n - N) + \varphi_{mo}]\} +$$
$$\sum_{i=1}^{\infty} \hat{\xi}_{mgi}(1 + b_q(n - N - i - \delta_i)) \exp[j(\varphi_q(n - N - i - \delta_i) + \varphi_{mi})] +$$
$$\hat{\xi}_m(1 + b_q(n - N_o - \Delta N(n))) \times$$
$$\exp\{j[\varphi_{dq}(n) + \varphi_q(n - N_o - \Delta N(n)) + \theta_{mT}]\}\} \tag{10.104}$$

直达波通道信号可近似为

$$s_d(n) = \hat{A}_d \exp(j2\pi K_s n) \{(1 + b_q(n - N)) \exp\{j[\varphi_q(n - N) + \varphi_{do}]\} +$$
$$\sum_{i=1}^{\infty} \hat{\xi}_{dgi}(1 + b_q(n - N - i - \delta_i)) \exp[j(\varphi_q(n - N - i - \delta_i) + \varphi_{di})] +$$
$$\hat{\xi}_d(1 + b_q(n - N_o - \Delta N(n))) \times$$
$$\exp\{j[\varphi_{dq}(n) + \varphi_q(n - N_o - \Delta N(n)) + \theta_{dT}]\}\} \tag{10.105}$$

分析式（10.104）和式（10.105），可以明显知道此二式中的直达波差别是二者的信号幅度和初始相位，故对直达波通道的信号进行适当加权，探测目标通道中的信号减去加权后直达波通道信号，并不断调整权值，直到探测目标通道信号能量最小，这也就是 CLEAN 处理，以此构想，设权系数为

$$w_{p,0} = \eta_{p,o} \exp(j\psi_{p,0}) \tag{10.106}$$

式中：$p = 1, 2, \cdots$

构建一新函数

$$s_{m,p}(n, 0) = s_m(n) - w_{p,0} s_d(n) \tag{10.107}$$

选取 M 个数据，计算这 M 个数据的能量，通过 P 次计算，可以找到 $s_{m,p}(n, 0)$

能量在 $p=q$ 时值最小的权值为 $w_{q,0}$，以此 $w_{q,0}$ 作为对消权值，对消后直达波可归地杂波类，故新的重构第 m 个探测目标波束的信号

$$\overset{\vee}{s}_{m,0}(n) = s_m(n) - w_{q,0}s_d(n) \tag{10.108}$$

即

$$
\begin{aligned}
\overset{\vee}{s}_{m,0}(n) =\ & \hat{A}_{md}\exp(j2\pi K_s n)\Big\{\sum_{i=0}^{\infty}\hat{\xi}_{mgi}(1+b_q(n-N-i-\delta_i))\times \\
& \exp[j(\varphi_q(n-N-i-\delta_i)+\varphi_{mi})]+\hat{\xi}_m(1+b_q(n-N_o-\Delta N(n)))\\
& \exp\{j[\varphi_{dq}(n)+\varphi_q(n-N_o-\Delta N(n))+\theta_{mT}]\}\Big\}
\end{aligned}\tag{10.109}
$$

在此信号中主要影响目标检测的因素是地杂波。由于地杂波是直达波通过不同延时，并进行幅度和相位调整集合而成，故地杂波对消的方法也可以是对直达波通道信号不断进行延时，并加权与探测目标信号进行对消，对每次对消后信号的能量进行计算，其最小值时该延时的权值为该延时的对消权值。

例如，若直达波通道信号延时为 1，则有

$$
\begin{aligned}
s_d(n-1) =\ & \hat{A}_d\exp(j2\pi K_s n)\Big\{(1+b_q(n-1-N))\exp\{j[\varphi_q(n-1-N)+\varphi_{do}]\}+ \\
& \sum_{i=1}^{\infty}\hat{\xi}_{dgi}(1+b_q(n-N-i-1-\delta_i))\times \\
& \exp[j(\varphi_q(n-N-i-1-\delta_i)+\varphi_{di})]+ \\
& \hat{\xi}_d(1+b_q(n-1-N_o-\Delta N(n)))\times \\
& \exp\{j[\varphi_{dq}(n-i)+\varphi_q(n-1-N_o-\Delta N(n))+\theta_{dT}]\}\Big\}
\end{aligned}\tag{10.110}
$$

仍构建一复权函数 $w_{p,1}=\eta_{p,1}\exp(j\psi_p,1)$，构建一新函数

$$s_{m,p}(n,1) = \overset{\vee}{s}_{m,0}(n) - w_{p,1}s_d(n-1) \tag{10.111}$$

$$
\begin{aligned}
s_{m,p}(n,1) =\ & \hat{A}_{md}\exp(j2\pi K_s n)\Big\{\sum_{i=0}^{\infty}\hat{\xi}_{mgi}(1+b_q(n-N-i-\delta_i))\times \\
& \exp[j(\varphi_q(n-N-i-\delta_i)+\varphi_{mi})+\hat{\xi}_m(1+b_q(n-N_o-\Delta N(n)))\times \\
& \exp\{j[\varphi_{dq}(n)+\varphi_q(n-N_o-\Delta N(n))+\theta_{mT}]\}\Big\}- \\
& \{w_{p,1}\hat{A}_d\exp(j2\pi K_s n)\{(1+b_q(n-1-N))\times \\
& \exp\{j[\varphi_q(n-1-N)+\varphi_{do}]\}+\sum_i\hat{\xi}_{dgi}(1+b_q(n-N-i-1-\delta_i))\times \\
& \exp[j(\varphi_q(n-N-i-1-\delta_i)+\varphi_{di})]+ \\
& \hat{\xi}_d(1+b_q(n-1-N_o-\Delta N(n)))\times \\
& \exp\{j[\varphi_{dq}(n-i)+\varphi_q(n-1-N_o-\Delta N(n))+\theta_{dT}]\}\}\}
\end{aligned}\tag{10.112}
$$

同样选取 M 个数据,计算这 M 个数据的能量,通过 P 次计算,可以找到 $p=q$ 时, $s_{m,p}(n,1)$ 能量最小值时的 $w_{q,1}$,以此 $w_{q,1}$ 作为对消权值,对消后直达波也可归地杂波类,故新的重构第 m 个探测目标波束的信号

$$\overset{\vee}{s}_{m,1}(n)=\overset{\vee}{s}_{m,0}(n)-w_{q,1}s_d(n-1)\tag{10.113}$$

当 $w_{q,1}=\dfrac{\hat{A}_{md}\hat{\xi}_{mg1}}{A_d}\exp[j(\varphi_{m1}-\varphi_{d0})]$ 时有

$$\begin{aligned}
\overset{\vee}{s}_{m,1}(n)=&\,\hat{A}_{md}\exp(j2\pi K_s n)\Big\{\sum_{i=0}^{\infty}\hat{\xi}_{mgi}(1+b_q(n-N-i-\delta_i))\times\\
&\exp[j(\varphi_q(n-N-i-\delta_i)+\varphi_{mi})]+\hat{\xi}_m(1+b_q(n-N_o-\Delta N(n)))\times\\
&\exp\{j[\varphi_{dq}(n)+\varphi_q(n-N_o-\Delta N(n))+\theta_{mT}]\}\Big\}-\\
&\{\hat{A}_{md}\hat{\xi}_{mg1}\exp[j(\varphi_{m1}-\varphi_{d0})\exp(j2\pi K_s n)\times\\
&\{(1+b_q(n-1-N))\exp\{j[\varphi_q(n-1-N)+\varphi_{d0}]\}+\\
&\sum_i\hat{\xi}_{dgi}(1+b_q(n-N-i-1-\delta_i))\times\\
&\exp[j(\varphi_q(n-N-i-1-\delta_i)+\varphi_{di})]+\\
&\hat{\xi}_d(1+b_q(n-1-N_o-\Delta N(n)))\times\\
&\exp\{j[\varphi_{dq}(n-i)+\varphi_q(n-1-N_o-\Delta N(n))+\theta_{dT}]\}\}\}\tag{10.114}
\end{aligned}$$

忽略高阶小量,有

$$\begin{aligned}
\overset{\vee}{s}_{m,1}(n)=&\,\hat{A}_{md}\exp(j2\pi K_s n)\Big\{\sum_{i\neq1}^{\infty}\hat{\xi}_{mgi}(1+b_q(n-N-i-\delta_i))\times\\
&\exp[j(\varphi_q(n-N-i-\delta_i)+\varphi_{mi})]+\hat{\xi}_m(1+b_q(n-N_o-\Delta N(n)))\times\\
&\exp\{j[\varphi_{dq}(n)+\varphi_q(n-N_o-\Delta N(n))+\theta_{mT}]\}\times\\
&\hat{\xi}_{mg1}\{(1+b_q(n-N-1-\delta_1))-(1+b_q(n-1-N))\times\\
&\exp[j\delta_1\Delta\varphi_q(n-1-N)]\}\exp[j(\varphi_q(n-N-1-\delta_1)+\varphi_{m1})\}
\end{aligned}$$

$$\tag{10.115}$$

在式(10.115)中, δ_1 越小,则直达波对消效果越好。 δ_i 的最大值为采样时间间隔的 $1/2$。由于调频广播信号带宽为 $B=180\text{kHz}$,若采样频率为 $f_s=10\text{MHz}$,则可对消该杂波 30dB 以上功率,但其还受到其他距离杂波和噪声影响。式(10.115)还可用下式表达为

$$\begin{aligned}
\overset{\vee}{s}_{m,1}(n)=&\,\hat{A}_{md}\exp(j2\pi K_s n)\Big\{\sum_{i=0}^{\infty}\hat{\xi}_{mgi}(1+b_q(n-N-i-\delta_i))\times\\
&\exp[j(\varphi_q(n-N-i-\delta_i)+\varphi_{mi})]+\hat{\xi}_m(1+b_q(n-N_o-\Delta N(n)))\times\\
&\exp\{j[\varphi_{dq}(n)+\varphi_q(n-N_o-\Delta N(n))+\theta_{mT}]\}\Big\}\tag{10.116}
\end{aligned}$$

若对消 k 个延时地杂波,复权函数 $w_{p,k} = \eta_{p,k}\exp(\mathrm{j}\psi_\mathrm{p},k)$,构建一新函数为

$$\overset{\vee}{s}_{m,p}(n,k) = \overset{\vee}{s}_{m,k-1}(n) - w_{p,k}s_\mathrm{d}(n-k) \tag{10.117}$$

计算出 $p = q$ 时,$s_{m,p}(n,k)$ 在能量最小值时的 $w_{q,k}$,则对消后的信号为

$$\overset{\vee}{s}_{m,k}(n) = \overset{\vee}{s}_{m,k}(n) - w_{q,k}s_\mathrm{d}(n-k) \tag{10.118}$$

可表示为

$$\overset{\vee}{s}_{m,k}(n) = \hat{A}_{md}\exp(\mathrm{j}2\pi K_\mathrm{s}n)\left\{ \sum_{i=0}^{\infty}\hat{\xi}_{mgi}(1 + b_q(n - N - i - \delta_i)) \times \right.$$

$$\exp\left[\mathrm{j}(\varphi_q(n - N - i - \delta_i) + \varphi_{mi})\right] + \hat{\xi}_m(1 + b_q(n - N_\mathrm{o} - \Delta N(n))) \times$$

$$\left. \exp\{\mathrm{j}[\varphi_{dq}(n) + \varphi_q(n - N_\mathrm{o} - \Delta N(n)) + \theta_{mT}]\} \right\} \tag{10.119}$$

对消多少个延时的地杂波取决于地杂波距离和采样率。设对 K 个延时对消,完成之后,可以再次循环进行同样的处理过程;直到对消没有效果为止。其处理框图如图 10.6 所示。当考虑噪声条件下,其处理过程相同,对消完成后的残余直达波和地杂波与噪声有关。应用获取的 K 个权值即可完成直达波和地杂波的对消,对消信号为

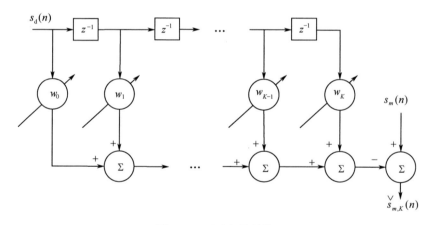

图 10.6 对消权值计算

$$s_\mathrm{d}(n) = \sum_{k=0}^{K} w_{q,k}s_\mathrm{d}(n-k) \tag{10.120}$$

对消框图如图 10.7 所示,其与图 10.6 的差别是图 10.7 中的权值不用调整,其获取的 $\overset{\vee}{s}_{mk}(n)$ 可以应用于时频相关处理。

10.3.4 基于自适应滤波方法对消

CLEAN 处理方法所计算每一个对消权值是以一段数据计算最小均方误差,决定对消权值,而 Windrow 和 Hoff 则是以每一个均方误差信号数据作为反馈,

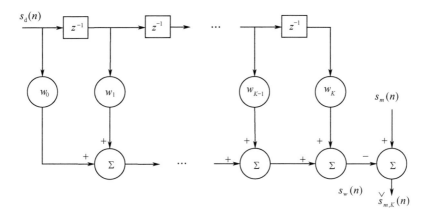

图 10.7　对消处理框图

调整对消权值获取最小均方误差,其处理框图如图 10.8 所示。

误差函数为

$$e(n) = s(n) - \sum_{i=0}^{K} s_{\mathrm{d}}(n-i) \overset{*}{w}_i(n) \qquad (10.121)$$

权值计算函数为

$$w_i(n+1) = w_i(n) + 2\mu(n)e(n)s_{\mathrm{d}}(n-i) \qquad (10.122)$$

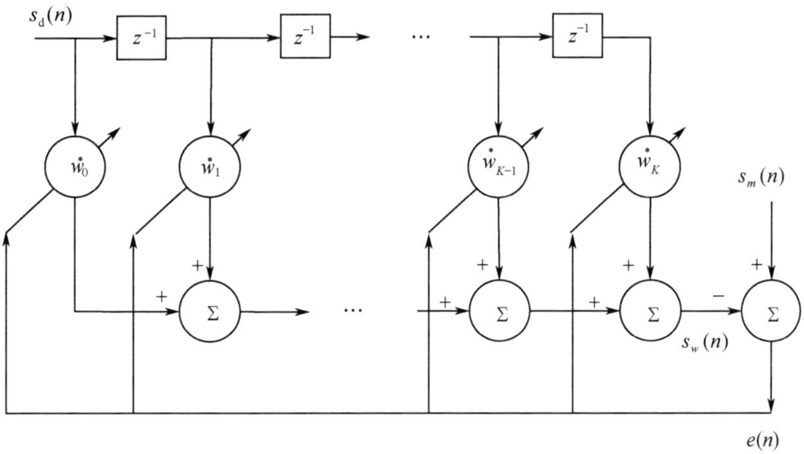

图 10.8　自适应滤波对消

迭代步长

$$\mu(n) = \frac{\alpha}{\beta + \sum_{i=0}^{K} s_{\mathrm{d}}(n-i)\overset{*}{s}_{\mathrm{d}}(n-i)} \qquad (10.123)$$

式中:$0 < \alpha < 1$;$\beta \approx 0.001$。

一旦以式(10.121)、式(10.122)、式(10.123)循环计算 P 次得到均方误差最小,则停止迭代计算,以此时获取的权值 $w_i(P)$ 作为直达波和地杂波对消权值,构造新的探测目标通道数据,即

$$\overset{\vee}{s}_m(n) = s_m(n) - \sum_{i=0}^{K} s_d(n-i) \overset{*}{w}_i(P) \tag{10.124}$$

其仍如图 10.8 所示。通常外辐射源雷达站周围的环境是时变的,如气候环境影响、风力作用于地面造成地物运动、地面运动物体、海面的波浪等均会引起杂波变化,故对消权值不能一次完成后固定不变,必须每隔一段时间重新计算,权值更新计算时的初始权值可以是旧权值,可减少循环计算次数。

10.4　回波信号处理

10.4.1　调频广播信号的时频相关处理

设经下混频去掉载频的调频广播信号的离散形式为

$$s(n) = A\exp\left[j\left(\sum_i m_{f_i}\sin\Omega_i T_s n + \varphi_o\right)\right] \tag{10.125}$$

其时频相关处理的表达式为

$$S(k,m) = \sum_{n=0}^{N-1} s(n) \overset{*}{s}(n-m) e^{-j2\pi\frac{k}{N}n} \tag{10.126}$$

$$S(k,m) = \sum_{n=0}^{N-1} A^2\exp\left[j\sum_i 2m_{f_i}\sin\frac{\Omega_i T_s m}{2}\cos\left(\Omega_i T_s n - \frac{\Omega_i T_s m}{2}\right)\right] e^{-j2\pi\frac{k}{N}n} \tag{10.127}$$

若令

$$s_o(n) = A^2\exp\left[j\sum_i 2m_{f_i}\sin\frac{\Omega_i T_s m}{2}\cos\left(\Omega_i T_s n - \frac{\Omega_i T_s m}{2}\right)\right] \tag{10.128}$$

其为一新的调频广播信号,调制指数已变为

$$\hat{m}_{f_i}(m) = 2m_{f_i}\sin\frac{\Omega_i T_s m}{2} \tag{10.129}$$

调制指数是延时 m 的函数,当 $\Omega_i T_s m = \frac{\pi}{3}$ 时,有 $\hat{m}_{f_i}(m) = m_{f_i}$,其 $\hat{m}_{f_i}(m)$ 调制的信号频谱分布与原信号相同。进一步分析,可知,当 $\sin\frac{\Omega_i T_s m}{2} \neq 0$ 时,信号的频谱会在一定带宽内出现,$\left|\sin\frac{\Omega_i T_s m}{2}\right|$ 越小,则 $\hat{m}_{f_i}(m)$ 亦越小,其频谱范围也越小,则在这频谱范围的谱峰就会越大,而当 $\sin\frac{\Omega_i T_s m}{2} = 0$ 时,信号为直流,该信号

的谱峰值最大,最大值时 $m=0$,当然当 $\Omega_i T_s m = 2p\pi$(p 是整数)时,亦会有同样大小的频谱峰出现,由于调频广播信号带宽仅 180kHz,故这种现象是确定的;而在一定条件下,大部分时间不满足 $\Omega_i T_s m = 2p\pi$,信号能量在一定谱范围内分布(这也就解释了为何调频广播信号是循环平稳信号),这就为利用调频广播信号探测目标提供可能。

10.4.2　目标回波的时频相关积累

完成直达波和地杂波对消的探测目标的波束信号,直达波影响已与地杂波影响相近,可以近似为

$$
\overset{\vee}{s}_m(n) = \hat{A}_{md}\exp(\text{j}2\pi K_s n)\left\{\sum_{i=0}^{\infty}\hat{\xi}_{mgi}(1 + b_q(n - N_o - i - \delta_i)) \times \right.
$$
$$
\exp[\text{j}(\varphi_q(n - N_o - i - \delta_i) + \varphi_{mi})] + \hat{\xi}_m(1 + b_q(n - N_o - \Delta N(n))) \times
$$
$$
\left. \exp\{\text{j}[\varphi_{dq}(n) + \varphi_q(n - N_o - \Delta N(n)) + \theta_{mT}]\right\} + n_m(n) \quad (10.130)
$$

直达波通道中,由于直达波信号比噪声和运动目标信号功率强很多,故在目标检测中,可以忽略这两项,故检测目标时直达波信号简化为

$$
s_d(n) = \hat{A}_d\exp(\text{j}2\pi K_s n)\{(1 + b_q(n - N))\exp\{\text{j}[\varphi_q(n - N) + \varphi_{do}]\} +
$$
$$
\sum_{i=1}^{\infty}\hat{\xi}_{dgi}(1 + b_q(n - N - i - \delta_i))\exp[\text{j}(\varphi_q(n - N - i - \delta_i) + \varphi_{di})]\}
$$
$$
(10.131)
$$

若直达波通道信号延时为 M,即

$$
s_d(n - M) = \hat{A}_d\exp(\text{j}2\pi K_s(n - M))\{(1 + b_q(n - N - M)) \times
$$
$$
\exp\{\text{j}[\varphi_q(n - N - M) + \varphi_{do}]\} +
$$
$$
\sum_{i=1}^{\infty}\hat{\xi}_{dgi}(1 + b_q(n - N - M - i - \delta_i)) \times
$$
$$
\exp[\text{j}(\varphi_q(n - N - M - i - \delta_i) + \varphi_{di})]\} \quad (10.132)
$$

其共轭 $\overset{*}{s}_d(n - M)$ 与探测目标波束信号相乘,有

$$
S(n) = \overset{\vee}{s}_m(n)\overset{*}{s}_d(n - M) \quad (10.133)
$$

$$
S(n) = \hat{A}_d\{\hat{A}_{md}\exp(\text{j}2\pi K_s M)\{\hat{\xi}_m(1 + b_q(n - N_o - \Delta N(n))) \times
$$
$$
(1 + b_q(n - N - M)) \times
$$
$$
\exp(\text{j}[\varphi_{dq}(n) + \varphi_q(n - N_o - \Delta N(n)) + \theta_{mT}]) \times
$$
$$
\exp(-\text{j}[\varphi_q(n - N - M) + \varphi_{do}]) +
$$
$$
\sum_{l=1}^{\infty}\hat{\xi}_{dgl}\hat{\xi}_m(1 + b_q(n - N_o - \Delta N(n)))(1 + b_q(n - N - M - l - \delta_l)) \times
$$

$$\exp(\mathrm{j}[\varphi_{\mathrm{dq}}(n) + \varphi_{\mathrm{q}}(n - N_{\mathrm{o}} - \Delta N(n)) + \theta_{m\mathrm{T}}]) \times$$

$$\exp[-\mathrm{j}(\varphi_{\mathrm{q}}(n - N - M - l - \delta_l) + \varphi_{\mathrm{d}l})] +$$

$$\sum_{i=0}^{\infty} \hat{\xi}_{mgi}(1 + b_{\mathrm{q}}(n - N_{\mathrm{o}} - i - \delta_i))(1 + b_{\mathrm{q}}(n - N - M)) \times$$

$$\exp[\mathrm{j}(\varphi_{\mathrm{q}}(n - N_{\mathrm{o}} - i - \delta_i) + \varphi_{mi})]\exp(-\mathrm{j}[\varphi_{\mathrm{q}}(n - N - M) + \varphi_{\mathrm{do}}]) +$$

$$\sum_{i=0}^{\infty}\sum_{l=1}^{\infty} \hat{\xi}_{\mathrm{dg}l}\hat{\xi}_{mgi}(1 + b_{\mathrm{q}}(n - N - M - l - \delta_l))(1 + b_{\mathrm{q}}(n - N_{\mathrm{o}} - i - \delta_i)) \times$$

$$\exp[\mathrm{j}(\varphi_{\mathrm{q}}(n - N_{\mathrm{o}} - i - \delta_i) + \varphi_{mi})] \times$$

$$\exp[-\mathrm{j}(\varphi_{\mathrm{q}}(n - N - M - l - \delta_l) + \varphi_{\mathrm{d}l})]\} +$$

$$n_m(n)\exp(-\mathrm{j}2\pi K_{\mathrm{s}}(n - M))\{(1 + b_{\mathrm{q}}(n - N - M)) \times$$

$$\exp(-\mathrm{j}[\varphi_{\mathrm{q}}(n - N - M) + \varphi_{\mathrm{do}}]) +$$

$$\sum_{l=1}^{\infty} \hat{\xi}_{\mathrm{dg}l}(1 + b_{\mathrm{q}}(n - N - M - l - \delta_l)) \times$$

$$\exp[-\mathrm{j}(\varphi_{\mathrm{q}}(n - N - M - l - \delta_l) + \varphi_{\mathrm{d}l})]\} \tag{10.134}$$

由于 $\hat{\xi}_{\mathrm{dg}l}$、$\hat{\xi}_{\mathrm{dg}i}$ 和 $\hat{\xi}_m$ 很小,而 $\hat{\xi}_{\mathrm{dg}l}\hat{\xi}_{\mathrm{dg}i}$ 和 $\hat{\xi}_{\mathrm{dg}l}\hat{\xi}_m$ 则为高阶小量,其影响可以忽略,故有

$$S(n) = \hat{A}_{\mathrm{d}}\{\hat{A}_{m\mathrm{d}}\exp(\mathrm{j}2\pi K_{\mathrm{s}}M)\{\hat{\xi}_m(1 + b_{\mathrm{q}}(n - N_{\mathrm{o}} - \Delta N(n)))(1 + b_{\mathrm{q}}(n - N - M)) \times$$

$$\exp(\mathrm{j}[\varphi_{\mathrm{dq}}(n) + \varphi_{\mathrm{q}}(n - N_{\mathrm{o}} - \Delta N(n)) - \varphi_{\mathrm{q}}(n - N - M) + \theta_{m\mathrm{T}} - \varphi_{\mathrm{do}}]) +$$

$$\sum_{i=0}^{\infty} \hat{\xi}_{mgi}(1 + b_{\mathrm{q}}(n - N_{\mathrm{o}} - i - \delta_i))(1 + b_{\mathrm{q}}(n - N - M)) \times$$

$$\exp[\mathrm{j}(\varphi_{\mathrm{q}}(n - N_{\mathrm{o}} - i - \delta_i) - \varphi_{\mathrm{q}}(n - N - M) + \varphi_{mi} - \varphi_{\mathrm{do}})]\}\} + \hat{n}_m(n) \tag{10.135}$$

式中

$$\hat{n}_m(n) = n_m(n)\exp(-\mathrm{j}2\pi K_{\mathrm{s}}(n - M))\{(1 + b_{\mathrm{q}}(n - N - M)) \times$$

$$\exp(-\mathrm{j}[\varphi_{\mathrm{q}}(n - N - M) + \varphi_{\mathrm{do}}]) +$$

$$\sum_{l=1}^{\infty} \hat{\xi}_{\mathrm{dg}l}(1 + b_{\mathrm{q}}(n - N - M - l - \delta_l)) \times$$

$$\exp[-\mathrm{j}(\varphi_{\mathrm{q}}(n - N - M - l - \delta_l) + \varphi_{\mathrm{d}l})]$$

由于 $n_m(n)$ 是噪声项,而在 $b_{\mathrm{q}}(n)$ 和 $\hat{\xi}_{\mathrm{dg}l}$ 很小的情况下,可以认为 $\hat{n}_m(n)$ 与 $n_m(n)$ 具有相同的特性和平均噪声功率,即可认为二者是等价的。

为了简化分析,设直达波信号波动在 40dB 以下,可近似认为 $b_{\mathrm{q}}(n)$ 对目标检测的影响可以忽略,则有

$$S(n) = \hat{A}_{\mathrm{d}}\{\hat{A}_{m\mathrm{d}}\exp(\mathrm{j}2\pi K_{\mathrm{s}}M)\{\hat{\xi}_m\exp(\mathrm{j}[\varphi_{\mathrm{dq}}(n) + \varphi_{\mathrm{q}}(n - N_{\mathrm{o}} - \Delta N(n)) -$$

$$\varphi_{\mathrm{q}}(n - N - M) + \theta_{m\mathrm{T}} - \varphi_{\mathrm{do}}]) + \sum_{i=0}^{\infty} \hat{\xi}_{mgi}\exp[\mathrm{j}(\varphi_{\mathrm{q}}(n - N_{\mathrm{o}} - i - \delta_i) -$$

$$\varphi_q(n - N - M) + \varphi_{mi} - \varphi_{do})]\} + \hat{n}_m(n)\} \qquad (10.136)$$

当 $N - M = N_o$ 时,若在积累时间内,目标运动距离没有跨距离门,即 $\Delta N(n)$ 影响可以忽略,则可近似

$$S(n) = \hat{A}_d\{\hat{A}_{md}\exp(j2\pi K_s M)\{\hat{\xi}_m\exp(j[\varphi_{dq}(n) + \theta_{mT} - \varphi_{do}]) +$$

$$\sum_{i=0}^{\infty}\hat{\xi}_{mgi}\exp[j(\varphi_q(n - N_o - i - \delta_i) -$$

$$\varphi_q(n - N_o) + \varphi_{mi} - \varphi_{do})]\} + \hat{n}_m(n)\} \qquad (10.137)$$

若 $\varphi_{dq}(n) = 2\pi k_d \dfrac{n}{N}$,则有

$$S(n) = \hat{A}_d\{\hat{A}_{md}\exp(j2\pi K_s M)\{\hat{\xi}_m\exp(j[2\pi k_d\dfrac{n}{N} + \theta_{mT} - \varphi_{do}]) +$$

$$\sum_{i=0}^{\infty}\hat{\xi}_{mgi}\exp[j(\varphi_q(n - N_o - i - \delta_i) -$$

$$\varphi_q(n - N_o) + \varphi_{mi} - \varphi_{do})]\} + \hat{n}_m(n)\} \qquad (10.138)$$

由于调频广播信号是循环平稳的,故对消后的残余地杂波信号与直达波信号共轭相乘后的信号 $\sum\limits_{i=0}^{\infty}\hat{\xi}_{mgi}\exp[j(\varphi_q(n - N_o - i - \delta_i) - \varphi_q(n - N_o) + \varphi_{mi} - \varphi_{do})]\}$ 频谱布满调频广播信号带宽内,故残余地杂波信号的总功率为 P_g,则在信号带宽 B 内的平均杂波功率为 $\dfrac{P_g}{B}$,噪声平均功率为 N_n,运动目标回波信号幅度为 A,相参积累后,平均杂波功率为 $\dfrac{P_g}{B}N^2$,噪声平均功率为 $N_n N$,运动目标回波信号峰值功率为 $(AN)^2$,则相参积累后的信杂比为

$$\mathrm{SCR} = \dfrac{A^2 B}{P_g} \qquad (10.139)$$

信噪比为

$$\mathrm{SNR} = \dfrac{A^2 N}{N_n} \qquad (10.140)$$

实际中,残余地杂波和噪声共同影响运动目标信号检测,在残余地杂波比噪声强时,残余地杂波影响为主,由于噪声影响,残余地杂波的功率难以比噪声功率低很多,此时的检测门限必须考虑二者共同作用因素。

若 $N - M = N_o + n_T$,$\Delta N(n)$ 影响可以忽略,则式(10.138)可表示为

$$S(n) = \hat{A}_d\{\hat{A}_{md}\exp(j2\pi K_s M)\{\hat{\xi}_m\exp(j[2\pi k_d\dfrac{n}{N} + \varphi_q(n - N_o) -$$

$$\varphi_q(n - N_o - n_T) + \theta_{mT} - \varphi_{do}]) + \sum_{i=0}^{\infty}\hat{\xi}_{mgi}\exp[j(\varphi_q(n - N_o - i - \delta_i) -$$

$$\varphi_{q}(n - N_{o} - n_{T}) + \varphi_{mi} - \varphi_{do})] \} + \hat{n}_{m}(n) \} \qquad (10.141)$$

由于调频广播信号是循环平稳信号，n_{T} 与 N_{o} 相距越远，二点之间的相关性越小，故运动目标的回波谱会在频率 k_{d} 处扩展，直到扩展与发射信号带宽相同，设目标回波信号与直达波信号延时相差 n_{T} 时间单元时，式(10.141)中运动目标回波谱扩展为 $\Delta B(n_{T})$，则相参积累后，运动目标回波信号峰值功率为 $\dfrac{(AN)^{2}}{|\Delta B(n_{T})|}$，则相参积累后的信杂比为

$$SCR = \frac{A^{2}B}{P_{g}|\Delta B(n_{T})|} \qquad (10.142)$$

信噪比为

$$SNR = \frac{A^{2}N}{|\Delta B(n_{T})|N_{n}} \qquad (10.143)$$

当 $n_{T} = 0$ 时，$\Delta B(0)$ 最小，由式(10.142)和式(10.143)可知，信杂比和信噪比最大，故随着 n_{T} 增大，运动目标回波信号峰值功率将不断降低，信杂比和信噪比也不断降低，直到不能有效检测目标，这也为利用信杂比变化过程实现运动目标距离测量估计提供可能。

10.4.3 机动目标回波信号相参积累

若目标进行转弯机动飞行时，不考虑 $\Delta N(n)$ 影响，而量化的目标运动产生的相位变化可表示为

$$\varphi_{dq}(n) = 2\pi \left(k_{d}\frac{n}{N} + \frac{1}{2}k_{s}N\left(\frac{n}{N}\right)^{2} + \frac{1}{3}k_{t}N^{2}\left(\frac{n}{N}\right)^{3} \right) \qquad (10.144)$$

在 $N - M = N_{o}$ 时，式(10.141)可修正为

$$S(n) = \hat{A}_{d}\{\hat{A}_{md}\exp(j2\pi K_{s}M)\{\hat{\xi}_{m}\exp\left(j\left[2\pi\left(k_{d}\frac{n}{N} + \frac{1}{2}k_{s}N\left(\frac{n}{N}\right)^{2} + \right.\right.\right.$$

$$\left.\left.\left.\frac{1}{3}k_{t}N^{2}\left(\frac{n}{N}\right)^{3}\right) + \theta_{mT} - \varphi_{do}\right]\right) + \sum_{i=0}^{\infty}\hat{\xi}_{mgi}\exp[j(\varphi_{q}(n - N_{o} - i - \delta_{i}) - \right.$$

$$\varphi_{q}(n - N_{o}) + \varphi_{mi} - \varphi_{do})]\} + \hat{n}_{m}(n)\} \qquad (10.145)$$

若外辐射源雷达为地面固定站，不考虑发射站与雷达站之间距离影响，则线性调频项扩展的频率带宽可表示为

$$k_{s} = -\frac{T_{j}}{\lambda}\left\{[\sin(\gamma - \varphi) + \sin(\gamma - \beta)]a + \left[\frac{\sin^{2}(\gamma - \varphi)}{R} + \frac{\sin^{2}(\gamma - \beta)}{R}\right]v^{2}\right\}$$

$$(10.146)$$

$$k_{t} = -\frac{3T_{j}^{2}}{8\lambda}\left\{[\cos(\gamma - \varphi) + \cos(\gamma - \beta)]\frac{a^{2}}{v} + \right.$$

$$4\left[\frac{\sin(\gamma-\varphi)\cos(\gamma-\varphi)}{R}+\frac{\sin(\gamma-\beta)\cos(\gamma-\beta)}{R}\right]av\Big\}$$

$$(10.147)$$

在前述中,设目标距离雷达 300km,目标速度 600m/s,机动转弯加速度为 20m/s²,不考虑发射站与雷达站之间距离影响,在目标运动 2s 时间内,极限情况下,k_t 扩展到两个多普勒门;而线性调频项的扩展范围更大,由于傅里叶变换的方法已不能实现有效相参积累。为了便于分析,式(10.145)也可以表示为

$$S_m(n)=A\exp\Big(\mathrm{j}\Big[\frac{2\pi}{N}\Big(k_\mathrm{d}n+\frac{1}{2}k_\mathrm{s}n^2+\frac{1}{3}k_\mathrm{t}n^3\Big)+\theta_\mathrm{o}\Big]\Big)+\hat{s}_{mg}(n)+\hat{n}_m(n)$$

$$(10.148)$$

式中:$\hat{s}_{mg}(n)=\hat{A}_\mathrm{d}\sum_{i=0}^{\infty}\hat{\xi}_{mgi}\exp\big[\mathrm{j}(\varphi_q(n-N_\mathrm{o}-i-\delta_i)-\varphi_q(n-N_\mathrm{o})+\varphi_{mi}-\varphi_{\mathrm{do}})\big]$

10.4.3.1　基于匹配傅里叶变换的跨多普勒门相参积累[15,16]

设有信号形式为

$$x(t)=a\mathrm{e}^{\mathrm{j}2\pi\left(f_\mathrm{d}t+\frac{1}{2}f_\mathrm{s}t^2+\frac{1}{3}f_\mathrm{t}t^3\right)}$$

$$(10.149)$$

匹配傅里叶变换可表示为

$$X(f_1,f_2,f_3)=\int_0^{T_\mathrm{j}}x(t)\xi(t)\mathrm{e}^{-\mathrm{j}\frac{2\pi}{T_\mathrm{j}}\left(f_1t+\frac{1}{2}f_2t^2+\frac{1}{3}f_3t^2\right)}\mathrm{d}t$$

$$(10.150)$$

式中:$\xi(t)$ 的形式不是唯一的,若 $\xi(t)=1$,则表示对原信号中的线性调制和时间三次方项进行 f_2 和 f_3 搜索解调制,再以 $\mathrm{e}^{-\mathrm{j}\frac{2\pi}{T_\mathrm{j}}f_1t}$ 为正交基对信号分解;即

新构函数 $y(t,f_2,f_3)=x(t)\mathrm{e}^{-\mathrm{j}\frac{2\pi}{T_\mathrm{j}}\left(\frac{1}{2}f_2t^2+f_3t^3\right)}$,对其进行傅里叶变换,有

$$X(f_1,f_2,f_3)=\int_0^{T_\mathrm{j}}y(t,f_1,f_2)\mathrm{e}^{-\mathrm{j}\frac{2\pi}{T_\mathrm{j}}f_1t}\mathrm{d}t$$

$$(10.151)$$

对于离散信号 $S_m(n)$,其重构函数为

$$y(n,k_2,k_3)=\Big\{A\exp\Big(\mathrm{j}\Big[\frac{2\pi}{N}\Big(k_\mathrm{d}n+\frac{1}{2}k_\mathrm{s}n^2+\frac{1}{3}k_\mathrm{t}n^3\Big)+\theta_\mathrm{o}\Big]\Big)+$$

$$\hat{s}_{mg}(n)+\hat{n}_m(n)\Big\}\mathrm{e}^{-\mathrm{j}\frac{2\pi}{N}\left(k_2n^2+\frac{1}{3}k_3n^3\right)}$$

$$(10.152)$$

当 $k_2=k_\mathrm{s}$、$k_3=k_\mathrm{t}$ 时,有

$$y(n,k_2,k_3)=A\exp\Big(\mathrm{j}\Big(\frac{2\pi}{N}k_\mathrm{d}n+\theta_\mathrm{o}\Big)\Big)+$$

$$\hat{s}_{mg}(n)\mathrm{e}^{-\mathrm{j}\frac{2\pi}{N}\left(k_2n^2+\frac{1}{3}k_3n^3\right)}+\hat{n}_m(n)\mathrm{e}^{-\mathrm{j}\frac{2\pi}{N}\left(k_2n^2+\frac{1}{3}k_3n^3\right)}$$

$$(10.153)$$

由于去调制信号的带宽远小于发射信号带宽,式中残余地杂波和噪声项与

解调制信号相乘,不会改变它们的幅度和频率分布特性,故对式(10.148)进行相参积累与沿直线飞行信号相参积累的信噪比和信杂比相近。

若 $\xi(t) = 2\dfrac{t}{T_j}$,则表示对原信号中的频率和时间三次方项进行 f_1 和 f_3 搜索解调制,再以 $\mathrm{e}^{-\mathrm{j}\frac{2\pi}{T_j^2}/2 t^2}$ 为正交基对信号分解;$\xi(t)$ 也可以是其他形式,它以获取满足各种性能要求为选取原则,没有固定形式。

分析 $S_m(n)$ 可知,跨多普勒门的主要因素是线性调频分量引起的,k_t 扩展到两个多普勒门,其影响要小一些,故选择匹配傅里叶变换基时,可以不考虑以时间三次方位基函数,以 $\mathrm{e}^{-\mathrm{j}\frac{2\pi}{T_j^3}k_t t}$ 为正交基,则时间高次方项会产生比较高的副瓣,而影响目标检测,故选择 $\mathrm{e}^{-\mathrm{j}\frac{2\pi}{T_j^2}/2 t^2}$ 为正交基,其离散匹配傅里叶变换表达式为

$$X(k_1,k_2,k_3) = 2\sum_{n=1}^{N} A\exp\left(\mathrm{j}\left[\frac{2\pi}{N}\left(k_d n + \frac{1}{2}k_s n^2 + \frac{1}{3}k_t n^3\right) + \theta_o\right]\right) \times$$

$$\frac{n}{N}\mathrm{e}^{-\mathrm{j}\frac{2\pi}{N}\left(k_1 n + \frac{1}{2}k_2 n^2 + \frac{1}{3}k_3 n^2\right)} + 2\sum_{n=1}^{N}\hat{s}_{mg}(n)\,\frac{n}{N}\mathrm{e}^{-\mathrm{j}\frac{2\pi}{N}\left(k_1 n + \frac{1}{2}k_2 n^2 + \frac{1}{3}k_3 n^2\right)} +$$

$$2\sum_{n=1}^{N}\hat{n}_m(n)\,\frac{n}{N}\mathrm{e}^{-\mathrm{j}\frac{2\pi}{N}\left(k_1 n + \frac{1}{2}k_2 n^2 + \frac{1}{3}k_3 n^2\right)} \tag{10.154}$$

当 $f_1 = f_d, f_2 = f_s, f_3 = f_t$ 时,运动目标回波的离散匹配傅里叶变换后的信号幅度为 AN,其峰值功率为 $A^2 N^2$,噪声项在匹配傅里叶变换域仍然为噪声,其噪声的平均功率为 $N_n N$,而残余地杂波项在匹配傅里叶变换谱域,其带宽有一定的扩展,由于目标回波的扩展多普勒带宽与发射信号带宽相比很小,其影响可以忽略,由于残余地杂波信号在信号带宽 B 内的平均杂波功率为 $\dfrac{P_g}{B}$,经匹配傅里叶变换实现相参积累后,平均杂波功率为 $\dfrac{P_g}{B}N^2$,故应用匹配傅里叶变换相参积累后的信杂比为

$$\mathrm{SCR} = \frac{A^2 B}{P_g} \tag{10.155}$$

信噪比为

$$\mathrm{SNR} = \frac{A^2 N}{N_n} \tag{10.156}$$

由此可见,目标机动飞行时,应用匹配傅里叶变换进行处理可以获得目标沿直线飞行时利用傅里叶变换处理同样效果。

10.4.3.2　积累时间分段处理

若将积累时间平分为两段,则非线性调频项对每段影响将会减小,若积累时

间平分为四段,则其对每段的影响甚至可以忽略。而线性调频项的频率最大扩展到 57 个频率门,由于线性调频项的大小还与目标速度方向在目标与调频广播台连线上的投影和目标与雷达站连线上的投影有关,故目标在作转弯机动飞行时,其线性调频项的大小是变化的;在某些时段,线性调频项的扩展不是很大,通过将积累时间平分,可实现分段时间内有效相参积累。设积累时间分为 P 段,则第 p 段信号可表示为

$$
S_m(p,n) = A\exp\left(j\left[\frac{2\pi}{N}\left(k_d p\,\frac{N}{P} + \frac{1}{2}k_s\left(p\,\frac{N}{P}\right)^2 + \frac{1}{3}k_t\left(p\,\frac{N}{P}\right)^3 + \right.\right.\right.
$$

$$
\left(k_d + k_s p\,\frac{N}{P} + k_t\left(p\,\frac{N}{P}\right)^2\right)n + \left(\frac{1}{2}k_s + k_t p\,\frac{N}{P}\right)n^2 +
$$

$$
\left.\left.\left.\frac{1}{3}k_t n^3\right) + \theta_o\right]\right) + \hat{s}_{mg}\left(p\,\frac{N}{P} + n\right) + \hat{n}_m\left(p\,\frac{N}{P} + n\right) \quad (10.157)
$$

则式中线性调频项的频率扩展也就减小至 $1/P$,分为 P 段之后,每一小段的多普勒扩展可以忽略,则可对每一小段应用傅里叶变换实现相参积累,但积累之后,每一小段内目标的多普勒频率是不相同的,其之间初始相位也产生变化,每一段目标变化的多普勒频率为

$$
\Delta f_d(p) = k_s p\,\frac{N}{P} + k_t\left(p\,\frac{N}{P}\right)^2 \quad (10.158)
$$

即目标多普勒频率位置产生徙动,而目标变化的相位为

$$
\Delta\theta(p) = \frac{2\pi}{N}\left[k_d p\,\frac{N}{P} + \frac{1}{2}k_s\left(p\,\frac{N}{P}\right)^2 + \frac{1}{3}k_t\left(p\,\frac{N}{P}\right)^3\right] \quad (10.159)
$$

为了提高回波信噪比,有必要对每段信号再次积累,积累可分为非相参积累和相参积累,但两种方法均必须考虑每段目标多普勒频率的徙动影响,进行徙动补偿。完成徙动补偿后每一段的目标多普勒频率在一条线上,此时可进行积累处理。非相参积累是将每一段的信号幅度相加,即设每一段多普勒徙动校准后信号谱为 $\hat{S}_m(p,k)$,则非相参积累为

$$
\hat{S}_m(k) = \sum_{p=0}^{P-1}|\hat{S}(p,k)| \quad (10.160)
$$

相参积累就必须考虑高阶相位变化的处理,处理方法前已述。

10.4.4　回波信号参数提取

由于调频广播信号是循环平稳信号,相关处理后,目标信号在时域和多普勒频域均有较高副瓣,覆盖范围广,由于调频广播信号带宽是时变的,也会造成主瓣、副瓣的范围变化,若不对目标信息进行处理,则会有很多的假目标,影响后续数据处理中目标航迹的建立、关联、预测和跟踪。

由于残余地杂波和噪声影响,还可能造成同一目标在相邻帧信号处理后检测到目标的距离延时和多普勒频率点的不连续,距离延时和多普勒频率在一定范围内跳动,若根据传统处理方法,在距离维和多普勒维分别处理,则会产生一个目标分裂成多个目标的情况。外辐射源雷达的目标回波信号经时频相关处理和恒虚警处理后,每个目标信号在时频形成的点连通成一区域,在一般情况下,这种连通区域比较规则,在时频二维为圆或者为方形,故处理时必须首先找出每个目标的区域范围,对区域内每个点根据权重法进行加权,获取目标权重心,这种在时频二维的权重心就是目标的距离和多普勒位置。

距离延时重心的计算表达式为

$$\Delta T = \frac{\sum\limits_{n=1}^{N} w_n \Delta T_n A_n}{\sum\limits_{n=1}^{N} w_n A_n}$$ (10.161)

式中:ΔT_n 为目标连通区内各点对应的延时;A_n 为对应延时的信号幅度;w_n 为权重系数。

多普勒频率重心的计算表达式为

$$\Delta F = \frac{\sum\limits_{m=1}^{M} w_m \Delta f_m A_m}{\sum\limits_{m=1}^{M} w_m A_m}$$ (10.162)

式中:Δf_m 为目标连通区内各点对应的延时;A_m 为对应延时的信号幅度;w_m 为权重系数。

而传输到数据处理的点迹信号的幅相可以是连通区最大信噪比点的值,也可以是最邻近 ΔT 和 ΔF 点的值。

由于外辐射源雷达采用了数字多波束实现探测空域覆盖,若天线的主副瓣比为20dB,波束采用1dB交叠,则运动目标回波信号可能在多个波束内检测到,目标对于近区、RCS 比较大的目标,极限情况是每个波束都可能检测到,而每个波束的残余地杂波和噪声均不相同,且运动目标回波信号幅度也不相同,不同波束信号信噪比有可能相差 20dB,故不同波束估计出的运动目标的距离延时重心和多普勒频率重心是不相同的,若不处理,传输到数据处理,则会形成目标航迹误差,甚至形成多个假目标航迹。为了减小因信号处理而带来的假目标问题,可对不同波束之间处理得到的相近的距离延时和多普勒频率结果进行判断,可以信噪比最大的波束通道信号的距离延时和多普勒频率作为目标参数传输到数据处理,同时将其他波束相同距离延时和多普勒频率也一同打包,为后续处理提供足够信息数据。

▌10.5　目标参数测量

10.5.1　多波束测角

由于外辐射源雷达采用多波束覆盖探测空域,同一目标检测可能会在多个波束检测到,同一波束可能检测到多个目标,在进行目标角度测量时,首先根据目标的多普勒频率、目标延时确定是否为同一目标,若为同一目标,再依据检测到目标信号幅度确定目标可能所在波束,应用角敏函数对目标测角,其测角原理是比较相邻波束目标信号能量,获取其比值,再根据比值在角敏函数表查找对应的角度。

角敏函数形成原理是利用相邻两个波束比较目标在不同角度下的比值,以此形成一数据表格,这一表格中不同的比值反映了不同角度。

由前分析中,设外辐射源雷达第 m 波束指向 θ_m 时的天线方向图函数为 $|G_m(\theta - \theta_m)|$;若第 m 波束 1dB 波束宽度为 $\Delta\theta_m$,第 $m+1$ 波束 1dB 波束宽度为 $\Delta\theta_{m+1}$,则第 $m+1$ 波束指向为 $\theta_{m+1} = \theta_m + \dfrac{\Delta\theta_m + \Delta\theta_{m+1}}{2}$,第 $m+1$ 波束的天线方向图函数为 $|G_m(\theta - \theta_{m+1})|$

设目标在第 m 波束与第 $m+1$ 波束之间,则测角的角敏函数为

$$\eta_m(\theta) = \frac{|G_m(\theta - \theta_m)|}{|G_{m+1}(\theta - \theta_{m+1})|} \tag{10.163}$$

对角度进行量化,可设目标所在的角度为 $\theta = \theta_m + n\Delta\theta$,则有

$$\eta_m(\theta_m + n\Delta\theta) = \frac{|G_m(n\Delta\theta)|}{\left|G_{m+1}\left(n\Delta\theta - \dfrac{\Delta\theta_m + \Delta\theta_{m+1}}{2}\right)\right|} \tag{10.164}$$

获取比较高的测角精度的关键之一是角敏函数也要比较精确,必须考虑雷达系统本身和环境的影响,保证探测目标时天线方向图与获取角敏函数时天线方向图尽量相一致。

实际数字多波束形成过程中,不同方向目标回波首先经天线系统接收,由于 AD 变换器必须在一定频率范围、一定电压范围内方可实现数字量化,故在接收到的信号数字化之前,必须将接收到信号混频到 AD 能有效采集信号的频率范围内,天线接收到信号放大到 AD 能有效采集信号的电压范围内。由于天线是无源的,它包括天线单元和馈线,一旦它制造完成,其电性能一致性变化可以忽略,即其信号响应是比较固定的;而雷达另一部分是有源部分,它是从低噪放开始到 AD 变换器,信号成为数字信号,此部分是随时间和环境而变化的,故每个天线单元通道的数字化信号,如图 10.9 所示的第 i 通道模型,包括雷达系统中

无源部分响应 $h_{n,0}$ 和有源部分响应 $h_{n,1}$。

天馈线响应可表示为

$$h_{n,0}(f) = a_{n,0}(f)\exp(\mathrm{j}\alpha_{n,0}(f)) \qquad (10.165)$$

式中：$a_{n,0}$ 和 $\alpha_{n,0}$ 是定值。

雷达系统的有源部分响应是随时间慢变化的，故有源部分响应可表示为

$$h_{n,1}(f,t) = a_{n,1}(f,t)\exp(\mathrm{j}\alpha_{n,1}(f,t)) \qquad (10.166)$$

由于调频广播信号是一窄带信号，故考虑雷达系统响应后，不进行补偿的数字波束天线方向图为

$$p(\theta) = \sqrt{\cos\theta}\sum_{n=0}^{N-1} h_{n,0}(f)h_{n,1}(f,t)\mathrm{e}^{\mathrm{j}\pi\frac{nd}{\lambda}\sin\theta_i}\mathrm{e}^{-\mathrm{j}\pi\frac{nd}{\lambda}\sin\theta} \qquad (10.167)$$

若对通道进行严格筛选和幅相一致性调整，通道之间幅度波动仍达 1dB，相位波动达 $10°$，但随着时间的推移，通道之间的一致性将会变差，甚至不能接受，故通道不进行一致性补偿，天线的方向图及测角性能会不稳定，有时会变得很差。

若通过校准，保证通道之间变化相同，即可得到比较理想的天线方向图。由于雷达系统的有源部分响应 $h_{n,1}(f)$ 是随时间慢变化的频率响应，故在系统设计时，所有单元可同时转接到同源的校准通道，如图 10.10 所示。设校准信号为 $s(\tau)$，其频谱函数为 $S(f)$，故第 n 通道输出谱函数为

$$Y_n(f) = S(f)h_{n,1}(f,t) \qquad (10.168)$$

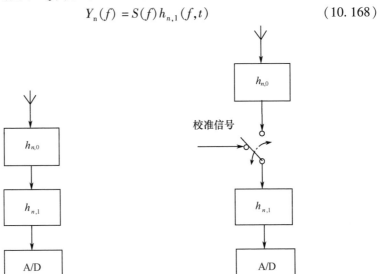

图 10.9　通道模型　　　　图 10.10　通道校准

若选择其中某一通道为参考通道，例如，以第 0 通道为参考通道，其他通道以此修正通道的不一致性，其有源部分的校准函数为

$$\zeta_{n,1}(f) = \frac{Y_o(f)}{Y_n(f)} \tag{10.169}$$

即

$$\zeta_{n,1}(f) = \frac{h_{0,1}(f,t)}{h_{n,1}(f,t)} \tag{10.170}$$

天馈线的响应 $h_{n,0}(f)$ 是频率响应函数,比较稳定,可以在天馈线制造完成,并安装后对其进行测量,对于获取的数据仍以某一通道为参考通道,若仍以第 0 通道为参考通道,其他通道以此修正通道的不一致性,其无源部分的校准函数为

$$\zeta_{n,0}(f) = \frac{h_{0,0}(f)}{h_{n,0}(f)} \tag{10.171}$$

将在每个频率点测量到的数据作为补偿数据表格保存,应用时,将每个单元对应频率点的数据调出进行补偿。

对各通道补偿后的数字波束天线方向图为

$$\hat{p}(\theta) = \sum_{n=0}^{N-1} h_{n,0}(f) h_{n,1}(f,t) \zeta_{n,0}(f) \zeta_{n,1}(f,t) e^{j\pi\frac{nd}{\lambda}\sin\theta_i} \sqrt{\cos\theta} e^{-j\pi\frac{nd}{\lambda}\sin\theta} \tag{10.172}$$

即

$$\hat{p}(\theta) = h_{0,0}(f) h_{o,1}(f,t) \sum_{n=0}^{N-1} e^{j\pi\frac{nd}{\lambda}\sin\theta_i} \sqrt{\cos\theta} e^{-j\pi\frac{nd}{\lambda}\sin\theta} \tag{10.173}$$

则实际测量获取的外辐射源雷达第 m 波束指向 θ_m 时的天线方向图函数为

$$\left| \hat{G}_m(\theta - \theta_m) \right| = |h_{0,0}(f)|^2 |h_{0,1}(f,t)|^2 |G_m(\theta - \theta_m)| \tag{10.174}$$

第 $m+1$ 波束的天线方向图函数为

$$\left| \hat{G}_{m+1}(\theta - \theta_{m+1}) \right| = |h_{0,0}(f)|^2 |h_{0,1}(f,t)|^2 |G_m(\theta - \theta_{m+1})| \tag{10.175}$$

这样可获得比较符合实际测量的角敏函数

$$\mu_m(\theta) = \frac{\left| \hat{G}_m(\theta - \theta_m) \right|}{\left| \hat{G}_{m+1}(\theta - \theta_{m+1}) \right|} = \frac{|G_m(\theta - \theta_m)|}{|G_{m+1}(\theta - \theta_{m+1})|} \tag{10.176}$$

式(10.176)与式(10.163)相比,结果相同,说明通过补偿条件,可以利用理想角敏函数测角。为了降低接收天线副瓣影响,在数字波束形成时还必须对每个单元通道信号加权,故在获取角敏函数时要考虑加权因素的影响,在实际探测目标时的天线加权要与测量角敏函数时的一致。角敏函数一旦测量计算完成,可形成一数据库,不必改动。应用时,从数据库中调出,用相应波束中目标回波功率进行比较,再以此数据与角敏函数比较,取最接近比值所对应的角度为目标角度,即完成目标测角。

在实际探测目标时,为了获得比较理想的天线波束响应,同样要对两部分的响应进行补偿,无源部分相对固定,而有源部分必须实时测量。

实时测量时,将开关转换到校准通道,如图 10.10 所示,获取有源部分的补偿参数,由于有源部分参数变化是慢变化,故探测目标时,将开关转换到天线单元,以刚测量计算得到的补偿参数对通道进行补偿,即可得到接近理想天线波束响应,测角精度可为天线波束宽度的 5%。

10.5.2　目标距离测量

在图 10.11 所示外辐射源雷达探测目标几何模型中,雷达站阵面的地理坐标可以通过定位系统(如 GPS、北斗系统)获取,调频广播台坐标同样可以通过定位系统得到,这样可计算得到图中所示的外辐射源与雷达阵面之间距离 r,角度 α_o;目标与阵面法线方向夹角 α 可以通过目标所在波束以及比幅测角获取;而时频相关处理得到的延时反映了目标回波比直达波多走的距离所引起的延时,设通过权重法获得的延时为 ΔT,那么目标回波比直达波多走的距离为

$$x = c\Delta T \tag{10.177}$$

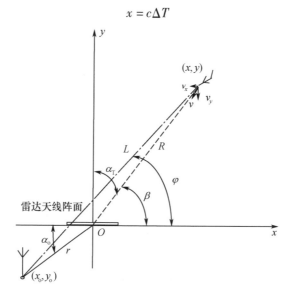

图 10.11　外辐射源雷达探测目标几何模型

目标与雷达站之间距离为

$$R = \frac{x^2 + 2xr}{2(x + r + r\sin(\alpha_\text{o} + \alpha))} \tag{10.178}$$

由于 x 和 α 是通过雷达系统测量获取的,那么其测量误差所造成测距误差为

$$\Delta R = \left(\frac{x+r}{x+r+r\sin(\alpha_o + \alpha)} - \frac{x^2 + 2xr}{2(x+r+r\sin(\alpha_o + \alpha))^2} \right) \Delta x -$$

$$\frac{x^2 + 2xr}{2(x+r+r\sin(\alpha_o + \alpha))^2} r\cos(\alpha_o + \alpha) \Delta \alpha \qquad (10.179)$$

可近似为

$$\Delta R \approx \frac{\Delta x + r\Delta \alpha}{2} \qquad (10.180)$$

而 $\Delta x = c\Delta t$，Δt 为延时测量误差，它与发射信号带宽、残余地杂波和噪声功率有关。

分析式(10.180)可见，雷达测距误差，不仅与延时测量误差有关，还与雷达测角误差有关，在测角误差一定条件下，外辐射源与雷达平台距离 r 越远，则测距误差越大。

10.5.3　目标速度测量

依据图 10.11 所示外辐射源雷达探测目标的几何模型，雷达回波中的目标多普勒频率为

$$f_d = \left[\cos(\gamma - \varphi) + \cos(\gamma - \beta) \right] \frac{v}{\lambda} \qquad (10.181)$$

式中：$\cos(\gamma - \varphi) \dfrac{v}{\lambda}$ 为目标速度在目标与外辐射源连线上的投影形成的多普勒频率；$\cos(\gamma - \beta) \dfrac{v}{\lambda}$ 为目标速度在目标与外辐射源雷达站阵面连线上的投影形成的多普勒频率，故雷达测量出的多普勒频率是这两个速度投影产生的多普勒频率之和。

由于式中的 $\beta = \dfrac{\pi}{2} - \alpha_T$，即表示了其可以通过多波束比幅测角获取；通过测量目标回波相对于直达波的延时，应用式(10.178)可以得到雷达站到目标的距离，这样可得到外辐射源和目标连线与 X 轴之间夹角

$$\varphi = \arccos \frac{R\cos\beta + r\cos\gamma}{x - R + r} \qquad (10.182)$$

1）速度矢量测量

若利用多个外辐射源同时进行探测就可能实现对目标速度矢量探测，若利用两个不同地理位置的调频广播台探测，则同一目标的两个调频台所产生的多普勒频率为

$$f_{d,1} = 2\cos\left(\frac{\varphi_1 + \beta}{2} - \gamma \right) \cos\left(\frac{\varphi_1 - \beta}{2} \right) \frac{v}{\lambda_1} \qquad (10.183)$$

$$f_{d,2} = 2\cos\left(\frac{\varphi_2 + \beta}{2} - \gamma\right)\cos\left(\frac{\varphi_2 - \beta}{2}\right)\frac{v}{\lambda_2} \tag{10.184}$$

运动目标速度的矢量角为

$$\gamma = \frac{\varphi_2 + \beta}{2} - \arctan\left[\cot\left(\frac{\varphi_1 - \varphi_2}{2}\right) - \frac{\lambda_1 f_{d,1}\cos\left(\frac{\varphi_2 - \beta}{2}\right)}{\lambda_2 f_{d,2}\cos\left(\frac{\varphi_1 - \beta}{2}\right)\sin\left(\frac{\varphi_1 - \varphi_2}{2}\right)}\right] \tag{10.185}$$

此时对目标矢量角的测量误差呈非均匀性，在某些范围内的测量误差比较大。目标速度为

$$v = \frac{f_{d,1}\lambda_1}{2\cos\left(\frac{\varphi_1 + \beta}{2} - \gamma\right)\cos\left(\frac{\varphi_1 - \beta}{2}\right)} \tag{10.186a}$$

或

$$v = \frac{f_{d,2}\lambda_2}{2\cos\left(\frac{\varphi_2 + \beta}{2} - \gamma\right)\cos\left(\frac{\varphi_2 - \beta}{2}\right)} \tag{10.186b}$$

2）机动转弯向心加速度测量

根据图 10.4 所示外辐射源雷达探测目标转弯机动飞行的几何模型，可得因机动飞行而产生线性调频项为式（10.50）所示，根据此式，可计算得目标向心加速度为

$$a = -\frac{f_s\lambda + \left[\frac{\sin^2(\gamma - \varphi)}{L} + \frac{\sin^2(\gamma - \beta)}{R}\right]v^2}{\sin(\gamma - \varphi) + \sin(\gamma - \beta)} \tag{10.187}$$

3）测量分辨[17]

若积累时间为 T_j，以传统 3dB 雷达的多普勒频率分辨可以近似为

$$\Delta f_d T_j = \frac{1.39}{\pi} \tag{10.188}$$

由于 $f_d T_j = [\cos(\gamma - \varphi) + \cos(\gamma - \beta)]\frac{v}{\lambda}T_j$，故目标的速度分辨为

$$\Delta v = \frac{0.442\lambda}{[\cos(\gamma - \varphi) + \cos(\gamma - \beta)]T_j} \tag{10.189}$$

从这里可以知道外辐射源雷达的传统 3dB 最高速度分辨为

$$\Delta v_{max} = \frac{0.442\lambda}{2T_j} \tag{10.190}$$

若 $\lambda = 3\text{m}, T_j = 2\text{s}$，则速度分辨可达 $\Delta v_{max} = 0.53\text{m/s}$。式（10.189）还可以表示为

$$\Delta v = \frac{0.442\lambda}{2\cos\left(\gamma - \dfrac{\varphi+\beta}{2}\right)\cos\left(\dfrac{\varphi-\beta}{2}\right)T_{\mathrm{j}}} \tag{10.191}$$

由此可知,目标速度方向差异会造成速度分辨不同,外辐射源和雷达与目标之间夹角不同,即 $\varphi \neq \beta$ 也会造成速度分辨下降。

同理,匹配傅里叶变换的传统 3dB 分辨为

$$\frac{1}{2}\Delta f_{\mathrm{s}}T_{\mathrm{j}}^{2} = 0.442 \tag{10.192}$$

则有加速度分辨为

$$\Delta a = -\left\{\frac{0.442\,\dfrac{2\lambda}{T_{\mathrm{j}}^{2}} + 2\left[\dfrac{\sin^{2}(\gamma-\varphi)}{L} + \dfrac{\sin^{2}(\gamma-\beta)}{R}\right]v\Delta v}{\sin(\gamma-\varphi) + \sin(\gamma-\beta)}\right\} \tag{10.193}$$

若不考虑速度因素的影响,则加速度测量分辨力为

$$\Delta a = -\frac{0.442 \times 2\lambda}{T_{\mathrm{j}}^{2}\left[\sin(\gamma-\varphi) + \sin(\gamma-\beta)\right]} \tag{10.194}$$

在同样参数条件下,最高加速度分辨为 $\Delta a = 0.442 \times 0.75\,\mathrm{m/s^2}$,加速度的分辨力也受到目标速度方向不同影响,外辐射源和雷达与目标之间夹角不同,即 $\varphi \neq \beta$ 也会造成速度分辨下降。

由于外辐射源雷达的目标速度和加速度分辨力比较高,故可以根据目标速度和加速度的分辨提高雷达的多目标分辨,以弥补外辐射源雷达的距离分辨力不高所带来的多目标分辨低的问题,当然残余地杂波和噪声会影响速度和加速度分辨。

10.5.4　实时目标坐标预测

外辐射源雷达是通过长时积累实现雷达探测目标威力的,在计算完成目标检测,并获取目标信息时,目标已不在原地,若以目标速度为 $v = 600\,\mathrm{m/s}$ 飞行,则 2s 后目标已运动 1200m,而外辐射源雷达的速度和加速度分辨比较高,且可通过多个外辐射源实现同时探测,获取目标运动矢量信息,可以提高目标坐标预测的准确性,也可改进目标的航迹处理和参数估计精度。

由于通过测量计算,可获取目标速度矢量和加速度,故在积累时间内,由式(10.41)和式(10.42)得到目标运动所造成的坐标移动量为

$$\Delta x(T_{\mathrm{j}}) = 2\,\frac{v^{2}}{a}\cos\left(\gamma + \frac{aT_{\mathrm{j}}}{2v}\right)\sin\frac{aT_{\mathrm{j}}}{2v} \tag{10.195}$$

$$\Delta y(T_{\mathrm{j}}) = -2\,\frac{v^{2}}{a}\sin\left(\gamma + \frac{aT_{\mathrm{j}}}{2v}\right)\sin\frac{aT_{\mathrm{j}}}{2v} \tag{10.196}$$

若 $\dfrac{aT_j}{2v}$ 比较小，可有 $\dfrac{aT_j}{2v} \approx \sin \dfrac{aT_j}{2v}$，则目标运动坐标移动量可近似为

$$\Delta x(T_j) = vT_j\cos\left(\gamma + \dfrac{aT}{2v}\right) \qquad (10.197)$$

$$\Delta y(T_j) = -vT_j\sin\left(\gamma + \dfrac{aT_j}{2v}\right) \qquad (10.198)$$

于是实时的目标坐标预测为 $(x + \Delta x(T_j), y + \Delta y(T_j))$，即 $(R\cos\beta + \Delta x(T_j), R\sin\beta + \Delta y(T_j))$，下一帧信号处理所得到参数可对此数据进行验证。

外辐射源雷达可以充分利用多个调频广播台、多普勒分辨力高和测量目标速度矢量的特点，改进雷达的目标定位精度。

参考文献

[1] 苏卫民,等. 基于调频广播信号的雷达目标探测与跟踪技术[C]. 第九届全国雷达学术年会论文集,烟台:中国电子学会无线电定位技术分会,2004,9:725 - 728.

[2] 斯科尔尼克 M I. 雷达手册[M]. 谢卓,译. 北京:国防工业出版社,1978.

[3] 斯科尔尼克 M I. 雷达手册.[M](2 版). 王军,等,译. 北京:电子工业出版社,2003.

[4] 伊优斯 杰里 L,等. 现代雷达原理[M]. 卓荣邦,等,译. 北京:电子工业出版社,1991.

[5] 蔡希尧. 雷达系统概论[M]. 北京:科学出版社,1983.

[6] 张光义. 相控阵雷达技术[M]. 北京:电子工业出版社,2006.

[7] 张光义. 空间探测相控阵雷达[M]. 北京:科学出版社,1989.

[8] 李蕴滋,等. 雷达工程学[M]. 北京:海洋出版社,1999.

[9] 杨振起,等. 双(多)基地雷达系统[M]. 北京:国防工业出版社,1998.

[10] Victor S Chernyak. 双(多)基地雷达系统[M]. 周万幸,等,译. 北京:电子工业出版社,2011.

[11] 丁鹭飞,等. 雷达系统[M]. 西安:西北电讯工程学院出版社,1984.

[12] 丁鹭飞. 雷达原理[M]. 西安: 西北电讯工程学院出版社, 1984.

[13] 向敬成,等. 雷达系统[M]. 北京:电子工业出版社,2001.

[14] 莱德诺尔 L N. 雷达总体工程[M]. 田宰,雨之,译. 北京:国防工业出版社,1965.

[15] 王盛利,等. 一种新的变换——匹配傅里叶变换[J]. 电子学报,2001, 29(3): 403 - 405.

[16] 王盛利,张光义. 离散匹配傅里叶变换[J]. 电子学报,2001, 12:1717 - 1718.

[17] 里海捷克 A W. 雷达分辨理论[M]. 董士嘉,译. 北京:科学出版社,1973.

主要符号表

A	面积,信号幅度
A_m	信号幅度,天线有效面积
$\hat{A}_m$	比值
$A_{r,o}$、$A_{r,1}$、$A_{r,k}$	子阵面积
A_0、A_d、A_e、A_i、A_k、$A_{i,m}$、A_n、$\hat{A}_{md}$、$\hat{A}_d$	信号幅度
A_r、A_{rc}、$A_{r,k}$、A_t、$A_{t,m}$、$A_{r,o}$、$A_{r,1}$、A_Σ	天线有效面积
$A(\ )$	信号幅度函数
a	加速度
a、a_0、a_1、a_p、a_m、$a_{2,1}$、$a_{2,i}$、$a_{k,i}$、$a_{n,o}$	信号幅度
$a(\ )$、$a_{n,1}(\ )$、$a_{v,q}(\ )$	信号幅度函数
$B_m(\ )$	调制函数
B	信号幅度,带宽
$\vert B_c \vert$	杂波谱宽
B_c	杂波频率范围
B_d、$\vert B_t \vert$	带宽
B_{ds}	多普勒扩展带宽
B_j	杂波多普勒带宽
$B_{j,k}$	第 k 个波束杂波谱的宽度
B_{sc}	杂波谱宽度
B_{st}	目标运动产生谱扩展带宽
$B_{st,k}$	第 k 个波束相位补偿后的多普勒谱宽
b	子带带宽
$b(\ )$、$b_q(\ )$	幅度调制函数
C_o	波动信号平均功率密度
C_2、C_3、C_4	系数
$C(\ )$	波动信号函数
c	光速
D、D_n	两天线相位中心距、间距

D_s	检测因子
$D_1(\ )$、$D_2(\ )$	方向角调制函数
d	阵元间距
E、E_f、E_i、E_s	信号能量
$e(\ )$	误差函数
F	连续锯齿波线性调频频偏,调频信号的频率
$F_{i,m}$	损耗
F_r、$F_{r,c}$、$F_{r,j}$、$F_{r,m}$	接收天线方向图损耗
F_t、$F_{t,c}$、$F_{t,j}$、$F_{t,m}$	发射天线方向图损耗
f、f_c、f_{sc}	频率
f_1	信号时间函数时间一次方项系数
f_2	信号时间函数时间二次方项系数
f_3	信号时间函数时间三次方项系数
f_d、$f_{d(2,1)}$、$f_{d(2,i)}$、$f_{d(k,i)}$、$f_{d(2,2)}$、$f_{d,1}$、$f_{d,2}$	多普勒频率
f_{do}	初始多普勒频率
$f_{d,k}$	多普勒频移
f_{dt}	运动目标多普勒频率
f_o	初始信号载频
f_p	步进频率
f_r	脉冲信号重复频率
f_{so}	平台运动产生时间二次方向系数
f_{st}	目标运动产生时间二次方向系数
f_{vs}、f_{as}、f_f、f_t	调制系数
f_s	采样频率,调制系数
$f(\ )$	频率函数
$f_d(\ )$	多普勒频率函数
$f_{t,k}(\ )$	运动目标变化的多普勒频率时域函数
G、G_a、G_j、G_{ta}、G_{tc}、$G_{t,m}$、G_{1t}、G_{1e}、G_{2r}、G_{2e}、G_{it}、G_{mt}	天线增益
G_I、$G_{I,M}$、G_M、$\tilde{G}_{2e}$	综合增益
G_r	接收天线的增益
G_t	发射天线增益
$G_{t,s}$	凝视波束天线增益

$G(\ )$、$\mid G_m(\ )\mid$、$\mid \hat{G}_m(\ )\mid$、$G_m(\ )$	方向图增益函数
$G_t(\ )$	发射天线增益函数
$G_r(\ )$	接收天线增益函数
$g_M(\ )$	离散门函数
$g_\tau(\ )$、$g_\Delta(\ )$	门函数
$g_d(\ )$、$g_m(\ )$	第 m 个波束幅度增益函数
H	高度
$H_r(\ )$	匹配频域响应函数
$H_i(\ )$	补偿函数
$\mid H_{a,i}(\ )\mid$、$\mid H_{e,i}(\ )\mid$、$\mid H_{r,i}(\ )\mid$	通道频响幅度函数
$\hat{H}_{e,i}(\ )$	通道补偿函数
$h(\ )$	补偿函数,匹配函数
$h_s(\ )$	凝视补偿函数
h	高度
h_o	初始高度
h_p	相位补偿函数
$h(\ )$	系统响应函数
$h_l(\ )$	子带匹配滤波器
$h_{\theta_o,i}(\ )$,$H_{\theta_o,i}(\ )$	加权函数
$\tilde{h}_{\theta_o,i}(\ )$、$\tilde{H}_{\theta_o,i}(\ )$	加权函数
$h_{n,0}(\ )$、$h_{n,1}(\ )$、$h_{0,1}(\ )$、$h_{0,0}(\ )$、$h_{1,1}(\ )$	响应函数
I	驻留重访次数、整数
i	整数
JNR	干噪比
K	波位数,整数,子阵数
K_1	系数
K_s	差频时间积
k	玻耳兹曼常数,线性调频率,整数
k_d、k_f、k_s、k_t	频率时间积
L	两阵面中心相距,子带数,合成孔径长度,距离
L_a	大气吸收损失
L_H、L_L、L_φ	距离宽
L_r	接收支路馈线损失

P_r	收到的目标回波功率
P_t	雷达辐射信号功率
$P_{t,k}$	子阵辐射功率
$p(\ )$、$\hat{p}(\ )$、$p_0(\ )$、$p_1(\ )$、$p_2(\ )$、$p_d(\ )$、 $p_e(\ )$、$p_{ea}(\ )$、$p_{eb}(\ )$、$p_{e\Sigma}(\ )$、$p_h(\ )$、 $p_k(\ )$、$p_M(\ )$、$p_{M+1}(\ )$、$p_{M_e}(\ )$、$p_{M_r}(\ )$、 $p_o(\ )$、$p_{oA}(\ )$、$\hat{p}_{oA}(\ )$、$p_{oB}(\ )$、$\hat{p}_{oB}(\ )$、 $p_r(\ )$	方向图函数
$p_{r,k}(\ )$	第 k 个接收波束响应函数
p	序列数,高阶调制指数、整数
p_oG_o	功率天线增益积
p_{zm}、P_{tm}	功率密度
q	整数
$R(\ )$、$R_{a0}(\ )$、$R_{a1}(\ )$、$R_{a2}(\ )$、$R_{a3}(\ )$、 $R_1(\ )$、$R_e(\ )$、$R_i(\ )$、$R_o(\ )$、$R_r(\ )$	距离函数
R	辐射源发射信号球半径,距离
R_a	转弯半径
R_e	地球的半径
R_o、R_{io}	初始距离
R_0、R_1、$\mathscr{R}_o$、$\mathscr{R}_1$、$\mathscr{R}_2$、$\mathscr{R}_3$、$\mathscr{R}_{1,a}$	距离
r	目标散射信号球半径,负载电阻,距离
r_o、R_c、R_1、R_2、R_3、R_4、R_H、R_i、$R_{i,m}$、R_j、 R_m、R_L、R_M、R_r、R_t、R_{tr}、R_{tt}、R_φ	距离
$r_0(\ )$、$r_1(\ )$	距离函数
S、S_i、$S_{i,m}$	信号能量
$\overline{S}_m$	平均信号能量
S_e、$S_{t,m}$、S_t	功率密度
SCR	信杂比
SJR	信干比
SNR、SNR_2、$SNR_{2,1}$、$SNR_{i,m}$、$SNR_{I,M}$、 SNR_M、$SNR_{M,M}$、SNR_s	信噪比
SNR_{max}	最大信噪比
$\hat{S}_m(\ )$	积累函数
$Sa(\ )$	连续信号辛格函数

$\tilde{\mathrm{Sa}}(\ )$	离散信号辛格函数
$\tilde{S}_r(\ )$	补偿后频域信号函数
$\hat{S}_r(\ )$	相位补偿后频域信号函数
$s(\ )$、$S(\ )$、$\hat{s}(\ )$、$\hat{S}(\ )$、$s_{0,M_r}(\ )$、$S_1(\ )$、$s_{1,M_r}(\ )$、$s_a(\ )$、$s_{A,A}(\ )$、$s_{A,B}(\ )$、$s_{A,C}(\ )$、$s_b(\ )$、$s_{B,A}(\ )$、$s_{B,B}(\ )$、$s_{B,C}(\ )$、$s_c(\ )$、$S_c(\ )$、$s_{C,A}(\ )$、$s_{C,B}(\ )$、$s_{C,C}(\ )$、$s_{c,D/A}(\ )$、$s_d(\ )$、$s_{D,i}(\ )$、$s_{d,n}(\ )$、$s_{dw}(\ )$、$s_{dw,n}(\ )$、$s_e(\ )$、$s_{e,A}(\ )$、$s_{e,i}(\ )$、$s_{e,io}(\ )$、$s_{el,i}(\ )$、$s_{em,i}(\ )$、$s_{eo}(\ )$、$s_{e0}(\ )$、$s_{e1}(\ )$、$s_{e\Sigma}(\ )$、$S_h(\ )$、$s_i(\ )$、$\hat{s}_i(\ )$、$S_i(\ )$、$s_{i,m}(\ )$、$s_{i,q}(\ )$、$s_{k,i}(\ )$、$S_{l,q}(\ )$、$s_m(\ )$、$S_m(\ )$、$S_M(\ )$、$s_{m,1}^{\vee}(\ )$、$s_{m,k-1}^{\vee}(\ )$、$s_{m,k}^{\vee}(\ )$、$\overset{\vee}{s}_m(\ )$、$\bar{s}_{md}(\ )$、$s_{md}(\ )$、$s_{mg}(\ )$、$s_{mg,i}(\ )$、$s_{m,n}(\ )$、$s_{md,n}^{\vee}(\ )$、$s_{m,o}(\ )$、$s_{m,p}(\ )$、$s_{mT}(\ )$、$s_{p=i}(\ )$、$s_{p-i=1}(\ )$、$S_p(\ )$、$s_o(\ )$、$S_o(\ )$、$s_r(\ )$、$S_r(\ )$、$s_{r,a}(\ )$、$s_{r0}(\ )$、$s_{rl}(\ )$、$s_{r,i}(\ )$、$s_{r\Sigma}(\ )$、$S_{r,i}(\ )$、$s_{R,i}(\ )$、$s_{r,M_r}(\ )$、$s_{r,M_r+1}(\ )$、$s_{r,o}(\ )$、$s_{r,f}(\ )$、$s_{r,s}(\ )$、$\bar{S}_r(\ )$、$s_R(\ )$、$s_{R,A}(\ )$、$s_{r,a,a}(\ )$、$s_{r,a,b}(\ )$、$s_{R,B}(\ )$、$s_{r,M_r,a}(\ )$、$s_{r,M_r,b}(\ )$、$s_{r,M_r}(\ )$、$S_{r,M_r}(\ )$、$s_T(\ )$、$s_\Sigma(\ )$、$s_{2,1}(\ )$、$s_{2,i}(\ )$	信号函数
$s_s(\ )$	本振信号函数
$\tilde{s}_{r,i}(\ )$	色散加权处理后的时域信号函数
$s_{r,0}(\ )$	第 0 号波束接收信号函数
$s_{r,p}(\ )$	第 p 号波束接收信号函数
$s_t(\ )$	发射信号时域函数
$s_{rp}(\ )$	子脉冲时域信号函数
$s_{r,g}(\ )$	地面固定目标回波时域信号函数
$\bar{s}_r(\ )$	接收零中频时域信号函数
$\hat{s}_r(\ )$	相位补偿后时域信号函数
T	周期,积累时间
T_a、T_j	积累时间
T_{io}、T_o	初始延时
T_n、T_{ia}	等效噪声温度
T_r	脉冲信号重复周期
T_s	搜索间隔时间,采样周期
T_{st}	凝视时间
T_x	去斜处理延时
$T(\ )$、$T_a(\ )$、$T_i(\ )$、$T_o(\ )$、$T_0(\ )$、$T_1(\ )$、$T_{2,1}(\ )$	延时函数
$[T_o]$	整单元延时

t	时间
$t_{2,1}$、$t_{2,i}$、$T_{2,1}$、T_i、$T_{i,m}$、$t_{k,i}$、t_o	延时
$u_\Omega(\ )$、$U_\Omega(\ )$	信号幅度函数
v	速度
v_j	杂波的径向速度范围
v_o	初始速度
v_t	目标速度
v_x	速度矢量在 x 轴投影
v_y	速度矢量在 y 轴投影
w_i、$w_{i,0}$、$w_{i,p}$、w_x、w_y	权值
$w_{p,0}$、$w_{p,1}$、$w_{p,k}$、$w_{q,1}$、$w_{q,k}$、w_m、w_n	权重系数
$w_o(\ )$、$w_1(\ )$、$w_i(\ )$	权函数
$w(\ )$	窗函数
$x(\ )$、$X(\ )$、$x_e(\ )$、$x_o(\ )$、$x_r(\ )$	信号函数
(x,y)、(x_0,y_0)	位置坐标
(x_a,y_a)	转弯圆心坐标
(x_t,y_t)	目标的坐标
x、x_i	x 轴向距离
y、y_i	y 轴向距离
$y(\ )$、$Y(\ )$、$Y_n(\ )$、$Y_o(\ )$	信号函数
α	补偿相位,方位角,角度,数值
α_i、α_m、$\alpha_{n,o}$、α_T	相位角,方位角
α_o	初始角度
α_s	本振信号初始相位
$\alpha_{n,1}(\ )$	相位函数
β	角度,俯仰方向角,擦地角,数值
β_r	角度
β_o	初始指向
β_Δ	波束交叠角
$\xi(\ )$	变化函数,系数函数,时间函数
$\hat{\xi}_m$、$\hat{\xi}_d$、$\hat{\xi}_{mgi}$、$\hat{\xi}_{dgi}$、$\hat{\xi}_{dgl}$	比值
Δ	距离分辨值
Δa	加速度测量分辨值
Δ_z	整数化剩余延时
ΔA	天线单元面积

$\Delta A_{e,i}$、$\Delta A_{r,i}$	幅度相对误差
ΔB	信号带宽的分辨,子脉冲信号的带宽
ΔB_d	可检测运动目标的多普勒区域
Δd	间距,相位中心距偏差,阵面到二阵面交点的距离
Δd_e、Δd_r	相位中心距偏差
Δf	频率的分辨单元,频差,子带间频率间隔,补偿频率
Δf_d、$\Delta f_{d(2,i)}$	多普勒频率差
Δf_m	连通区内各点对应的频率
Δf_s	线性调频项差
ΔF	频率分辨单元,子带间频率间隔冗余,多普勒频率重心
ΔF_l	相邻子带间频率间隔
ΔF_h、ΔF_M	谱宽
Δl	相位中心偏差
ΔM	剩余搜索目标的波位数,阵元数差
ΔR	增程距离,测距误差
$\Delta \mathscr{R}_1$、$\Delta \mathscr{R}$	距离误差
ΔP_t、$\Delta P_{t\Sigma}$	功率
ΔSNR	信噪比得益
Δt	采样时间间隔,延时,补偿时间,延时测量误差
Δt_i	信号延时
ΔT	延时差,目标延时与去斜处理延时差,采样间隔时间,延时变化,小于一个延时单元的延时,距离延时重心
ΔT_A、ΔT_B	距离延时
ΔT_i	采样周期,延时差
ΔT_n	目标连通区内各点对应的延时
ΔT_o	小于采样间隔时间的延时,延时误差
ΔT_r	子脉冲信号的重复周期
ΔT_{3dB}	脉冲主瓣宽度分辨值
ΔV	速度误差
Δv_{max}、Δv	速度分辨值

Δx	横向距离、距离延时误差
$\Delta \alpha$	补偿最小相角,相位角
$\Delta \varphi$	相位差,最小补偿量化相位
$\Delta \varphi_d$	多普勒频率相位差
$\Delta \phi$、$\Delta \phi_i$	附加相位
$\Delta \theta$	角分辨值,方位向波束宽度,波束指向偏离
$\Delta \theta_{1dB}$、$\Delta \theta_m$、$\Delta \theta_{m+1}$	波束宽度
$\Delta \theta_{a,1}$、$\Delta \theta_b$	方向角差
$\Delta \vartheta$	波束指向偏离
$\Delta \theta_{3dB}$	3dB 波束宽度,3dB 角分辨值
$\Delta \vartheta_{3dB}$	收发合成波束主瓣宽度
$\Delta \beta$	俯仰向波束宽度
$\Delta \psi$、$\Delta \psi_e$、$\Delta \psi_r$	相位差
$\Delta \Omega$	立体波束宽度
$\Delta \Omega_{3dB}$	立体角波束宽度
$\Delta \Omega_k$	方位立体角、子阵波束立体角宽度
$\Delta \omega$	角频偏
$\Delta \xi_m$、$\Delta \xi_d$、$\Delta \xi$	损失因子
$\Delta B(\ )$	扩展谱函数
$\Delta f_d(\ )$	多普勒频差函数
$\Delta N(\ )$	延时差比值
$\Delta p(\ )$	方向图函数
$\Delta R(\ )$、$\Delta R_\perp(\ )$	变化距离函数
$\Delta s(\ )$、$\Delta s_1(\ )$、$\Delta s_{1,M_r}(\ )$、$\Delta s_{1,r}(\ )$、$\Delta s_{1,M_r+1}(\ )$、$\Delta S_{1,r}(\ )$、$\Delta s_2(\ )$、$\Delta s_{2,M_r+1}(\ )$、$\Delta s_{2,r}(\ )$、$\Delta s_{A,B}(\ )$、$\Delta s_{B,C}(\ )$、$\Delta s_{-D,A,B}(\ )$、$\Delta s_{D,B,C}(\ )$、$\Delta s_m(\ )$、$\Delta s_r(\ )$、$\Delta s_R(\ )$、$\Delta s_{s,ABC}(\ )$、$\Delta s_{s,AB}(\ )$、$\Delta s_{s,BC}(\ )$、$\Delta s_{s,BC}(\ )$	信号函数
$\Delta T(\ )$	补偿剩余延时函数,延时变化函数
$\Delta T_0(\ )$、$\Delta T_1(\ )$	延时函数
$\Delta x(\ )$	X 轴投影变化距离函数
$\Delta y(\ )$	Y 轴投影变化距离函数
$\Delta \theta(\ )$	空间角变化函数,相位差函数
$\Delta \varphi(\ )$、$\Delta \varphi_t(\ )$	补偿后的相位函数
$\Delta \varphi_{t,k}(\ )$	第 k 个波束徙动相位补偿后时域函数
$\delta(\ )$	冲击信号函数
δ_a	横向距离分辨力

δ_g	地面距离分辨力
δ_i	定时误差,小于 1 的数
δ_r	距离分辨力
φ_{R_o}	延时相位
φ_o	初始相位
φ_i	相位
φ_{di}、φ_{do}、φ_{mi}、φ_{mo}、$\varphi_{o(2,1)}$、$\varphi_{o(2,i)}$、	相位角
$\varphi_{o(k,i)}$、$\varphi_{(2,1)}$、$\varphi_{(2,i)}$、$\varphi_{(k,i)}$、φ_s	
	角度,方向角
φ、φ_1、φ_2	
κ	比值
$\Gamma(\ )$、$\Gamma_2(\ )$、$\Gamma_m(\ )$、$\Gamma_{1,2}(\ )$、$\Gamma_{1,M_r}(\ )$、	对消响应函数
$\Gamma_{1,M_r+1}(\ )$、$\Gamma_{2,M_r+1}(\ )$	
γ	方向角,散射系数
$\gamma_1(\ )$	对消相位权函数
$\eta(\ )$	幅度角敏函数,对消功率比函数
η_c、η_j、$\eta_{t,m}$	天线效率
$\eta_{d,c}$、$\eta_{d,j}$、η_θ、η_p	比值
$\eta_m(\ )$	对消功率比函数,角敏函数
η_o、η_1	传输损耗
$\eta_{p,0}$、$\eta_{p,1}$	幅度权
η_r、η_t	天线效率
η_s	信噪比的改进
η	比例
η	脉冲压缩损失
$\varphi(\ )$、$\varphi_d(\ )$、$\varphi_{dq}(\ )$、$\varphi_g(\ )$、$\varphi_{ga}(\ )$、	相位函数
$\varphi_q(\ )$、$\varphi_\Sigma(\ )$	
$|\varphi_{a,i}(\ )|$、$|\varphi_{e,i}(\ )|$、$|\varphi_{r,i}(\ )|$	通道频响相位
$\varphi_k(\ )$	第 k 个波束徙动相位补偿时域函数
$\varphi_o(\ )$	徙动补偿相位函数
$\varphi_t(\ )$	运动目标回波信号相位函数
$\Lambda(\ )$、$\Lambda_m(\ )$	杂波响应函数
$\lambda(\ )$	波长时间函数
λ、λ_k、λ_m、$\lambda_{v,q}$、λ_q	信号波长

$\phi(\ )$、$\phi_1(\ )$、$\phi_2(\ )$	相位函数
$\phi(\ )$	多普勒变化相位函数
ϕ_i	信号相位
$\mu(\ )$	功率角敏函数,迭代步长
$\mu_m(\ )$	角敏函数
ρ	比例
$\theta(\ )$	点目标在波束角度变化
θ_1、θ_2、$\theta_{a,1}$、θ_b、θ_{dT}、θ_i、θ_m、θ_{m+1}、θ_r、θ_T、ϑ	方向角
θ_a	方位波束宽度,方向角
θ_e	俯仰波束宽度
$\theta_k(\ )$	第 k 个波束角度变化函数
θ_k	第 k 个波束指向角
θ_{mT}、θ_{dT}	相位,方向角
θ_o	初始方向角
θ_p	斜视角
$\theta_{v,q}(\ )$	角度函数
θ_{w3dB}	波束宽度
θ、θ_B、θ_i、θ_{oB}、θ_t	方向角,角度
$\overleftarrow{\theta}$	相位角变换后的角度
θ_Δ	波束交叠角
(θ,β)	空间角度坐标
(θ_k,β_k)	空间夹角坐标
ς	比值,频率时间积
$\varsigma(\ )$、$\varsigma_k(\ )$	相位函数
ς_i	比值
$\sigma(\ )$	点杂波散射函数
$\sigma_{2,1}$、$\sigma_{i,m}$	目标的双站散射面积
σ	目标散射截面积
Ω_i	角频率
Ω_k	立体角,子阵探测空域
Ω	立体角,角频率,探测目标空域
τ	距角时间长度
	驻留时间,脉冲宽度,相参积累时间

τ_i	附加延时
τ^p	脉冲
ν	两异频比
$\omega(\ )$	角频率函数
ω、ω_m	角速度,角频率
υ_1	两阵面相位差
υ_m	第 m 阵面与第 0 阵面的相位差为
$\psi_m(\ )$、$\psi_k(\ )$	相位调制函数
ψ_o	初始相位角,初始角度
$\psi_{p,0}$、$\psi_{p,1}$、$\psi_{p,k}$	相位权
ψ	空间相位补偿角
ζ	比值,利用率,主瓣宽度展宽系数,可检测运动目标的多普勒频域比,占空比
$\zeta(\ )$	时间函数,杂波多普勒频率变化比例范围函数
$\zeta_{n,1}(\ )$、$\zeta_{n,o}(\ )$	有源分部的校准函数

缩略语

A/D	Analog to Digital Converter	模数转换
D/A	Digital to Analog Converter	数模转换
DBF	Digital Beam Forming	数字波束形成
DFT	Discrete Fourier Transform	离散傅里叶变换
DMFT	Discrete Match Fourier Transform	离散匹配傅里叶变换
DPCA	Displaced Phase Center Antenna	偏置相位中心天线
LFM	Linear Frequency Modulation	线性调频
MFT	Match Fourier Transform	匹配傅里叶变换
MIMO	Multiple – Input Multiple – Output	多发多收
MISO	Multiple – Input Single – Output	单发多收
MOSI	Multiple – Output Single – Input	多发单收
MTI	Moving Target Indication	运动目标指示
RCS	Radar – Cross Section	雷达散射截面积
SAR	Synthetic Aperture Radar	合成孔径雷达

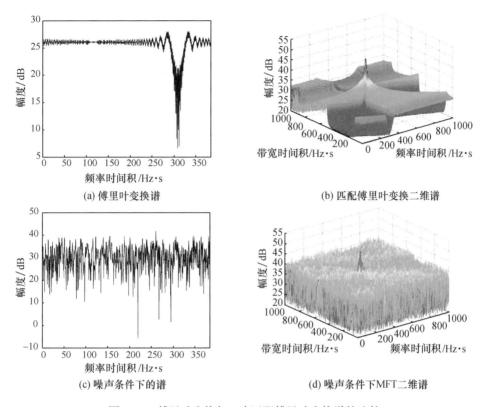

(a) 傅里叶变换谱

(b) 匹配傅里叶变换二维谱

(c) 噪声条件下的谱

(d) 噪声条件下MFT二维谱

图 3.23　傅里叶变换与二步匹配傅里叶变换谱的比较

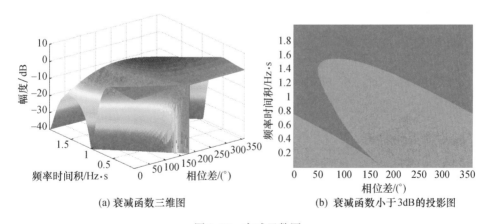

(a) 衰减函数三维图

(b) 衰减函数小于3dB的投影图

图 3.33　衰减函数图

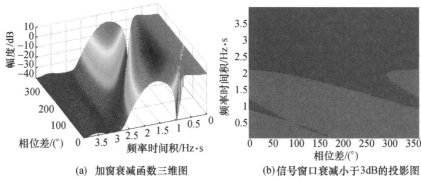

(a) 加窗衰减函数三维图   (b)信号窗口衰减小于3dB的投影图

图 3.34　加窗衰减函数图

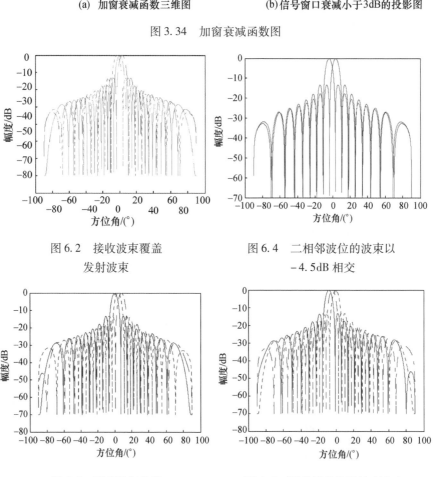

图 6.2　接收波束覆盖
发射波束

图 6.4　二相邻波位的波束以
−4.5dB 相交

图 6.5　覆盖洋红色发
射波束 3 个接收波束

图 6.6　覆盖绿色发射波束 3 个
接收波束

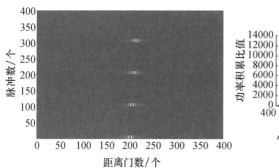

图 6.11　4 次波束驻留目标
距离移动

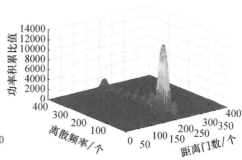

图 6.12　4 次驻留信号直接积累

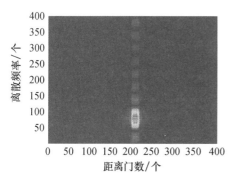

图 6.13　直接积累投影

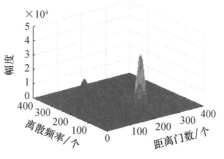

图 6.14　没有距离徙动时的积累

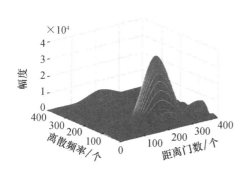

图 6.15　低分辨条件下的积累

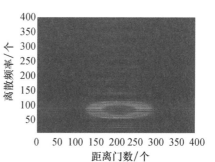

图 6.16　低分辨距离投影

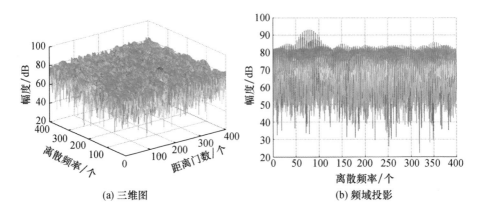

(a) 三维图　　　　　　　　　(b) 频域投影

图 6.17　信噪比 −28dB 时没有距离徙动时积累

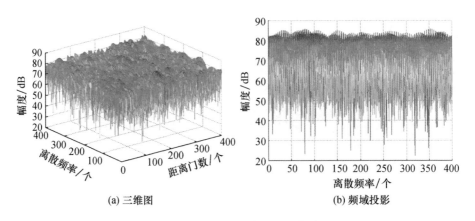

(a) 三维图　　　　　　　　　(b) 频域投影

图 6.18　信噪比 −28dB 时存在距离徙动时积累

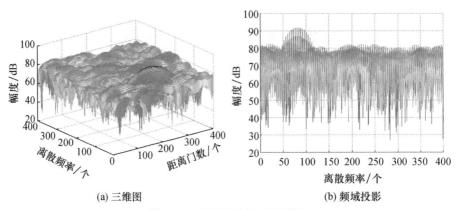

(a) 三维图　　　　　　　　　(b) 频域投影

图 6.19　低距离分辨时的积累

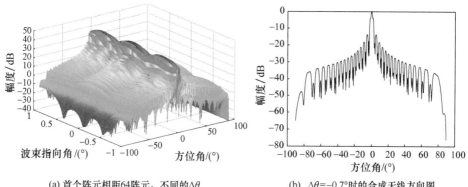

(a) 首个阵元相距64阵元，不同的$\Delta\theta$
条件下合成的天线方向图

(b) $\Delta\theta=-0.7°$时的合成天线方向图

图 7.13 首个阵元相距 64 阵元的天线方向图

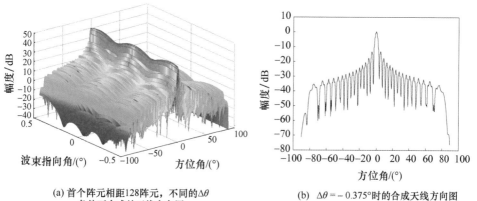

(a) 首个阵元相距128阵元，不同的$\Delta\theta$
条件下合成的天线方向图

(b) $\Delta\theta=-0.375°$时的合成天线方向图

图 7.14 首个阵元相距 128 阵元的天线方向图

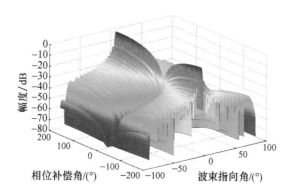

图 7.15 短基线二子阵响应

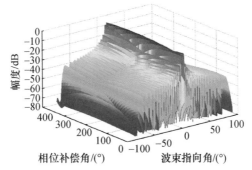

(a) 不同指向接收波束响应三维图

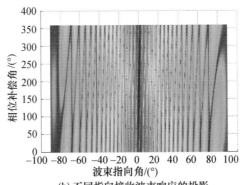

(b) 不同指向接收波束响应的投影

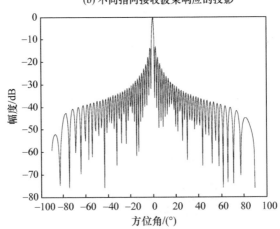

(c) 二子阵合成的理想不同指向波束响应

图 7.17　不同补偿 $m\dfrac{\Delta\varphi}{2}$ 条件下不同指向接收波束响应

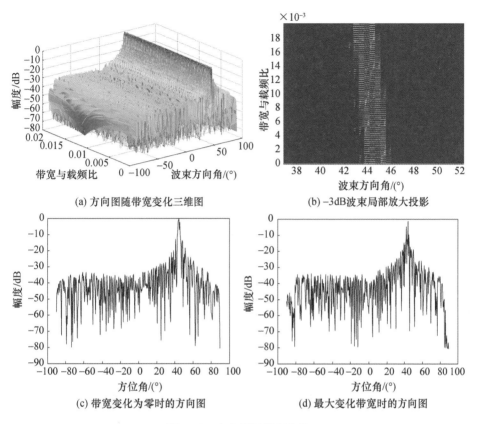

(a) 方向图随带宽变化三维图

(b) -3dB波束局部放大投影

(c) 带宽变化为零时的方向图

(d) 最大变化带宽时的方向图

图 7.18　方向图随带宽变化

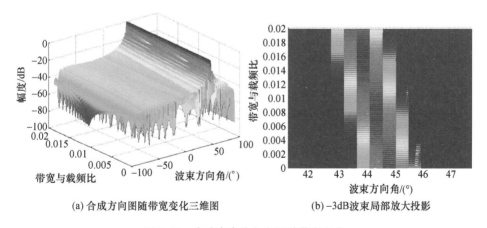

(a) 合成方向图随带宽变化三维图

(b) -3dB波束局部放大投影

图 7.19　多波束合成方向图随带宽变化

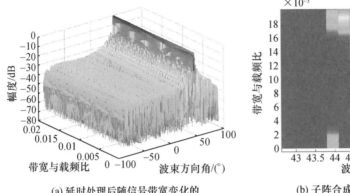
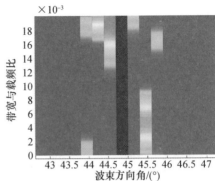

(a) 延时处理后随信号带宽变化的
子阵合成三维方向图

(b) 子阵合成方向图-3dB波束投影

图 7.20　延时处理后随信号带宽变化的子阵合成方向图

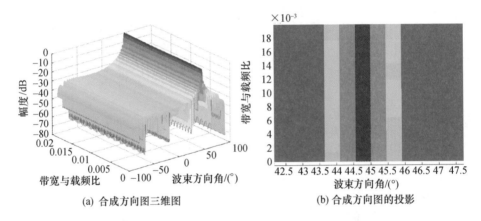

(a) 合成方向图三维图

(b) 合成方向图的投影

图 7.21　二个波束指向随信号带宽变化合成方向图

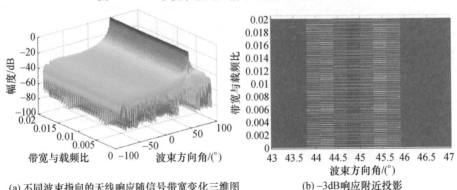

(a) 不同波束指向的天线响应随信号带宽变化三维图

(b) -3dB响应附近投影

图 7.22　不同波束指向的天线响应随信号带宽的变化

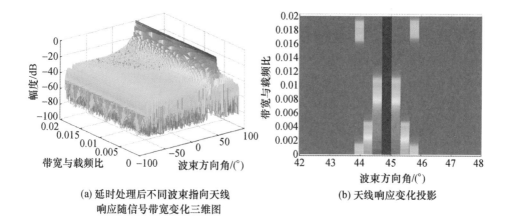

(a) 延时处理后不同波束指向天线　　　　(b) 天线响应变化投影
　　响应随信号带宽变化三维图

图 7.23　延时处理后不同波束指向天线响应随信号带宽变化

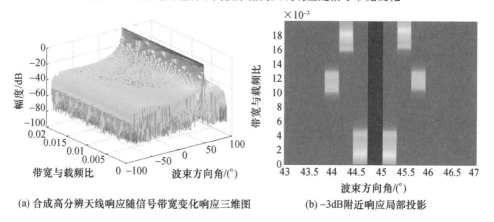

(a) 合成高分辨天线响应随信号带宽变化响应三维图　　　(b) −3dB 附近响应局部投影

图 7.24　合成高分辨天线响应随信号带宽变化的响应

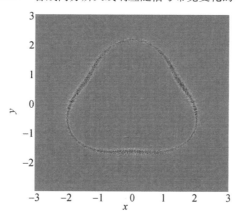

图 8.3　分布式三站雷达威力覆盖

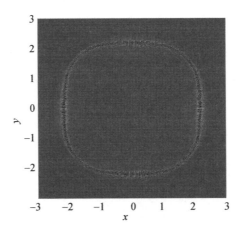

图 8.5 分布式四站雷达威力覆盖

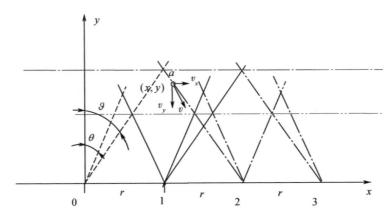

图 8.13 多站探测目标回波几何模型